21世纪高职高专案例教程系列

AutoCAD 2009中文版建筑制图案例教程

主　编　苏志同

副主编　王秀丽　徐　杰　张传记

中国水利水电出版社
www.waterpub.com.cn

内 容 提 要

本书主要针对初、中级的读者，通过众多的代表实例，根据施工图的制图流程，循序渐进地介绍如何使用 AutoCAD 2009 进行建筑图纸的设计与绘制工作。

全书共 10 章，主要介绍软件界面及其基本的操作技能；常用建筑图例的绘制方法和技巧；图形的组合、管理与共享等高级制图功能；施工图尺寸、文字与符号的快速标注技巧；建筑样板及建筑施工图的绘制过程；AutoCAD 的打印输出以及软件间的数据交换功能。

本书解说精细、实例经典、图文并茂、通俗易懂，具有很强的实用性、操作性和技巧性。本书不仅可以作为高职高专院校相关专业的教材，尤其适合于那些急于投身到实际工作中而又缺乏软件和专业图样绘制能力的读者。

本书配有电子教案和素材文件，读者可以到中国水利水电出版社网站或万水书苑免费下载，网址：http://www.waterpub.com.cn/softdown/或 http://www.wsbookshow.com。

图书在版编目（CIP）数据

AutoCAD 2009中文版建筑制图案例教程 / 苏志同主编. -- 北京 : 中国水利水电出版社, 2009.10
（21世纪高职高专案例教程系列）
ISBN 978-7-5084-6895-2

Ⅰ. ①A… Ⅱ. ①苏… Ⅲ. ①建筑制图－计算机辅助设计－应用软件，AutoCAD 2009－高等学校：技术学校－教材 Ⅳ. ①TU204

中国版本图书馆CIP数据核字(2009)第190398号

策划编辑：杨庆川　　责任编辑：宋俊娥　　封面设计：李　佳

书　　名	21 世纪高职高专案例教程系列 AutoCAD 2009 中文版建筑制图案例教程
作　　者	主　编　苏志同 副主编　王秀丽　徐　杰　张传记
出版发行	中国水利水电出版社 （北京市海淀区玉渊潭南路 1 号 D 座　100038） 网址：www.waterpub.com.cn E-mail：mchannel@263.net（万水） sales@waterpub.com.cn 电话：（010）68367658（营销中心）、82562819（万水）
经　　售	全国各地新华书店和相关出版物销售网点
排　　版	北京万水电子信息有限公司
印　　刷	北京蓝空印刷厂
格	184mm×260mm　16 开本　17.75 印张　435 千字
次	2009 年 10 月第 1 版　2009 年 10 月第 1 次印刷
数	0001—4000 册
	29.00 元

前　言

随着计算机应用技术的飞速发展，计算机辅助设计已成为现代工业设计的重要组成部分，作为计算机辅助设计绘图软件，AutoCAD 的应用越来越广泛，其精确的数据处理能力和高效的图形处理能力已广泛应用于机械设计、建筑设计、园林设计、城市规划、电子、冶金和轻工化工等诸多图形设计领域，而且它还为用户提供了二次开发平台，使用户可以在其基础上开发出应用于具体专业、具体领域的 CAD，例如圆方、天正以及建筑 CAD、服装 CAD、电子 CAD 等，因此熟练运用 AutoCAD 进行图形设计已成为每一个工程技术人员的必备技能。

目前许多的高等院校和 CAD 培训班都如雨后春笋般相继开设了 AutoCAD 课程，为了满足学校 AutoCAD 课程的教学需要，我们综合多年的教学实践经验编写了本书。

本书根据施工图的制图流程，循序渐进地介绍如何使用 AutoCAD 2009 进行建筑图纸的设计与绘制工作。全书共有 10 章，第 1、2 章主要介绍软件界面及其基本的操作技能；第 3 章学习常用建筑图例的绘制方法和技巧；第 4 章讲述图形的组合、管理与共享等高级制图功能；第 5～7 章讲述施工图尺寸、文字与符号的快速标注技巧；第 8～9 章学习建筑样板及建筑施工图的绘制过程；第 10 章讲述 AutoCAD 的打印输出以及软件间的数据交换功能。

全书共分 10 章，其内容如下：

第 1 章：本章在简单了解 AutoCAD 2009 的基本概念和系统配置的前提下，主要介绍软件的启动与退出、用户化操作界面以及文件的设置与管理等基本操作技能，引导读者对 AutoCAD 2009 绘图软件有一个快速的认识和了解，同时为后叙章节的学习打下基础。

第 2 章：本章重点学习 AutoCAD 2009 软件必备技能，具体有图形的基本选择、图形点的精确输入、图形点的捕捉追踪、视图的实时调整以及图形界限和图形单位的设置等。熟练掌握本章的各种操作技能，不仅能为图形的绘制和编辑操作奠定良好的基础，同时也为精确绘图以及简捷方便地管理图形提供了条件。

第 3 章：本章通过绘制四类简单实用的建筑图例，主要学习在建筑制图中常用绘图工具和图形编辑工具的使用方法与操作技巧，具体有画线、画曲线、闭合边界、图形的复制以及图线的各种编辑修饰功能，掌握这些基本的制图工具是应用 AutoCAD 软件进行绘图的根本，希望读者熟练掌握这些制图工具，为更加自如地设计和绘图打下坚实的基础。

第 4 章：本章主要通过为单元平面图布置平面门构件、为平面图布置室内用具以及地面装修材料的快速表达等三个典型的操作实例，详细学习图块的制作与应用、资源的组合与共享以及图案的填充与编辑等高级制图知识。通过本章的学习，在掌握相关制图工具的前提下，了解和掌握建筑平面图的快速组合技巧和材质的表达技巧。

第 5 章：尺寸是施工图参数化的最直接表现，是施工人员现场施工的主要依据。本章详细讲述 AutoCAD 的常用尺寸标注工具和尺寸编辑工具，并通过三个典型的操作实例，重点介绍尺寸样式的参数设置以及施工图尺寸的标注技法，对所讲知识进行综合巩固和实际应用。

第 6 章：本章主要学习施工图文字注释的快速标注方法和标注技巧。通过本章的学习，应掌握单行文字、多行文字、引线文字等的标注技巧和编辑技巧，除此之外，还需要了解和掌握表格的创建和填充技巧、图形信息的查询技巧等。

第 7 章：本章主要学习属性的定义、属性块的创建、应用以及属性块的编辑修改等重要操作。在平时的绘图过程中，巧妙使用这些操作功能，不但能提高设计人员的绘图速度并节省存储空间，而且还可使绘制的图形标准化、规范化。

第 8 章：本章在了解样板文件的概念及功能前提下，具体通过五个操作实例，全程讲述样板文件的制作过程和制作技巧，为以后绘制施工图做好前期的准备。另外，样板文件中的相关参数设置并不是唯一不变的，可以根据实际情况进行设置或补充各种变量。

第 9 章：本章以绘制某住宅楼标准层施工平面图为例，通过绘制定位轴线、绘制纵横墙线、绘制建筑构件、标注房间功能、标注使用面积、标注施工尺寸、编写墙体序号等七个典型实例，配合相关的制图命令和操作技巧，详细讲解施工平面图的完整绘制过程和绘制技巧。通过本章的学习，在理解和掌握建筑施工平面图完整绘制过程和绘制技巧的前提下，灵活运用 AutoCAD 的制图工具，快速绘制符合建筑制图标准和施工要求的平面图。

第 10 章：只有将设计成果打印输出到图纸上，才算完成整个绘图的流程。本章主要针对这一环节，通过典型的操作实例学习 AutoCAD 的打印输出功能以及与其他软件间的数据转换功能，使打印出的图纸能够完整准确地表达出设计结果，让设计与生产实践紧密结合起来。

在本书附录中，分别列出一些常用的 AutoCAD 系统变量，读者需要时可以随时查看。

本书解说精细、实例经典、图文并茂、通俗易懂，具有很强的实用性、操作性和技巧性。本书不仅可以作为高职高专院校相关专业的教材，尤其适合于那些急于投身到实际工作中而又缺乏软件和专业图样绘制能力的读者。

书中实例及在制作实例时所用到的图块、素材文件等，都按章收录在素材包中，可以从中国水利水电出版社网站或万水书苑免费下载，网址：http://www.waterpub.com.cn/softdown/ 或 http://www.wsbookshow.com。素材包中主要有以下内容：

- **“图形效果文件”目录：**书中所有实例的效果图文件都按章收录在“图形效果文件”文件夹下，图形文件的名称与书中的名称相同。
- **“图形源文件”目录：**书中实例需用到的图形源文件，都收录在“图形源文件”文件夹下，名称与书中的实例名一致。
- **“图块文件”目录：**书中的所有范例用到的图例，都收录在“图块文件”文件夹下，读者可以随用随查。
- **“绘图模板”目录：**书中案例所需样板文件，收录在“绘图模板”文件夹下。

本书由苏志同任主编，王秀丽、徐杰、张传记任副主编。参加本书部分章节编写工作的还有张爱城、林英、王爱婷、贾惠良、刘霞、张传记、夏小寒、许海声、王海燕、周伟、涂芳、孟凡宏、徐佳龙、胡爱玉等。书中如有不妥之处，恳请广大读者批评指正。

作　者

2009 年 10 月

目　　录

第 1 章　初识 AutoCAD 2009

学习内容

- AutoCAD 2009 简介
- AutoCAD 2009 启动与退出
- AutoCAD 2009 用户界面
- CAD 文件的设置与管理
- 常用功能键及命令简写
- 本章小结

本章知识点

- 启动与退出方式
- 界面组成及操作
- 新建文件
- 保存文件
- 打开文件
- 清理文件

1.1　AutoCAD 2009 概述

AutoCAD 是由美国 Autodesk 公司于 20 世纪 80 年代开发研制的，其间经历了近 20 次的版本升级换代，至今已发展到 AutoCAD 2009，它集二维绘图、三维建模、数据管理以及数据共享等诸多功能于一体，将 AutoCAD 软件的应用推向了高潮。下面简单介绍软件的基本概念及其系统配置。

1.1.1　基本概念

Auto 是英语单词 Automation 的词头，意思是“自动化”；CAD 是英语单词 Computer-Aided-Design 的缩写，意思是“计算机辅助设计”；2009 代表 AutoCAD 的软件版本号，表示 2009 年的意思。AutoCAD 版本的命名是以 2000 年作为一个转折点，2000 年以前的版本是以软件版本的升级顺序命名的，如 R1.0、R2.0、R14 等，2000 年以后的版本都是以年代作为软件的版本名，如 AutoCAD 2000、AutoCAD 2004、AutoCAD 2008 等。

1.1.2　系统配置

AutoCAD 2009 是一款高精度的计算机辅助设计绘图软件，其对计算机系统的硬件和软件最低配置需求如下：

- 操作系统：Windows Vista Enterprise / Business、Windows XP Professional Service Pack 2、Windows XP Home Service Pack 2 等。
- Web 浏览器：Internet Explorer 6.0 SP1 或更高版本。
- 处理器：Intel Pentium 4 处理器或 AMD Athlon，2.2 GHz 或更高；Intel 或 AMD 双核处理器，1.6 GHz 或更高。

RAM：对于 Windows XP SP2 系统而言，需要 1 GB 内存；对于 Windows Vista 系统而言，则需要 2 GB 内存或更大内存。

- 图形卡：1280×1024 VGA，32 位彩色视频显示适配器（真彩色），具有 128 MB 或更大显存，且支持 OpenGL 或 Direct3D 的工作站级图形卡；对于 Windows Vista，需要具有 128 MB 或更大显存，且支持 Direct3D 的工作站级图形卡以及 1024×768 VGA 真彩色（最低要求）。
- 硬盘：除 750 MB 的安装空间外，可用空间为 2 GB（Windows Vista）。
- 定点设备：鼠标、轨迹球或其他设备。

1.2　启动 AutoCAD 2009

将 AutoCAD 2009 成功安装到用户机上后，就可以开始使用了。下面介绍 AutoCAD 软件的几种启动方法。

- 双击桌面上的 AutoCAD 程序图标。
- 单击桌面任务栏中的“开始”/“程序”“Autodesk”/“AutoCAD 2009”中的 AutoCAD 2009 选项，如图 1-1 所示。
- 双击已存盘的.dwg 格式的图形文件，其文件图标为。

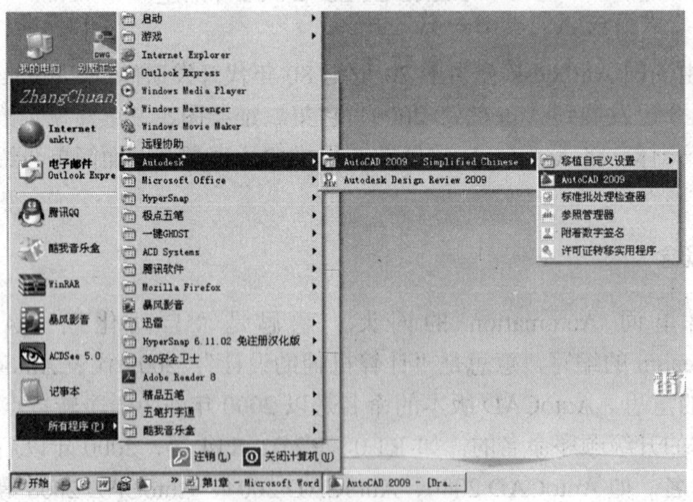

图 1-1　桌面启动菜单

1.2.1　默认工作空间

如果用户为 AutoCAD 的初始用户，在首次启动 AutoCAD 2009 之后，可进入如图 1-2 所示的“二维草图与注释”工作空间，此种空间以功能区面板的形式替代以前版本中的工具栏，是 AutoCAD 2009 新增强的一个工作空间，也是初始系统默认的一个工作空间。

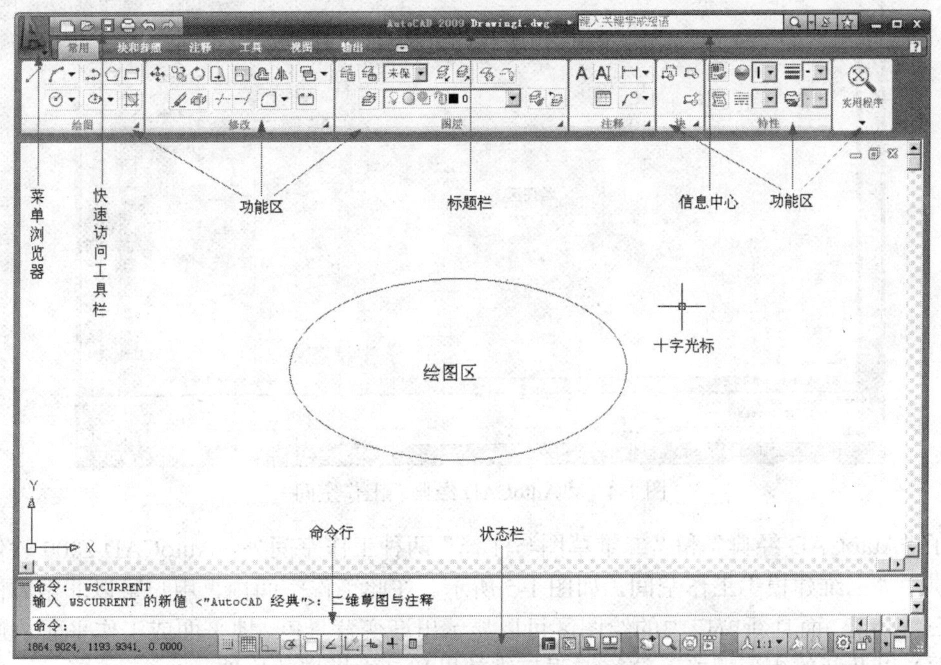

图 1-2　“二维草图与注释”工作空间

在“二维草图与注释”工作空间中，所有菜单命令可以通过界面左上角的菜单浏览器执行；所有工具按钮可以通过功能区各选项卡面板快速执行，这种新增强的工作界面不仅增大了绘图区域，还大大提高了绘图效率。

1.2.2　其他工作空间

与 AutoCAD 2008 版本一样，在 AutoCAD 2009 版本中，系统为用户配置了三种默认工作空间，除上述介绍的“二维草图与注释”工作空间外，还包括“AutoCAD 经典”和“三维建模”工作空间。

单击状态栏的“切换工作空间”按钮，从弹出的按钮菜单中可以快速切换工作空间，如图 1-3 所示。

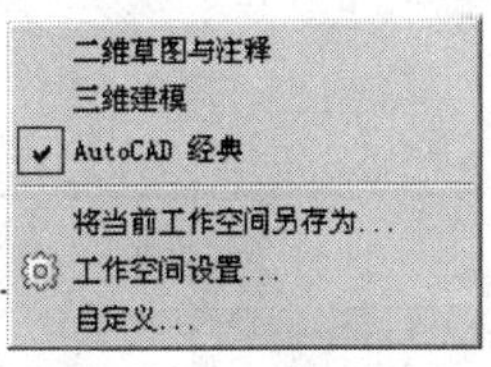

图 1-3　按钮菜单

在按钮菜单中单击“AutoCAD 经典”选项后，进入如图 1-4 所示的“AutoCAD 经典”工作界面。此工作界面是 AutoCAD 较为传统的一个工作界面，在界面中继续延续了先前版本的界面风格。

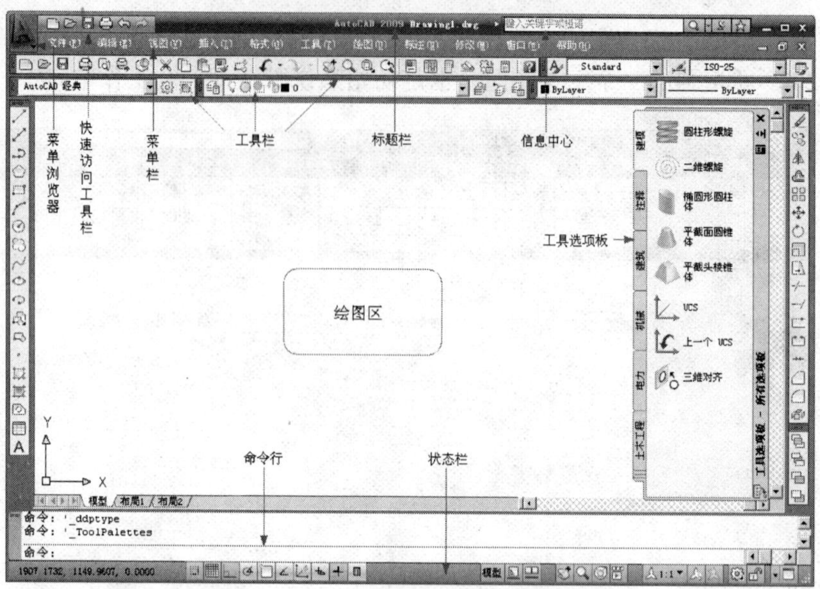

图 1-4　“AutoCAD 经典”工作空间

除了“AutoCAD 经典”和“二维草图与注释”两种工作空间外，AutoCAD 2009 软件还为用户提供了“三维建模”工作空间，如图 1-5 所示。在此工作空间内，用户可以非常方便地访问新的三维功能，而且新窗口中的绘图区可以显示出渐变背景色、地平面或工作平面（UCS 的 XY 平面）以及新的矩形栅格，这将增强三维效果和三维模型的构造。

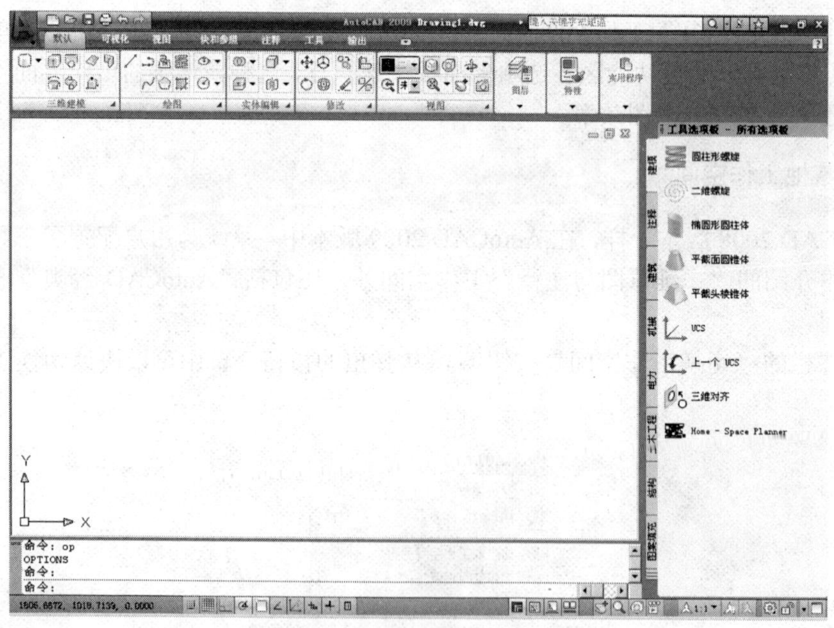

图 1-5　“三维建模”工作空间

无论选用何种工作空间，在启动 AutoCAD 之后，系统都会自动打开一个名为 Drawing1.dwg 的默认绘图文件窗口。另外，无论选择何种工作空间，用户都可以在日后对其进行更改，也可以自定义并保存自己的自定义工作空间。

1.3　AutoCAD 2009 用户界面

从图 1-2 和上图 1-4 所示的界面中可以看出，AutoCAD 2009 用户界面主要包括标题栏、菜单栏、工具栏、功能区、绘图区、命令行和状态栏部分，下面将简单介绍各组成部分的功能及其相关操作。

1.3.1　标题栏

标题栏位于 AutoCAD 操作界面窗口的最上侧，如图 1-6 所示，主要包括菜单浏览器、快速访问工具栏、程序名称显示区、信息中心和窗口控制按钮等五部分内容。

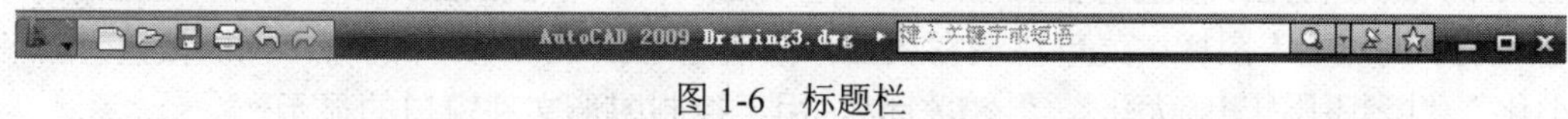

图 1-6　标题栏

“菜单浏览器”按钮位于标题栏最左端，此功能将所有菜单命令都集中在一个位置，用户可以选择、搜索菜单命令，也可标记常用命令以便日后查找，如图 1-7 所示。

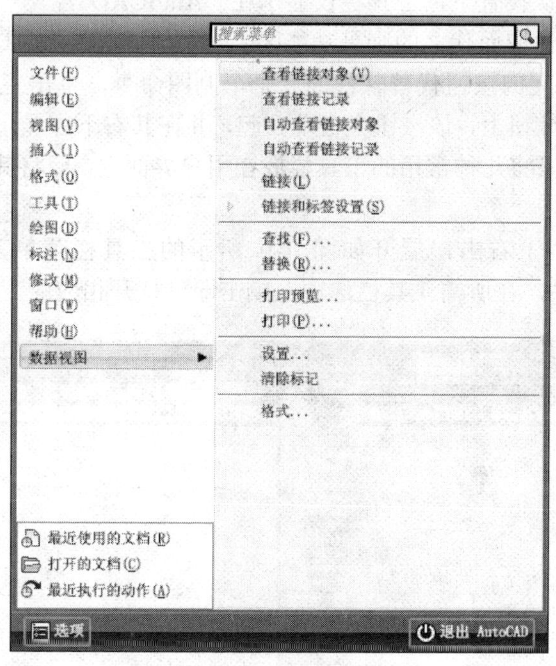

图 1-7　菜单浏览器

快速访问工具栏不但可以快速访问某些命令，而且可以控制菜单栏的显示以及各工具栏的开关状态等。在快速访问工具栏上右击，从弹出的右键菜单上可以实现上述操作。

程序名称显示区主要用于显示当前正在运行的程序名和当前被激活的图形文件名称；信息中心可以快速获取所需信息、搜索所需资源等。

窗口控制按钮位于标题栏最右端，主要有“最小化”、“恢复/最大化”、“关闭”，分别用于控制 AutoCAD 窗口的大小和关闭。

1.3.2 菜单栏

默认设置下，菜单栏仅显示在“AutoCAD 经典”工作空间内，在另外两种工作空间中是隐藏的。用户可以通过设置变量 MENUBAR 的值控制菜单栏的显示或隐藏状态，当变量为 1 时，菜单栏将显示在标题栏的下侧，如图 1-8 所示，反之，将隐藏。

图 1-8 菜单栏

在此菜单栏上，共有“文件”、“编辑”、“视图”、“插入”、“格式”、“工具”、“绘图”、“标注”、“修改”、“窗口”、“帮助”等 11 个菜单，用户只需在某主菜单项上单击，系统即可展开此主菜单，然后将光标移至需要启动的命令选项上，单击即可激活该命令。菜单栏左端的图标就是“菜单浏览器”图标，菜单栏最右边图标按钮是 AutoCAD 文件的窗口控制按钮，如“最小化”、“还原/最大化”、“关闭”，用于控制图形文件窗口的显示。

1.3.3 工具栏

与菜单栏一样，默认设置下，工具栏仅显示在“AutoCAD 经典”工作空间内，在另外两种工作空间中是隐藏的，取而代之的则是功能区。

工具栏是以形象直观的按钮代替软件的一个个制图命令，单击工具栏按钮，即可快速启动命令。将光标放在各按钮上，该按钮会自动凸起，并在其右下方显示该按钮代表的命令。为了增大绘图空间，通常只将几种常用的工具栏放在用户界面上，而将其他工具栏隐藏，需要时再调出。

在快速访问工具栏上右击，展开如图 1-9 所示的工具栏菜单，在此菜单中包括所有 AutoCAD 自带的工具栏，在所需工具栏选项上单击即可打开相应的工具栏。

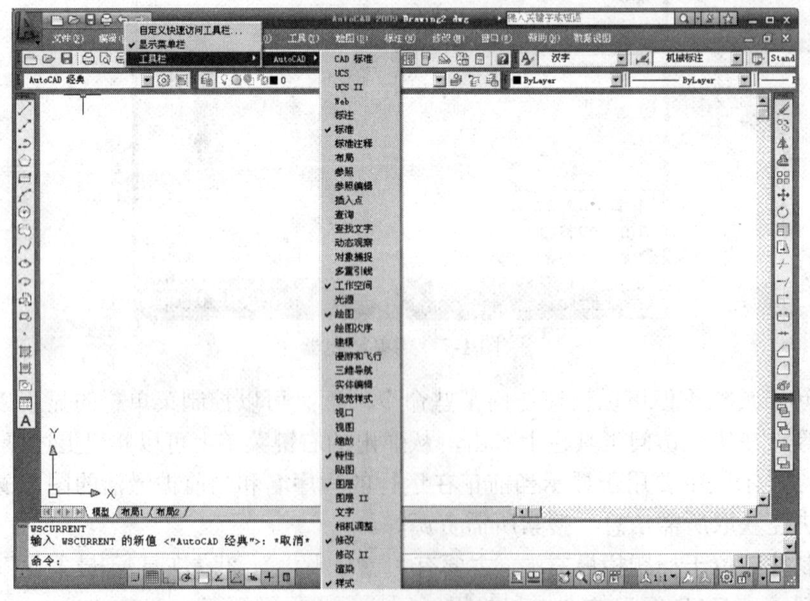

图 1-9 工具栏菜单

1.3.4　功能区

功能区是 AutoCAD 2009 新增的一项功能，它代替了 AutoCAD 众多的工具栏，以功能区面板的形式将各工具按钮分门别类地集合在选项卡内，默认设置下，AutoCAD 共为用户提供了“常用”、“块和参照”、“注释”、“工具”、“视图”和“输出”六个选项卡，在每个选项卡中，又划分为多个功能区面板，如图 1-10 所示的“常用”选项卡，包括“绘图”、“修改”、“图层”、“注释”、“块”、“特性”及“实用程序”等七个面板。

图 1-10　功能区

在使用功能区时，无需再显示 AutoCAD 的工具栏，因此，使得应用程序窗口变得单一、简洁有序。通过这单一简洁的界面，功能区可以将可用的工作区域最大化。用户在调用工具时，只需展开相应选项卡，然后在所需的功能区面板上单击工具按钮即可。例如，在“常用”选项卡的“绘图”功能区面板上单击按钮，就可以激活“直线”命令。

另外，在功能区面板或选项卡上右击，从弹出的右键菜单中可以控制功能区面板及选项卡的显示状态。

1.3.5　绘图区

绘图区是用于绘图的区域，位于软件操作界面的中央位置，在此区域内，用户可以绘制无限大或无限小的图形。当移动鼠标时，绘图区会出现一个随光标移动的十字符号，此符号称为“十字光标”，它由两部分叠加而成，分别是“拾取点光标”和“选择光标”，如图 1-11 所示。

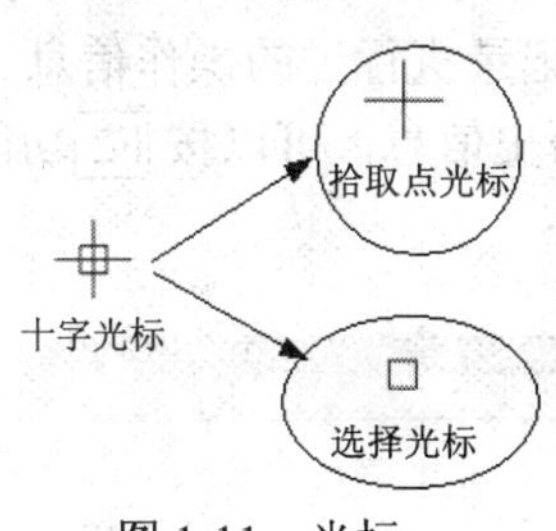

图 1-11　光标

默认设置下，绘图区背景色的 RGB 值为 254、252、240，可以使用菜单“工具” / “选项”命令更改背景色，如图 1-12 所示。

在绘图区的左下部有 3 个标签，即模型、布局 1、布局 2，分别代表两种操作空间，即模型空间和布局空间。“模型”标签代表当前绘图区窗口处于模型空间，通常在模型空间进行绘图。“布局 1”和“布局 2”是默认设置下的布局空间，主要用于图形的打印输出。

注意： 如果在绘图区左下部没有显示模型或布局标签，可以在状态栏的按钮上右击，选择“显示模型或布局选项卡”选项。

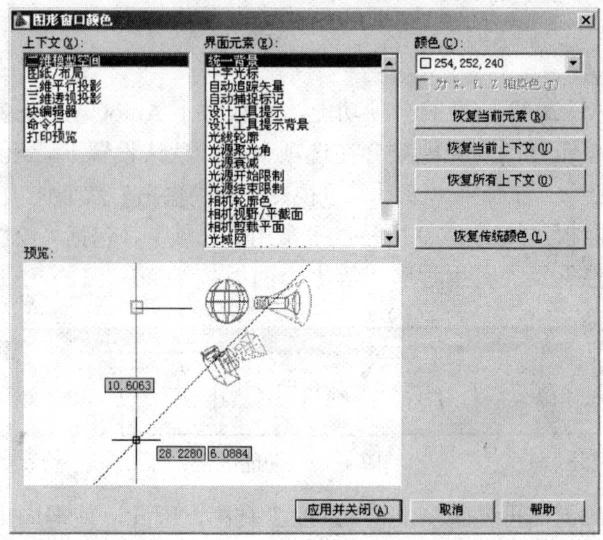

图 1-12 “图形窗口颜色”对话框

1.3.6 命令行

在绘图区的下侧是命令行，包括“命令输入窗口”和“命令历史窗口”两部分，如图 1-13 所示。

图 1-13 命令行

命令行是用户与 AutoCAD 2009 绘图软件进行数据交流的平台，主要用于提示和显示用户当前的操作步骤，最下面一行为“命令输入窗口”，用于提示用户输入命令或命令选项；上面的几行是“命令历史窗口”，用于记录执行过的操作信息。

如果用户想直观快速地查询历史信息，可以按 F2 功能键，以文本窗口的形式查询更多历史信息，如图 1-14 所示。

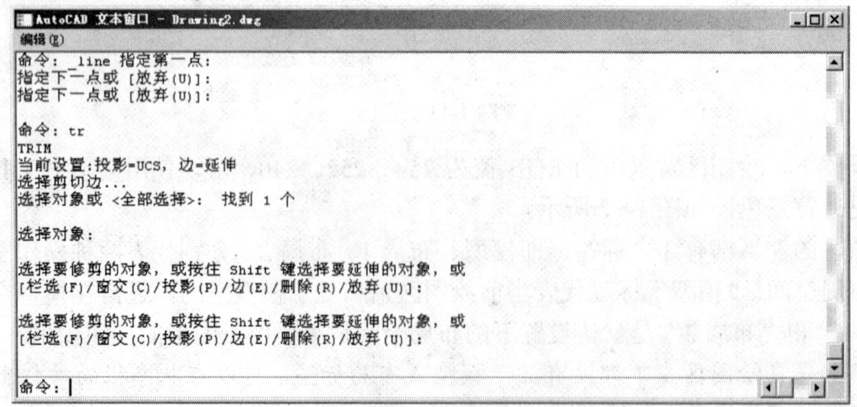

图 1-14 文本窗口

1.3.7　状态栏

状态栏位于软件界面的最底部，如图 1-15 所示，它由坐标读数器、辅助功能区、状态栏菜单三部分组成。坐标读数器位于状态栏的左端，用于显示十字光标所处位置的坐标值；坐标读数器的右端为 AutoCAD 绘图的辅助功能区，在此功能区中分布了一些重要的辅助绘图功能按钮，主要用于控制点的精确定位和追踪。

3273.4981, 765.1461 , 0.0000

图 1-15　状态栏

辅助功能区右端的按钮用于快速查看布局与图形、注释比例、工作空间的切换以及窗口工具栏的固定等。

单击状态栏右侧的小三角，将打开如图 1-16 所示的状态栏快捷菜单，菜单中的各选项与状态栏的各按钮的功能一致，用户也可以通过各菜单项以及菜单中的各功能键控制各辅助按钮的开关状态。

图 1-16　状态栏菜单

1.4　CAD 文件的设置与管理

了解和掌握 AutoCAD 文件的设置与管理等操作功能，是绘制图形和编辑图形的前提与基础，本节讲述 CAD 绘图文件的新建、保存、打开和清理等基本知识。

1.4.1　新建绘图文件

在绘图之前，首先需要使用“新建”命令，新建一张空白文件。执行“新建”命令主要有以下几种方法：

- 单击“菜单浏览器” / “文件” / “新建”命令。
- 单击“快速访问”工具栏上的按钮。
- 在命令行输入 New↵。
- 按下组合键 Ctrl+N。

注意：“↵”符号代表按 Enter 键，当用户在命令行输入命令或命令选项后，需要按 Enter

键才可以激活该命令。

下面通过具体的实例学习绘图文件的新建过程。

（1）单击“快速访问”工具栏上的□按钮，执行“新建”命令。

（2）此时系统会打开如图 1-17 所示的“选择样板”对话框，在此对话框中选择一种样板文件，作为基础样板文件，以创建空白文件。

图 1-17 “选择样板”对话框

（3）在此对话框中选择 acadISo-Named Plot Styles.dwt 文件后单击 打开(O) 按钮，即可创建一张“命名打印样式”的公制单位空白文件。

（4）如果选择 acadiso.dwt 样板文件作为基础样板，则可以创建一张“颜色相关打印样式”的公制单位空白文件。

注意：*acadISo-Named Plot Styles.dwt 和 acadiso.dwt 都是公制单位的样板文件，两者的区别在于前者使用的打印样式为“命名打印样式”，后一个样板文件的打印样式为“颜色相关打印样式”，读者可以根据需求进行取舍。*

（5）如果选择 acadISo-Named Plot Styles3D.dwt 或 acadiso3D.dwt 作为基础样板文件，则可以创建三维工作空间模式下的空白文件。

（6）在“选择样板”对话框中单击 打开(O) ▾ 按钮右侧的下三角按钮，打开如图 1-18 所示的按钮菜单。

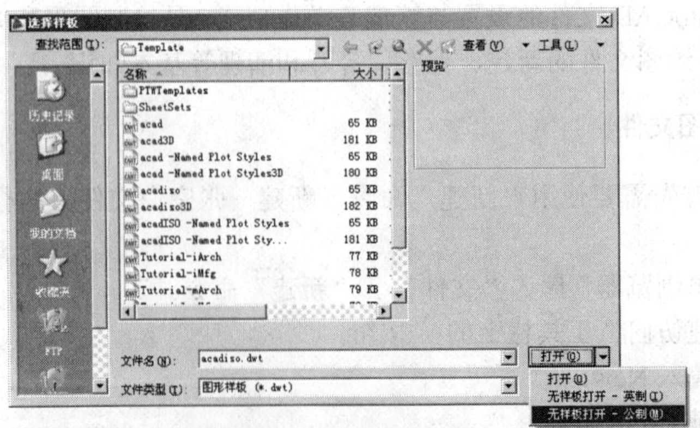

图 1-18 “打开”按钮菜单

（7）在按钮菜单上选择“无样板打开—公制”选项，也可以快速创建一个公制单位的空白文件。

1.4.2　保存绘图文件

在绘制完图形之后，需要使用“保存”命令将其存盘，以方便以后进行查看或编辑等。执行“保存”命令主要有以下几种方法：

- 单击“菜单浏览器”/“文件”/“保存”命令。
- 单击“快速访问”工具栏上的按钮。
- 在命令行中输入 Save↵。
- 按下组合键 Ctrl+S。

下面通过具体的实例学习绘图文件的保存过程。

（1）单击“快速访问”工具栏上的按钮，执行“保存”命令。

（2）此时系统会打开如图 1-19 所示的“图形另存为”对话框，在此对话框中可以进行文件的存储操作。

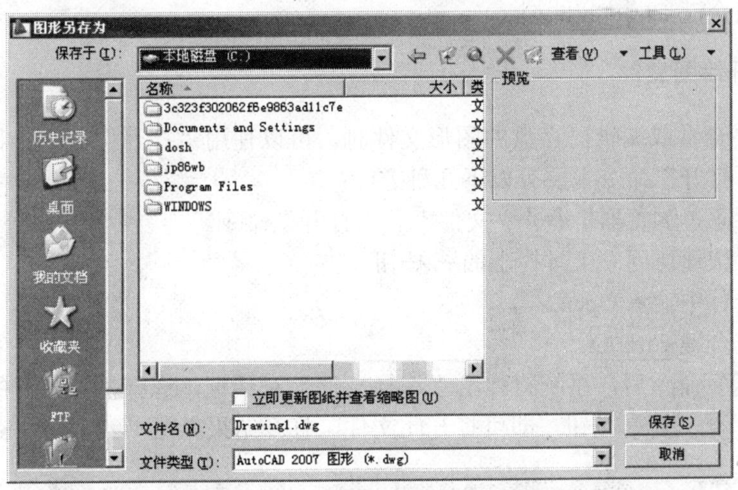

图 1-19　“图形另存为”对话框

（3）设置路径。在“保存于”下拉列表中设置文件的存储路径，默认路径为 My Documents 文件夹。

（4）设置文件名。在“文件名”组合框内输入文件的名称，如“我的文档”，如图 1-20 所示。

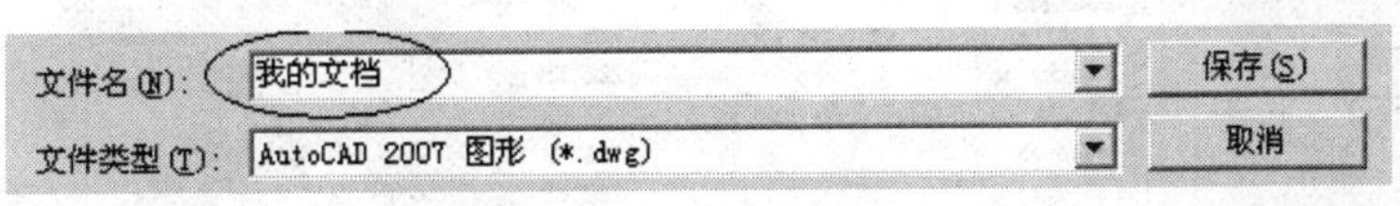

图 1-20　设置文件名

（5）设置文件类型。在对话框底部的“文件类型”下拉列表框内设置文件的格式类型，如图 1-21 所示。

注意： 默认存储类型为“AutoCAD 2007 图形（*.dwg）”，使用此类型存储的文件只能被

AutoCAD 2007 以后的版本打开，如果用户需要在 AutoCAD 早期版本中打开此文件，需要将文件类型设置为低版本格式。

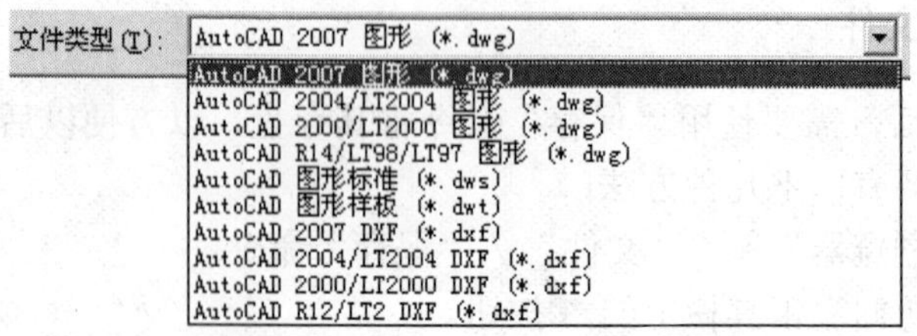

图 1-21 “文件类型”下拉列表框

（6）单击对话框右下角的 保存(S) 按钮，即可将文件存盘。

如果用户是在已存盘的图形文件基础上对其进行了修改，又不想将原来的图形覆盖，此时可以使用“另存为”命令，将修改后的图形另名存盘。启动“另存为”命令主要有以下几种方法：

- 单击“菜单浏览器” / “文件” / “另存为”命令。
- 按下组合键 Ctrl+Shift+S。

1.4.3 打开绘图文件

当用户需要查看或编辑已存盘的图形文件时，可以使用“打开”命令，将事先存储的文件打开。执行“打开”命令主要有以下几种方法：

- 单击“菜单浏览器” / “文件” / “打开”命令。
- 单击“快速访问”工具栏上的按钮。
- 在命令行中输入 Open↵。
- 按下组合键 Ctrl+O。

执行“打开”命令后，系统将弹出“选择文件”对话框，选择需要打开的图形文件，如图 1-22 所示，单击 打开(O) 按钮，即可打开此文件，打开结果如图 1-23 所示。

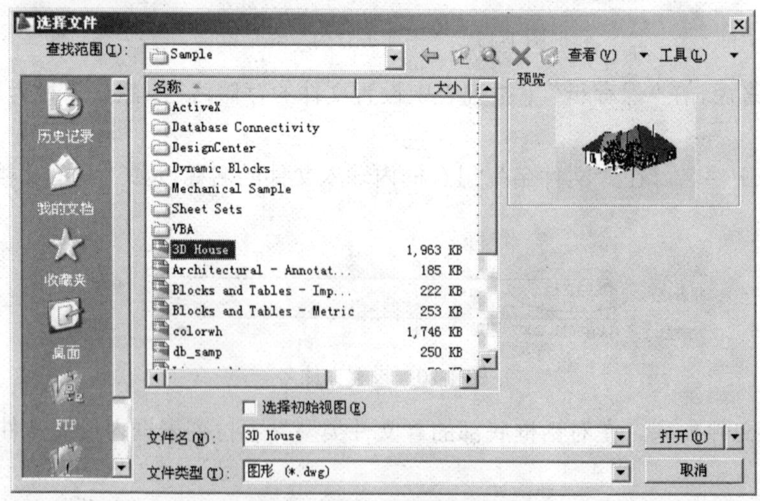

图 1-22 选择图形文件

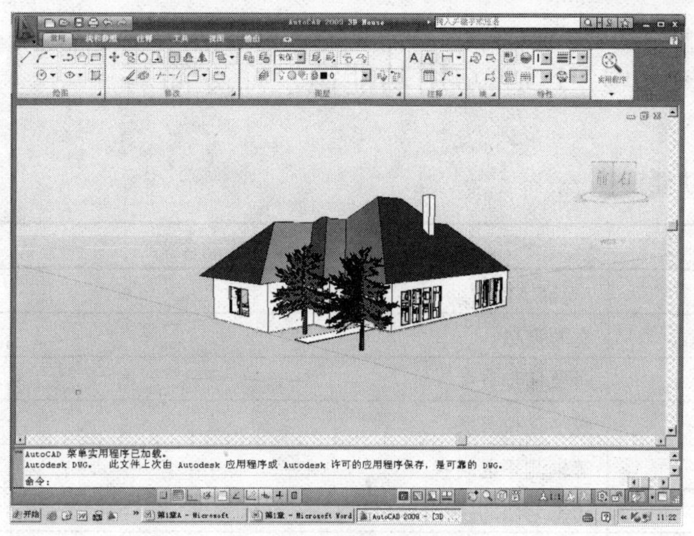

图 1-23　打开图形文件

1.4.4　清理绘图文件

有时为了给图形文件“减肥”，以减小文件的存储空间，可以使用“清理”命令，将文件内部的一些无用的垃圾资源（如图层、样式、图块等）清理掉。

执行“清理”命令主要有以下种方法：

- 单击“菜单浏览器” / “文件” / “图形实用程序” / “清理”命令。
- 单击功能区“工具”选项卡 / “图形实用程序”面板上的按钮。
- 在命令行输入 Purge↵。
- 使用命令简写 PU↵。

执行“清理”命令，系统可打开如图 1-24 所示的“清理”对话框，在此对话框中，带有“+”号的选项，表示该选项内含有未使用的垃圾项目，单击该选项将其展开，即可选择需要清理的项目，如果用户需要清理文件中所有未使用的垃圾项目，可以单击对话框底部的全部清理(A)按钮。

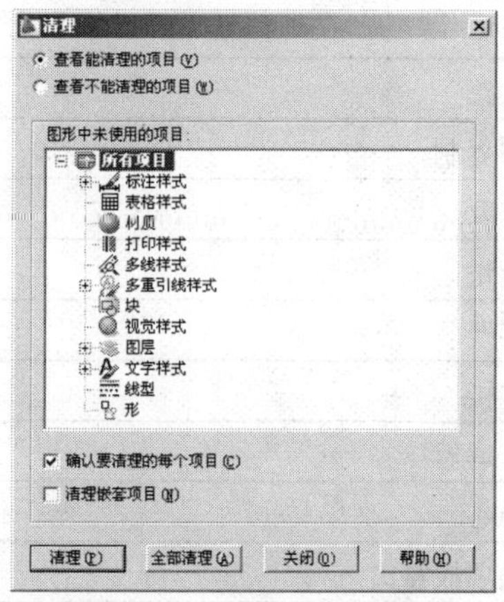

图 1-24　“清理”对话框

1.5 常用功能键及命令简写

1.5.1 常用功能键

功能键	功能含义
F1	AutoCAD 帮助
F2	文本窗口
F3	对象捕捉开关
F4	数字化仪开关
F5	等轴测平面转换
F6	动态 UCS 开关
F7	栅格开关
F8	正交开关
F9	捕捉开关
F10	极轴开关
F11	对象追踪
F12	动态输入
Ctrl+N	新建文件
Ctrl+O	打开文件
Ctrl+S	保存文件
Ctrl+Shift+S	将图形文件另名保存
Ctrl+P	打印文件
Ctrl+Q	退出 AutoCAD 软件
Ctrl+Z	撤消上一步操作
Ctrl+Y	重复撤消的操作
Ctrl+X	剪切对象
Ctrl+C	复制对象
Ctrl+Shift+C	带基点复制
Ctrl+V	粘贴对象
Ctrl+Shift+V	粘贴为块
Ctrl+Shift+P	快捷特性
Ctrl+K	超级链接
Ctrl+1	特性管理器
Ctrl+2	设计中心
Ctrl+3	工具选项板窗口
Ctrl+4	图纸集管理器

续表

功能键	功能含义
Ctrl+6	数据库链接
Ctrl+7	标记集管理器
Ctrl+8	快速计算器
Ctrl+9	命令行
Ctrl+0	全屏显示

1.5.2　常用命令简写

命令	快捷键	功能
设计中心	ADC	设计中心资源管理器
对齐	AL	用于对齐图形对象
圆弧	A	用于绘制圆弧
面积	AA	用于计算对象及指定区域的面积和周长
阵列	AR	将对象矩形阵列或环形阵列
定义属性	ATT	以对话框的形式创建属性定义
创建块	B	创建内部图块，以供当前图形文件使用
边界	BO	以对话框的形式创建面域或多段线
打断	BR	删除图形一部分或把图形打断为两部分
倒角	CHA	给图形对象的边进行倒角
特性	CH	特性管理窗口
圆	C	用于绘制圆
颜色	COL	定义图形对象的颜色
复制	CO、CP	用于复制图形对象
编辑文字	ED	用于编辑文本对象和属性定义
对齐标注	DAL	用于创建对齐标注
角度标注	DAN	用于创建角度标注
基线标注	DBA	从上一个或选定标注基线处创建基线标注
圆心标注	DCE	创建圆和圆弧的圆心标记或中心线
连续标注	DCO	从基准标注的第二尺寸界线处创建标注
直径标注	DDI	用于创建圆或圆弧的直径标注
编辑标注	DED	用于编辑尺寸标注
线性标注	Dli	用于创建线性尺寸标注
坐标标注	DOR	创建坐标点标注
半径标注	Dra	创建圆和圆弧的半径标注
标注样式	D	创建或修改标注样式

续表

命令	快捷键	功能
距离	DI	用于测量两点之间的距离和角度
定数等分	DIV	按照指定的等分数目等分对象
圆环	DO	绘制填充圆或圆环
绘图顺序	DR	修改图像和其他对象的显示顺序
草图设置	DS	用于设置或修改状态栏上的辅助绘图功能
鸟瞰视图	AV	打开鸟瞰视图窗口
椭圆	EL	创建椭圆或椭圆弧
删除	E	用于删除图形对象
分解	X	将组合对象分解为独立对象
输出	EXP	以其他文件格式保存对象
延伸	EX	用于根据指定的边界延伸或修剪对象
拉伸	EXT	用于拉伸或放样二维对象以创建三维模型
圆角	F	用于为两个对象进行圆角
编组	G	用于为对象进行编组，以创建选择集
图案填充	H	以对话框的形式为封闭区域填充图案
编辑图案填充	HE	修改现有的图案填充对象
消隐	HI	用于对三维模型进行消隐显示
导入	IMP	向 AutoCAD 输入多种文件格式
插入	I	用于插入已定义的图块或外部文件
交集	IN	用于创建交两对象的公共部分
图层	LA	用于设置或管理图层及图层特性
拉长	LEN	用于拉长或缩短图形对象
直线	L	创建直线
线型	LT	用于创建、加载或设置线型
列表	LI、LS	显示选定对象的数据库信息
线型比例	LTS	用于设置或修改线型的比例
线宽	LW	用于设置线宽的类型、显示及单位
特性匹配	MA	把某一对象的特性复制给其他对象
定距等分	ME	按照指定的间距等分对象
镜像	MI	根据指定的镜像轴对图形进行对称复制
多线	ML	用于绘制多线
移动	M	将图形对象从原位置移动到指定的位置
多行文字	T、MT	创建多行文字
偏移	O	按照指定的偏移间距对图形进行偏移复制

续表

命令	快捷键	功能
选项	OP	自定义 AutoCAD 设置
对象捕捉	OS	设置对象捕捉模式
实时平移	P	用于调整图形在当前视口内的显示位置
编辑多段线	PE	编辑多段线和三维多边形网格
多段线	PL	创建二维多段线
点	PO	创建点对象
正多边形	POL	用于绘制正多边形
特性	CH、PR	控制现有对象的特性
快速引线	LE	快速创建引线和引线注释
矩形	REC	绘制矩形
重画	R	刷新显示当前视口
全部重画	RA	刷新显示所有视口
重生成	RE	重生成图形并刷新显示当前视口
全部重生成	REA	重新生成图形并刷新所有视口
面域	REG	创建面域
重命名	REN	对象重新命名
渲染	RR	创建具有真实感的着色渲染
旋转实体	REV	绕轴旋转二维对象以创建对象
旋转	RO	绕基点移动对象
比例	SC	在 X、Y 和 Z 方向等比例放大或缩小对象
切割	SEC	用剖切平面和对象的交集创建面域
剖切	SL	用平面剖切一组实体对象
捕捉	SN	用于设置捕捉模式
二维填充	SO	用于创建二维填充多边形
样条曲线	SPL	创建二次或三次（NURBS）样条曲线
编辑样条曲线	SPE	用于对样条曲线进行编辑
拉伸	S	用于移动或拉伸图形对象
样式	ST	用于设置或修改文字样式
差集	SU	用差集创建组合面域或实体对象
公差	TOL	创建形位公差标注
圆环	TOR	创建圆环形对象
修剪	TR	用其他对象定义的剪切边修剪对象
并集	UNI	用于创建并集对象
单位	UN	用于设置图形的单位及精度

续表

命令	快捷键	功能
视图	V	保存和恢复或修改视图
写块	W	创建外部块或将内部块转变为外部块
楔体	WE	用于创建三维楔体模型
外部参照	XA	用于向当前图形中附着外部参照
外部参照绑定	XB	将外部参照依赖符号绑定到图形中
构造线	XL	创建无限长的直线（即参照线）
分解	X	将组合对象分解为组件对象
外部参照管理	XR	控制图形中的外部参照
缩放	Z	放大或缩小当前视口对象的显示

1.6 退出 AutoCAD 2009

当用户退出 AutoCAD 2009 绘图软件时，首先需要退出当前的 AutoCAD 文件，如果当前的绘图文件已经存盘，可以使用以下几种方式退出 AutoCAD 绘图软件：

- 单击 AutoCAD 2009 标题栏控制按钮 ✕。
- 按 Alt+F4 组合键。
- 单击“菜单浏览器” / “文件” / “退出”命令。
- 在命令行中输入 Quit 或 Exit 后，按 Enter 键。
- 展开“菜单浏览器”面板，单击 退出 AutoCAD 按钮。

在退出 AutoCAD 绘图软件之前，没有将当前的 AutoCAD 绘图文件存盘，系统将会弹出如图 1-25 所示的提示对话框，单击 是(Y) 按钮，将弹出“图形另存为”对话框，用于对图形进行命名保存；单击 否(N) 按钮，系统将放弃存盘并退出 AutoCAD 2009；单击 取消 按钮，系统将取消执行的退出命令。

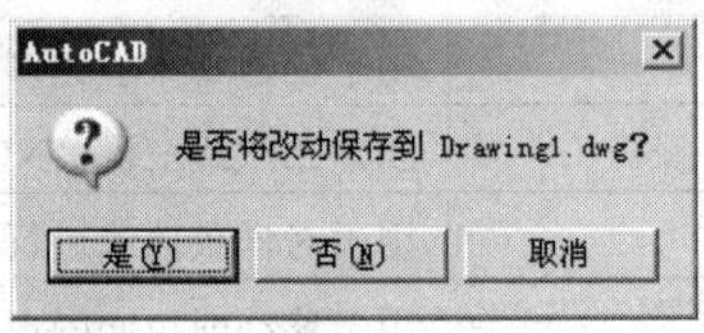

图 1-25 AutoCAD 提示框

1.7 本章小结

本章在简单了解 AutoCAD 2009 的基本概念和系统配置的前提下，主要介绍了软件的启动退出、用户化操作界面以及文件的设置与管理等基本操作技能，引导读者对 AutoCAD 2009 绘图软件有一个快速的认识和了解，同时为后叙章节的学习打下基础。

第 2 章　应用 AutoCAD 2009

学习内容

- 图形的基本选择
- 图形点的精确输入
- 图形点的捕捉追踪
- 视图的实时调整功能
- 图形界限与图形单位
- 本章小结

本章知识点

- 基本选择
- 坐标输入
- 捕捉追踪
- 视图调整
- 图形界限
- 图形单位

2.1　图形的基本选择

在对图形进行修改完善之前，一般需要事先选择图形。常用的选择方式有点选、窗选、栏选和全选等。具体如下：

2.1.1　点选

“点选”是最简单的一种选择方式，使用此方式一次可以选择一个图形对象。在命令行“选择对象:”的提示下，只需要将光标放在图形对象的边缘上单击，即可选择该图形，选择的图形呈虚线显示，如图 2-1 所示。

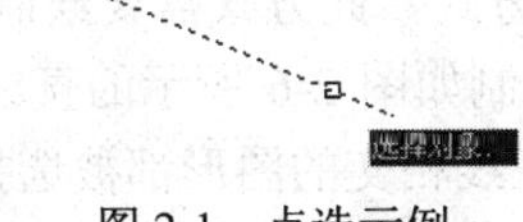

图 2-1　点选示例

注意：当命令行出现“选择对象:”提示时，系统会自动进入“点选”模式，此时光标变为矩形方框形状。

2.1.2　窗选

由于“点选”方式一次仅能选择一个图形对象，如果用户需要选择多个对象时，需要分别单击多个对象，为此，AutoCAD 为用户又提供了“窗选”方式，使用此方式，一次可以选择多个图形对象，比较方便。

根据选择的结构及操作方法，“窗选”又可分为“窗口选择”和“窗交选择”两种。具体如下：

“窗口选择”是一种常用的多选方式，在命令行“选择对象:”的提示下，从左向右拉出一矩形选择框，此选择框即为窗口选择框，选择框以实线显示，内部以蓝色填充，如图 2-2 所示。当指定窗口选择框的对角点之后，所有完全位于框内的对象都能被选择，如图 2-3 所示。

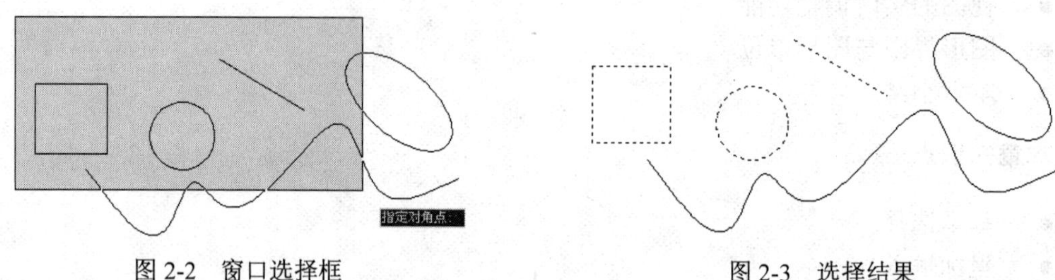

图 2-2 窗口选择框　　图 2-3 选择结果

“窗交选择”是使用频率非常高的选择方式，在命令行“选择对象:”提示下，从右向左拉出一矩形选择框，此选择框即为窗交选择框，选择框以虚线显示，内部以绿色填充，如图 2-4 所示。当指定选择框对角点之后，所有与选择框相交和完全位于选择框内的对象才能被选择，如图 2-5 所示。

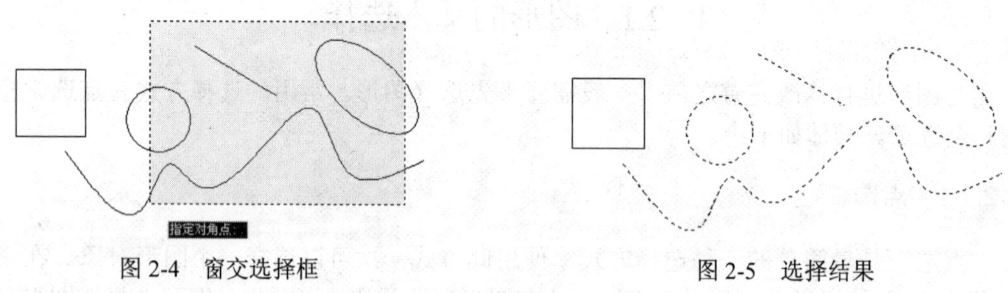

图 2-4 窗交选择框　　图 2-5 选择结果

2.1.3 栏选

“栏选”也是一种常用的选择方式，此方式需要绘制一条栅栏线，与所选择图形相交。在命令行“选择对象:”提示下，绘制如图 2-6 所示的直线作为栅栏线，所绘制的栅栏线呈虚线显示，按 Enter 键后，所有与栅栏线相交的图形都被选择，如图 2-7 所示。

图 2-6 绘制栅栏线　　图 2-7 选择结果

2.1.4 全选

“全选”方式用于一次选择当前文件中的所有图形对象。在命令行“选择对象：”提示下，输入 All 后按 Enter 键，所有对象都会被选择，如图 2-8 所示。

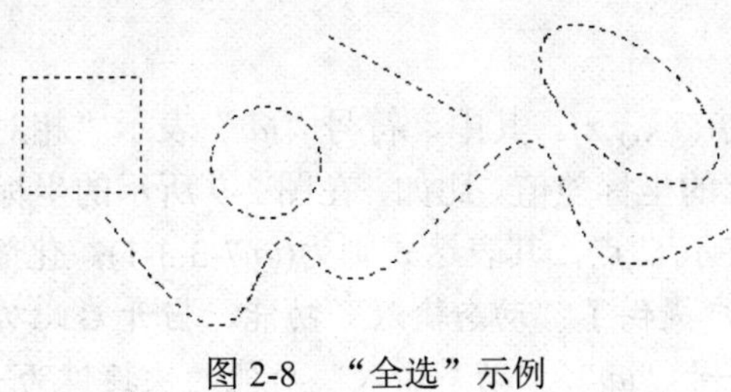

图 2-8 “全选”示例

2.2 图形点的精确输入

AutoCAD 提供了坐标点的精确输入功能，使用此功能，可以精确定位图形点，从而精确绘制图形。坐标点的输入功能主要包括“绝对点”和“相对点”两种类型，具体内容如下。

2.2.1 绝对点

“绝对点”指的是以坐标系原点作为参照点，进行定位其他点。所有点的坐标值都必须与坐标系原点有关系。此种点的输入有两种类型，具体如下：

1. 绝对直角坐标

此种坐标点的表达式为(x,y,z)，它是以实际的 x、y、z 坐标值进行定位点。比如，在图 2-9 所示的坐标系中，A 点的 X 坐标值为 4（即该点在 X 轴上的垂足点到原点的距离为 4 个单位），Y 坐标值为 4（即该点在 Y 轴上的垂足点到原点的距离为 4 个单位），B 点的绝对直角坐标表达式为(4,4)。

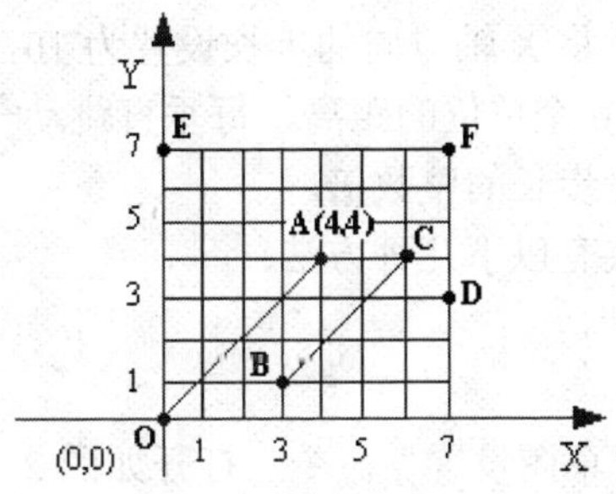

图 2-9 绝对坐标系的点

2. 绝对极坐标

此种坐标点的表达式为(L<α)，L 表示极长，α 表示角度，它是原点作为极点，通过相对于极点的极长和角度来定义点的。比如，在图 2-9 所示的坐标系中，由于直线 OE 的长度为 7，直线 OE 与 X 轴正方向夹角为 90 度，因此 E 点的绝对极坐标为(7<90)。

2.2.2 相对点

“相对点”是相对于参照点 X 轴、Y 轴和 Z 轴三个方向上的坐标差，它可以使用任意一点作为参照点，在实际绘图过程中，通过以上一点作为参照点。此种点的输入也有两种类型，具体如下：

1. 相对直角坐标

此种坐标点的表达式为(@x,y,z)。其中，符号“@”表示“相对于”，“x,y,z”分别表示目标点与参照点的三个轴向上的坐标差值。比如，在图 2-9 所示的坐标系中，如果以 B 点作为参照点，使用相对直角坐标表示 C 点，其表达式则为(@7-3,3-1)，化简之后则为(@4,2)。

注意：AutoCAD 为用户提供了“动态输入”功能，当开启此功能后，用户只需要输入坐标值即可，不用重复输入符号“@”。“动态输入”功能的快捷键为 F12。

2. 相对极坐标

此种坐标点的表达式为(@L<α)，它是通过相对于参照点的极长距离和偏移角度来表示的。比如，在图 2-9 所示的坐标系中，如果以 E 点作为参照点，使用相对极坐标表示 F 点，表达式则为(@7<0)，其中 7 表示 F 点和 E 点的极长距离为 7 个图形单位，偏移角度为 0°。

注意：默认设置下，AutoCAD 是以 X 轴正方向作为 0° 的起始方向，逆时针旋转为正方向，如果以 F 点作为参照点，使用相对坐标表示 E 点，其表达式则为（@7<180）。

2.3 图形点的捕捉追踪

“点的坐标输入”功能，必须是在明确点的坐标值后才可定位点，而在实际绘图过程中，有时无法明确点的坐标值，此时就不能使用“点的坐标输入”功能定位目标点，为此，AutoCAD 为用户提供了点的精确捕捉和追踪功能，使用户不需输入点坐标，就可精确地定位目标点。

2.3.1 步长捕捉

所谓“步长捕捉”，指的就是强制性地控制光标，使其按照用户定义间距（即步长）进行跳动，从而精确定位点。比如，将 X 轴方向的步长设置为 10，将 Y 轴方向的步长设置为 20，光标每水平跳动一次，则走过 10 个单位的距离，每垂直跳动一次，则走过 20 个单位的距离，如果连续跳动，则走过的距离是步长的整数倍。

执行“步长捕捉”功能主要有以下几种方法：

- 单击状态栏上的▦按钮。
- 按下功能键 F9。
- 单击“工具”菜单中“草图设置”命令，打开如图 2-10 所示的“草图设置”对话框，然后选中“启用捕捉”复选框。

部分选项解析如下：

- “捕捉 X 轴间距”文本框用于设置在 X 轴方向上的捕捉间距，即步长。
- “捕捉 Y 轴间距”文本框用于设置在 Y 轴方向上的捕捉间距，即步长。
- “X 轴间距和 Y 轴间距相等”复选框用于控制 X、Y 轴方向上的步长，采用相同的距离值。

● “捕捉类型”选项组用于设置捕捉的类型及样式，建议使用系统的默认设置。

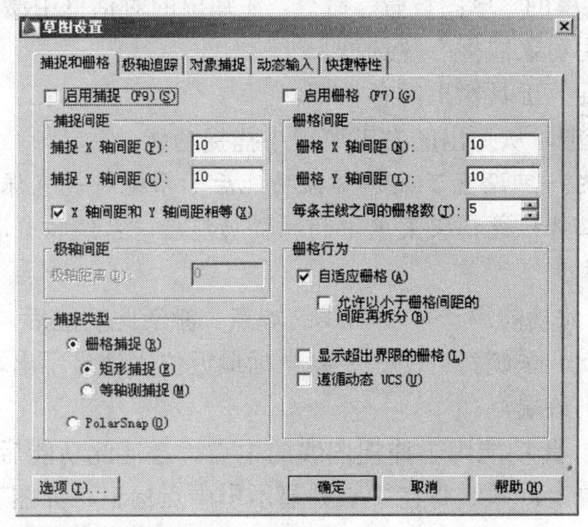

图 2-10　“草图设置”对话框

2.3.2　点的捕捉

除了“步长捕捉”功能之外，AutoCAD 还为用户提供了图形特征点的精确捕捉功能，使用这些捕捉功能可以非常精确地将光标定位到图形的特征点上，如直线的端点、圆的圆心等。

AutoCAD 共为用户提供了 13 种对象捕捉功能，这些功能分别以对话框、菜单和工具栏的形式显示，如图 2-11、图 2-12 和图 2-13 所示。

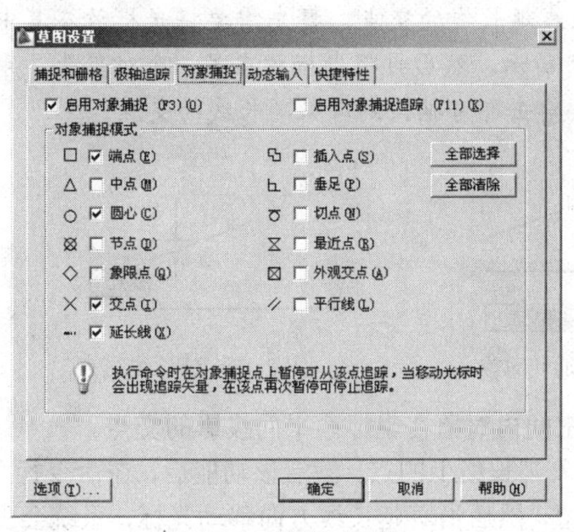

图 2-11　捕捉对话框

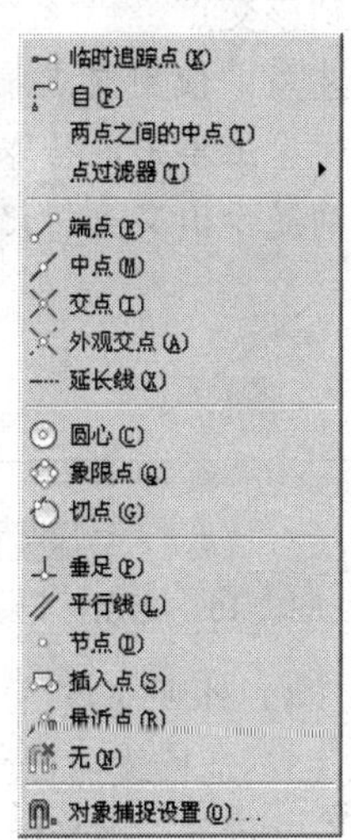

图 2-12　捕捉菜单

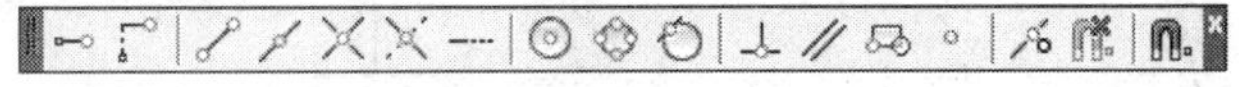

图 2-13　捕捉工具栏

1. 13 种捕捉功能的启动

● 单击状态栏上的□按钮。

- 按下功能键F3。
- 单击“工具”菜单的“草图设置”命令，在弹出的对话框中激活“对象捕捉”选项卡，然后勾选“启用对象捕捉”复选框。
- 单击“对象捕捉”工具栏上的各按钮。
- 按住Shift键右击，从弹出的右键菜单中捕捉功能。

注意：在此对话框内一旦设置了某种捕捉功能后，系统将一直保持这种捕捉模式，直到用户取消为止，而激活工具栏或捕捉菜单中的捕捉功能后，系统仅让捕捉一次。

2. 13 种捕捉功能解析

（1）端点捕捉。此功能用于捕捉图线的端点。激活此功能后，在命令行“指定点”提示下，将光标放在对象上，系统将自动在距离光标最近位置处显示出端点标记，如图 2-14 所示，此时单击即可捕捉到该端点。

（2）中点捕捉。此功能用于捕捉图线的中点。激活此功能后，在命令行“指定点”提示下，将光标放在对象上，系统将在中点处显示出中点标记，如图 2-15 所示，此时单击即可捕捉到该中点。

图 2-14　端点标记　　图 2-15　中点标记

（3）交点捕捉。此功能用于捕捉图线间的交点。激活此功能后，在命令行“指定点”提示下，将光标放在图线的交点处，系统将显示出交点标记，如图 2-16 所示，此时单击即可捕捉到该交点。

注意：使用交点捕捉功能，也可以捕捉图线延长线的交点，事先需要将光标放在其中的一个对象上单击，拾取该延伸对象，如图 2-17 所示，然后再将光标放在另一个对象上，系统将自动显示出交点标记，如图 2-18 所示，此时单击即可捕捉到对象延长线的交点。

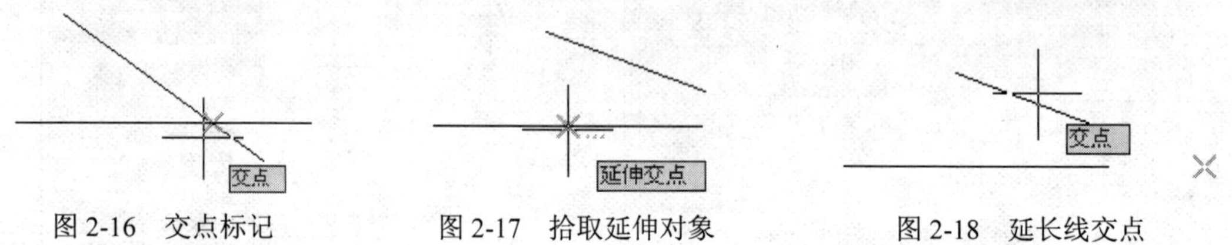

图 2-16　交点标记　　图 2-17　拾取延伸对象　　图 2-18　延长线交点

（4）外观交点。此功能用于捕捉三维空间内对象在坐标系平面投影的交点。

（5）延长线捕捉。此功能用于捕捉对象延长线上的点。激活该功能后，在命令行“指定点”提示下，将光标放在对象的末端稍一停留，然后沿着延长线方向移动光标，系统会引出一条追踪虚线，如图 2-19 所示，此时单击或输入一距离值，即可在对象延长线上定位点。

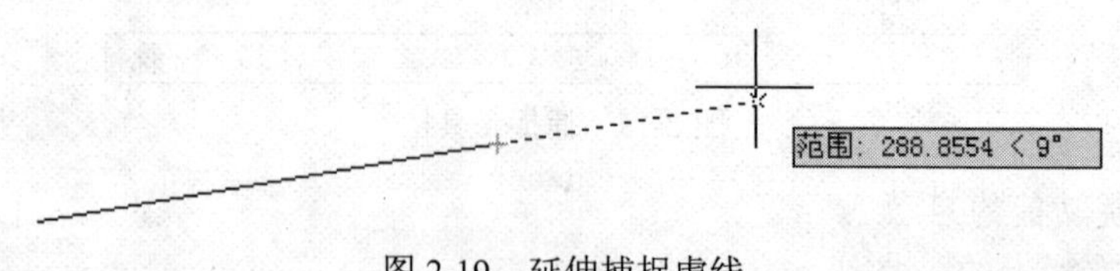

图 2-19　延伸捕捉虚线

（6）圆心捕捉。此功能用于捕捉圆、圆弧、椭圆等对象的圆心。激活该功能后，在命令行“指定点”提示下，将光标放在圆或圆弧等的边缘上，也可直接放在圆心位置上，系统会显示出圆心标记，如图 2-20 所示，此时单击即可捕捉到圆心。

（7）象限点捕捉。此功能用于捕捉圆或圆弧的象限点。激活该功能后，在命令行“指定点”提示下，将光标放在圆或圆弧的象限点位置上，系统会显示出象限点捕捉标记，如图 2-21 所示，此时单击即可捕捉到该象限点。

图 2-20　圆心标记　　图 2-21　象限点标记

（8）切点捕捉。此功能用于捕捉圆或圆弧的切点，绘制切线。激活该功能后，在命令行“指定点”提示下，将光标放在圆或圆弧的边缘上，系统会在切点处显示出切点标记，如图 2-22 所示，此时单击即可捕捉到切点，绘制出对象的切线，如图 2-23 所示。

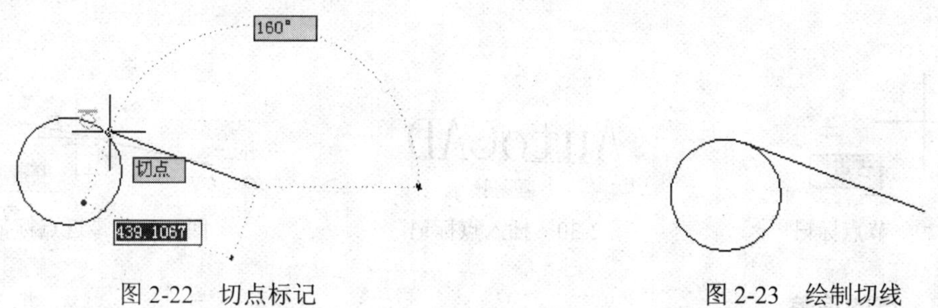

图 2-22　切点标记　　图 2-23　绘制切线

（9）垂足捕捉。此功能用于捕捉对象的垂足点，以绘制对象的垂线。激活该功能后，在命令行“指定点”提示下，将光标放在对象边缘上，系统会在垂足点处显示出垂足标记，如图 2-24 所示，此时单击即可捕捉到垂足点，绘制出对象的垂线，如图 2-25 所示。

图 2-24　垂足标记　　图 2-25　绘制垂线

（10）平行线捕捉。此功能用于绘制线段的平行线。激活该功能后，在命令行“指定点”提示下，把光标放在线段上，此时系统会显示平行标记，如图 2-26 所示，移动光标，系统会自动在平行位置处出现一条向两个方向无限延伸的追踪虚线，如图 2-27 所示，此时单击即可绘制出与拾取对象相互平行的线，如图 2-28 所示。

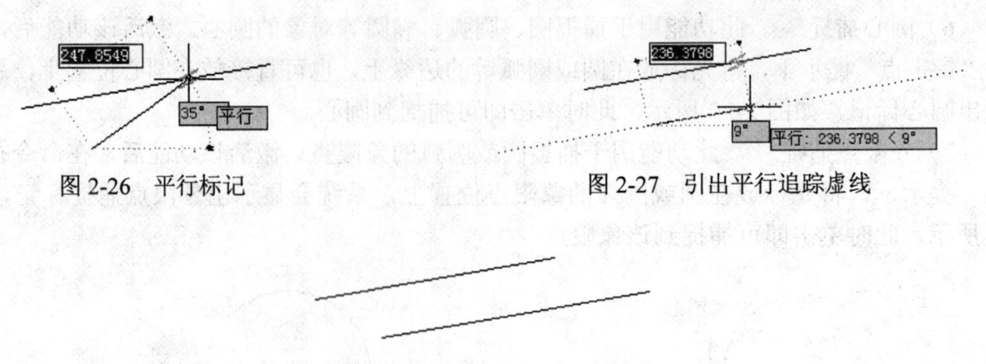

图 2-26 平行标记

图 2-27 引出平行追踪虚线

图 2-28 平行线绘制结果

（11）节点捕捉。此功能用于捕捉使用“点”命令绘制的点对象。在命令行“选择对象”提示下，将光标放在点对象上，系统会显示出节点标记，如图 2-29 所示，单击即可捕捉到该点。

（12）插入点捕捉。此种捕捉方式用来捕捉块、文字、属性或属性定义等的插入点，其捕捉标记如图 2-30 所示。

（13）最近点捕捉。此种捕捉方式用来捕捉光标距离对象最近的点，其捕捉标记如图 2-31 所示。

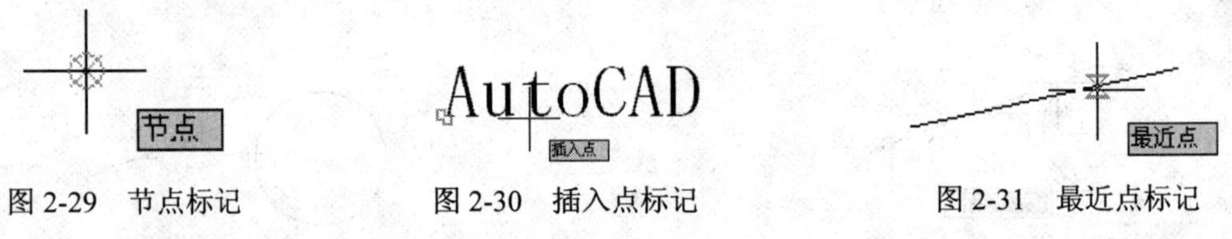

图 2-29 节点标记

图 2-30 插入点标记

图 2-31 最近点标记

2.3.3 点的追踪

由于“点的捕捉”功能只能将光标定位在对象的特征点上，如果需要将标记定位在特征点之外的目标点上，则可以使用“点的追踪”功能。具体内容如下：

1. 正交追踪

“正交追踪”功能用于将光标强行地控制在水平或垂直方向上，以绘制水平线或垂直线。启动“正交追踪”功能主要有以下几种方法：

- 单击状态栏上的按钮。
- 按下功能键 F8 键。
- 在命令行输入 Ortho↵。

下面通过绘制如图 2-32 所示的台阶截面，学习“正交追踪”功能的操作方法和技巧。

（1）准备一张空白文件。

（2）单击状态栏上的按钮，或按下功能键 F8，激活“正交追踪”功能。

（3）单击功能区“常用”选项卡的“绘图”面板上的按钮，执行“直线”命令，配合“正交追踪”功能绘制台阶截面。命令行操作如下：

命令: _line

指定第一点: //在绘图区单击，拾取一点作为起点

指定下一点或 [放弃(U)]: //向上引出如图 2-33 所示的 90 度方向矢
//量，然后输入 15↙
指定下一点或 [放弃(U)]: //向右引出如图 2-34 所示的 0 度方向矢
//量，然后输入 30↙

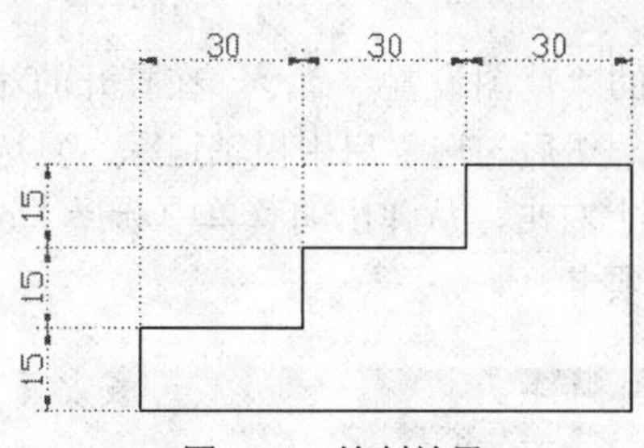

图 2-32 绘制效果

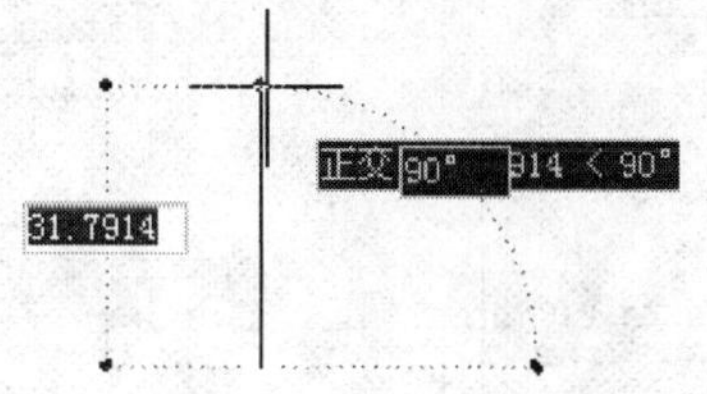

图 2-33 引出 90 度方向矢量

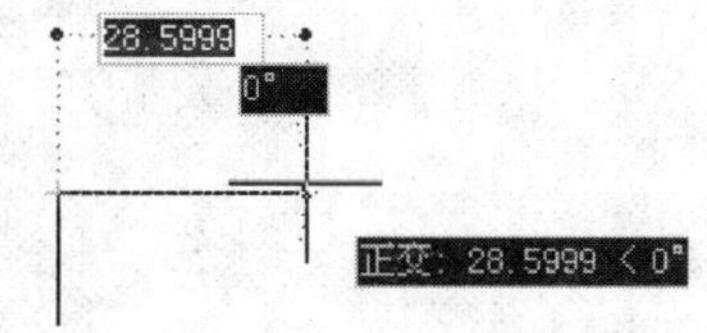

图 2-34 引出 0 度方向矢量

指定下一点或 [闭合(C)/放弃(U)]: //向上引导光标，输入 15↙
指定下一点或 [闭合(C)/放弃(U)]: //向右引导光标，输入 30↙
指定下一点或 [闭合(C)/放弃(U)]: //向上引导光标，输入 15↙
指定下一点或 [闭合(C)/放弃(U)]: //向右引导光标，输入 30↙
指定下一点或 [闭合(C)/放弃(U)]: //向下引出如图 2-35 所示的 270 度方向//
矢量，然后输入 45↙
指定下一点或 [闭合(C)/放弃(U)]: //向左引出如图 2-36 所示的 180 度方向//
矢量，然后输入 90↙
指定下一点或 [闭合(C)/放弃(U)]: //↙，结束命令

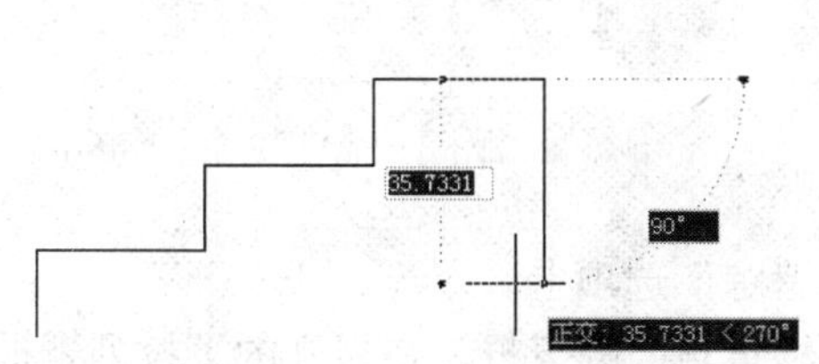

图 2-35 引出 270 度方向矢量

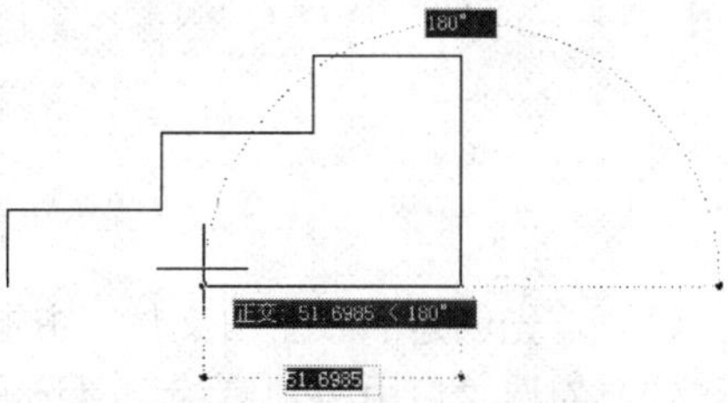

图 2-36 引出 180 度方向矢量

（4）最终的绘制效果如图 2-32 所示。

注意：“直线”命令是一个最简单、最常用的画线工具，使用此命令绘制的直线，每一段被看作是一个独立的对象。另外，在命令行输入 Line 或使用命令简写 L，也可启动“直线”命令。

2. 极轴追踪

“极轴追踪”功能指的就是在极轴角或极轴角的倍数方向上引出相应的极轴追踪矢量，进行追踪定位目标点。执行“极轴追踪”功能主要有以下几种方法：

- 单击状态栏上的按钮。
- 按下功能键F10。
- 单击“工具”菜单中的“草图设置”命令，在打开的对话框中激活如图 2-37 所示的“极轴追踪”选项卡，然后勾选“启用极轴追踪”复选框。
- 在状态栏上的按钮上右击，从弹出的菜单中选择“设置”选项，也可打开 2-37 所示的“极轴追踪”选项卡。

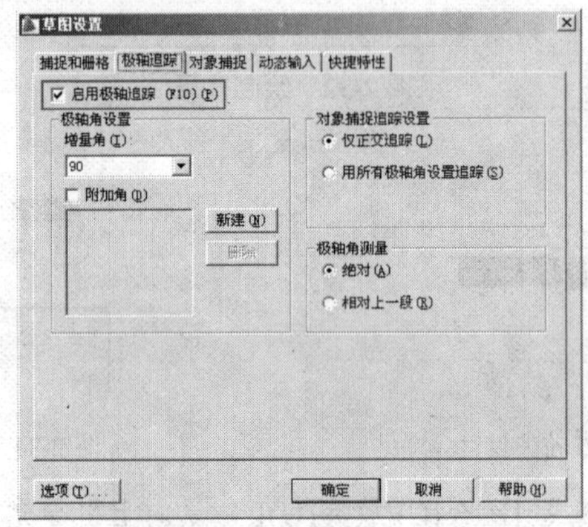

图 2-37 “极轴追踪”选项卡

注意：不能同时打开“正交追踪”与“极轴追踪”功能，前者是使光标限制在水平或垂直轴上，后者则可以追踪任意方向矢量。

下面通过绘制角度为 30 度、长度为 150 的倾斜直线为例，学习“极轴追踪”功能的操作方法和操作技巧。本例效果如图 2-38 所示。

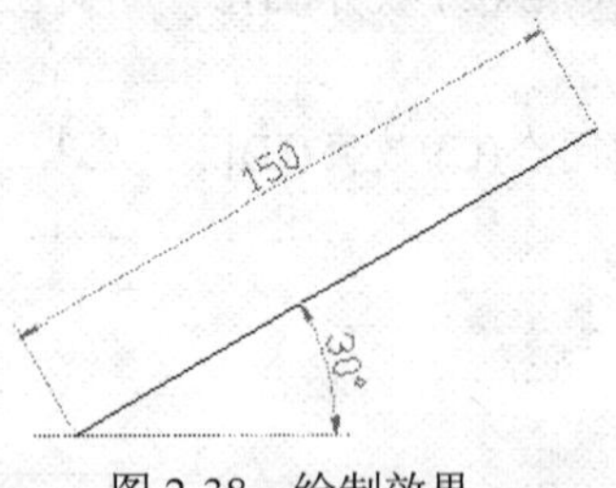

图 2-38 绘制效果

（1）首先创建一张空白文件，并打开“极轴追踪”选项卡。

（2）勾选“启用极轴追踪”复选框，单击“增量角”列表框，在展开的下拉列表框中选择 30，如图 2-39 所示，将当前的追踪角设置为 30 度。

注意：在“极轴角设置”选项组的“增量角”下拉列表框内，系统提供了多种增量角，如 90°、60°、45°、30°、22.5°、18°、15°、10°、5° 等，可以从中选择一个角度值作为增量角。

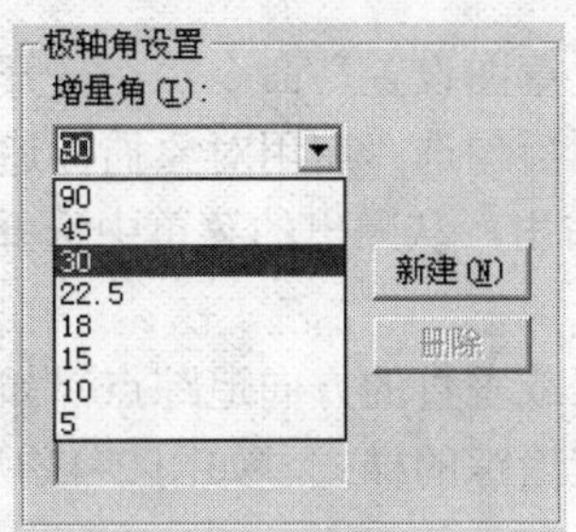

图 2-39　选择增量角

（3）单击 确定 按钮关闭对话框，完成极轴角的设置。

（4）在命令行输入 Line 或 L，激活“直线”命令，配合“极轴追踪”功能，绘制倾斜直线。命令行操作如下：

命令: _line

指定第一点:　　//在绘图区拾取一点作为起点

指定下一点或 [放弃(U)]:　　//向右上方移动光标，系统会在 30 度方向上
//出现如图 2-40 所示的极轴追踪矢
//量，输入 150↵

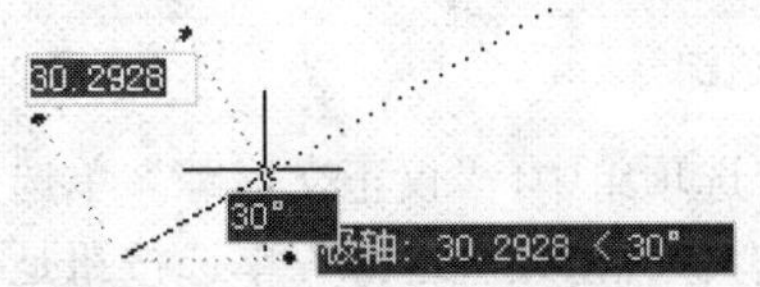

图 2-40　引出 30 度方向矢量

指定下一点或 [放弃(U)]:　　//↵，结束命令

注意：如果用户需要使用预设值以外的角度，可以勾选“附加角”复选项，单击 新建(N) 按钮，创建一个附加角，系统就会以所设置的附加角进行追踪。如果要删除一个角度值，在选取该角度值后单击 删除 按钮即可。另外，系统预设的增量角不能被删除。

3. 对象追踪

“对象追踪”功能指以对象上的某些特征点作为追踪点，引出向两端无限延伸的对象追踪虚线，如图 2-41 所示，在此追踪虚线上拾取点或输入距离值，即可精确定位目标点。

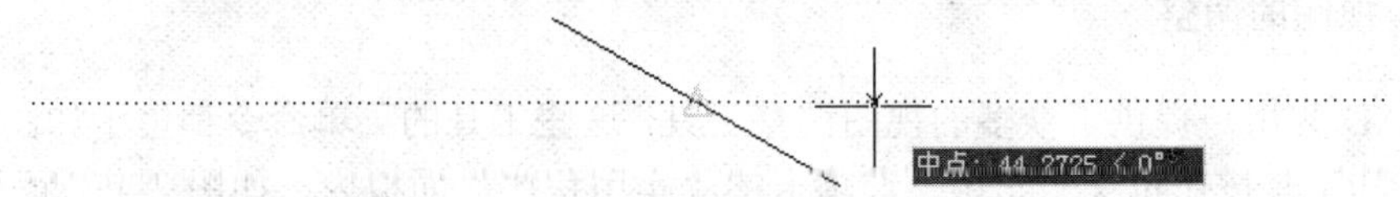

图 2-41　对象追踪虚线

注意：“对象追踪”功能只有在“对象捕捉”和“对象追踪”同时打开的情况下才可使用，而且只能追踪对象捕捉类型里设置的自动对象捕捉点。

执行“对象追踪”功能主要有以下几种方法：

- 单击状态栏上的 ∠ 按钮。
- 按下功能键 F11 键。

- 单击“工具”菜单中的“草图设置”命令，在打开的对话框中激活如图 2-42 所示的“对象捕捉”选项卡，然后勾选“启用对象捕捉追踪”复选框。
- 在状态栏上的按钮上右击，从弹出的菜单中选择“设置”选项，也可打开 2-42 所示的选项卡。

在默认设置下，系统仅在水平或垂直的方向追踪点，如果用户需要按照某一角度追踪点，可以在“极轴追踪”选项卡中设置追踪的样式，如图 2-43 所示。

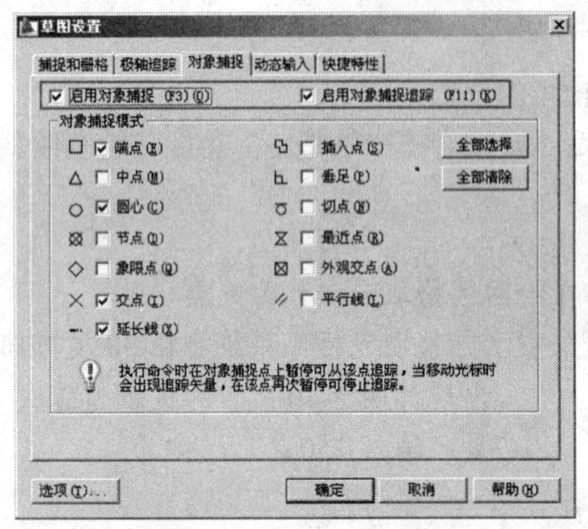

图 2-42 启用对象追踪

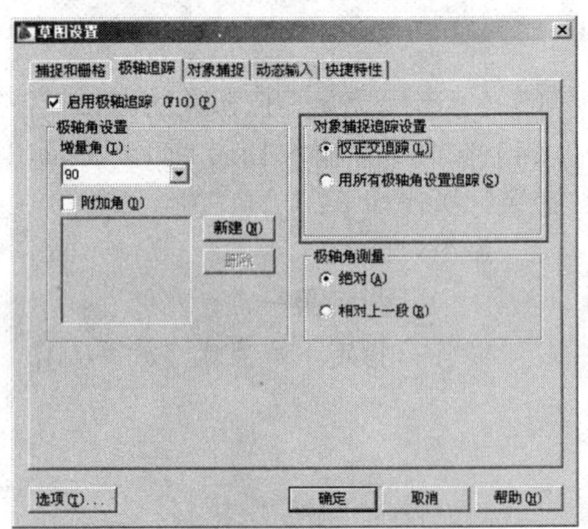

图 2-43 “极轴追踪”选项卡

在“对象捕捉追踪设置”选项组中，“仅正交追踪”单选按钮与当前极轴角无关，它仅水平或垂直地追踪对象；“用所有极轴角设置追踪”单选按钮是根据当前所设置的极轴角及极轴角的倍数出现对象追踪虚线，用户可以根据需要进行设置。

2.4 视图的实时调整功能

绘图窗口的大小是一定的，如果用户绘制了尺寸很小或尺寸很大的图形，在绘图窗口中可能显示不出或不能完全显示所绘制的图形。为此，AutoCAD 为用户提供了视窗的实时调整功能，使用这些调整工具，可以非常方便地调整视图，便于用户观察、编辑视图内的图形细节或图形的全貌。

2.4.1 视图的调整

AutoCAD 为用户提供了众多的视图调整工具，这些工具的菜单命令都位于如图 2-44 所示的菜单上，其工具按钮位于“常用”选项卡的“实用程序”面板内，如图 2-45 所示。

1. 窗口缩放

此功能用于在需要缩放的区域内拉出一个矩形的窗口选择框，如图 2-46 所示，结果将位于框内的图形放大显示在视窗内，如图 2-47 所示。

2. 动态缩放

此功能用于动态地浏览和缩放视图，通常用于观察和缩放比例比较大的图形。激活该功能后，屏幕将临时切换到虚拟显示状态，同时显示出三种视图框，如图 2-48 所示。

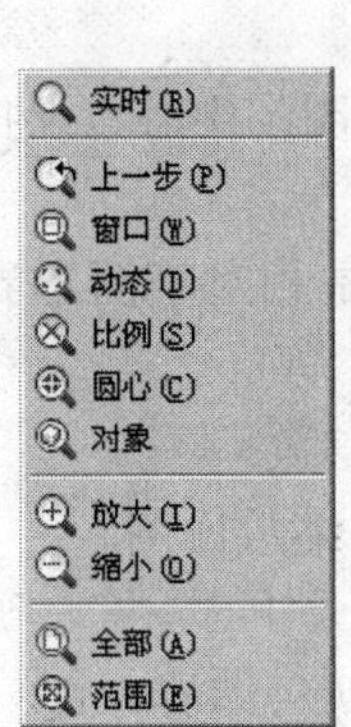

图 2-44　"视图"菜单

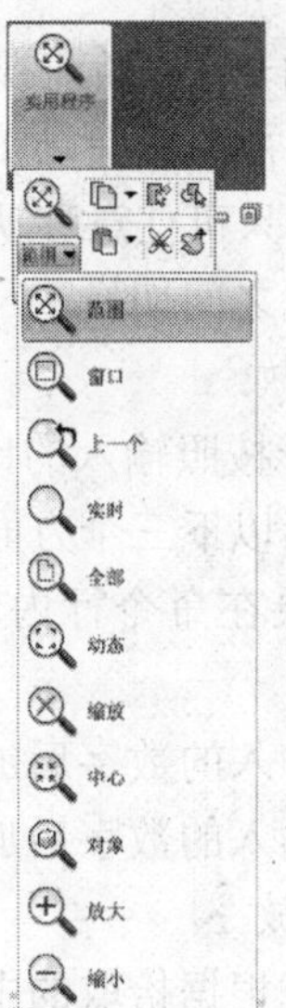

图 2-45　"实用程序"功能区面板

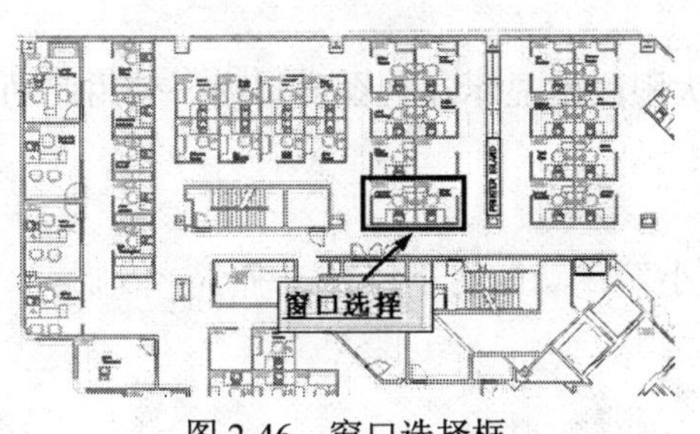

图 2-46　窗口选择框

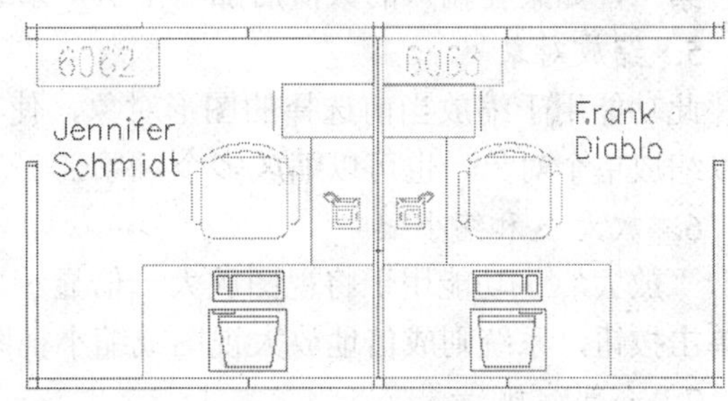

图 2-47　缩放结果

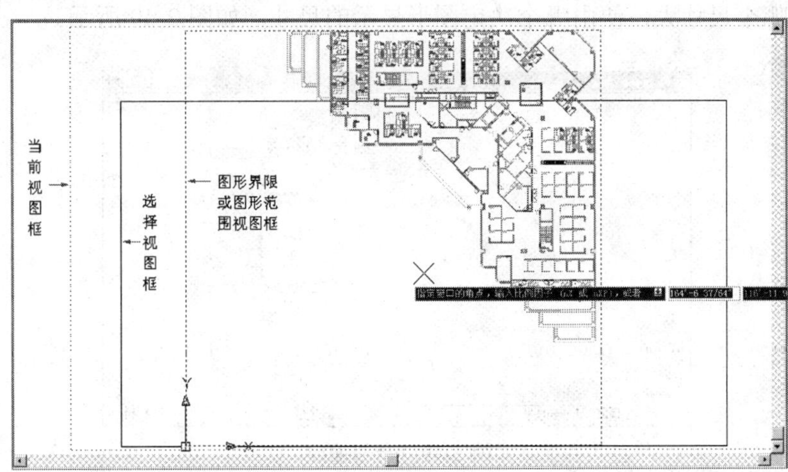

图 2-48　动态缩放视图框

注意：如果当前视图与图形界限或视图范围相同，蓝色虚线框便与绿色虚线框重合。平移视图框中有一个"×"号，它表示下一视图的中心点位置。

其中，图形界限（或图形范围）视图框是一个蓝色的虚线方框，该框显示图形界限和图形范围中较大的一个；当前视图框是一个绿色的线框，该框中的区域是在使用这一选项之前的视图区域；选择视图框是以实线显示的视图框，该视图框有两种状态，一种是平移视图框，其大小不能改变，只可任意移动；一种是缩放视图框，它不能平移，但可调节大小，可用鼠标左键在两种视图框之间切换。

3. 比例缩放

此功能用于按照输入的比例因子调整视图，当比例缩放后，视图的中心点保持不变。比例缩放具体包括以下三个方面。

第一，如果在命令行内输入具体的数字，比例缩放的结果将是相对于图形界限的缩放倍数。

第二，在输入的数字后加字母 X，表示相对于当前视图的缩放倍数。

第三，在输入的数字后加字母 XP，表示根据图纸空间单位确定缩放比例。

4. 中心缩放

此功能用于根据拾取的中心点调整视图。当确定中心点后，有两种缩放方式，具体如下：

第一，如果在命令行输入一个数值，系统将以此数值作为新视图的高度来调整视图。

第二，如果在输入的数值后加一个 X，系统将其看作视图的缩放倍数。

5. 缩放对象

此功能用于缩放当前选择的图形对象，使其最大限度地显示在视图窗口内。使用此功能可以缩放单个对象，也可以缩放多个对象。

6. 放大和缩小

“放大”功能用于将视图放大一倍显示，“缩小”功能用于将视图缩小一倍显示。连续单击按钮，系统则成倍地放大视图或缩小视图。

7. 全部缩放

所谓“全部缩放”，指按照图形界限或图形范围的尺寸在绘图区域内显示图形。图形界限与图形范围中哪个尺寸大，便由哪个决定图形显示的尺寸，如图 2-49 所示。

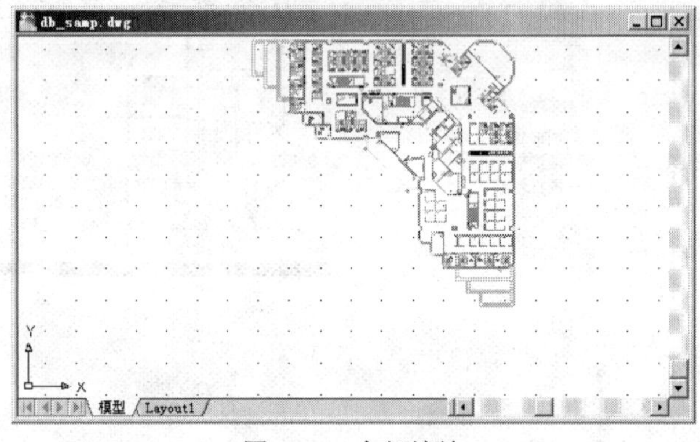

图 2-49　全部缩放

8. 范围缩放

所谓“范围缩放”，指将所有图形全部显示在屏幕上，并最大限度地充满整个屏幕，如图 2-50 所示。此种选择方式与图形界限无关。

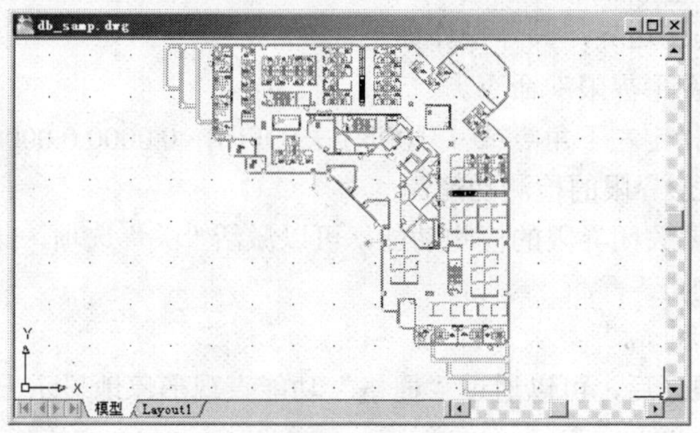

图 2-50　范围缩放

9. 缩放上一个

此功能用于恢复上一个视图。当用户对视图调整之后，以前视图的显示状态会被 AutoCAD 自动保存起来，使用“缩放上一个”功能可以恢复上一个视图的显示状态，如果用户连续启动该工具，系统将连续地恢复视窗，直至退回到前 10 个视图。

2.4.2　平移与缩放

AutoCAD 还为用户提供了两种比较常用的“实时平移”和“实时缩放”功能，前者仅用于平移视图，不能进行缩放；后者可以对视图实时缩小或实时放大，按住左键向下拖曳，则会缩小视图，向上拖曳，则会放大视图。

2.5　图形界限与图形单位

2.5.1　设置图形界限

所谓“图形界限”，指的就是绘图的区域，实际上表示绘图区域，它相当于手工绘图时定制的图纸。设置图形界限的目的就是为了便于显示和编辑图形。

使用“图形界限”命令，不但可以设置文件的图形界限，还可以对图形界限进行检测，以方便控制绘制的图形是否超出作图边界之外。执行“图形界限”命令主要有以下几种方法：

- 单击“菜单浏览器” / “格式” / “图形界限”命令。
- 在命令行输入 Limits↵。

执行“图形界限”命令后，根据 AutoCAD 命令行的操作提示，设置图形界限，即绘图区域。

命令: '_limits

重新设置模型空间界限:

指定左下角点或 [开(ON)/关(OFF)] <0.0000,0.0000>:

//定位图形界限左下角点，一般为坐标系原点

指定右上角点 <420.0000,297.0000>:

//输入图形界限右上角点的绝对坐标

1. 检测图形界限

当用户设置了图形界限后，AutoCAD 软件可以把输入的坐标点限制在图形界限之内，以

防止用户绘制的图形超出边界，具体操作如下：

（1）首先执行“图形界限”命令。

（2）在命令行“指定左下角点或 [开(ON)/关(OFF)] <0.0000,0.0000>：”提示下，输入 on 后按 Enter 键，打开图形界限的检测功能。

（3）如果用户需要关闭界限的检测功能，可以激活“关”选项，此时，AutoCAD 允许用户输入图形界限外部的点。

2. 图形界限的显示

当设置了图形界限之后，可以通过“栅格”功能直观形象地显示出来，如图 2-51 所示。

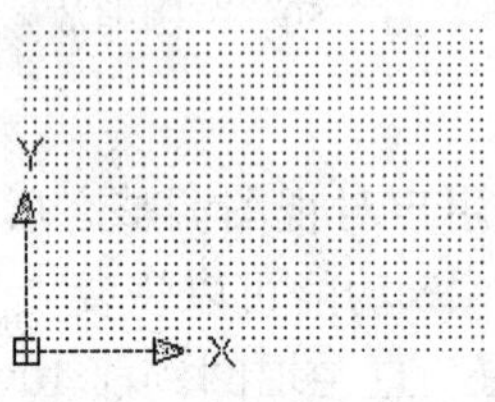

图 2-51 栅格示例

“栅格”功能是以栅格点的形式直观显示图形界限（即绘图区域），给用户提供直观的距离和位置参照。栅格点是一些虚拟的参照点，只作为绘图的辅助工具出现，不是图形的一部分，也不会被打印输出。

执行“栅格”功能主要有以下几种方法：

- 单击状态栏上的按钮。
- 按下功能键 F7。
- 按下组合键 Ctrl+G。
- 在按钮上右击，选择右键菜单上的“设置”选项，然后在打开的对话框中勾选“启用栅格捉”复选项。

注意：如果激活“栅格”功能后，绘图区没有显示出栅格点，这是因为当前图形界限太大，导致栅格点太密的缘故，需要修改栅格点之间的距离。

2.5.2 设置图形单位

“单位”命令用于设置图形的长度单位、角度单位、角度的测量方向以及各自的精度等参数。执行“单位”命令主要有以下几种方法：

- 单击“菜单浏览器” / “格式” / “单位”命令。
- 在命令行输入 Units↵
- 使用命令简写 UN↵。

执行“单位”命令后，系统打开如图 2-52 所示的“图形单位”对话框，具体设置图形的单位及单位精确度，具体包括“长度”和“角度”两大部分，系统默认的长度类型为“小数”，角度类型为“十进制度数”。

- 在“长度”选项组的“类型”下拉列表框内，可以设置长度的类型，默认为“小数”；在“精度”下拉列表框内设置单位的精度，默认为“0.0000”，用户可以根据需要设置单位的精度。

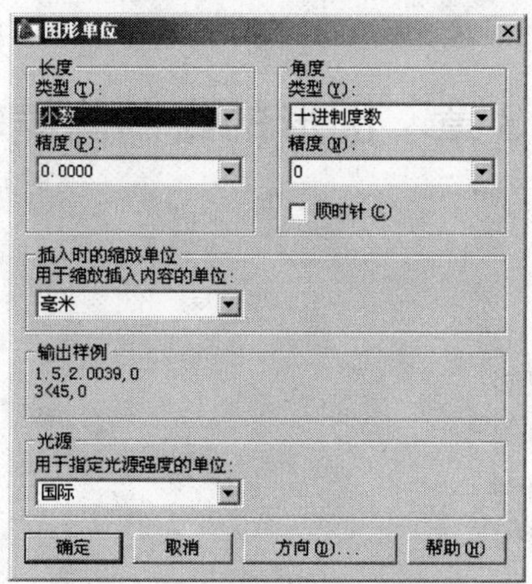

图 2-52　“图形单位”对话框

注意：AutoCAD 提供了“建筑”、“小数”、“工程”、“分数”和“科学”五种长度类型。单击该选项框中的▼按钮可以选择需要的长度类型。

- 在“角度”选项组的“类型”下拉列表框内设置角度的类型，默认为“十进制度数”；在“精度”下拉列表框内设置角度的精度，默认为“0”，用户可以根据需要进行设置。

注意：“顺时针”选项用于设置角度的方向，如果勾选该选项，在绘图过程中就以顺时针为正角度方向，否则以逆时针为正角度方向。

- “插入时的缩放单位”选项组用于确定拖放内容的单位，默认为“毫米”。
- 设置角度的基准方向。单击底部的 方向(D)... 按钮，可打开图 2-53 所示的“方向控制”对话框，用来设置角度测量的起始位置。

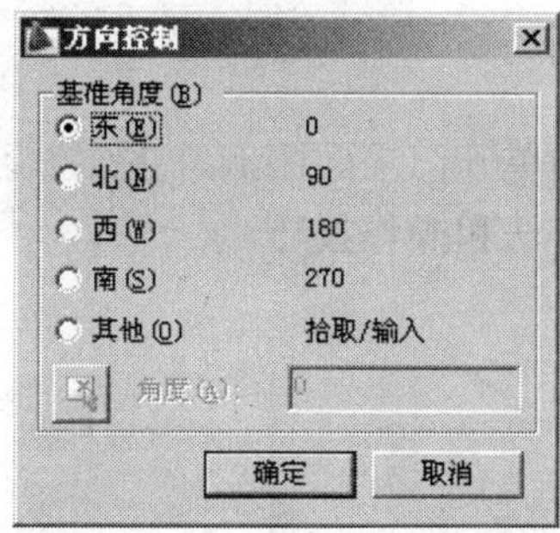

图 2-53　“方向控制”对话框

2.6　本章小结

本章重点学习了 AutoCAD 2009 软件的必备技能，具体有图形的基本选择、图形点的精确输入、图形点的捕捉追踪、视图的实时调整以及图形界限和图形单位的设置等。熟练掌握本章讲述的各种操作技能，不仅能为图形的绘制和编辑操作奠定良好的基础，同时也为精确绘图以及简捷方便地管理图形提供了条件，希望读者认真学习、熟练掌握，为后续章节的学习打下牢固的基础。

第 3 章　图形的绘制与编辑

学习内容

- 案例一：绘制门类图例
- 案例二：绘制柜类图例
- 案例三：绘制灯类图例
- 案例四：绘制拼花图例
- 本章小结

本章知识点

- 矩形、正多边形与边界
- 圆、圆弧、椭圆与样条曲线
- 复制、偏移、镜像与阵列
- 图形的常规编辑与边角细化
- 夹点编辑

3.1　案例一：绘制门类图例

3.1.1　教学目标

本例通过绘制如图 3-1 所示的单开门平面图例，主要学习“多段线”、“矩形”、“圆弧”、“镜像”、“旋转”等命令的操作方法和操作技巧。

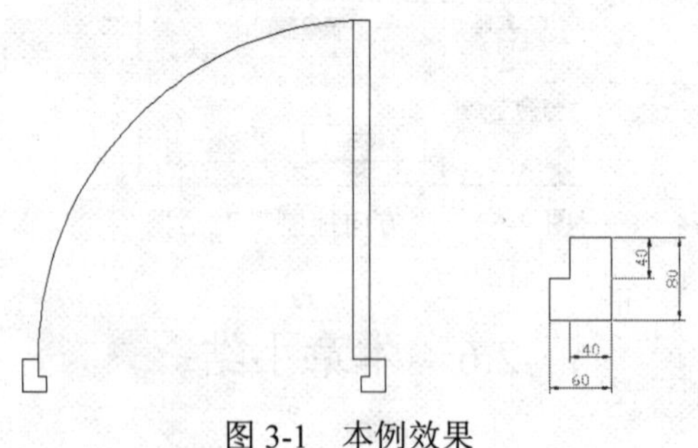

图 3-1　本例效果

3.1.2　绘图思路

- 首先准备空白文件以及作图区域。
- 使用“多段线”命令绘制一侧的门垛。

- 使用“镜像”命令创建另一侧的门垛。
- 使用“矩形”、“旋转”命令绘制平面门。
- 使用“圆弧”命令绘制门开启的方向。
- 使用“保存”命令将图形存盘。

3.1.3　命令讲解

在绘制单开门平面图例之前，首先学习“多段线”、“矩形”、“圆弧”、“镜像”、“旋转”等命令，具体内容如下。

3.1.3.1　“多段线”命令

“多段线”命令主要用于绘制由直线段或弧线序列组成的线图形，也可用于绘制具有宽度的多段线，如图 3-2 所示。

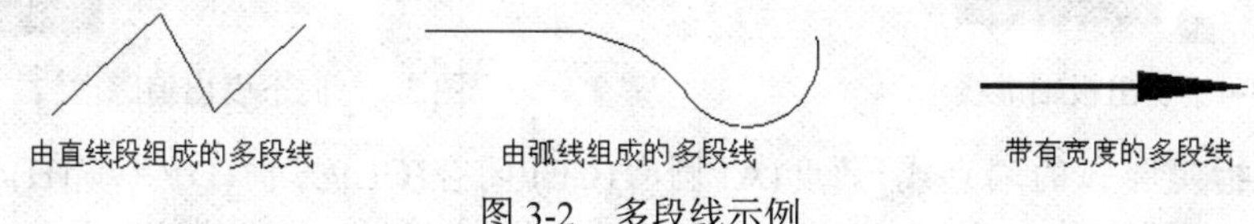

图 3-2　多段线示例

1. 命令的执行

执行“多段线”命令主要有以下几种方式：

- 单击“菜单浏览器” /“绘图” / “多段线”命令。
- 单击功能区“常用”选项卡 / “绘图”面板上的按钮。
- 在命令行输入 Pline↵。
- 使用命令简写 PL↵。

2. 命令的使用

下面以绘制如图 3-3 所示的多段线为例，学习使用“多段线”命令。

图 3-3　绘制效果

命令行操作如下：

命令：pline

指定起点:　　//在适当位置拾取一点作为起点

当前线宽为 0.0000

指定下一个点或 [圆弧(A)/半宽(H)/长度(L)/放弃(U)/宽度(W)]:

　　//w↵，激活“宽度”选项

指定起点宽度 <0.0000>:　　//10↵，设置起点宽度

指定端点宽度 <10.0000>:　　//↵，设置端点宽度

指定下一个点或 [圆弧(A)/半宽(H)/长度(L)/放弃(U)/宽度(W)]:

//向右引出如图 3-4 所示的极轴追踪虚线，然
//后输入 2000↵，定位第二点

指定下一点或 [圆弧(A)/闭合(C)/半宽(H)/长度(L)/放弃(U)/宽度(W)]:
//a↵，转入画弧模式

指定圆弧的端点或[角度(A)/圆心(CE)/闭合(CL)/方向(D)/半宽(H)/直线(L)/半径(R)/第二个点(S)/放弃(U)/宽度(W)]: //向下引出如图 3-5 所示的极轴
//追踪虚线，输入 1200↵，定位第三点

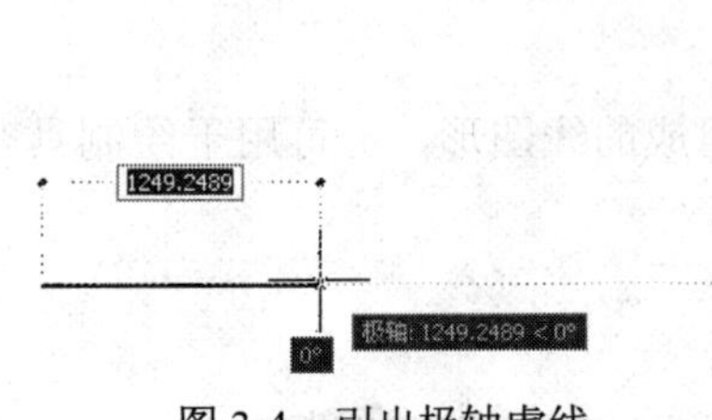

图 3-4 引出极轴虚线

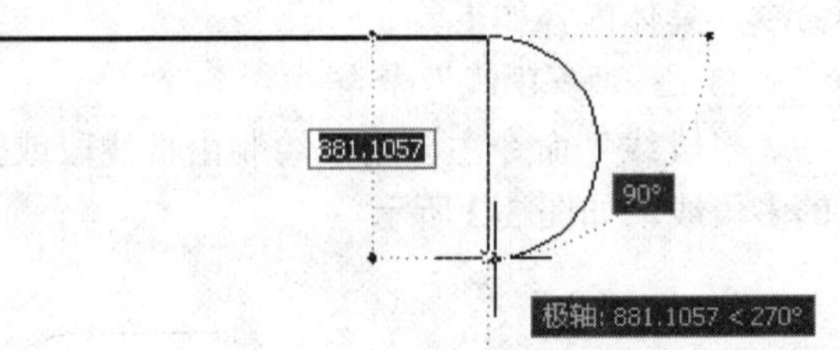

图 3-5 向下引出追踪虚线

指定圆弧的端点或[角度(A)/圆心(CE)/闭合(CL)/方向(D)/半宽(H)/直线(L)/半径(R)/第二个点(S)/放弃(U)/宽度(W)]: //l↵，转入画线模式

指定下一点或 [圆弧(A)/闭合(C)/半宽(H)/长度(L)/放弃(U)/宽度(W)]:
//向左引出如图 3-6 所示的追踪虚线，输
//入 2000↵，定位第四点

指定下一点或 [圆弧(A)/闭合(C)/半宽(H)/长度(L)/放弃(U)/宽度(W)]:
//a↵，转入画弧模式

指定圆弧的端点或[角度(A)/圆心(CE)/闭合(CL)/方向(D)/半宽(H)/直线(L)/半径(R)/第二个点(S)/放弃(U)/宽度(W)]:
//cl↵，闭合图形，绘制效果如图 3-7 所示

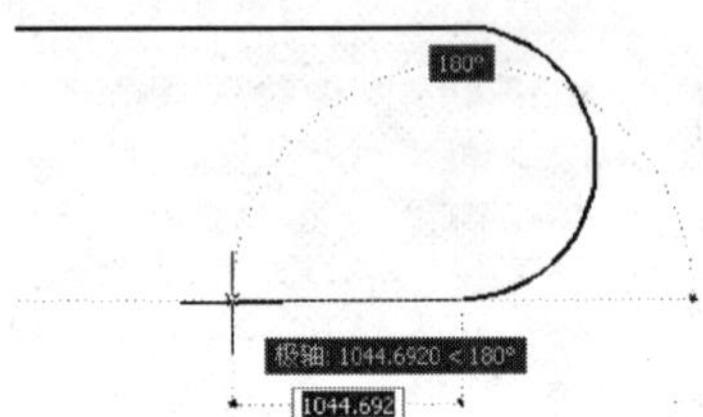

图 3-6 向左引出追踪虚线

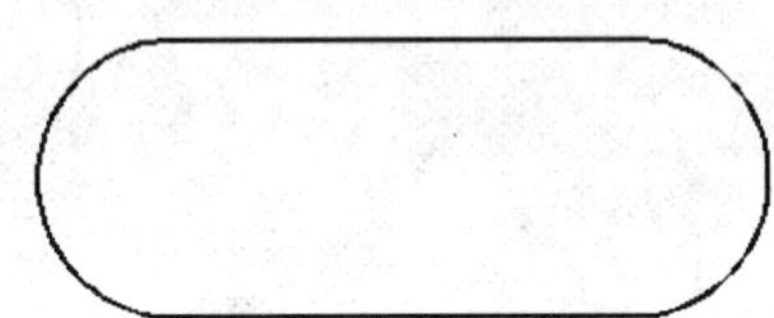
图 3-7 绘制结果

注意：无论多段线内部包含有多少条直线段或弧线段，系统都将这些元素看作是一个独立的对象。

3. 选项解析

- “闭合”选项用于绘制闭合多段线，并结束命令。在封闭多段线时，使用的是直线段。
- “半宽”选项用于设置多段线的半宽值。假设绘制宽度为 20 的多段线，可以使用此选项将半宽设置为 10。
- “圆弧”选项用于将绘图模式切换为画弧状态，以绘制弧线。

- “长度”选项用于定义下一段多段线的长度，AutoCAD 按照上一线段的方向绘制这一段多段线。若上一段是圆弧，AutoCAD 绘制的直线段与圆弧相切，如图 3-8 所示。

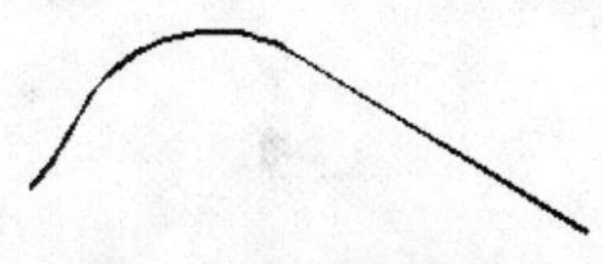

图 3-8　长度选项示例

- “宽度”选项用于设置多段线的整体宽度值，在设置宽度值时，起始点的宽度值可以相同也可以不同。

注意：系统变量 Fillmode 控制多段线是否被填充，当变量值为 1 时，带有宽度的多段线是被填充的；变量为 0 时，带有宽度的多段线将不会填充，如图 3-9 所示。

图 3-9　宽度多段线

3.1.3.2　“矩形”命令

“矩形”命令用于绘制由四条直线围成的闭合图形，这四条直线被看作是一个单独的对象。

1. 命令的执行

执行“矩形”命令主要有以下几种方法：

- 单击“菜单浏览器”/“绘图”/“矩形”命令。
- 单击功能区“常用”选项卡/“绘图”面板上的按钮。
- 在命令行输入 Rectang↵。
- 使用命令简写 REC↵。

在默认设置下是以“对角点”方式绘制矩形的，用户只需定位出矩形的两个对角点即可精确绘制矩形。现绘制长度为 200、宽度为 150 的矩形，命令行操作如下：

命令: _rectang

指定第一个角点或 [倒角(C)/标高(E)/圆角(F)/厚度(T)/宽度(W)]:

//在绘图区拾取一点定位矩形第一角点

指定另一个角点或 [面积(A)/尺寸(D)/旋转(R)]:

//@200,150↵，输入对角点坐标

2. 特征矩形

- 倒角矩形：使用命令中的“倒角”选项可以绘制如图 3-10 所示的倒角矩形。
- 圆角矩形：使用“圆角”选项可以绘制四个角为圆角的特征矩形，如图 3-11 所示。

图 3-10　倒角矩形　　图 3-11　圆角矩形

- 厚度矩形：使用“厚度”选项可以绘制如图 3-12 所示的厚度矩形。
- 宽度矩形：使用“宽度”选项可以绘制如图 3-13 所示的宽度矩形。

图 3-12 厚度矩形

图 3-13 宽度矩形

- “标高”选项用于设置矩形在三维空间内的基面高度，即距离当前坐标系的 XOY 坐标平面的高度。

3.1.3.3 “圆弧”命令

“圆弧”命令是用于绘制弧形曲线的工具。执行“圆弧”命令主要有以下几种方法：

- 单击“菜单浏览器” / “绘图” / “圆弧”级联菜单中的各命令，如图 3-14 所示。
- 单击功能区“常用”选项卡 / “绘图”面板上的按钮。
- 在命令行输入 Arc↵。
- 使用命令简写 A↵。

1. 三点画弧

AutoCAD 软件共为用户提供了 11 种画弧方式，默认设置下为三点画弧，此种画弧功能是一种较为常用的画弧方式。命令行操作过程如下：

命令: _arc

指定圆弧的起点或 [圆心(C)]: //在绘图区拾取弧的起点

指定圆弧的第二个点或 [圆心(C)/端点(E)]: //在绘图区拾取弧的第二个点

指定圆弧的端点: //在绘图区拾取弧的端点

绘制效果如图 3-15 所示。

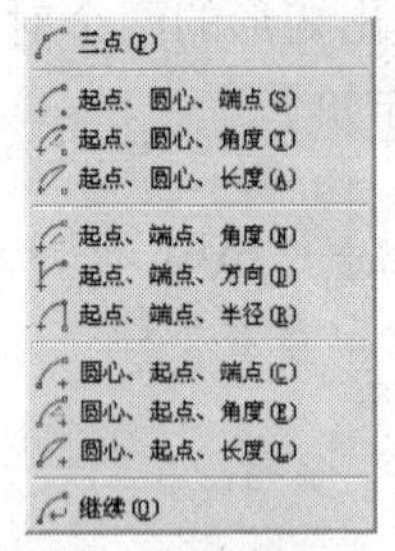

图 3-14 圆弧菜单

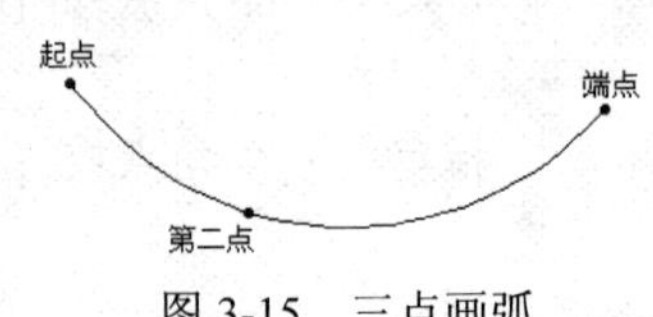

图 3-15 三点画弧

2. “起点、圆心”方式画弧

此种画弧方式可分为“起点、圆心、端点”、“起点、圆心、角度”和“起点、圆心、长度”三种，当用户指定了圆弧的起点和圆心之后，只需定位出弧的端点、角度或长度，即可精确画弧，如图 3-16、图 3-17 和图 3-18 所示。

3. “起点、端点”方式画弧

此种画弧方式可分为“起点、端点、角度”、“起点、端点、方向”和“起点、端点、半径”三种，当用户指定了圆弧的起点和端点之后，只需给出弧的角度、切向或半径，即可精确画弧，如图 3-19、图 3-20 和图 3-21 所示。

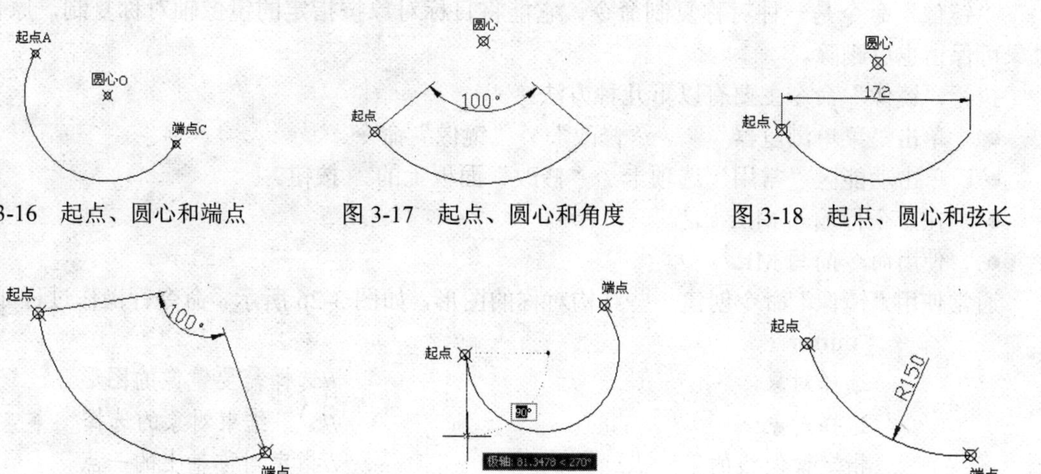

图 3-16　起点、圆心和端点　　图 3-17　起点、圆心和角度　　图 3-18　起点、圆心和弦长

图 3-19　起点、端点和角度　　图 3-20　起点、端点和方向　　图 3-21　起点、端点和半径

注意：在配合“角度”选项绘制圆弧时，如果用户输入的中心角为正值，系统将按逆时针方向绘制圆弧；如果输入的中心角为负值，系统将按顺时针方向绘制圆弧。

4. “圆心、起点”方式画弧

此种画弧方式分为“圆心、起点、端点”、“圆心、起点、角度”和“圆心、起点、长度”三种，当用户指定了圆弧的圆心和起点之后，只需给出弧的端点、角度或长度，即可精确画弧，如图 3-22、图 3-23 和图 3-24 所示。

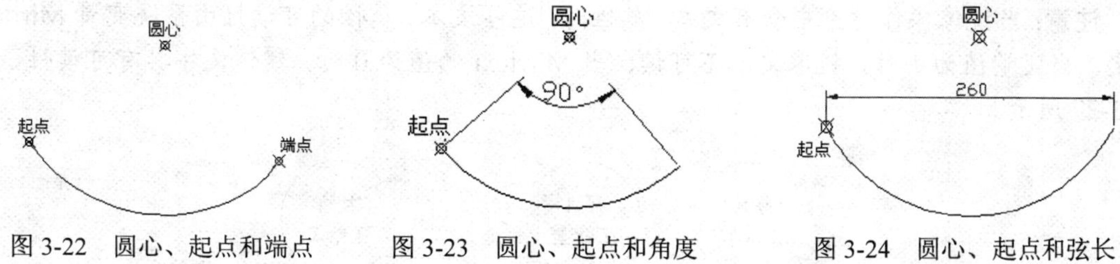

图 3-22　圆心、起点和端点　　图 3-23　圆心、起点和角度　　图 3-24　圆心、起点和弦长

注意：在配合“长度”选项绘制圆弧时，如果输入的弦长为正值，系统将绘制小于 180 度的劣弧；如果输入的弦长为负值，则将绘制大于 180 度的优弧。

5. 连续画弧

刚结束“圆弧”命令后，单击“菜单浏览器” / “绘图” / “圆弧” / “继续”命令，系统则自动进入“连续画弧”状态，绘制的圆弧与前一个圆弧的终点连接并与之相切，如图 3-25 所示。

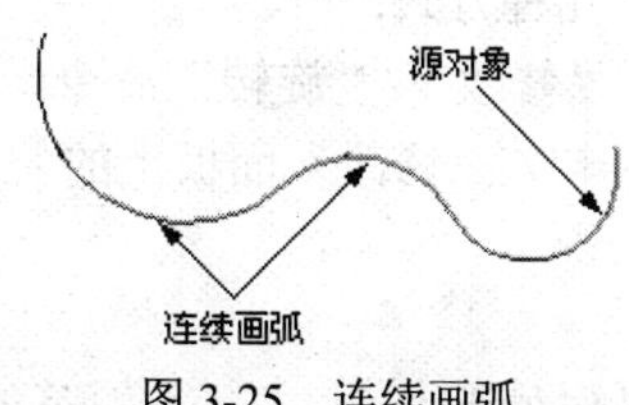

图 3-25　连续画弧

3.1.3.4 “镜像”命令

“镜像”命令是一种对称复制命令，它能将目标对象按指定的镜像轴对称复制，原目标对象可保留也可删除。

执行“镜像”命令主要有以下几种方法：

- 单击“菜单浏览器”/“修改”/“镜像”命令。
- 单击功能区“常用”选项卡/“修改”面板上的按钮。
- 在命令行输入Mirror↵。
- 使用命令简写MI↵。

通常使用“镜像”命令创建一些结构对称的图形，如图3-26所示。命令行操作过程如下：

```
命令: _mirror
    选择对象:                          //选择需要镜像的图形
    选择对象:                          //↵，结束对象的选择
    指定镜像线的第一点:                //指定对称轴上的一点
    指定镜像线的第二点:                //指定对称轴上的另一点
    要删除源对象吗？[是(Y)/否(N)] <N>: //↵，结束命令
```

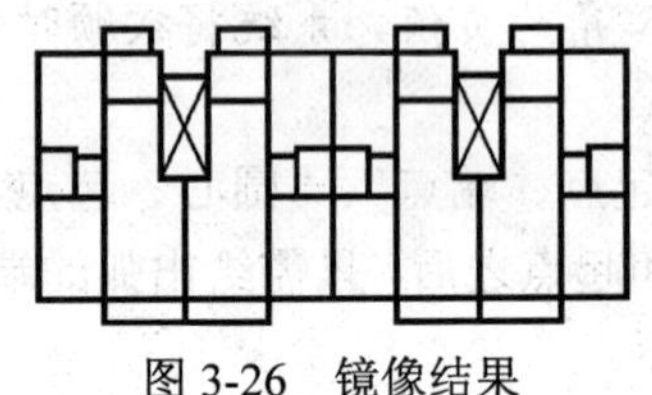

图3-26 镜像结果

注意：当镜像操作对象中含有文本、属性时，这些文本、属性的可读性由系统变量Mirrtext决定。当变量值为1时，镜像文本不可读；当Mirrtext的值为0时，镜像文字具有可读性，如图3-27所示。

图3-27 文本镜像示例

3.1.3.5 “旋转”命令

“旋转”命令用于将选择的对象围绕指定的基点旋转一定的角度。在旋转对象时，输入的角度为正值，系统将按逆时针方向旋转；输入的角度为负值，则按顺时针方向旋转。

执行“旋转”命令主要有以下几种方式：

- 单击“菜单浏览器”/“修改”/“旋转”命令。
- 单击功能区“常用”选项卡/“修改”面板上的按钮。
- 在命令行输入Rotate↵。
- 使用命令简写RO↵。

激活“旋转”命令，命令行操作如下：

命令: _rotate

UCS 当前的正角方向: ANGDIR=逆时针　ANGBASE=0

选择对象:　//选择刚绘制的正五边形

选择对象:　//↵，结束选择

指定基点:　//捕捉正五边形的一个角点作为基点

指定旋转角度，或 [复制(C)/参照(R)] <0>:

//36↵，输入倾斜角度，旋转结果如图 3-28 所示

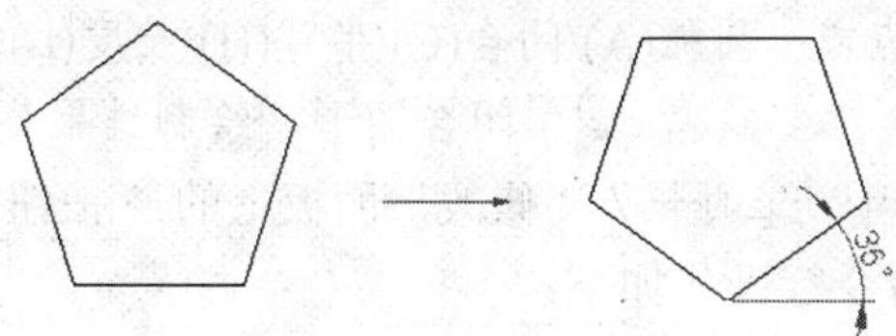

图 3-28　旋转示例

注意：“参照”选项用于将对象进行参照旋转，即指定一个参照角度和新角度，两个角度的差值就是对象的实际旋转角度；使用“复制”选项可以在旋转图形对象的同时将其复制，而源对象保持不变。

3.1.4　绘图步骤

（1）执行“新建”命令，快速创建一张空白文件。

（2）分别按下键盘上的F3和F8功能键，打开状态栏上的“对象捕捉”和“正交追踪”功能。

（3）单击“菜单浏览器”/“格式”菜单中的“图形界限”命令，将图形界限设置为2500×2000。命令行操作如下：

命令: '_limits

重新设置模型空间界限:

指定左下角点或 [开(ON)/关(OFF)] <0.0000,0.0000>:

//↵，采用默认设置

指定右上角点 <420.0000,297.0000>:　//2500,2000↵

（4）单击“菜单浏览器”/“视图”/“缩放”/“全部”命令，将刚设置的图形界限最大化显示。

绘制门垛

（5）单击“菜单浏览器”/“绘图”/“多段线”命令，绘制单开门右侧的门垛。命令行操作如下：

命令: _pline

指定起点:　//在绘图区拾取一点

当前线宽为 0.0000

指定下一个点或 [圆弧(A)/半宽(H)/长度(L)/放弃(U)/宽度(W)]:

//@60,0↵

指定下一点或 [圆弧(A)/闭合(C)/半宽(H)/长度(L)/放弃(U)/宽度(W)]:
//@0,80↵
指定下一点或 [圆弧(A)/闭合(C)/半宽(H)/长度(L)/放弃(U)/宽度(W)]:
//@-40,0↵
指定下一点或 [圆弧(A)/闭合(C)/半宽(H)/长度(L)/放弃(U)/宽度(W)]:
//@0,-40↵
指定下一点或 [圆弧(A)/闭合(C)/半宽(H)/长度(L)/放弃(U)/宽度(W)]:
//@-20,0↵
指定下一点或 [圆弧(A)/闭合(C)/半宽(H)/长度(L)/放弃(U)/宽度(W)]:
//c↵，闭合图形，绘制结果如图 3-29 所示

（6）单击功能区“常用”选项卡 / “修改”面板上的按钮，激活“镜像”命令，选择刚绘制的门垛进行镜像。命令行操作如下：

命令: _mirror
选择对象: //选择门垛
选择对象: //↵，结束选择
指定镜像线的第一点: //激活“捕捉自”功能
_from 基点: //捕捉如图 3-30 所示的端点

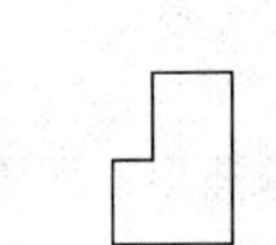

图 3-29 绘制一侧门垛

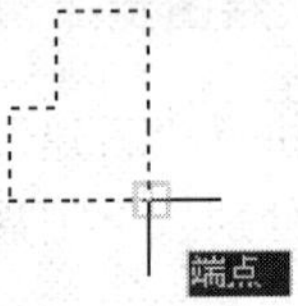

端点

图 3-30 捕捉端点

<偏移>: //@-450,0↵
指定镜像线的第二点: //@0,1↵
要删除源对象吗？[是(Y)/否(N)] <N>:
//↵，结束命令，镜像结果如图 3-31 所示

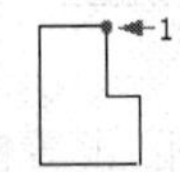

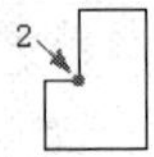

图 3-31 镜像结果

绘制开启的门

（7）单击功能区“常用”选项卡 / “绘图”面板上的按钮，激活“矩形”命令，绘制平面门，命令行操作如下：

命令: _rectang
指定第一个角点或 [倒角(C)/标高(E)/圆角(F)/厚度(T)/宽度(W)]:
//捕捉图 3-31 所示的端点 1
指定另一个角点或 [尺寸(D)]:

//捕捉图 3-31 所示的端点 2，绘制结果如图 3-32 所示

（8）单击功能区“常用”选项卡 / “修改”面板上的按钮，激活“旋转”命令，对平面门旋转。命令行操作如下：

命令: _rotate

UCS 当前的正角方向:　ANGDIR=逆时针　ANGBASE=0

选择对象:　　　　　　　　　　　//选择平面门

选择对象:　　　　　　　　　　　//↵，结束选择

指定基点:　　　　　　　　　　　//捕捉矩形右上角点

指定旋转角度，或 [复制(C)/参照(R)] <270>:

//-90↵，旋转结果如图 3-33 所示

图 3-32　绘制平面门　　　　图 3-33　旋转结果

绘制门开启的方向

（9）单击“菜单浏览器”/ “绘图” / “圆弧” / “起点、圆心、端点”命令，绘制门的弧形开启方向。命令行操作如下：

命令: _arc

指定圆弧的起点或 [圆心(C)]:　　　　//捕捉如图 3-34 所示的端点

指定圆弧的第二个点或 [圆心(C)/端点(E)]: _c

指定圆弧的圆心:　　　　　　　　　//捕捉如图 3-35 所示的端点

指定圆弧的端点或 [角度(A)/弦长(L)]:

//捕捉如图 3-36 所示的端点，最终结果如图 3-1 所示

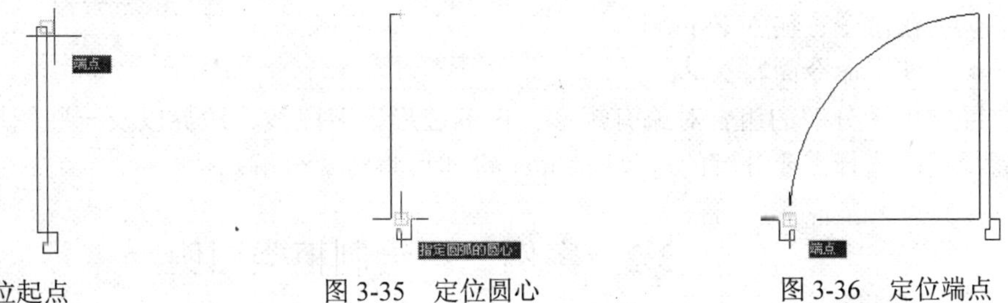

图 3-34　定位起点　　　　图 3-35　定位圆心　　　　图 3-36　定位端点

（10）最后执行“保存”命令，将当前图形命令存储为“单开门.dwg”。

3.1.5　延伸知识——“缩放”与“分解”命令

1. “缩放”命令

“缩放”命令用于将对象进行等比例放大或缩小，使用此命令可以创建形状相同、大小

不同的图形结构。执行“缩放”命令主要有以下几种方式：

- 单击“菜单浏览器”/“修改”/“缩放”命令。
- 单击功能区“常用”选项卡/“修改”面板上的按钮。
- 在命令行输入 Scale↵。
- 使用命令简写 SC↵。

在等比例缩放对象时，如果输入的比例因子大于 1，对象将被放大；如果输入的比例因子小于 1，对象将被缩小。激活“缩放”命令，命令行操作如下：

命令: _scale
选择对象: //选择正五边形
选择对象: //↵，结束对象的选择
指定基点: //在正五边形内部拾取一点
指定比例因子或 [复制(C)/参照(R)] <1.0000>:
//0.5↵，输入缩放比例，缩放结果如图 3-37 所示

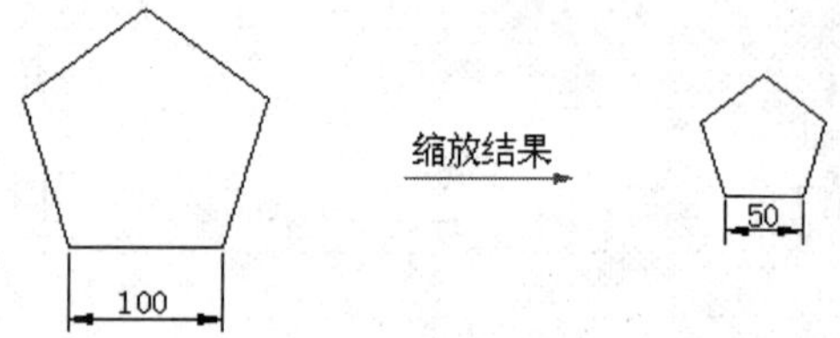

图 3-37 缩放示例

注意：选择基点最好指定在对象的几何中心或对象的特殊点上，可用目标捕捉的方式指定。另外，使用命令中的“复制”选项，可以在等比缩放图形的同时将其复制。

2. “分解”命令

“分解”命令用于将组合对象分解成各自独立的对象，以方便对分解后的各对象进行编辑。执行“分解”命令主要有以下几种方式：

- 单击“菜单浏览器”/“修改”/“分解”命令。
- 单击功能区“常用”选项卡/“修改”面板上的按钮。
- 在命令行输入 Explode↵。
- 使用命令简写 X↵。

经常用于分解的组合对象有矩形、正多边形、多段线、边界以及一些图块等。在激活命令后，只需选择需要分解的对象按 Enter 键即可将对象分解。

3.2 案例二：绘制柜类图例

3.2.1 教学目标

本例通过绘制如图 3-38 所示的电视柜立面图例，主要掌握“椭圆”、“复制”、“偏移”、“圆角”等命令的操作方法和操作技巧。

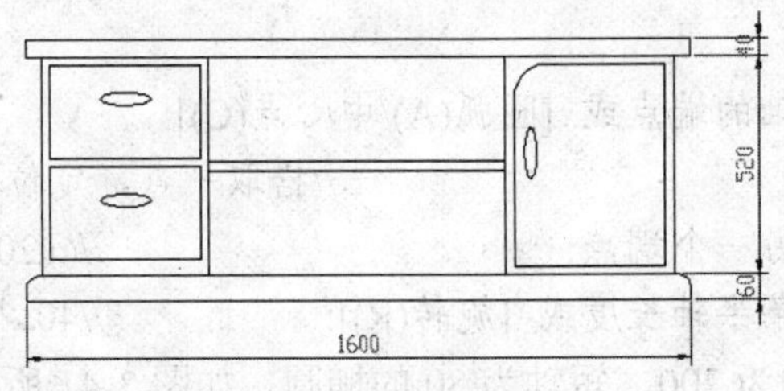

图 3-38　本例效果

3.2.2　绘图思路

- 新建文件，并启用对象捕捉功能。
- 设置图形界限并将其最大化显示。
- 使用“矩形”命令绘制抽屉、门扇和隔板的边框。
- 使用“椭圆”、“复制”、“旋转”命令绘制拉手。
- 使用“镜像”、“偏移”、“圆角”命令对图形进行编辑完善。
- 使用“保存”命令将图形命名存盘。

3.2.3　命令讲解

在绘制立面柜图形之前，首先学习“椭圆”、“复制”、“偏移”、“圆角”等常用命令，具体内容如下。

3.2.3.1　“椭圆”命令

椭圆是一种闭合的曲线，它是由两条不等的椭圆轴控制的闭合曲线，包含中心点、长轴和短轴等几何特征，如图 3-39 所示。

1. 命令的执行

执行“椭圆”命令主要有以下几种方式：

- 单击“菜单浏览器”/“绘图”/“椭圆”子菜单命令，如图 3-40 所示。
- 单击功能区“常用”选项卡 /“绘图”面板上的按钮。
- 在命令行输入 Ellipse↵。
- 使用命令简写 EL↵。

图 3-39　椭圆示例

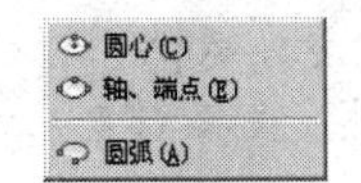

图 3-40　椭圆子菜单

2. “轴端点”画椭圆

所谓“轴端点”方式是指定一条轴的两个端点和另一条轴的半长，即可精确画椭圆。此方式是系统默认的绘制方式，下面通过具体实体学习此种方式。

（1）新建空白文件。

（2）单击功能区“常用”选项卡 /“绘图”面板上的按钮，激活“椭圆”命令。

（3）根据 AutoCAD 命令行的提示绘制椭圆。命令行操作如下：

命令: _ellipse

指定椭圆轴的端点或 [圆弧(A)/中心点(C)]:

//拾取一点，定位椭圆轴的一个端点

指定轴的另一个端点: //@200,0↙

指定另一条半轴长度或 [旋转(R)]: //40↙

（4）结果绘制出长轴为 200、短轴为 80 的椭圆，如图 3-41 所示。

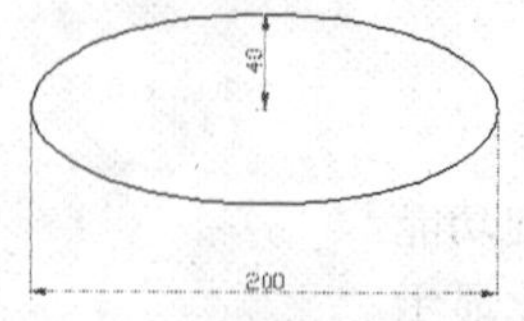

图 3-41 “轴端点”示例

注意：“圆心”方式画椭圆需要首先确定出椭圆的中心点，然后确定椭圆轴的一个端点和椭圆另一半轴的长度。

3.2.3.2 “复制”命令

“复制”命令用于将选择的对象进行复制，复制出的图形尺寸、形状等保持不变，唯一发生改变的就是图形的位置。

1. “复制”命令的启动

执行“复制”命令主要有以下几种方式：

- 单击“菜单浏览器” / “修改” / “复制”命令。
- 单击功能区“常用”选项卡 / “修改”面板上的按钮。
- 在命令行输入 Copy↙。
- 使用命令简写 CO↙或 CP↙。

2. 练习——复制对象

一般情况下，通常使用“复制”命令创建结构相同、位置不同的复合结构。下面通过典型的操作实例学习此命令。

（1）使用“椭圆”和“圆”命令，配合象限点捕捉功能绘制如图 3-42 所示的椭圆和圆。

（2）单击功能区“常用”选项卡 / “修改”面板上的按钮，激活“复制”命令，对圆进行多重复制。命令行操作如下：

命令: _copy

选择对象: //选择刚绘制的圆图形

选择对象: //↙，结束选择

当前设置: 复制模式 = 多个

指定基点或 [位移(D)/模式(O)] <位移>: //捕捉圆心作为基点

指定第二个点或 <使用第一个点作为位移>: //捕捉椭圆上象限点

指定第二个点或 [退出(E)/放弃(U)] <退出>: //捕捉椭圆右象限点

指定第二个点或 [退出(E)/放弃(U)] <退出>: //捕捉椭圆下象限点

指定第二个点或 [退出(E)/放弃(U)] <退出>: //↙，结束命令

（3）复制结果如图 3-43 所示。

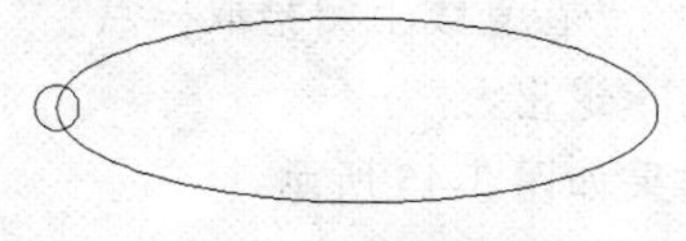

图 3-42　绘制结果

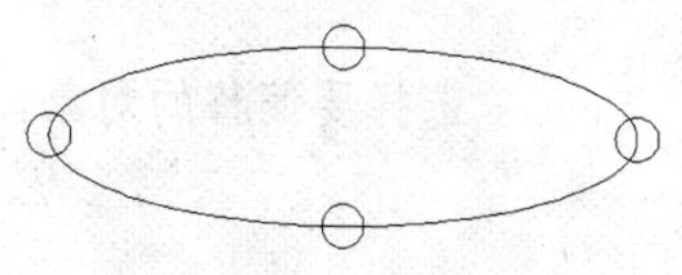

图 3-43　复制结果

3.2.3.3　“偏移”命令

“偏移”命令用于将图线按照一定的距离或指定的点进行偏移复制。不同结构的对象其偏移结果也会不同。

1. 命令的执行

执行“偏移”命令主要有以下几种方式：

- 单击“菜单浏览器”/“修改”/“偏移”命令。
- 单击功能区“常用”选项卡/“修改”面板上的按钮。
- 在命令行输入 Offset↵。
- 使用命令简写 O↵。

2. 命令的使用

下面通过偏移圆、椭圆、直线等基本图元，学习使用“偏移”命令。命令行操作如下：

（1）综合使用“圆”、“椭圆”和“直线”命令，绘制效果如图 3-44 所示。

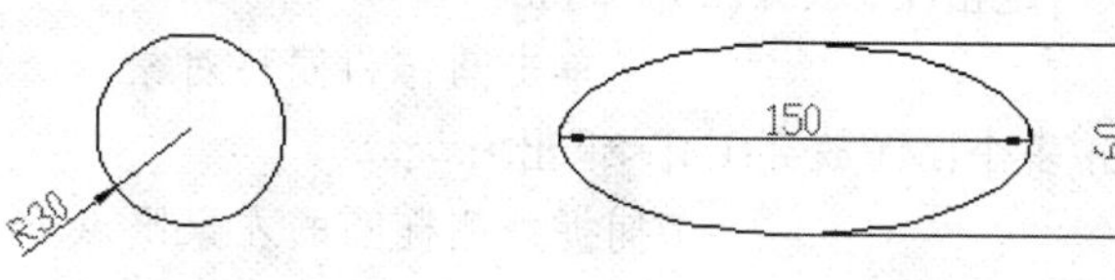

图 3-44　绘制图元

（2）单击功能区“常用”选项卡/“修改”面板上的按钮，激活“偏移”命令，偏移各种基本图元。命令行操作如下：

命令: _offset

当前设置: 删除源=否　图层=源　OFFSETGAPTYPE=0

指定偏移距离或 [通过(T)/删除(E)/图层(L)] <10.0000>:

//20↵，设置偏移距离

选择要偏移的对象，或 [退出(E)/放弃(U)] <退出>:

//单击圆形作为偏移对象

注意：在执行“偏移”命令时，只能以点选的方式选择对象，且每次只能偏移一个对象。

指定要偏移的那一侧上的点，或 [退出(E)/多个(M)/放弃(U)] <退出>:

//在圆的外侧拾取一点

选择要偏移的对象，或 [退出(E)/放弃(U)] <退出>:　//单击椭圆

指定要偏移的那一侧上的点，或 [退出(E)/多个(M)/放弃(U)] <退出>:

//在椭圆外侧拾取一点

选择要偏移的对象，或 [退出(E)/放弃(U)] <退出>:

//单击直线作为偏移对象

指定要偏移的那一侧上的点，或 [退出(E)/多个(M)/放弃(U)] <退出>:

//在直线上侧拾取一点

选择要偏移的对象，或 [退出(E)/放弃(U)] <退出>:

//↵，结束命令，偏移结果如图 3-45 所示

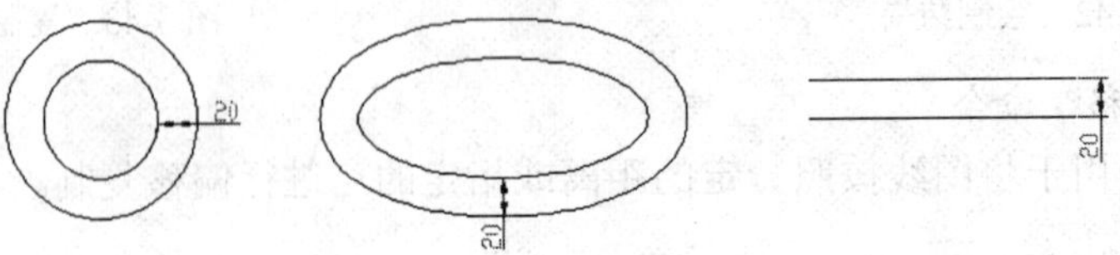

图 3-45 距离偏移

（3）重复执行“偏移”命令，对圆图形继续偏移，使偏移出的圆与大椭圆相切。命令行操作如下：

命令: _offset

当前设置: 删除源=否 图层=源 OFFSETGAPTYPE=0

指定偏移距离或 [通过(T)/删除(E)/图层(L)] <20.0000>:

// t↵，激活“通过”选项

注意：“通过”选项用于按照指定的通过点进行偏移对象，偏移出的对象将通过事先指定的目标点。

选择要偏移的对象，或 [退出(E)/放弃(U)] <退出>:

//单击圆作为偏移对象

指定通过点或 [退出(E)/多个(M)/放弃(U)] <退出>:

//捕捉外侧椭圆的左象限点

选择要偏移的对象，或 [退出(E)/放弃(U)] <退出>:

//↵，结束命令，偏移结果如图 3-46 所示

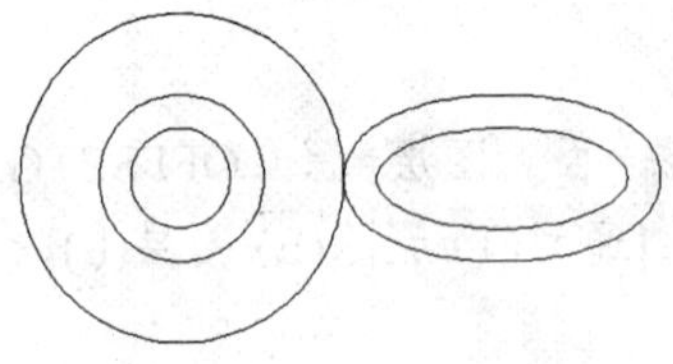

图 3-46 定点偏移

注意：“删除”选项用于将源偏移对象删除；“图层”选项用于设置偏移后的对象所在图层（有关图层的概念将在下一章详细讲述。

3.2.3.4 “圆角”命令

“圆角”命令用于使用一段圆弧连接两条图线。一般情况下，用于圆角的图线有直线、多段线、样条曲线、构造线、圆弧和椭圆弧等。

1. 命令的执行

执行“圆角”命令主要有以下几种方式：

- 单击“菜单浏览器” / “修改” / “圆角”命令。
- 单击功能区“常用”选项卡 / “修改”面板上的按钮。

- 在命令行输入 Fillet↵。
- 使用命令简写 F↵。

2. 命令的使用

下面将用一条半径为 100 的圆弧连接两条垂直的图线，学习使用“圆角”命令。

（1）首先绘制如图 3-47 所示的两条垂直的直线。

（2）单击功能区“常用”选项卡 / “修改”面板上的□按钮，激活“圆角”命令，根据 AutoCAD 命令行的提示进行圆角操作。命令行操作如下：

```
命令: _fillet
    当前设置: 模式 = 修剪，半径 = 0.0000
    选择第一个对象或 [放弃(U)/多段线(P)/半径(R)/修剪(T)/多个(M)]:
                                                  //r↵，激活半径选项
    指定圆角半径 <0.0000>:                         //100↵，设置圆角半径
    选择第一个对象或 [放弃(U)/多段线(P)/半径(R)/修剪(T)/多个(M)]:
                                                  //选择水平的直线
    选择第二个对象，或按住 Shift 键选择要应用角点的对象:
                                        //选择垂直的直线，同时结束命令
```

（3）圆角结果如图 3-48 所示。

图 3-47　绘制图线　　图 3-48　圆角结果

3. 选项解析

- “多段线”选项用于对多段线每相邻的元素进行圆角处理。
- “多个”选项用于对多个对象进行圆角，不需重复命令。
- “修剪”选项用于设置圆角对象的修剪模式。AutoCAD 共提供了“修剪”和“不修剪”两种模式。另外，用户也可以通过系统变量 Trimmode 设置圆角的修剪模式，变量值设为 0 时，保持对象不被修剪，如图 3-49 所示；当设置为 1 时，表示圆角后修剪对象。

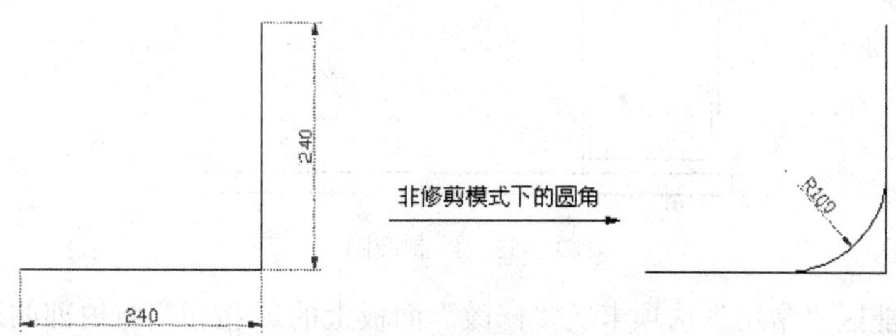

图 3-49　圆角的修剪模式

3.2.4 绘图步骤

（1）新建文件，并设置图形界限为 2500×1500，并最大化显示。

（2）在命令行中输入“REC”，绘制长度为 1600、宽度为 60 的矩形作为电视柜基座边框。

（3）重复“矩形”命令，配合“捕捉自”功能，以矩形左上角点作为参照点，绘制长度为 400、宽度为 520 的矩形，如图 3-50 所示。

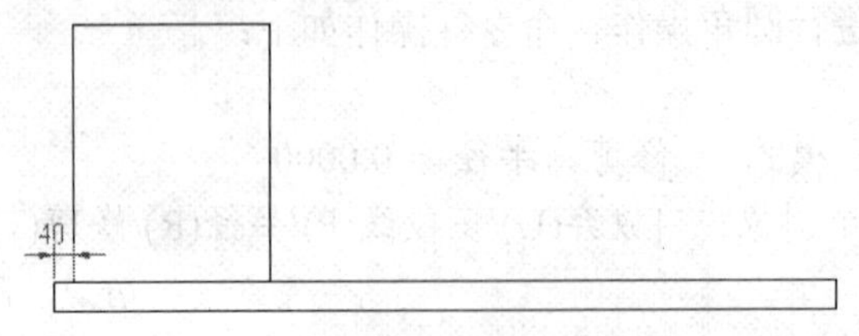

图 3-50 绘制矩形

（4）重复执行“矩形”命令，配合“捕捉自”功能，绘制长度为 360、宽度为 220 的矩形，如图 3-51 所示。

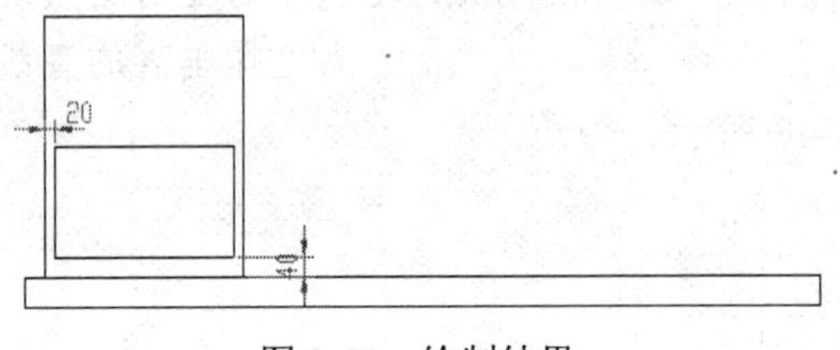

图 3-51 绘制结果

（5）在命令行中输入“EL”，配合“捕捉自”功能绘制一个椭圆，作为抽屉的拉手，命令行操作如下：

命令: el
ELLIPSE
指定椭圆的轴端点或 [圆弧(A)/中心点(C)]: //c↵
指定椭圆的中心点: //单击按钮
_from 基点: //选择中点 B
<偏移>: //@0,-80↵
指定轴的端点: //@60,0↵
指定另一条半轴长度或 [旋转(R)]: //15↵，结果如图 3-52 所示

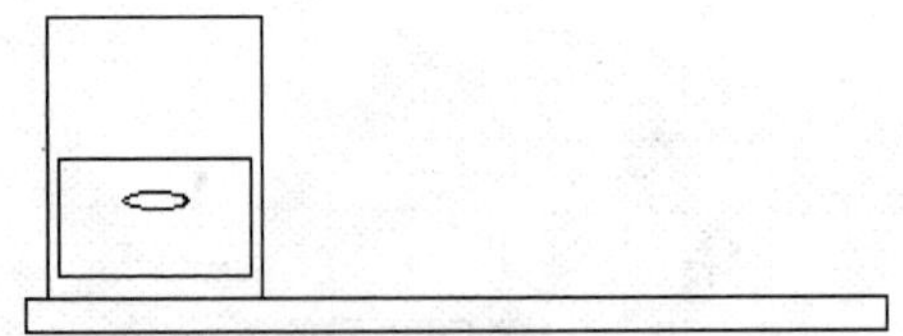

图 3-52 绘制椭圆

（6）单击功能区“常用”选项卡 / “修改”面板上的按钮，将内部的矩形和椭圆进行复制，命令行操作如下：

命令: _copy

选择对象:　　　　　　　　　　　//选择内部的矩形与椭圆

选择对象:　　　　　　　　　　　//↵，结束选择

当前设置:　复制模式 = 多个

指定基点或 [位移(D)/模式(O)] <位移>:　//捕捉任一点

指定第二个点或 <使用第一个点作为位移>: //@0,240↵

指定第二个点或 [退出(E)/放弃(U)] <退出>:

　　　　　　　　　　　　　　　//↵，复制结果如图 3-53 所示

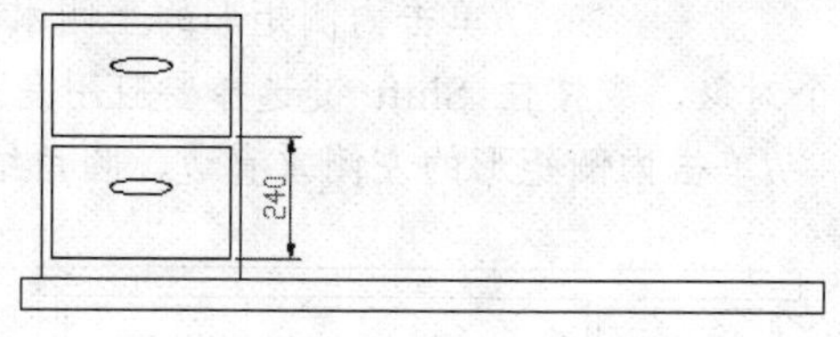

图 3-53　复制结果

（7）在命令行中输入“MI”激活“镜像”命令，对下侧的矩形和左侧的大矩形进行镜像，结果如图 3-54 所示。

（8）使用“矩形”命令，配合“捕捉自”功能绘制长度为 720、宽度为 20 的矩形隔板，如图 3-55 所示。

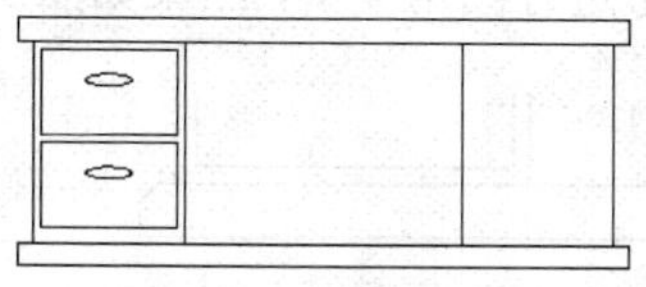

图 3-54　镜像结果

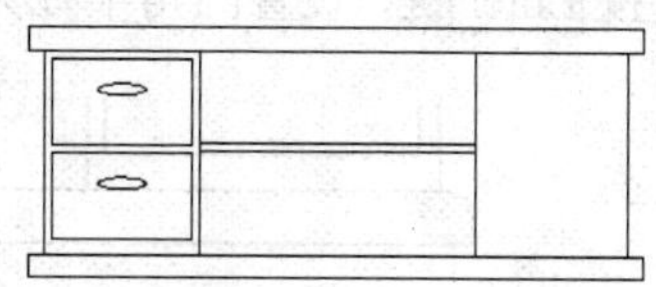

图 3-55　绘制结果

（9）使用快捷键“O”激活“偏移”命令，将右侧的矩形向内偏移 20 个单位，命令行操作如下：

命令: _offset

当前设置: 删除源=否　图层=源　OFFSETGAPTYPE=0

指定偏移距离或 [通过(T)/删除(E)/图层(L)] <通过>:　//20↵

选择要偏移的对象，或 [退出(E)/放弃(U)] <退出>:

　　　　　　　　　　　　　　　//选择右侧的矩形

指定要偏移的那一侧上的点，或 [退出(E)/多个(M)/放弃(U)] <退出>:

　　　　　　　　　　　　　　　//在矩形内部拾取一点

选择要偏移的对象，或 [退出(E)/放弃(U)] <退出>:

　　　　　　　　　　　　　　　//↵，结束命令，偏移结果如图 3-56 所示

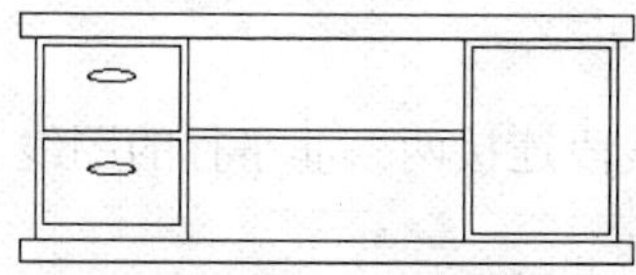

图 3-56　偏移结果

（10）单击功能区“常用”选项卡 / “修改”面板上的□按钮，激活“圆角”命令，将偏移出的矩形进行圆角，命令行操作如下：

命令: _fillet

当前设置: 模式 = 修剪，半径 = 0.0

选择第一个对象或 [放弃(U)/多段线(P)/半径(R)/修剪(T)/多个(M)]:

//r↵，激活“半径”选项

指定圆角半径 <0.0>: //80↵

选择第一个对象或 [放弃(U)/多段线(P)/半径(R)/修剪(T)/多个(M)]:

//单击内侧矩形的上侧水平边

选择第二个对象，或按住 Shift 键选择要应用角点的对象:

//单击内侧矩形的左侧垂直边，圆角结果如图 3-57 所示。

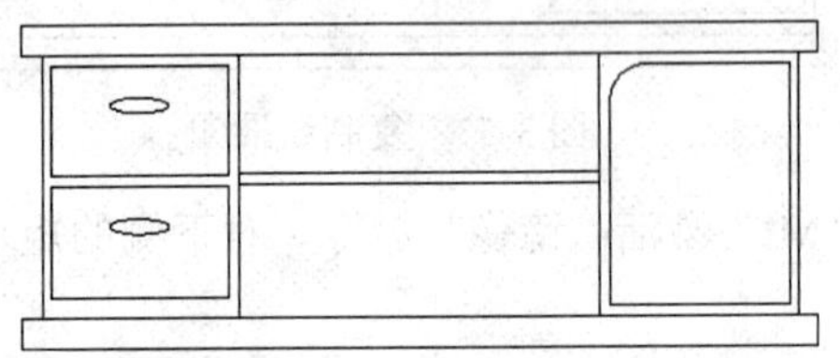

图 3-57 内侧矩形的圆角结果

（11）按 Enter 键，设置圆角半径为 30，对下侧的矩形进行圆角编辑，结果如图 3-58 所示。

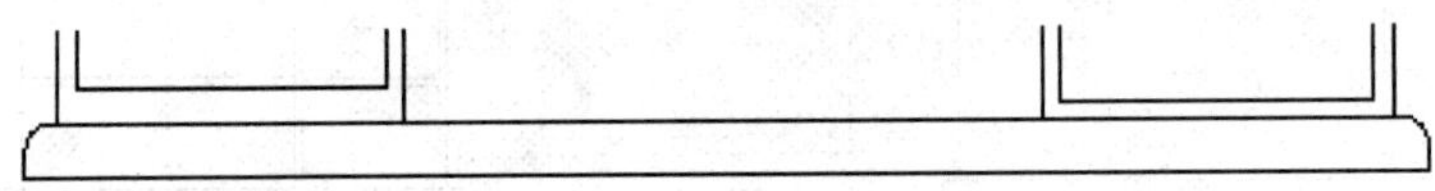

图 3-58 圆角结果

（12）使用“复制”命令，将左侧的椭圆形把手进行复制，并将复制出的椭圆旋转 90 度，然后对其进行适当的位移，结果如图 3-59 所示。

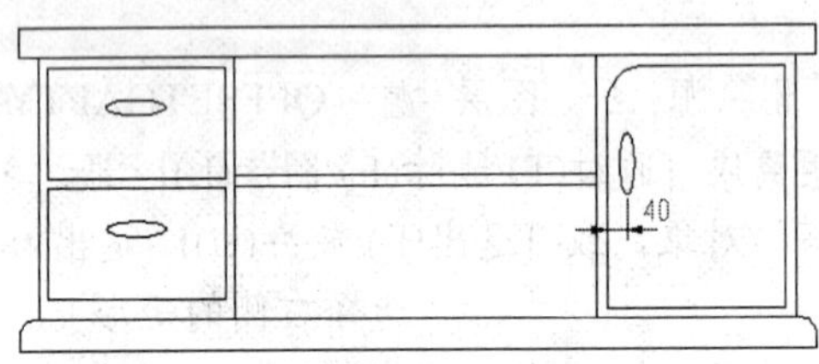

图 3-59 操作结果

（13）执行“保存”命令，将图形命名存储为“电视柜.dwg”。

3.2.5 延伸知识——“倒角”、“拉伸”与“拉长”命令

3.2.5.1 “倒角”命令

“倒角”命令用于以一条斜线段连接两条非平行的图线。

1. 命令的执行

执行“倒角”命令主要有以下几种方式：

- 单击"菜单浏览器"/"修改"/"倒角"命令。
- 单击功能区"常用"选项卡/"修改"面板上的按钮。
- 在命令行输入 Chamfer↵。
- 使用命令简写 CHA↵。

一般情况下，用于倒角的对象有直线、多段线、矩形、多边形、射线等，不能用于倒角的对象有圆弧、椭圆弧等。

首先使用画线命令绘制如图 3-60 所示的图线，然后执行"倒角"命令，命令行操作过程如下：

命令: _chamfer

（"修剪"模式）当前倒角距离 1 = 0.0000，距离 2 = 0.0000

选择第一条直线或 [放弃(U)/多段线(P)/距离(D)/角度(A)/修剪(T)/方式(E)/多个(M)]:　　//d↵，激活距离选项

指定第一个倒角距离 <0.0000>:　　//40↵，设置第一倒角距离

指定第二个倒角距离 <30.0000>:　　//60↵，设置第二倒角距离

注意：在设置倒角距离时，倒角距离不能为负值；如果将两个倒角距离都设置为零，AutoCAD 将延长或修剪相应两条倒角边，以使二者都相交于一点。

选择第一条直线或 [放弃(U)/多段线(P)/距离(D)/角度(A)/修剪(T)/方式(E)/多个(M)]:　　//单击水平直线

选择第二条直线，或按住 Shift 键选择要应用角点的直线:

//单击垂直直线，同时结束命令，最终倒角结果如图 3-61 所示

图 3-60　绘制图线　　　　图 3-61　倒角结果

2. 命令选项解析

- "角度"选项是另外一种倒角方式，此种方式需要指定第一条图线的倒角长度和第一条图线的倒角角度，进行倒角，如图 3-62 所示。

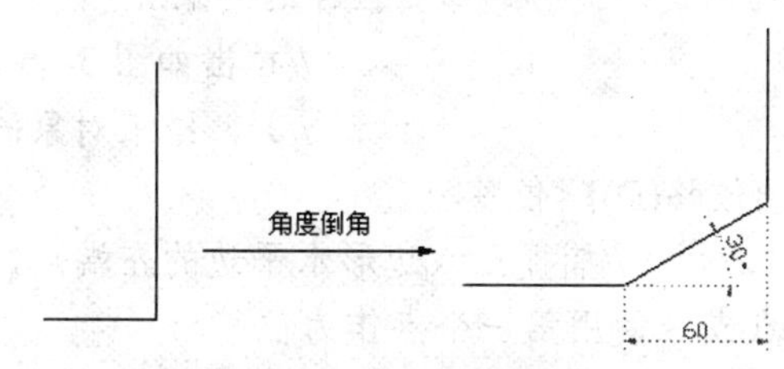

图 3-62　角度倒角

- “多段线”选项用于对多段线中的各元素进行同时倒角，如图 3-63 所示。激活该选项后，系统将按照当前的倒角参数对多段线每个顶点处的相交元素作倒角处理（起点和端点除外）。

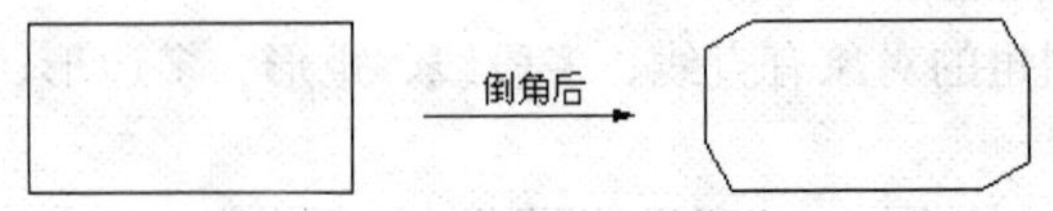

图 3-63 多段线倒角

- “修剪”选项用于设置倒角的修剪模式。系统提供了两种倒角边的修剪模式，即“修剪”和“不修剪”。当倒角模式为“修剪”时，被倒角的两条直线被修剪到倒角的端点；当倒角模式为“不修剪”时，被倒角的两条直线不被修剪，如图 3-64 所示。

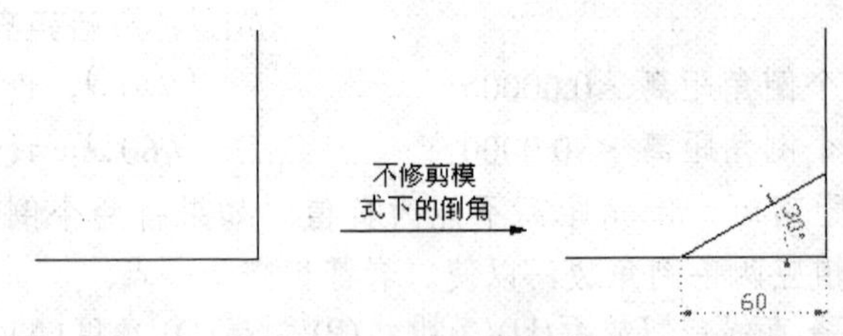

图 3-64 倒角结果

- “模式”选项用于确定倒角的方式，要求选择“距离”或“角度”两种方式之一。变量 Chammode 控制倒角方式。当 Chammode=0，系统支持倒角模式；当 Chammode=1，系统不支持倒角模式。
- “多个”选项用于对多个对象进行倒角，而不需要重复执行倒角命令。

3.2.5.2 “拉伸”命令

“拉伸”命令用于将对象进行不等比缩放，进而改变对象的尺寸或形状，执行“拉伸”命令主要有以下几种方式：

- 单击“菜单浏览器” / “修改” / “拉伸”命令。
- 单击功能区“常用”选项卡 / “修改”面板上的按钮。
- 在命令行输入 Stretch↵。
- 使用命令简写 S↵。

激活“拉伸”命令后，其命令行操作过程如下：

命令: _stretch

以交叉窗口或交叉多边形选择要拉伸的对象...

选择对象: //拉出如图 3-65 所示的窗交选择框

选择对象: //↵，结束对象的选择

指定基点或 [位移(D)] <位移>:

//捕捉正六边形水平边的左端点，作为拉伸的基点

指定第二个点或 <使用第一个点作为位移>:

//捕捉正六边形水平边的右端点作为拉伸目标点，拉伸结果如图 3-66 所示

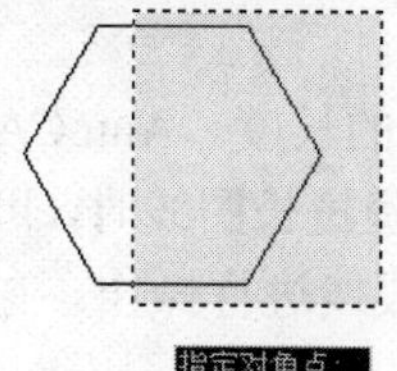

图 3-65　窗交选择拉伸对象

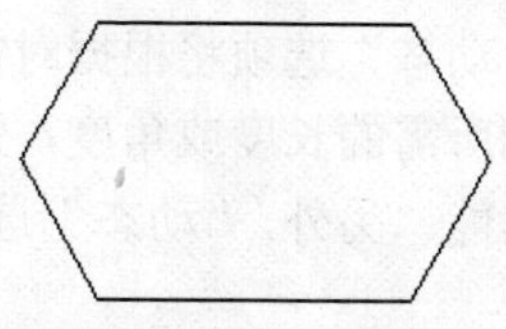

图 3-66　拉伸结果

注意：如果选择的图形对象完全处于选择框内时，拉伸结果只能是图形对象相对于原位置上的平移。

3.2.5.3　“拉长”命令

“拉长”命令主要用于拉长图线或缩短图线，用于拉长或缩短的图线一般有直线、非闭合的多段线以及圆弧和椭圆弧等，但是闭合的对象不能被拉长或缩短。

1. 命令的执行

执行“拉长”命令主要有以下几种方式：

- 单击“菜单浏览器” / “修改” / “拉长”命令。
- 单击功能区“常用”选项卡 / “修改”面板上的按钮。
- 在命令行输入 Lengthen↵。
- 使用命令简写 LEN↵。

2. 命令的使用

下面通过将某直线拉长和缩短 100 个绘图单位，学习“拉长”命令的操作方法和操作技巧。

（1）绘制长度为 350 的直线。

（2）执行“拉长”命令后，根据命令行的提示，将绘制的直线段拉长 100 个单位。命令行操作过程如下：

命令: _lengthen

选择对象或 [增量(DE)/百分数(P)/全部(T)/动态(DY)]:　　//de ↵，激活增量选项

输入长度增量或 [角度(A)] <0.0000>:　　//150↵，设置长度增量

选择要修改的对象或 [放弃(U)]:　　//在直线的右端单击

选择要修改的对象或 [放弃(U)]:　　//↵，结束命令

（3）结果直线的右端被拉长了 150 个绘图单位，如图 3-67 所示。

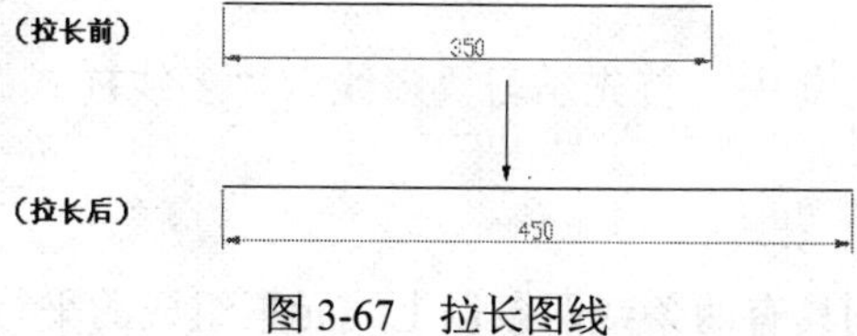

图 3-67　拉长图线

注意：在拉长图线时，如果把增量值设置为正值，系统将拉长图线；反之则缩短图线。

3. 命令选项解析

- “百分数”选项是以总长的百分比改变直线的长度，以弧的总角度的百分比修改圆弧角度。

- “全部”选项是以指定的总长度或者总角度修改对象。
- “动态”选项将根据对象的端点位置，动态改变对象的长度。AutoCAD 将端点移动到所需的长度或角度，另一端保持固定。当不需要精确拉长图线时，可以使用此选项功能。另外，“动态”选项功能不能对样条曲线、多段线进行操作。

3.3 案例三：绘制灯类图例

3.3.1 教学目标

本例通过绘制如图 3-68 所示的艺术吊灯平面图例，主要学习“多线”、“多线样式”、“圆”、“阵列”、“修剪”等命令的操作方法和操作技巧。

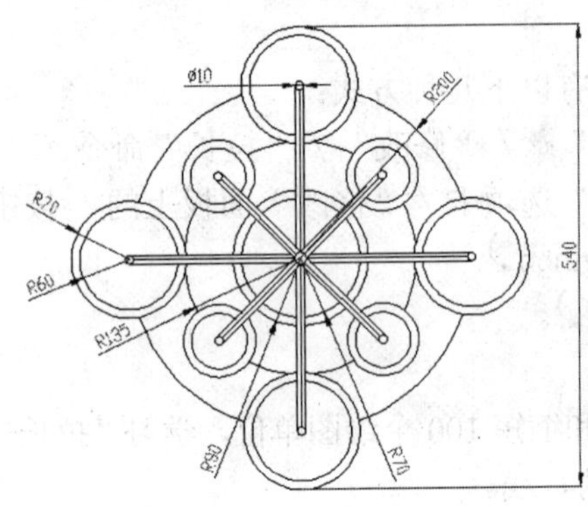

图 3-68 本例效果

3.3.2 绘图思路

- 新建公制单位空白文件。
- 设置捕捉与追踪功能。
- 使用“圆”、“多线”命令绘制主体灯具和灯架。
- 使用“圆”、“阵列”、“旋转”命令创建周边灯具。
- 使用“保存”命令将图形存盘。

3.3.3 命令讲解

在绘制艺术吊灯图例之前中，首先学习“多线”、“多线样式”、“圆”、“阵列”、“修剪”等常用命令，具体内容如下。

3.3.3.1 “多线”命令

“多线”命令用于绘制具有两条或两条以上线元素组成的平行线组，如图 3-69 所示。

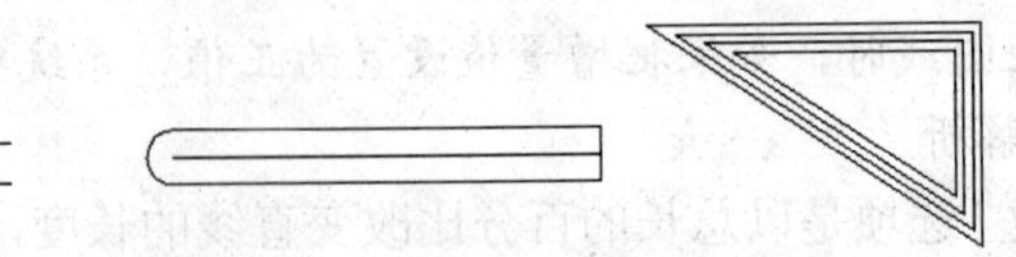

图 3-69 平行线示例

1. 命令的执行

执行“多线”命令主要有以下几种方式：

- 单击“菜单浏览器” / “绘图” / “多线”命令。
- 命令行输入 Mline↵。
- 使用命令简写 ML↵。

2. 命令的使用

在工程制图中，平行线也是一种较为常用的图形结构，如墙体、阳台等构件大都是使用平行线结构进行表达。下面通过绘制如图 3-70 所示的图形，学习“多线”命令的使用方法和操作技巧。

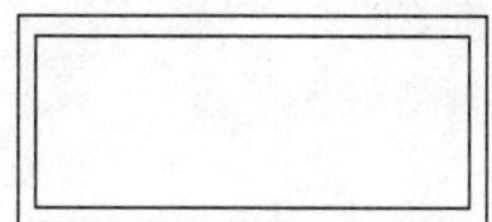

图 3-70　多线效果

执行“多线”命令，配合点的坐标输入功能和中点捕捉功能绘制多线。命令行操作过程如下：

```
命令: _mline
    当前设置: 对正 = 上，比例 = 20.00，样式 = STANDARD
    指定起点或 [对正(J)/比例(S)/样式(ST)]:          //s↵，激活比例功能
    输入多线比例 <20.00>:                          //100↵，设置多线比例
    当前设置: 对正 = 上，比例 = 100.00，样式 = STANDARD
    指定起点或 [对正(J)/比例(S)/样式(ST)]:          //j↵，激活对正功能
    输入对正类型 [上(T)/无(Z)/下(B)] <上>:          //z↵，设置对正方式
    当前设置: 对正 = 无，比例 = 100.00，样式 = STANDARD
    指定起点或 [对正(J)/比例(S)/样式(ST)]:      //拾取一点作为起点
    指定下一点:                          //@2400,0↵
    指定下一点或 [放弃(U)]:              //@0,1000↵
    指定下一点或 [闭合(C)/放弃(U)]:   //@-2400,0↵
    指定下一点或 [闭合(C)/放弃(U)]:   //c↵，闭合图形，同时结束命令
```

注意：默认设置下，多线比例为 20，对正方式为上对正，用户可以根据需要修改设置。

3. 命令选项解析

- “对正”选项用于设置多线的对正方式。激活该选项之后，命令行出现“输入对正类型 [上(T)/无(Z)/下(B)] <上>”的操作提示，提示用户设置多线对正方式。AutoCAD 共提供了“上对正”、“下对正”和“无对正（即中心）”三种对正方式，如图 3-71 所示，默认对正是中心对正。
- “比例”选项用于设置多线的比例，即多线的总体宽度。使用不同的多线比例绘制出的多线宽度也不同。
- “样式”选项用于设置当前需要使用的多线样式。系统默认的多线样式是“标准样式”。

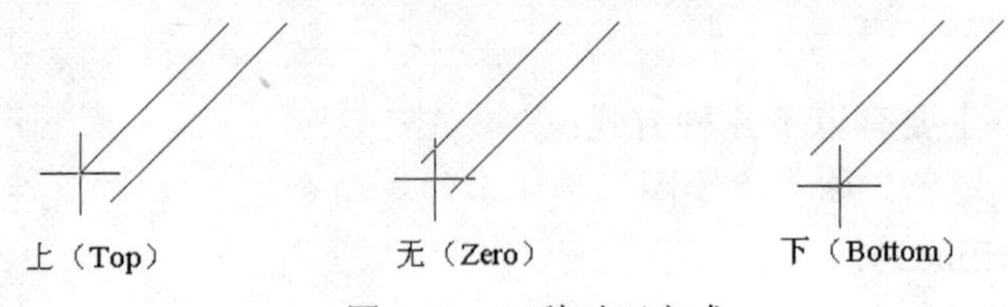

图 3-71 三种对正方式

3.3.3.2 “多线样式”命令

使用系统默认的多线样式，只能绘制由两条平行元素构成的多线，如果用户需要绘制其他样式的多线时，需要使用“多线样式”命令进行设置。

1. 命令的执行

- 单击“菜单浏览器” / “绘图” / “格式” / “多线样式”命令。
- 在命令行输入 Mlstyle↵

2. 命令的使用

下面通过设置如图 3-72 所示的多线样式，学习使用“多线样式”命令。

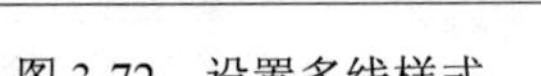

图 3-72 设置多线样式

（1）执行“多线样式”命令，在打开的“多线样式”对话框中单击 新建(N)... 按钮，为新样式命名，如图 3-73 所示。

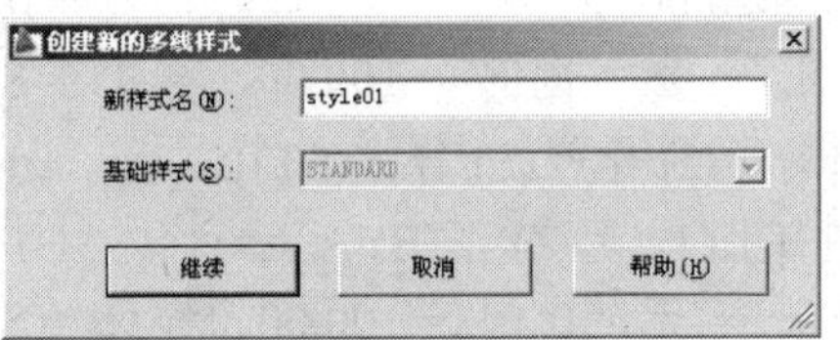

图 3-73 “创建新的多线样式”对话框

（2）单击 继续 按钮，打开图 3-74 所示的“新建多线样式”对话框。

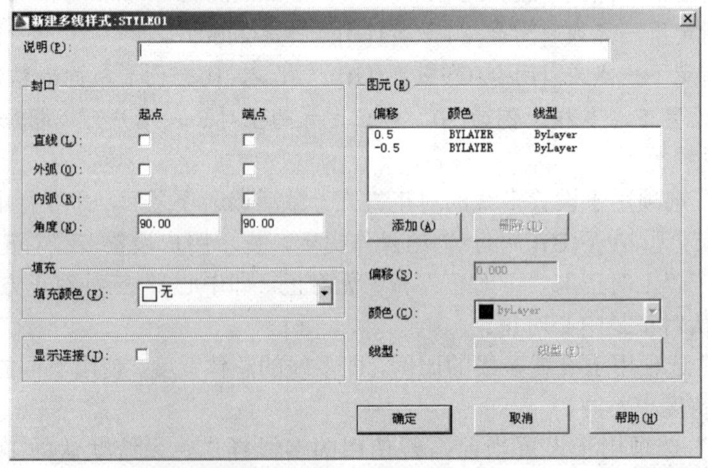

图 3-74 “新建多线样式”对话框

（3）单击添加(A)按钮，添加一个 0 号元素，并设置元素颜色为红色，如图 3-75 所示。

（4）单击线型(Y)...按钮，在弹出的“选择线型”对话框中单击加载(L)...按钮，打开“加载或重载线型”对话框，如图 3-76 所示。

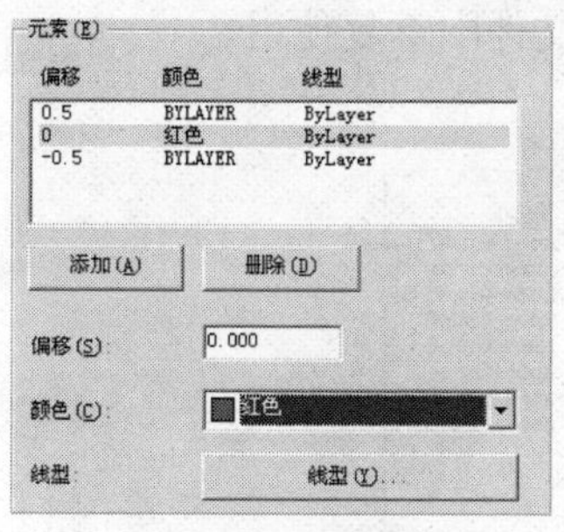

图 3-75 添加多线元素

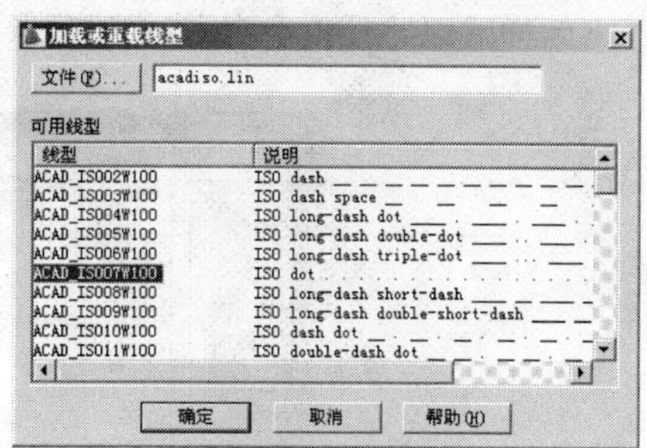

图 3-76 选择线型

（5）单击确定按钮，结果线型被加载到“选择线型”对话框内，如图 3-77 所示。

（6）选择加载的线型，单击确定按钮，将此线型赋给刚添加的多线元素，结果如图 3-78 所示。

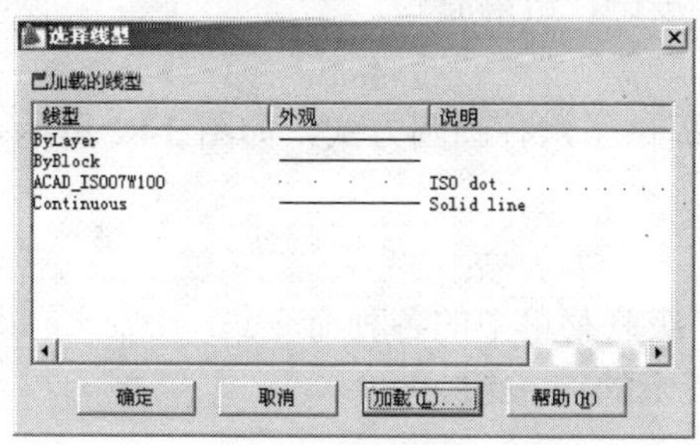

图 3-77 加载线型

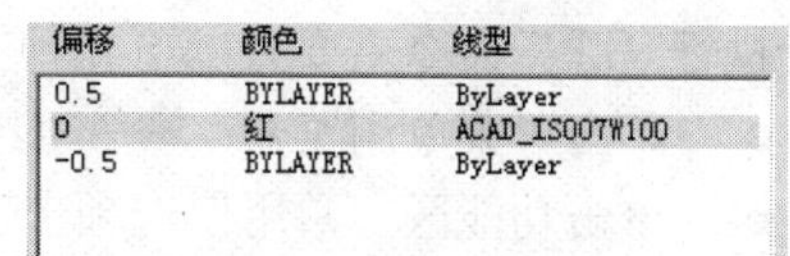

图 3-78 设置元素线型

（7）在左侧“封口”选项组中，设置多线两端的封口形式，如图 3-79 所示。

（8）单击确定按钮，返回“多线样式”对话框，新的多线样式出现在预览框中，如图 3-80 所示。

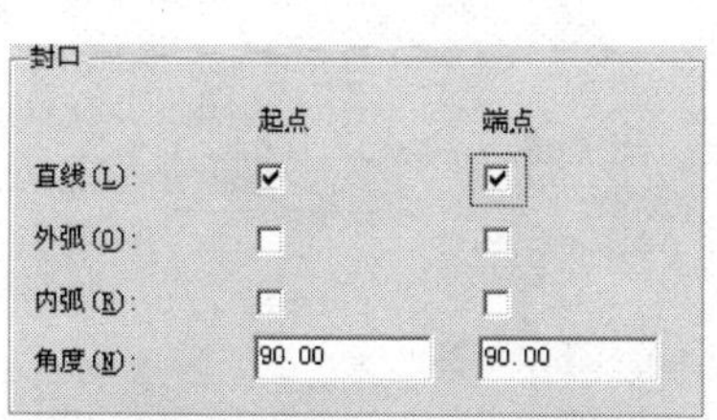

图 3-79 设置多线封口形式

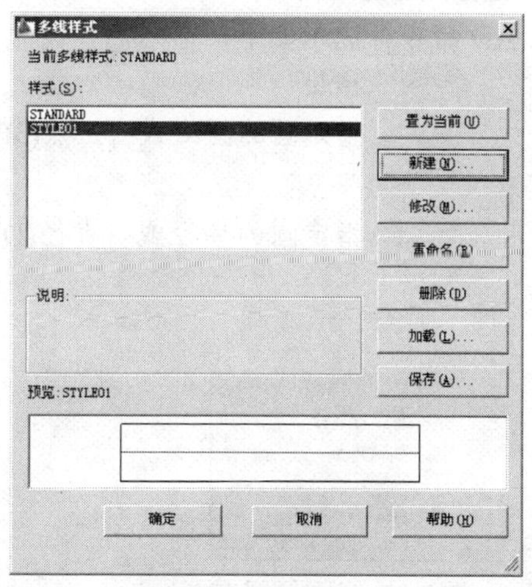

图 3-80 多线样式效果

注意：如果用户为多线设置了填充色或线型等参数，在预览框内将显示不出这些特性，但是用户一旦使用此样式绘制出多线时，多线样式的所有特性都将显示。

（9）单击 保存(A)... 按钮，在弹出的“保存多线样式”对话框中设置文件名，如图 3-81 所示，将新样式以“*mln”的格式进行保存，以方便在其他文件中重复使用。

图 3-81　保存多线样式

（10）返回“多线样式”对话框，单击 确定 按钮，结束命令。

3.3.3.3　“圆”命令

圆是一种闭合的图形元素，AutoCAD 共为用户提供了六种画圆方式，如图 3-82 所示。

1. 命令的执行

执行“圆”命令主要有以下几种方式：

- 单击“菜单浏览器” / “绘图” / “圆”级联菜单中的各种命令。
- 单击功能区“常用”选项卡 / “绘图”面板上的按钮。
- 在命令行输入 Circle↵。
- 使用命令简写 C↵。

2. 定距画圆

定距画圆包括“半径画圆”和“直径画圆”两种基本的画圆方式，默认方式为“半径画圆”。当用户定位出圆的圆心之后，只需输入圆的半径，即可精确画圆。执行“圆”命令后，AutoCAD 命令行提示如下：

命令: _circle

指定圆的圆心或 [三点(3P)/两点(2P)/切点、切点、半径(T)]:

//在绘图区拾取一点作为圆的圆心

指定圆的半径或 [直径(D)]:　　//150↵，给定圆的圆心，结果绘制一个半径为 150 的圆图形，如图 3-83 所示

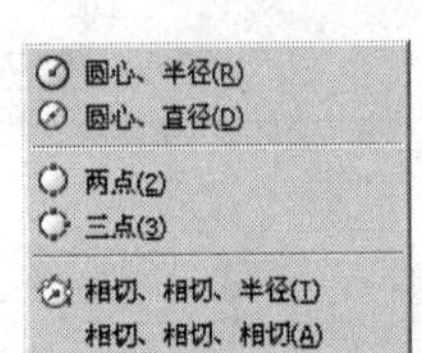

图 3-82　六种画圆方式

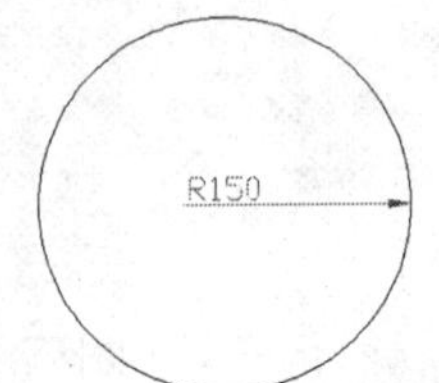

图 3-83　定距画圆示例

注意：激活“直径”选项，即可进行直径方式画圆。

3. 定点画圆

定点画圆包括“两点画圆”和“三点画圆”两种方式，用户只需在圆周上定位出两点或三点，即可精确画圆。单击“菜单浏览器”/“绘图”/“圆”/“两点”命令，即可进行两点画圆，其命令行提示如下：

命令: _circle

指定圆的圆心或 [三点(3P)/两点(2P)/切点、切点、半径(T)]:

//2P↵，激活两点选项

指定圆直径的第一个端点：　//取一点 A 作为直径的第一个端点

指定圆直径的第二个端点：　//拾取另一点 B 作为直径的第二个端点，绘制结果如图 3-84 所示

另外，单击“菜单浏览器”/“绘图”/“圆”/“三点”命令，即可进行三点画圆，其命令行提示如下：

命令: _circle

指定圆的圆心或 [三点(3P)/两点(2P)/切点、切点、半径(T)]:

指定圆上的第一个点：　//拾取第一点 1

指定圆上的第二个点：　//拾取第一点 2

指定圆上的第三个点：　//拾取第一点 3，绘制结果如图 3-85 所示

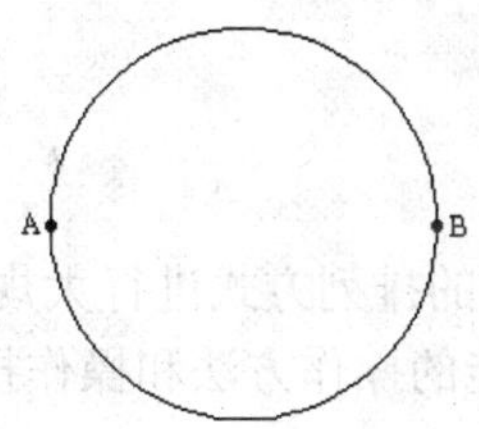

图 3-84　定点画圆

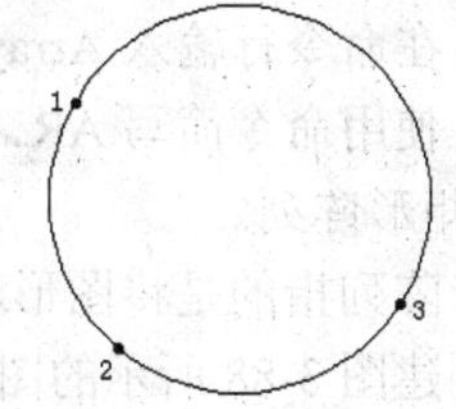

图 3-85　三点画圆

4. 画相切圆

AutoCAD 为用户提供了“相切、相切、半径”和“相切、相切、相切”两种画相切圆的方法。前一种相切方式是分别拾取两个相切对象后，再输入相切圆的半径，其命令行操作提示如下：

命令: _circle

指定圆的圆心或 [三点(3P)/两点(2P)/切点、切点、半径(T)]:

指定对象与圆的第一个切点：　//在线段的下端单击

指定对象与圆的第二个切点：　//在小圆的下侧边缘上单击

指定圆的半径 <56.0000>:　//100↵，绘制结果如图 3-86 所示

另外，“相切、相切、相切”方式是直接拾取三个相切对象，系统自动定位相切圆的位置和大小。其命令行操作提示如下：

命令: _circle

指定圆的圆心或 [三点(3P)/两点(2P)/切点、切点、半径(T)]: _3p 指定圆上的第

一个点: _tan 到　　　　　　　　　//拾取斜面线段作为第一相切对象

指定圆上的第二个点: _tan 到　　　//拾取小圆作为第二相切对象

指定圆上的第三个点: _tan 到　　　//拾取大圆作为第三相切对象

绘制结果如图 3-87 所示。

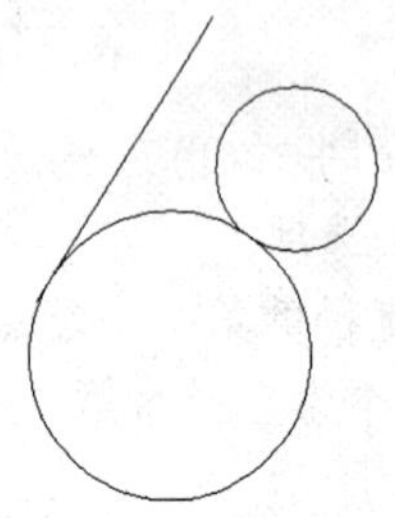

图 3-86　相切、相切、半径画图

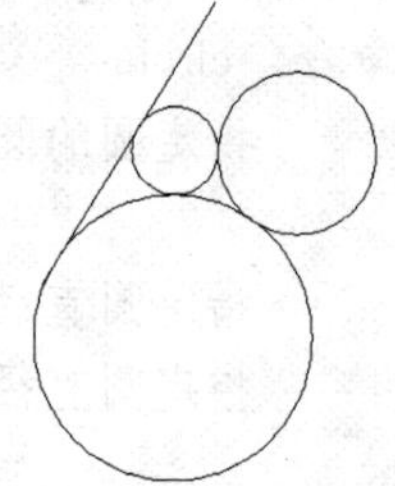

图 3-87　绘制结果

3.3.3.4　“阵列”命令

“阵列”是一种用于创建规则图形结构的复合命令，使用此命令可以创建均布结构或聚心结构的复制图形。

1. 命令的执行

执行“阵列”命令主要有以下几种方式：

- 单击“菜单浏览器”/“修改”/“阵列”命令。
- 单击功能区“常用”选项卡/“修改”面板上的按钮。
- 在命令行输入 Array↵。
- 使用命令简写 AR↵。

2. 矩形阵列

矩形阵列指的是将图形对象按照指定的行数和列数，成矩形的排列方式进行大规模复制。下面以创建图 3-88 所示的图形结构为例，学习“矩形阵列”功能的操作方法和操作技巧。

（1）新建文件。

（2）使用“矩形”命令绘制长度为 100、宽度为 50 的矩形，作为阵列对象。

（3）单击功能区“常用”选项卡/“修改”面板上的按钮，激活“阵列”命令，打开如图 3-89 所示的“阵列”对话框。

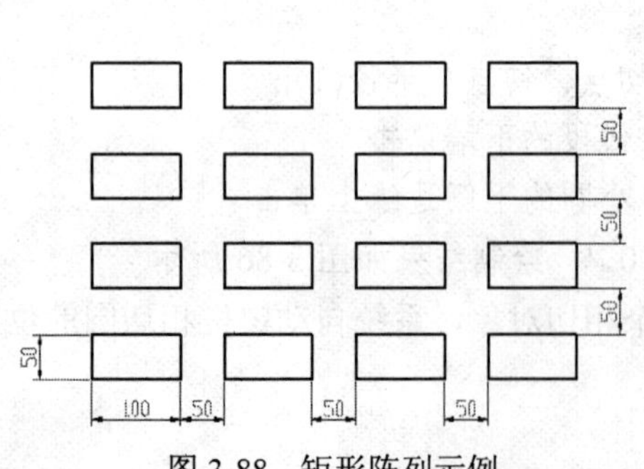

图 3-88　矩形阵列示例

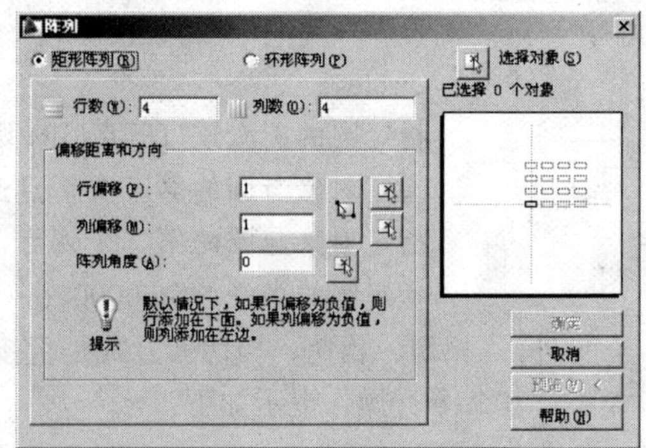

图 3-89　“阵列”对话框

（4）设置阵列的行和列。确保“矩形阵列”单选项处于选中状态，然后设置阵列的行数为 4，列数为 4。

（5）设置行偏移和列偏移。在“行偏移”文本框中输入 100，在“列偏移”文本框中输入 150。

注意：如果设置的“行偏移”为正值，结果将在源对象的上侧阵列，反之向下阵列；如果设置的“列偏移”为正值，结果将在源对象的右侧阵列，反之向左阵列。另外，在设置行偏移和列偏移时，需要将源对象的尺寸包括在内。

（6）单击“选择对象”按钮，返回绘图区选择刚绘制的矩形，作为阵列对象。

（7）按 Enter 键返回“阵列”对话框，单击 确定 按钮，即可将矩形阵列成 4 行 4 列的均布结构。

重点选项解析如下：

- “行数”文本框用于输入矩形阵列的行数。
- “列数”文本框用于输入矩形阵列的列数。
- “行偏移”文本框用于设置对象的行偏移距离。
- “列偏移”文本框用于设置对象的列偏移距离，文本框右侧的按钮主要用于在绘图区直接使用光标，指定行/列的偏移距离。

注意：单击按钮，系统则返回绘图区，要求用户指定两个角点，系统以这两个点作为对角点形成一个矩形，矩形的宽为矩形阵列的行间距，矩形的长为矩形阵列的列间距。

- “阵列角度”选项用于设置阵列的角度，使阵列后的图形对象沿着某一角度倾斜。
- 单击 预览(V) < 按钮，可以在不结束命令的前提下，对阵列效果进行提前预览。

3. 环形阵列

环形阵列指的是将图形对象按照指定的中心点和阵列数目，成圆形排列。下面以创建图 3-90 所示的图形结构为例，学习“环形阵列”功能的操作方法和操作技巧。

（1）新建空白文件。

（2）使用“圆”和“矩形”命令，配合象限点捕捉和中点捕捉功能，绘制如图 3-91 所示的圆和矩形。

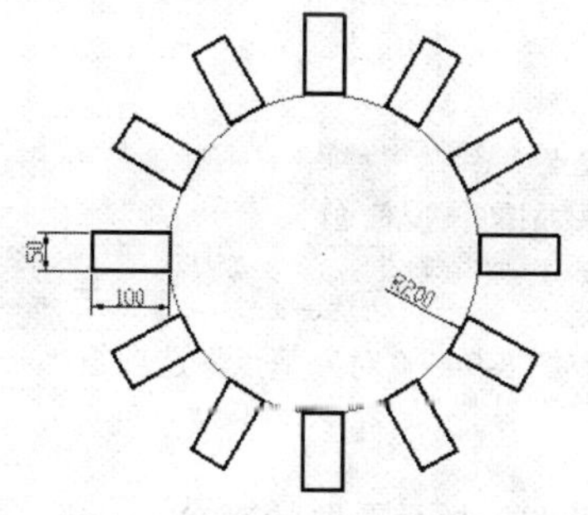

图 3-90　环形阵列示例

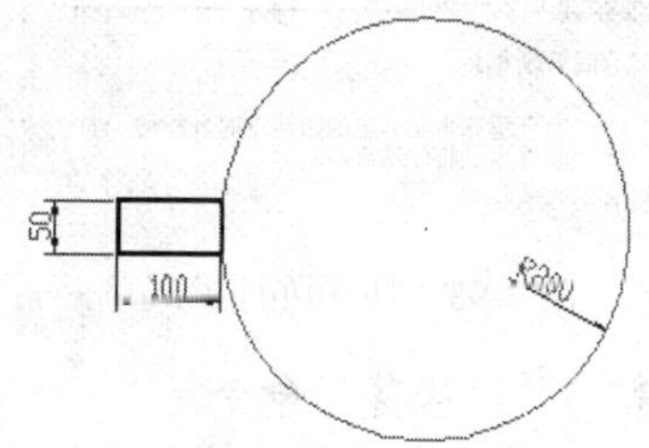

图 3-91　绘制图线

（3）单击功能区“常用”选项卡 / “修改”面板上的按钮，在打开的对话框中选中“环形阵列”单选项，展开如图 3-92 所示的对话框。

（4）单击“中心点”右侧的按钮，返回绘图区捕捉圆的圆心，作为阵列的中心点。

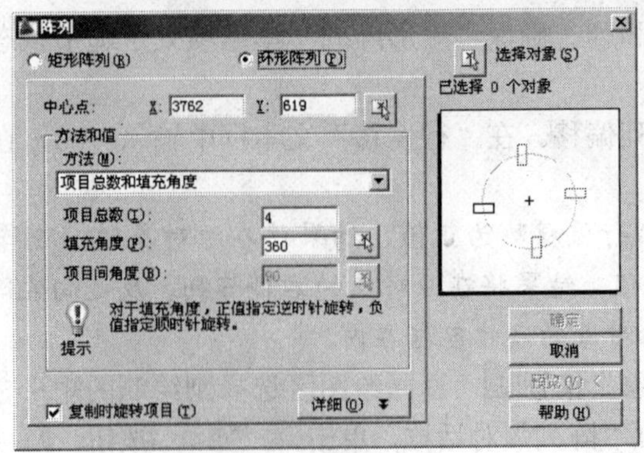

图 3-92 环形阵列

（5）此时系统自动返回对话框，在“项目总数”文本框中设置阵列数目为 12，其他参数采用默认设置。

（6）单击“选择对象”按钮，返回绘图区选择矩形作为阵列对象。

（7）按 Enter 键返回“阵列”对话框，单击 确定 按钮后，即可将矩形环形阵列 12 份。

重要选项解析如下：

- “项目总数”文本框用于输入环形阵列的数量。
- “填充角度”文本框用于输入环形阵列的角度，正值为逆时针阵列，负值为顺时针阵列。
- “项目间角度”选项用于设置阵列对象间的角度。
- “复制时旋转项目”复选框用于设置环形阵列对象时，对象本身是否绕其基点旋转。
- 在“方法和值”选项组中单击“方法”下拉列表框，可展开如图 3-93 所示的下拉列表框，在此列表框内有三种阵列模式，分别是“项目总数和填充角度”、“项目总数和项目间的角度”、“填充角度和项目间的角度”，用户可以根据现有条件进行取舍。
- 在“阵列”对话框中，单击 详细(O) ▼ 按钮，可展开如图 3-94 所示的“对象基点”选项组，用户可以直接输入基点坐标，来确定对象本身的旋转基点。

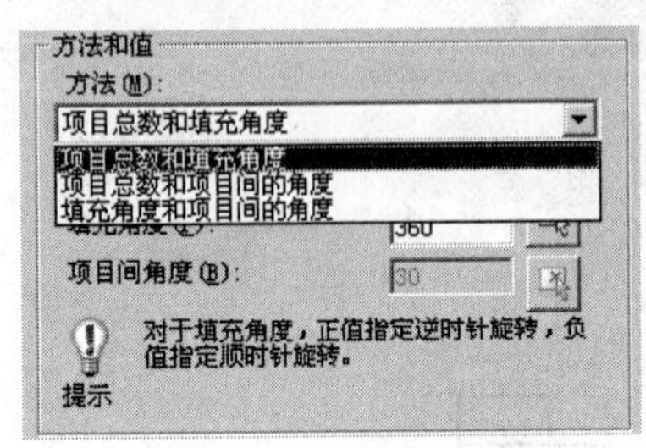

图 3-93 环形阵列模式

图 3-94 “对象基点”选项组

3.3.3.5 “修剪”命令

“修剪”命令用于沿着指定的修剪边界，修剪掉目标对象中不需要的部分。一般情况下，用于修剪的对象有直线、圆、弧、多段线、样条曲线等；修剪边界可以使用除图块、参照、网格、三维面等以外的任何对象。

1. 命令的执行

执行“修剪”命令主要有以下几种方式：

- 单击“菜单浏览器” / “修改” / “修剪”命令。
- 单击功能区“常用”选项卡 / “修改”面板上的 按钮。
- 在命令行输入 Trim↵。
- 使用命令简写 TR↵。

2. 命令的使用

在修剪对象之前，首先需要定位修剪边界，此边界可以与对象相交，也可以不相交。下面通过具体的实例学习使用“修剪”命令。

（1）绘制如图 3-95 所示的两组图线。

（2）单击功能区“常用”选项卡 / “修改”面板上的 按钮，激活“修剪”命令后，根据 AutoCAD 命令行的提示修剪图线。操作过程如下：

命令: _trim

当前设置:投影=UCS，边=无

选择剪切边...

选择对象或 <全部选择>:　　//选择刚绘制的水平直线

注意：在“选择剪切边”时按 Enter 键，即可选择待修剪的对象，系统在修剪对象时将使用最靠近的候选对象作为剪切边。

选择对象:　　//↵，结束对象的选择

选择要修剪的对象，或按住 Shift 键选择要延伸的对象，或[栏选(F)/窗交(C)/投影(P)/边(E)/删除(R)/放弃(U)]:　　//在倾斜直线的下端单击

选择要修剪的对象，或按住 Shift 键选择要延伸的对象，或[栏选(F)/窗交(C)/投影(P)/边(E)/删除(R)/放弃(U)]:　　//↵，结束命令

注意：选择修剪对象时，鼠标单击的位置不同，修剪后的结果也不同。

（3）最终的修剪结果如图 3-96 所示。

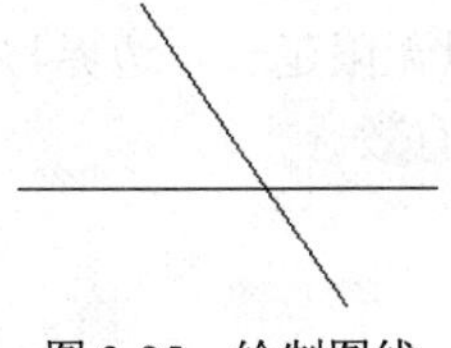

图 3-95　绘制图线

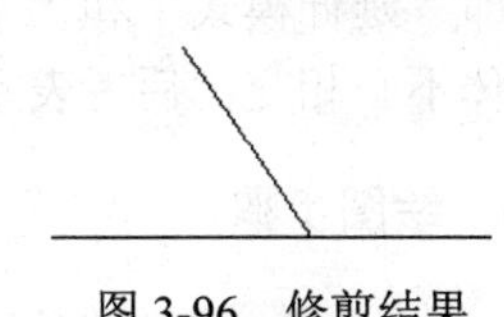

图 3-96　修剪结果

3. 延伸模式下的修剪

系统默认设置下的修剪模式为“不延伸模式”，接下来通过具体的实例学习“延伸模式”下的修剪操作。

（1）首先绘制如图 3-97 所示的两条图线。

（2）执行“修剪”命令，根据 AutoCAD 命令行提示修剪图线。具体操作过程如下：

命令: _trim

当前设置:投影=UCS，边=无

选择剪切边...

选择对象或 <全部选择>:　　//选择刚绘制的水平直线

选择对象:　　//↵，结束对象的选择

选择要修剪的对象，或按住 Shift 键选择要延伸的对象，或[栏选(F)/窗交(C)/投影(P)/边(E)/删除(R)/放弃(U)]: //e ↵，激活边选项

输入隐含边延伸模式 [延伸(E)/不延伸(N)] <不延伸>: //E↵，设置延伸模式

选择要修剪的对象，或按住 Shift 键选择要延伸的对象，或[栏选(F)/窗交(C)/投影(P)/边(E)/删除(R)/放弃(U)]: //在斜线段的下侧单击

选择要修剪的对象，或按住 Shift 键选择要延伸的对象，或[栏选(F)/窗交(C)/投影(P)/边(E)/删除(R)/放弃(U)]: //↵，结束命令

（3）最终的修剪效果如图 3-98 所示。

图 3-97 绘制图线　　图 3-98 修剪结果

4. 选项解析

- “栏选”选项是一种对象选择方式，在选择对象时需要绘制一条或多条栅栏线，所有与栅栏线相交的对象都会被选择。
- “窗交”选项也是一种选择方式，用于以窗交选择的方式，一次选择多个修剪对象。在选择对象时，需要拉出一个矩形选择框，所有与选择框相交和处于选择框内的对象都会被选择。
- “投影”选项用于设置三维空间剪切实体的不同投影方法。
- “删除”选项用于选择一些修剪不彻底的对象。
- “边”选项用于确定修剪边的延伸模式。AutoCAD 共用为用户提供了两种修剪模式，即“延伸模式”和“不延伸模式”，前者表示剪切边界可以无限延长，边界与被剪实体不必相交；后者表示剪切边界只有与被剪实体相交时才有效。

3.3.4 绘图步骤

（1）新建文件，并设置捕捉模式为圆心捕捉和象限点捕捉。

（2）单击“菜单浏览器”/“格式”/“图形界限”命令，将图形界限设置为 600×600，并对其进行全部缩放。

（3）单击功能区“常用”选项卡/“绘图”面板上的按钮，激活“圆”命令，绘制半径为 200、80、70 和 7.5 的圆，如图 3-99 所示。

（4）单击“菜单浏览器”/“格式”/“多线样式”命令，打开“多线样式”对话框，修改当前多线样式，如图 3-100 所示。

（5）单击“菜单浏览器”/“绘图”/“多线”命令，设置多线比例为 10，对正方式为“无”，以大圆的四个象限点为端点，绘制灯具支架。命令行操作如下：

命令: _mline

当前设置: 对正 = 上，比例 = 20.00，样式 = STANDARD

指定起点或 [对正(J)/比例(S)/样式(ST)]:　　//s↵
输入多线比例 <20.00>:　　//10↵
当前设置: 对正 = 上，比例 = 10.00，样式 = STANDARD
指定起点或 [对正(J)/比例(S)/样式(ST)]:　　//j↵
输入对正类型 [上(T)/无(Z)/下(B)] <上>:　　//Z↵
当前设置: 对正 = 无，比例 = 10.00，样式 = STANDARD
指定起点或 [对正(J)/比例(S)/样式(ST)]:　　//捕捉大圆的左象限点
指定下一点:　　//捕捉大圆的右象限点
指定下一点或 [放弃(U)]:　　//↵，结束命令
命令:　　//↵，重复执行命令
MLINE
当前设置: 对正 = 无，比例 = 10.00，样式 = STANDARD
指定起点或 [对正(J)/比例(S)/样式(ST)]:　　//捕捉大圆的上象限点
指定下一点:　　//捕捉大圆的下象限点
指定下一点或 [放弃(U)]:　　//↵，绘制结果如图 3-101 所示

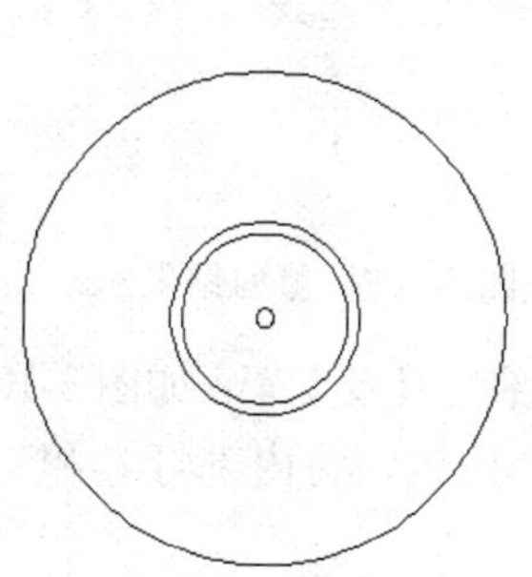

图 3-99　绘制圆

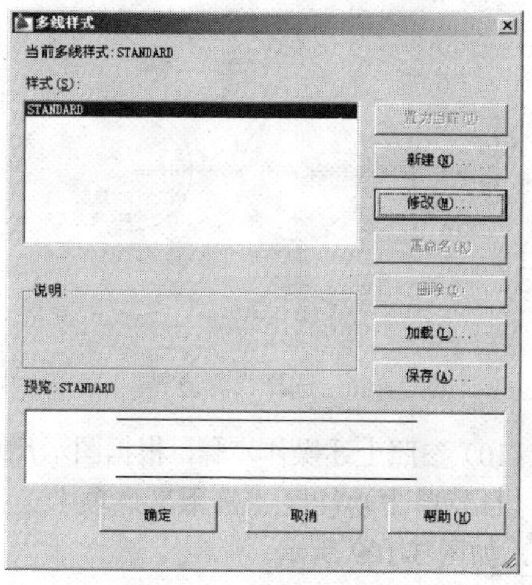

图 3-100　修改多线样式

（6）使用快捷键“C”激活“圆”命令，以大圆上象限点作为圆心，绘制半径为 5、60、70 的圆，如图 3-102 所示。

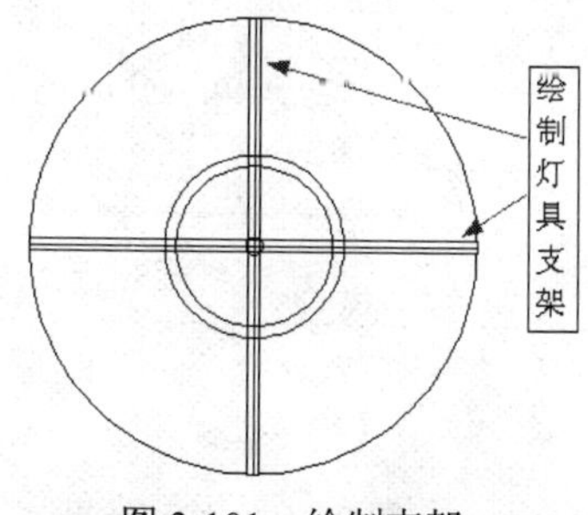

图 3-101　绘制支架

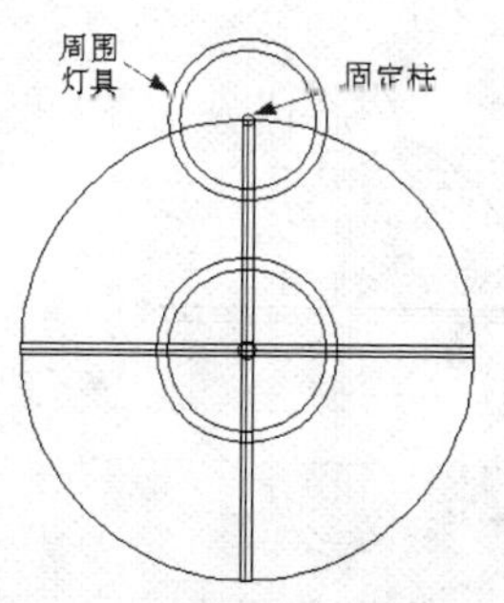

图 3-102　绘制灯具及固定柱

（7）单击功能区“常用”选项卡 / “修改”面板上的按钮，对刚绘制的外围灯具和固定柱进行环形阵列，中心点为下侧同心圆的圆心，结果如图 3-103 所示。

（8）单击功能区“常用”选项卡 / “修改”面板上的按钮，选择如图 3-104 所示的虚线显示圆作为修剪的边界，修剪掉内部的弧线段和直线段，结果如图 3-105 所示。

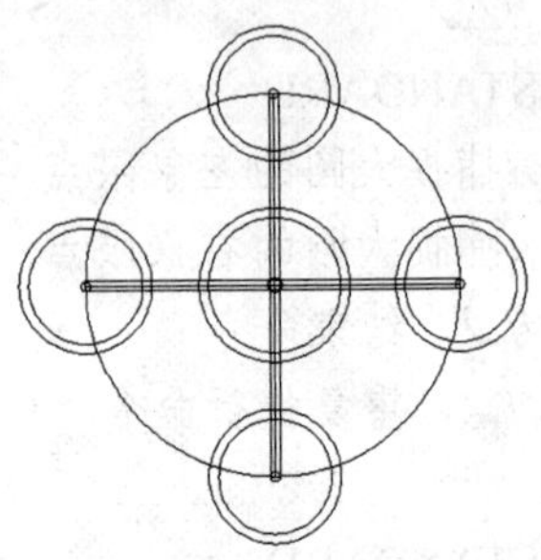
图 3-103　阵列结果

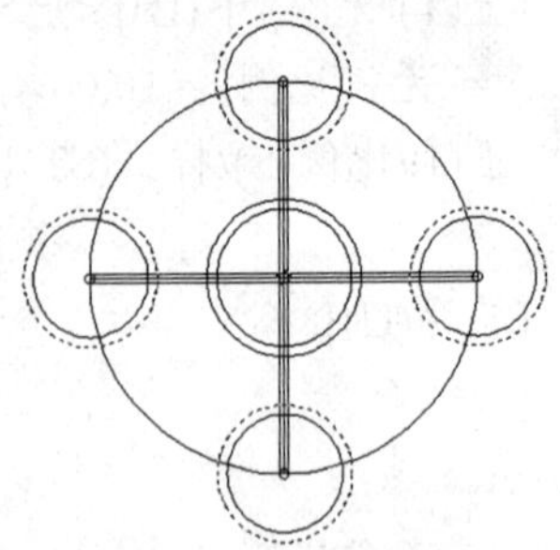
图 3-104　选择修剪边界

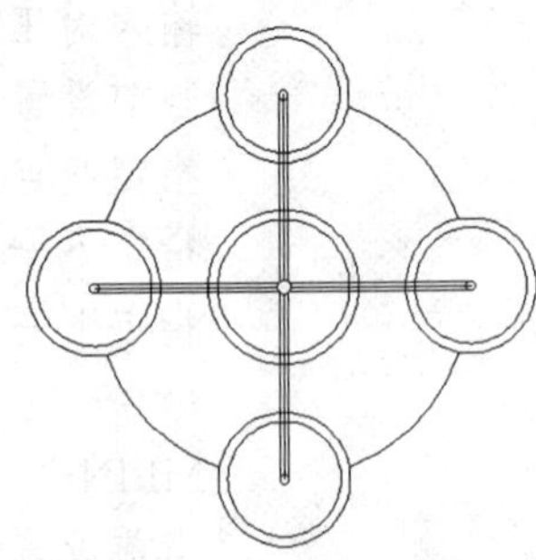
图 3-105　修剪结果

（9）重复“修剪”命令，以固定柱和支架两侧的轮廓线作为剪切边，如图 3-106 所示，修剪掉其内部的图线，结果如图 3-107 所示。

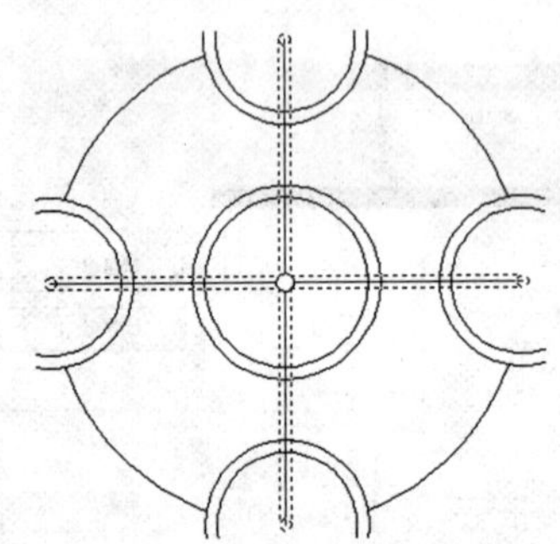
图 3-106　选择修剪边界

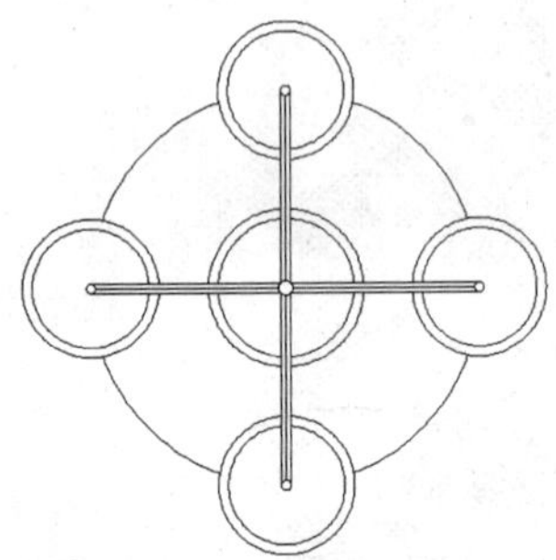
图 3-107　修剪结果

（10）参照上述操作步骤，根据图示尺寸绘制组合吊灯的内部灯具及支架，如图 3-108 所示。

（11）单击功能区“常用”选项卡 / “修改”面板上的按钮，将内部灯具和支架旋转 45 度，如图 3-109 所示。

（12）单击功能区“常用”选项卡 / “修改”面板上的按钮，激活“移动”命令，以大圆圆心作为基点，将内部灯具及支架移动至吊灯的外围灯具中，目标点是外围灯具的大圆圆心，结果如图 3-110 所示。

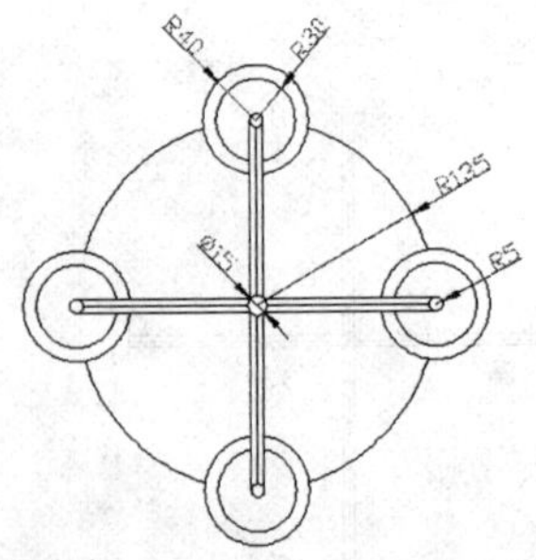

图 3-108　绘制内部灯具

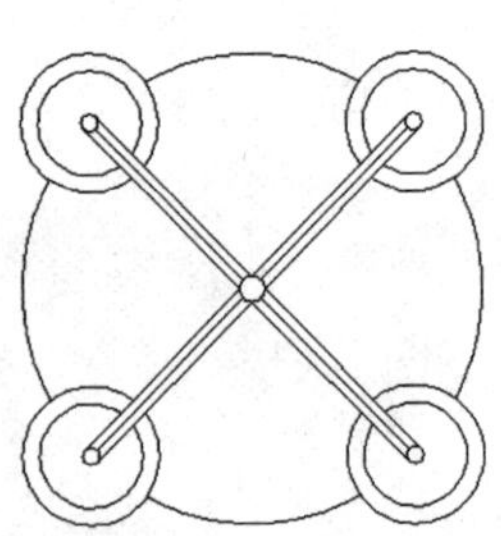
图 3-109　旋转灯具

图 3-110　移动结果

（13）最后使用“修剪”命令，以如图 3-111 所示的虚线显示图形作为剪切边，修剪掉其内部的线段，最终结果如图 3-112 所示。

图 3-111　选择边界

图 3-112　最终结果

（14）最后执行“保存”命令，将图形命名存储为“艺术吊灯.dwg”。

3.3.5　延伸知识——“延伸”、“打断”与“合并”命令

3.3.5.1　“延伸”命令

“延伸”命令用于将图线延伸到指定的边界上，使其与边界或边界的延长线相交。一般情况下用于延伸的对象有直线、圆弧、椭圆弧、非闭合多段线等。

1. 命令的执行

执行“延伸”命令主要有以下几种方式：

- 单击“菜单浏览器”/“修改”/“延伸”命令。
- 单击功能区“常用”选项卡/“修改”面板上的按钮。
- 在命令行输入 Extend↵。
- 使用命令简写 EX↵。

2. 命令的使用

在延伸对象之前，需要事先定位出延伸边界，然后才能对图线进行延伸。下面通过具体的实例学习使用“延伸”命令。

（1）首先绘制如图 3-113 所示的两条图线。

（2）执行“延伸”命令，根据 AutoCAD 命令行的提示进行延伸对象。操作过程如下：

命令: _extend

当前设置:投影=UCS，边=无

选择边界的边...

选择对象或 <全部选择>:　　//选择圆弧作为边界

选择对象:　　//↵，结束对象的选择

选择要延伸的对象，或按住 Shift 键选择要修剪的对象，或[栏选(F)/窗交(C)/投影(P)/边(E)/放弃(U)]:　　//在水平直线的右端单击

注意： 在选择延伸对象时，要在靠近边界的一端选择对象，否则对象将不被延伸。

选择要延伸的对象，或按住 Shift 键选择要修剪的对象，或[栏选(F)/窗交(C)/

投影(P)/边(E)/放弃(U)]:　　　　　　//↙，延伸结果如图 3-114 所示

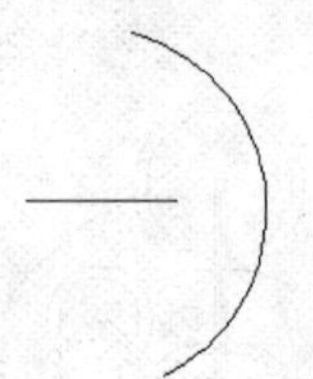

图 3-113　绘制图线

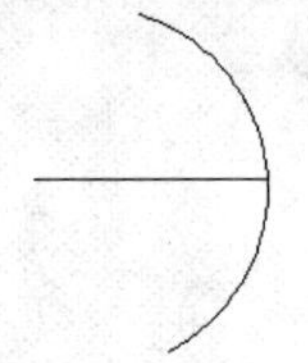

图 3-114　延伸结果

3. 选项解析

- “边”选项用来确定延伸边的方式。执行该选项后，系统提示“输入隐含边延伸模式[延伸（E）/不延伸（N）] <延伸>”。
- 如果激活“延伸”选项，系统将使用隐含的延伸边界来延伸对象，而实际上边界和延伸对象并没有真正相交。AutoCAD 会假想将延伸边延长，然后再延伸。
- “不延伸”选项：确定边界不延伸，而只有边界与延伸对象真正相交后才能完成延伸操作。

3.3.5.2　“打断”命令

所谓打断对象，指的是将对象打断为相连的两部分，或打断并删除图形对象上的一部分。

1. 命令的执行

执行“打断”命令主要有以下几种方式：

- 单击“菜单浏览器” / “修改” / “打断”命令。
- 单击功能区“常用”选项卡 / “修改”面板上的按钮。
- 在命令行输入 Break↙。
- 使用命令简写 BR↙。

2. 命令的使用

使用“打断”命令可以删除对象上任意两点之间的部分。下面通过实例学习使用“打断”命令。

（1）绘制长度为 100、宽度为 40 的矩形，如图 3-115（左）所示。

（2）单击功能区“常用”选项卡 / “修改”面板上的按钮，配合点的捕捉和输入功能，在矩形下侧水平边上删除 30 个单位的距离。命令行操作如下：

```
命令: _break
    选择对象:                              //选择矩形
    指定第二个打断点 或 [第一点(F)]:       //f↙，激活“第一点”选项
    指定第一个打断点:           //捕捉矩形下侧水平边的中点作为第一断点
    指定第二个打断点:                      //@30,0↙，定位第二断点
```

注意：“第一点”选项用于重新确定第一断点。由于在选择对象时不可能拾取到准确的第一点，所以需要激活该选项，以重新定位第一断点。

（3）打断结果如图 3-115（右）所示。

注意：要将一个对象拆分为二而不删除其中的任何部分，可以在指定第二断点时输入相对坐标符号@，也可以直接单击“修改”工具栏上的按钮。

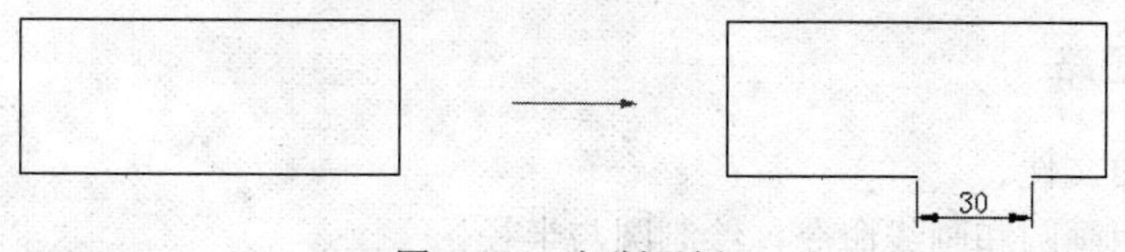

图 3-115　打断示例

3.3.5.3　“合并”命令

所谓合并对象，指的是将同角度的两条或多条线段合并为一条线段，还可以将圆弧或椭圆弧合并为一个整圆和椭圆。执行“合并”命令主要有以下几种方式：

- 单击“菜单浏览器” / “修改” / “合并”命令。
- 单击功能区“常用”选项卡 / “修改”面板上的 按钮。
- 在命令行输入 Join↵。
- 使用命令简写 J↵。

激活“合并”命令后，命令行操作如下：

命令: _join

选择源对象:　　　　　　　//选择上侧的一条垂直线段作为源对象

选择要合并到源的直线:　　//选择下侧的一条垂直线段

选择要合并到源的直线:　　//↵，合并结果如图 3-116 所示

已将 1 条直线合并到源

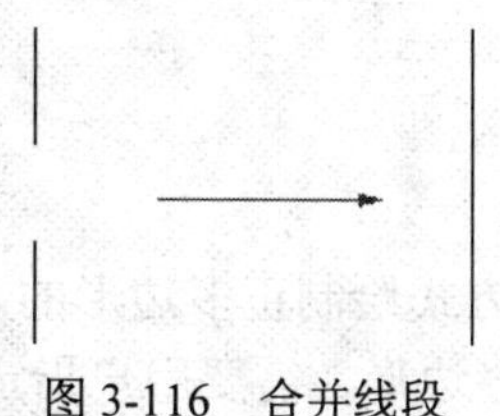

图 3-116　合并线段

3.4　案例四：绘制拼花图例

3.4.1　教学目标

本例通过绘制如图 3-117 所示的地面拼花图例，主要学习“正多边形”、夹点编辑等命令的操作方法和操作技巧。

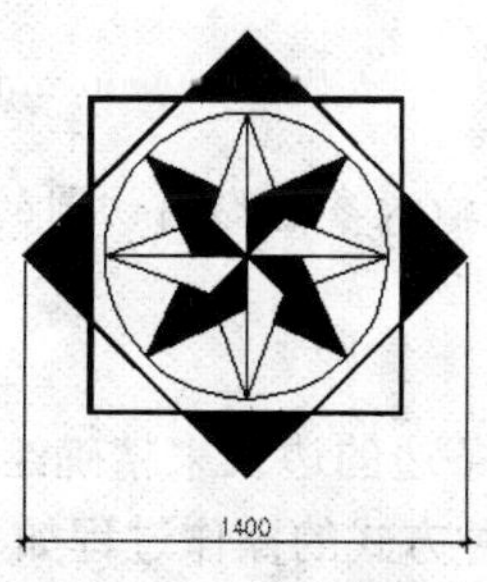

图 3-117　本例效果

3.4.2 绘图思路

- 创建空白文件。
- 综合使用画圆和画线命令，绘制圆与半径。
- 综合使用夹点编辑功能，创建花格单元。
- 使用“阵列”命令，创建地花分格线。
- 综合使用“正多边形”、“特性”命令和夹点编辑功能，创建外部轮廓。
- 使用“图案填充”命令，填充图案。
- 最后将图形存盘。

3.4.3 命令讲解

在绘制地面拼花图例之前，首先学习“正多边形”、夹点编辑等常用命令，具体内容如下。

3.4.3.1 “正多边形”命令

“正多边形”命令用于绘制等边、等角的闭合几何图形，如正五边形、正六边形等。

1. 命令的执行

执行“正多边形”命令主要有以下几种方式：

- 单击“菜单浏览器”/“绘图”菜单中的“正多边形”命令。
- 单击功能区“常用”选项卡/“绘图”面板上的按钮。
- 在命令行输入 Polygon↵。
- 使用命令简写 POL↵。

2. 命令的使用

默认设置下是以“内接于圆”方式绘制正多边形的，绘制的正多边形被看作是一条闭合的多段线边界。使用此方式绘制正多边形，需要用户指定正多边形外接圆的半径。

下面以绘制外接圆半径为 150 的正五边形为例，学习使用“正多边形”命令。具体如下：

（1）执行“菜单浏览器”/“绘图”菜单中的“正多边形”命令，启动命令。

（2）执行“正多边形”命令后，根据 AutoCAD 命令行的操作提示绘制正五边形。命令行操作过程如下：

```
命令: _polygon
    输入边的数目 <4>:                        //5↵，设置正多边形的边数
    指定正多边形的中心点或 [边(E)]:           //拾取一点作为中心点
    输入选项 [内接于圆(I)/外切于圆(C)] <I>:   //↵，采用当前设置
    指定圆的半径:                              //150↵，输入外接圆半径
```

（3）绘制结果如图 3-118 所示。

注意：“外切于圆”选项是通过输入多边形内切圆的半径，进行精确定位正多边形，如图 3-119 所示。

3. “边”方式画多边形

此种方式是通过输入多边形一条边的边长来精确绘制正多边形的。在具体定位边长时，需要分别定位出边的两个端点。此种方式的操作过程如下：

（1）单击功能区“常用”选项卡/“绘图”面板上的按钮，激活“正多边形”命令。

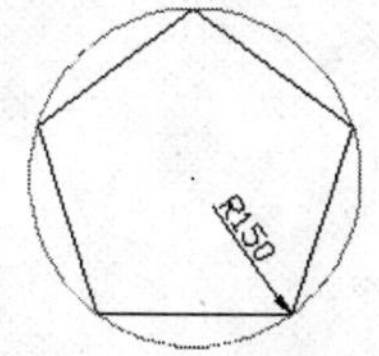

图 3-118　“内接于圆”方式

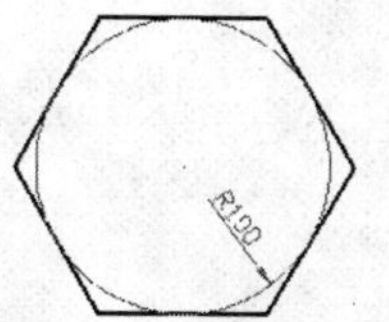

图 3-119　“外切于圆”方式

（2）根据 AutoCAD 命令行的提示，按照“边”方式绘制边长为 100 的正六边形。具体如下：

命令: _polygon

输入边的数目 <4>:	//6↵，设置正多边形的边数
指定正多边形的中心点或 [边(E)]:	//e ↵，激活“边”选项
指定边的第一个端点:	//拾取一点作为边的一个端点
指定边的第二个端点:	//@100,0↵，定位第二个端点

（3）绘制结果如图 3-120 所示。

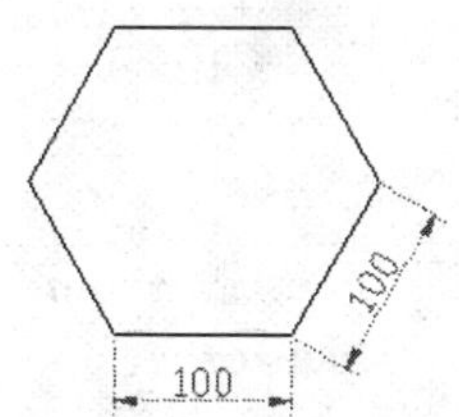

图 3-120　“边”方式示例

注意：按“边”方式绘制正多边形，在指定边的两个端点 A、B 时，系统按从 A 至 B 顺序以逆时针方向绘制正多边形。

3.4.3.2　夹点编辑

AutoCAD 为用户提供了“夹点编辑”功能，使用此功能，可以非常方便地编辑图形。在学习此功能之前，首先了解两个概念，即“夹点”和“夹点编辑”。

在没有命令执行的前提下选择图形，这些图形上会显示出一些蓝色实心的小方框，如图 3-121 所示，这些蓝色小方框即为图形的夹点，不同的图形结构，其夹点个数及位置也会不同。

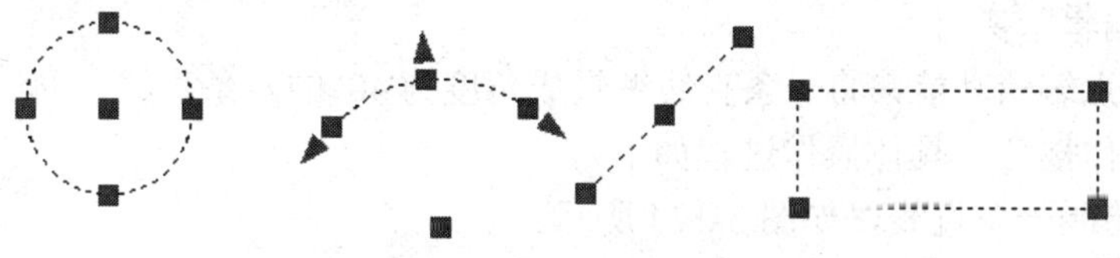

图 3-121　图形的夹点

所谓的“夹点编辑”功能，就是将多种修改工具组合在一起，通过编辑图形上的这些夹点来达到快速编辑图形的目的。

1．启动“夹点编辑”

用户只需单击图形上的任何一个夹点，即可进入夹点编辑模式，此时单击的夹点以“红色”亮显，称之为“热点”或者“夹基点”，如图 3-122 所示。

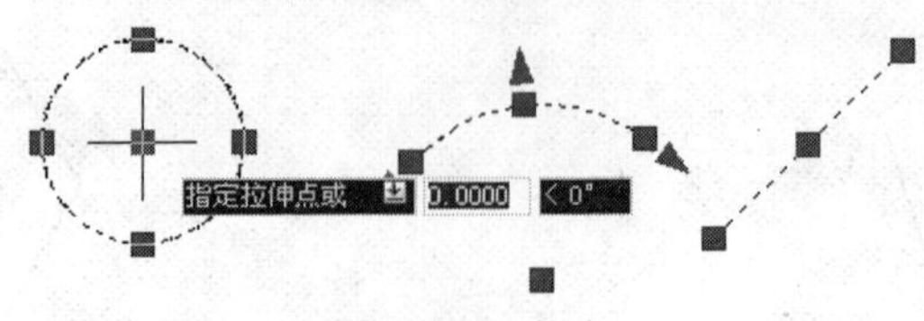

图 3-122　热点

在进入夹点编辑模式后，用户可以通过两种方式启动夹点编辑功能，具体如下：进入夹点编辑模式后，右击，即可打开夹点编辑菜单，如图 3-123 所示。在此菜单中共为用户提供了“移动”、“旋转”、“缩放”、“镜像”、“拉伸”等五种命令，这些命令是平级的，其操作功能与“修改”工具栏上的各工具相同，用户只需单击相应的菜单项，即可启动夹点编辑工具。

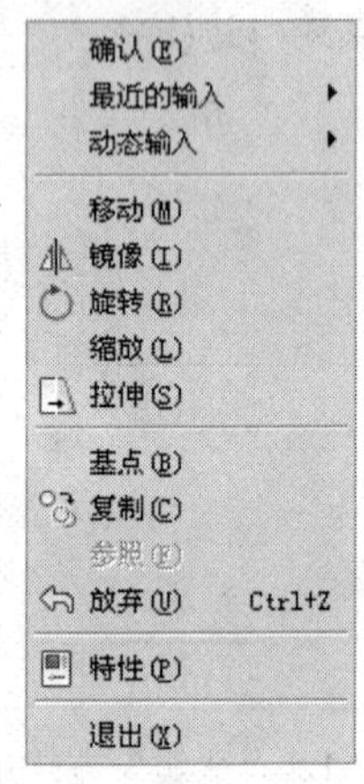

图 3-123　夹点菜单

在夹点菜单的下侧，是夹点命令中的一些选项功能，有“基点”、“复制”、“参照”、“放弃”等，不过这些选项菜单在一级修改命令的前提下才能使用。

当进入夹点编辑模式后，通过按 Enter 键，系统即会在“移动”、“旋转”、“缩放”、“镜像”、“拉伸”等五种命令中循环切换，用户可以根据命令行的步骤提示，选择相应的夹点命令及命令选项。

注意：如果用户在按住 Shift 键的同时单击多个夹点，单击的这些夹点都被看作是“夹基点”；如果用户需要从多个夹基点的选择集中删除特定对象，也要按住 Shift 键。

2．“夹点编辑”实例

下面使用夹点编辑功能，将一条直线编辑成角度为 40° 的两条直线，以学习夹点编辑工具的操作方法和操作技巧。具体操作过程如下：

（1）首先绘制一条直线，如图 3-124 所示。

（2）在无命令执行的前提下选择刚绘制的直线，使其夹点显示，如图 3-125 所示。

图 3-124　绘制结果

图 3-125　夹点显示

（3）单击左侧的夹点，使其变为夹基点，进入夹点编辑模式。

（4）右击，从弹出的夹点编辑菜单中选择“旋转”命令，如图 3-126 所示，激活夹点旋转功能。

（5）再次右击，选择“复制”选项，然后根据命令行的提示旋转和复制线段。命令行操作如下：

命令:

** 拉伸 **

指定拉伸点或 [基点(B)/复制(C)/放弃(U)/退出(X)]: _rotate

** 旋转 **

指定旋转角度或 [基点(B)/复制(C)/放弃(U)/参照(R)/退出(X)]: _copy

** 旋转 (多重) **

指定旋转角度或 [基点(B)/复制(C)/放弃(U)/参照(R)/退出(X)]:

//20↵，输入旋转角度

** 旋转 (多重) **

指定旋转角度或 [基点(B)/复制(C)/放弃(U)/参照(R)/退出(X)]:

//-20↵，输入旋转角度

** 旋转 (多重) **

指定旋转角度或 [基点(B)/复制(C)/放弃(U)/参照(R)/退出(X)]:

//↵，退出夹点编辑模式，编辑结果如图 3-127 所示

（6）按下键盘上的 Delete 键，删除夹点显示的水平线段，结果如图 3-128 所示。

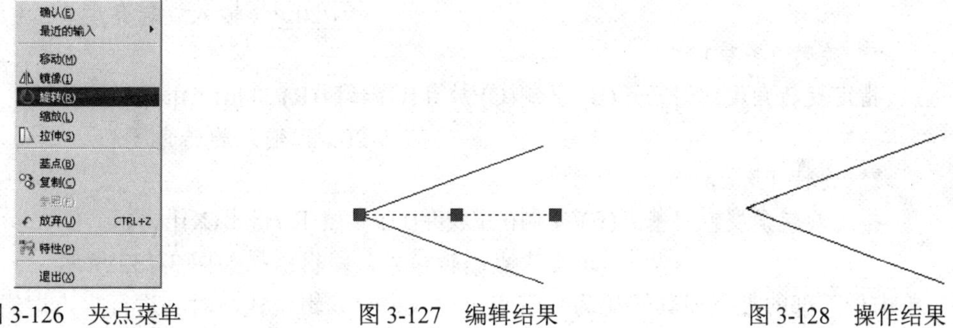

图 3-126　夹点菜单　　图 3-127　编辑结果　　图 3-128　操作结果

3.4.4　绘图步骤

（1）快速创建一张新图，并启用对象捕捉功能。

（2）单击功能区“常用”选项卡 / “绘图”面板上的按钮，激活“圆”命令，绘制直径为 900 的圆。

（3）执行“直线”命令，分别捕捉圆的上象限点和圆心，绘制圆的半径，结果如图 3-129 所示。

（4）在无命令执行的前提下选择刚绘制的直线，使其呈现夹点显示状态，如图 3-130 所示。

（5）单击最上部夹点，使其转化为夹基点，进入夹点编辑模式，此时此夹点的颜色变为红色，如图 3-131 所示。

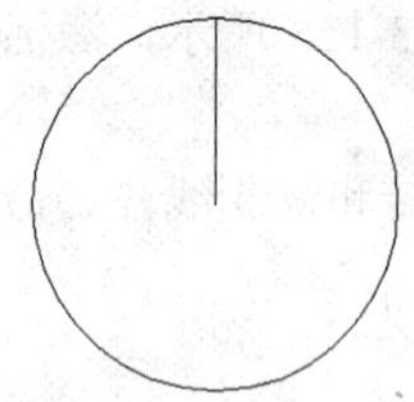

图 3-129　绘制结果

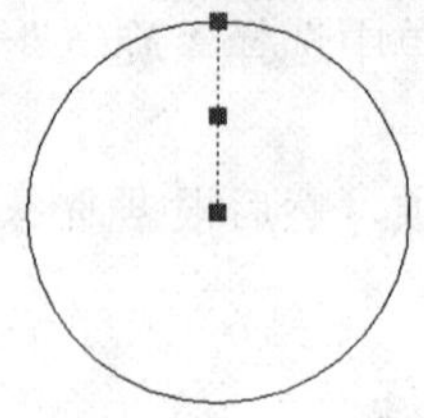

图 3-130　夹点显示

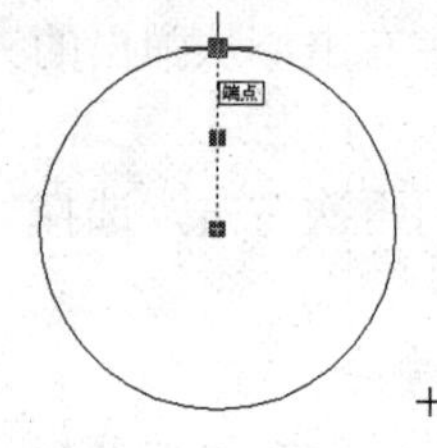

图 3-131　夹基点选择

（6）在激活夹点编辑功能后，使用夹点旋转功能对直线进行编辑，命令行操作过程如下：

命令:　　//进入夹点编辑模式

** 拉伸 **

指定拉伸点或 [基点(B)/复制(C)/放弃(U)/退出(X)]:

//↵，进入夹点移动模式

** 移动 **

指定移动点或 [基点(B)/复制(C)/放弃(U)/退出(X)]:

//↵，进入夹点旋转模式

** 旋转 **

指定旋转角度或 [基点(B)/复制(C)/放弃(U)/参照(R)/退出(X)]:

//c↵，激活“复制”选项

** 旋转 (多重) **

指定旋转角度或 [基点(B)/复制(C)/放弃(U)/参照(R)/退出(X)]:

//20↵，输入旋转角度

** 旋转 (多重) **

指定旋转角度或 [基点(B)/复制(C)/放弃(U)/参照(R)/退出(X)]:

//-20↵，输入旋转角度

** 旋转 (多重) **

指定旋转角度或 [基点(B)/复制(C)/放弃(U)/参照(R)/退出(X)]:

//↵，退出夹点编辑模式，编辑结果如图 3-132 所示

（7）单击最下部的夹点使其转化为夹基点，进入夹点编辑模式，对其进行夹点编辑，命令行操作如下：

命令:　　//进入夹点编辑模式

** 拉伸 **

指定拉伸点或 [基点(B)/复制(C)/放弃(U)/退出(X)]:

//↵，进入夹点移动模式

** 移动 **

指定移动点或 [基点(B)/复制(C)/放弃(U)/退出(X)]:

//↵，进入夹点旋转模式

** 旋转 **

指定旋转角度或 [基点(B)/复制(C)/放弃(U)/参照(R)/退出(X)]:

//c↵，激活“复制”选项

** 旋转 (多重) **
指定旋转角度或 [基点(B)/复制(C)/放弃(U)/参照(R)/退出(X)]:
//45↵，输入旋转角度
** 旋转 (多重) **
指定旋转角度或 [基点(B)/复制(C)/放弃(U)/参照(R)/退出(X)]:
//↵，退出夹点编辑模式，编辑结果如图 3-133 所示

（8）按 Esc 键，取消对象的夹点显示状态，结果如图 3-134 所示。

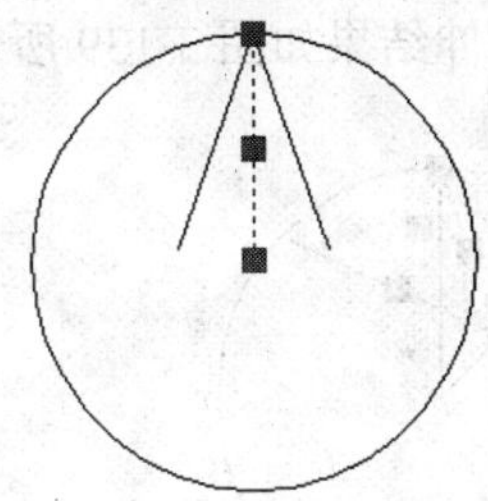
图 3-132　夹点旋转

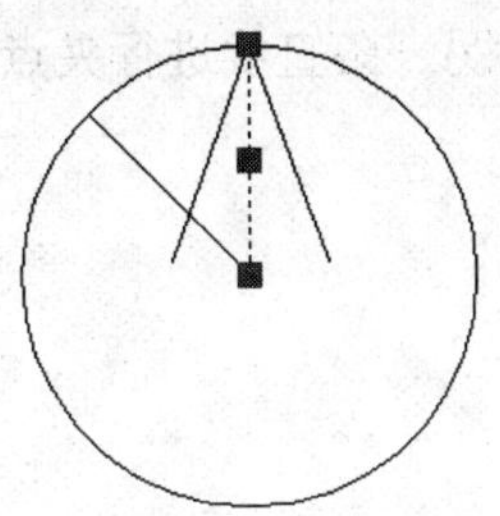
图 3-133　夹点旋转

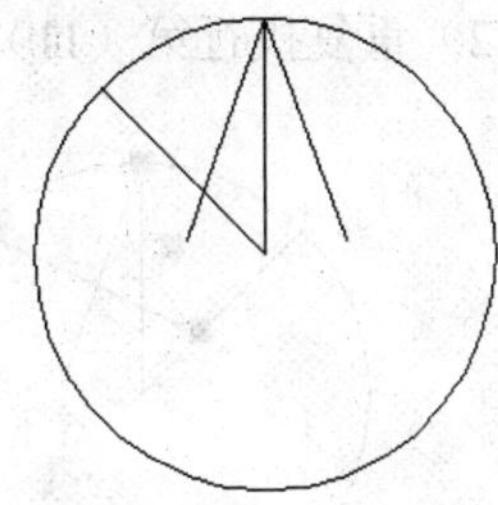
图 3-134　取消夹点

（9）在无任何命令执行的前提下，选择如图 3-135 所示的直线，使其呈现夹点显示。

（10）单击最上部夹点，使其转化为夹基点，进入夹点编辑模式，对其进行夹点旋转，命令行操作如下：

命令:　//进入夹点编辑模式
** 拉伸 **
指定拉伸点或 [基点(B)/复制(C)/放弃(U)/退出(X)]:
//↵，进入夹点移动模式
** 移动 **
指定移动点或 [基点(B)/复制(C)/放弃(U)/退出(X)]:
//↵，进入夹点旋转模式
** 旋转 **
指定旋转角度或 [基点(B)/复制(C)/放弃(U)/参照(R)/退出(X)]:
//c↵，激活"复制"选项
** 旋转 (多重) **
指定旋转角度或 [基点(B)/复制(C)/放弃(U)/参照(R)/退出(X)]:
//b↵，激活"基点"选项
指定基点:　//捕捉圆的圆心
** 旋转 (多重) **
指定旋转角度或 [基点(B)/复制(C)/放弃(U)/参照(R)/退出(X)]: //-45↵
** 旋转 (多重) **
指定旋转角度或 [基点(B)/复制(C)/放弃(U)/参照(R)/退出(X)]:
//↵，退出夹点编辑模式，编辑结果如图 3-136 所示

（11）单击最下部的夹点，进入夹点编辑模式，以图 3-137 所示的交点作为目标点，对其进行夹点拉伸，拉伸结果如图 3-138 所示。

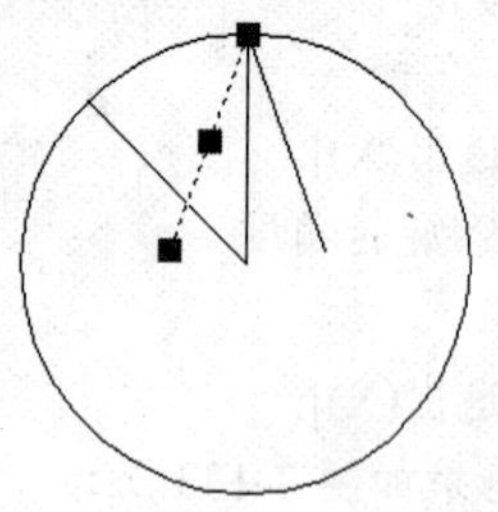
图 3-135 显示夹点

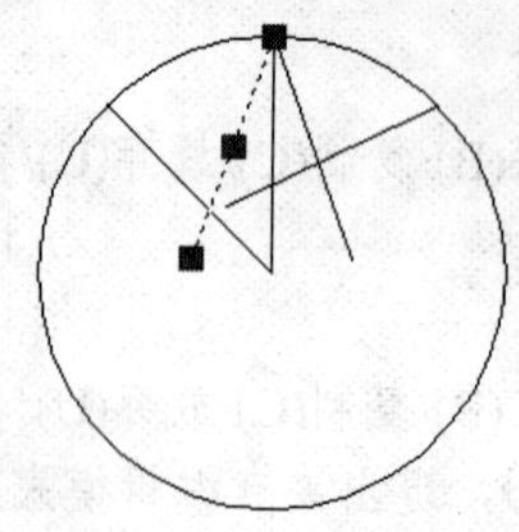
图 3-136 旋转结果

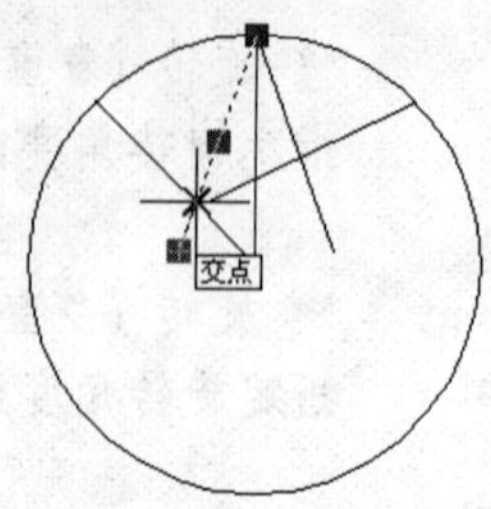

图 3-137 捕捉交点

（12）重复执行第（11）步，对另一条直线进行夹点拉伸，拉伸结果如图 3-139 所示。

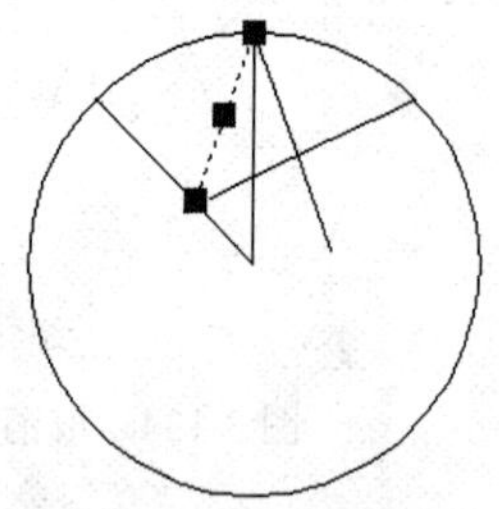
图 3-138 拉伸结果

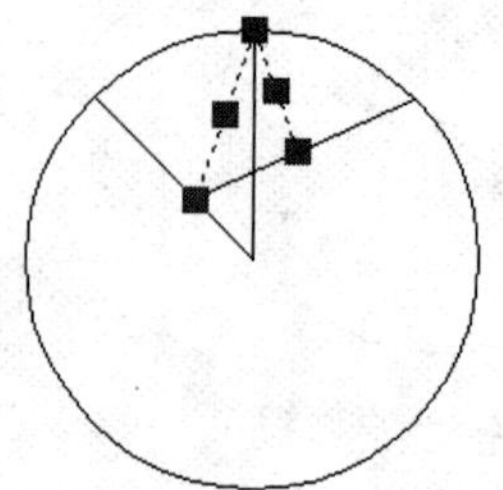
图 3-139 拉伸结果 2

（13）最后按下 Esc 键，取消对象的夹点显示。

（14）在无命令执行的前提下选择图 3-140 所示的两条直线，使其呈现夹点显示，按下键盘上的 Delete 键，将选择的直线删除，结果如图 3-141 所示。

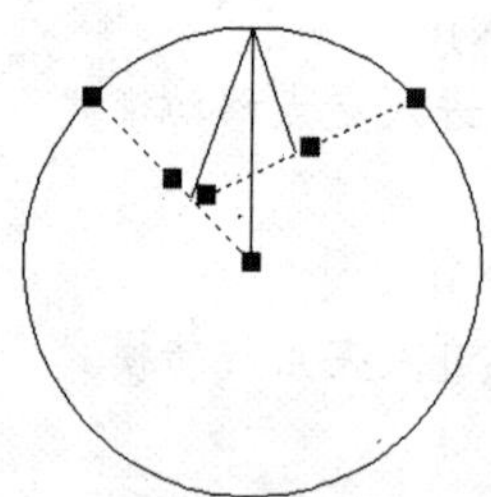
图 3-140 显示夹点

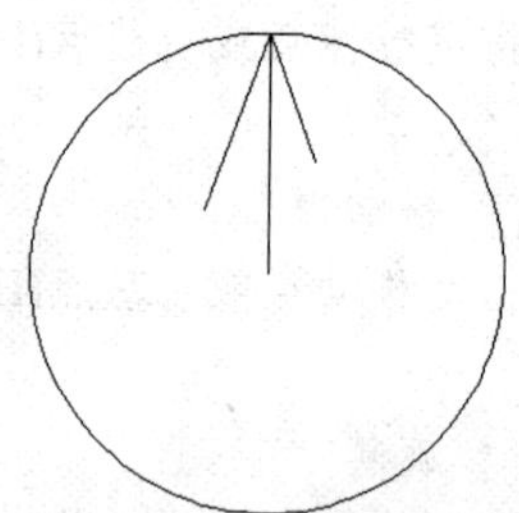
图 3-141 删除结果

（15）单击功能区“常用”选项卡 / “修改”面板上的按钮，设置阵列参数如图 3-142 所示，对编辑后的花格单元进行阵列，阵列中心点为圆的圆心，阵列结果如图 3-143 所示。

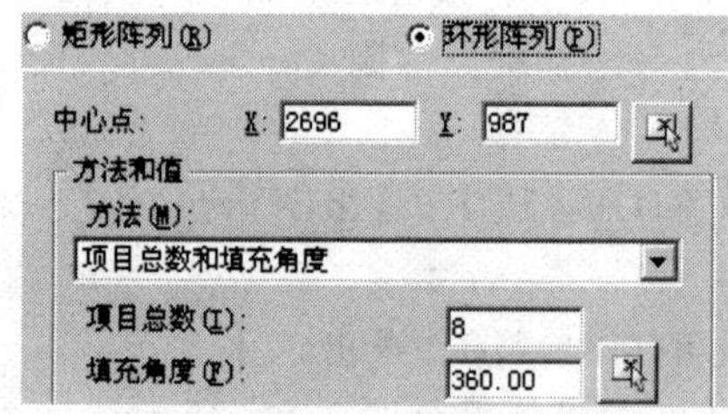

图 3-142 设置参数

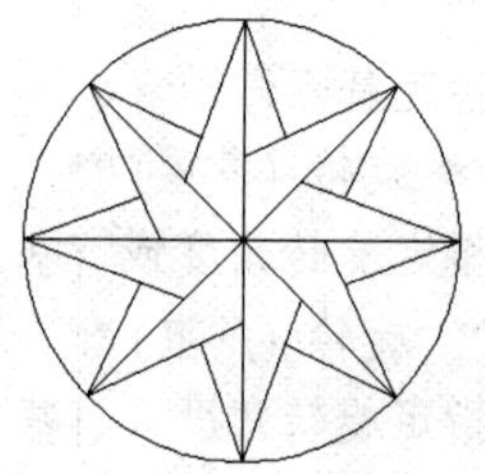
图 3-143 阵列结果

（16）单击功能区“常用”选项卡 / “绘图”面板上的按钮，绘制如图 3-144 所示的正多边形，命令行操作如下：

命令: _polygon

输入边的数目 <4>:　　//↙，采用默认设置

指定正多边形的中心点或 [边(E)]:　　//捕捉圆的圆心

输入选项 [内接于圆(I)/外切于圆(C)] <I>:　　//↙，采用系统的默认设置

指定圆的半径:　　//700↙，绘制结果如图 3-144 所示

（17）在无命令执行的前提下选择刚绘制的正多边形，使其呈现夹点显示，如图 3-145 所示。

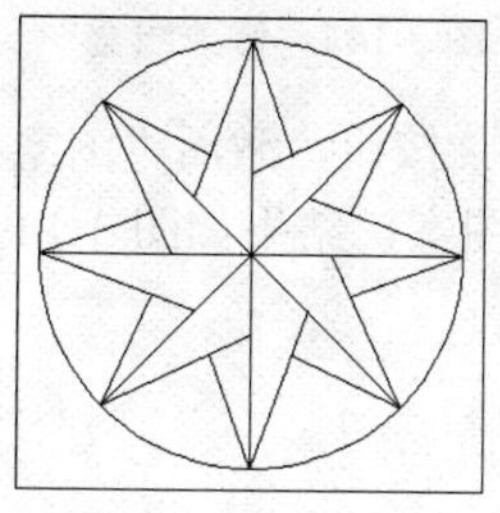

图 3-144　绘制正边形

图 3-145　夹点显示

（18）单击其中的一个夹点，使其转化为夹基点，进入夹点编辑模式，对其进行夹点旋转，命令行操作如下：

命令:　　//进入夹点编辑模式

** 拉伸 **

指定拉伸点或 [基点(B)/复制(C)/放弃(U)/退出(X)]:

//↙，进入夹点移动模式

** 移动 **

指定移动点或 [基点(B)/复制(C)/放弃(U)/退出(X)]:

//↙，进入夹点旋转模式

** 旋转 **

指定旋转角度或 [基点(B)/复制(C)/放弃(U)/参照(R)/退出(X)]:

//c↙，激活“复制”选项

** 旋转 (多重) **

指定旋转角度或 [基点(B)/复制(C)/放弃(U)/参照(R)/退出(X)]:

//b↙，激活“基点”选项

指定基点:　　//捕捉圆的圆心

** 旋转 (多重) **

指定旋转角度或 [基点(B)/复制(C)/放弃(U)/参照(R)/退出(X)]:

//45↙，输入旋转角度

** 旋转 (多重) **

指定旋转角度或 [基点(B)/复制(C)/放弃(U)/参照(R)/退出(X)]:

//↙，退出夹点编辑模式，编辑结果如图 3-146 所示

（19）选择两个正四边形，执行“特性”命令，在打开的窗口中修改全局宽度为 8，结果如图 3-147 所示。

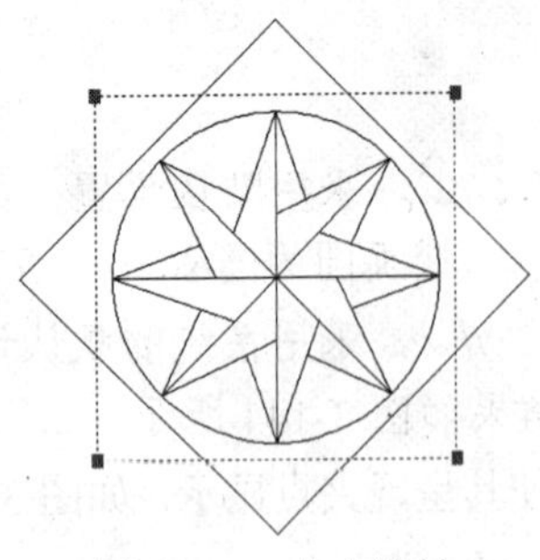

图 3-146 夹点旋转

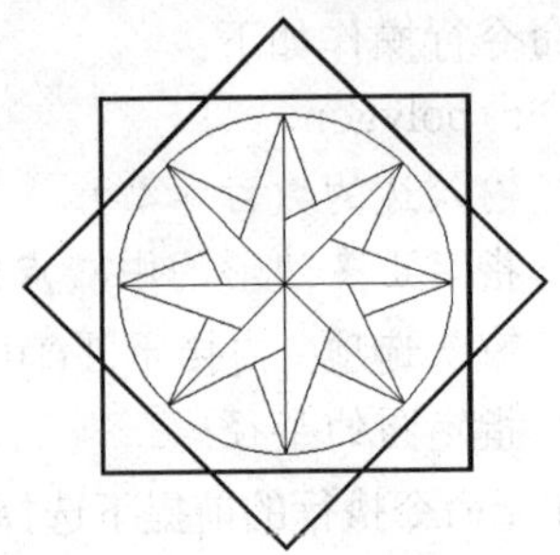

图 3-147 修改线宽

（20）单击功能区“常用”选项卡 / “绘图”面板上的按钮，激活“图案填充”命令，设置填充图案及填充参数如图 3-148 所示，为地花填充实体图案，结果如图 3-149 所示。

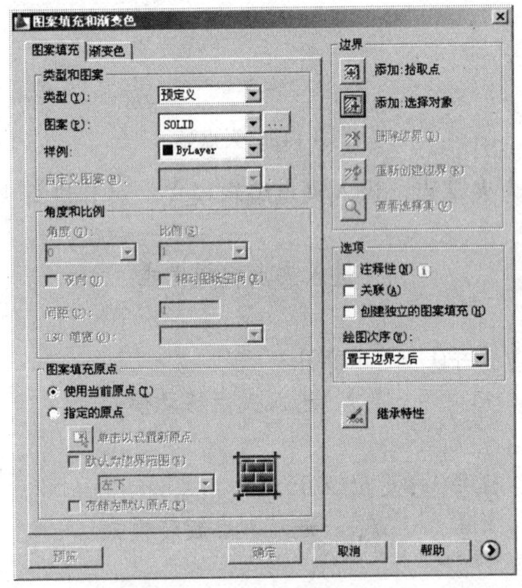

图 3-148 设置填充参数

图 3-149 最终效果

（21）最后执行“保存”命令，将图形命名存储为“地花.dwg”。

3.4.5 延伸知识——“边界”命令

所谓边界，指的是一条闭合的多段线，创建边界就是从多个相交对象中提取一条或多条闭合多段线，也可以提取一个或多个面域。

1. 命令的执行

执行“边界”命令主要有以下几种方式：

- 单击“菜单浏览器” / “绘图” / “边界”命令。
- 单击功能区“常用”选项卡 / “绘图”面板上的按钮。
- 在命令行输入 Boundary↵。
- 使用命令简写 BO↵。

2. 命令的使用

下面从一个五角形图案中提取三个闭合的多段线边界，学习使用“边界”命令。

（1）首先使用画线命令绘制如图 3-150 所示的五角星图案。

（2）单击功能区“常用”选项卡 / “绘图”面板上的按钮，激活“边界”命令，打开如图 3-151 所示的“边界创建”对话框。

图 3-150　绘制结果

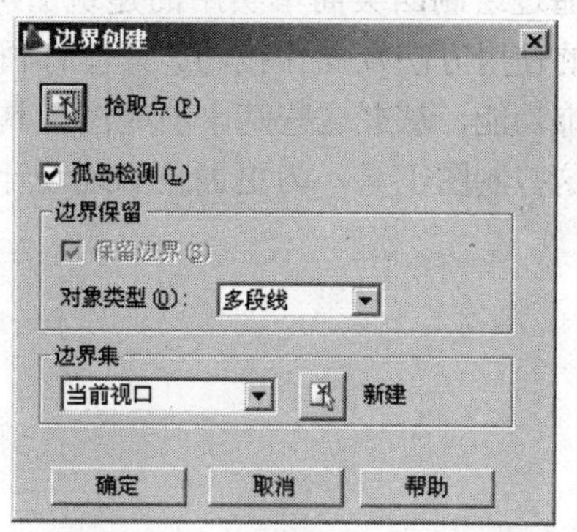

图 3-151　“边界创建”对话框

注意：“对象类型”列表框用于确定导出的是封闭边界还是面域，默认为多段线。如果需要导出面域，即可将面域设置为当前；如果需要导出多段线，即可将多段线设置为当前。

（3）单击“拾取点”按钮，返回绘图区，在命令行“拾取内部点：”提示下，分别在五角星图案的中心区域内单击拾取一点，系统自动分析出一个虚线边界，如图 3-152 所示。

（4）继续在命令行“拾取内部点：”提示下，在下侧的两个三角区域内单击，创建另两个边界，如图 3-153 所示。

（5）继续在命令行“拾取内部点：”提示下按 Enter 键结束命令，结果创建了三条闭合的多段线边界。

注意：在执行“边界”命令后，所创建的闭合多段线或面域与原图形对象的轮廓边是重合的。

（6）使用快捷键“M”激活“移动”命令，将创建的三个闭合边界从原图形中移出，结果如图 3-154 所示。

图 3-152　创建边界 1

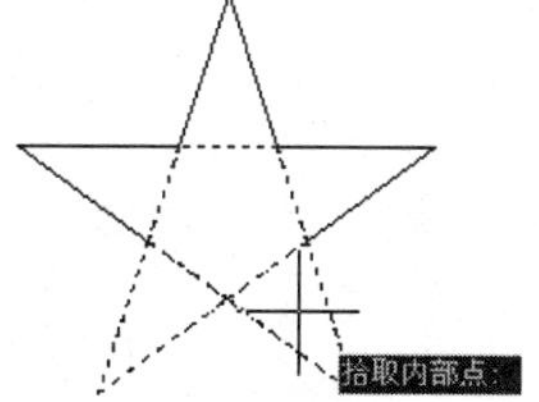

图 3-153　创建边界 2

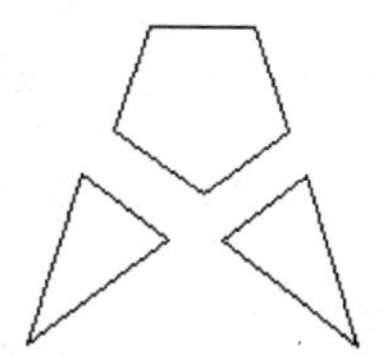
图 3-154　位移结果

3.　“边界集”选项组

此选项组用于定义从指定点定义边界时 AutoCAD 导出来的对象集合，共有“当前视口”和“现有集合”两种类型，其中前者用于从当前视口中可见的所有对象中定义边界集，后者是从选择的所有对象中定义边界集。

单击“新建”按钮，在绘图区选择对象后，系统返回“边界创建”对话框，在“边界集”组合框中显示“现有集合”类型，用户可以从选择的现有对象集合中定义边界集。

3.5 本章小结

本章通过绘制四类简单实用的建筑图例，主要学习了在建筑制图中常用绘图工具和图形编辑工具的使用方法及操作技巧。具体有画线、画曲线、闭合边界、图形的复制以及图线的各种编辑修饰功能，掌握这些基本的制图工具是应用 AutoCAD 软件进行绘图的根本，希望读者熟练掌握这些制图工具，为更加自如地设计和绘图打下坚实的基础。

第 4 章　图形的组合与共享

学习内容

- 案例一：图块的制作与应用
- 案例二：资源的组合与共享
- 案例三：地面材料的快速表达
- 本章小结

本章知识点

- 创建块
- 写块
- 插入块
- 设计中心
- 工具选项板

4.1　案例一：图块的制作与应用

4.1.1　教学目标

本例通过为某住宅单元平面图布置平面门构件，在学习相关命令的前提下，了解和掌握图块的制作与应用技巧。本例最终效果如图 4-1 所示。

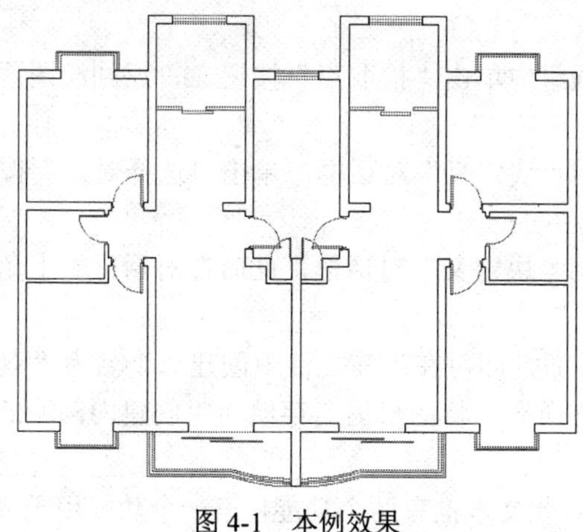

图 4-1　本例效果

4.1.2　绘图思路

- 首先使用“打开”命令，打开图形源文件。

- 综合画线、画弧等命令，绘制标准单开门图形。
- 使用“创建块”命令，将单开门创建为内部块。
- 使用“写块”命令，将内部块转化为同名外部块。
- 使用“插入块”和“缩放”等命令，为平面图布置单开门。
- 最后使用“镜像”命令，创建另一单元户中的平面门。

4.1.3 命令讲解

本节将学习“创建块”、“写块”、“插入块”等命令。具体内容如下。

4.1.3.1 “创建块”命令

“创建块”命令用于将单个或多个图形对象集合成为一个整体图形单元，以方便用户的重复引用。由于使用此命令创建的图块只能供当前文件使用，它不能被应用到其他文件中，所以称之为“内部块”。

1. 命令的执行

执行“创建块”命令主要有以下几种方式：

- 单击“菜单浏览器”/“绘图”/“块”/“创建”命令。
- 单击功能区“常用”选项卡/“块”面板上的按钮。
- 单击功能区“块和参照”选项卡/“块”面板上的按钮。
- 在命令行输入 Block↵或 Bmake↵。
- 使用命令简写 B↵。

2. 命令示例

下面通过将如图 4-2 所示的双开门立面图形创建为内部块，学习使用“创建块”命令。

（1）打开素材包中的“/图形源文件/双开门立面图.dwg”文件，如图 4-2 所示。

（2）执行“创建块”命令，打开“块定义”对话框，在“名称”文本框内将图块命名为“双开门”，在“对象”选项组中选中“保留”单选项，在“块单位”列表框中设置块的单位为“毫米”，如图 4-3 所示。

（3）在“基点”选项组中单击“拾取点”按钮，返回绘图区捕捉双开门左下侧轮廓线的端点，作为块的基点。

（4）按 Enter 键返回“块定义”对话框，单击“选择对象”按钮，返回绘图区选择双开门立面图形。

（5）按 Enter 键返回“块定义”对话框，此时在对话框右上角会显示出块的预览图标，如图 4-3 所示。

（6）单击 确定 按钮，即可在当前文件中创建一个名为“双开门”的内部图块。

（7）执行“另存为”命令，将图形另名存储为“创建内部块.dwg”。

3. 重要选项解析

- “名称”文本框：此文本框有两个功能，第一个功能用于为新块赋名，第二个功能用于存放当前文件中所有的内部块。

注意：另外，在为图块赋名时，图块名是一个不超过 255 个字符的字符串，可以包含字母、数字、“$”、“-”及“_”等符号。

图 4-2　双开门

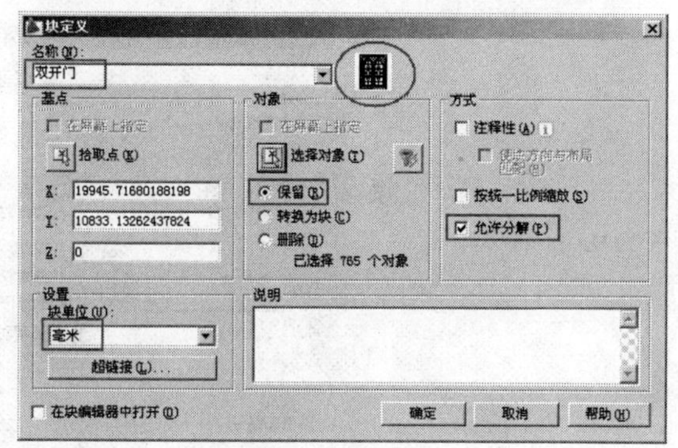

图 4-3　设置块参数

- “选择对象”按钮：单击此按钮，系统将切换到绘图区，提示用户选择构成新块的对象，然后按 Enter 键即可返回到“块定义”对话框。

注意：单击“快速选择”按钮，将弹出“快速选择”对话框，用户可以按照一定的过滤条件定义选择集。

- “基点”选项组：主要用于确定图块的插入基点。用户可以直接在“X”、“Y”、“Z”文本框中键入基点坐标值，也可以在绘图区直接捕捉图形上的特征点。AutoCAD 的默认块基点为原点。
- “对象”选项组：设置了三种块的源对象的处理方式，第一，“保留”单选项用于确定在创建块后是否保留源对象；第二，“转换为块”单选项用于确定在创建完图块后，是否将源对象转换为一个图块；第三，“删除”单选项用于确定在创建完图块后，源对象是否删除。

4.1.3.2　“写块”命令

由于内部块仅能够被当前文件引用，为了弥补这一缺陷，AutoCAD 为用户提供了“写块”命令，使用此命令创建的图块，不但可以被当前文件引用，还可以供其他文件进行重复引用，称之为“外部块”。

1. 命令的执行

执行“写块”命令主要有以下几种方式：

- 在命令行输入 Wblock↵。
- 使用命令简写 W↵。

执行“写块”命令后，打开如图 4-4 所示的“写块”对话框，在此对话框中，不但可以将当前文件中的所有对象转化为外部块，还可以将部分对象或当前文件中的内部块转化为外部块，并且以独立的文件存盘。

2. 重要选项解析

- “块”单选项：此单选项用于将当前文件中的内部图块直接转换为外部块，以独立的文件进行存盘。当激活该选项时，其右侧的下拉文本框被激活，可从中选择需要被写入块文件的内部图块。
- “整个图形”单选项：此单选项用于将当前文件中的所有图形对象作为一个整体图块进行存盘，在存盘的过程中，可以为其指定块名和存盘路径，而块的基点被看作是坐标系原点。

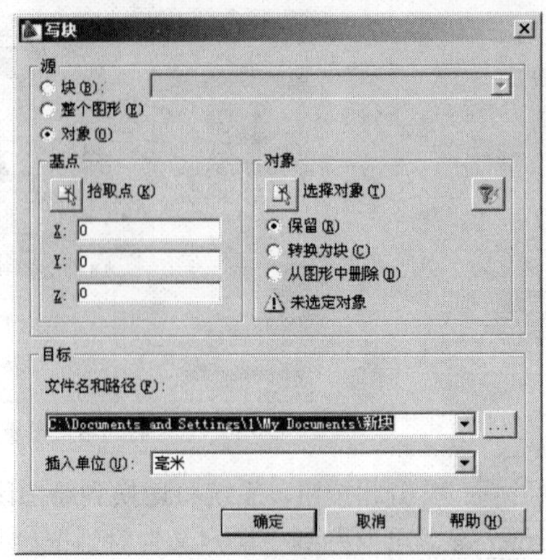

图 4-4 “写块”对话框

注意：当使用此选项定义了外部块时，系统将自动删除源文件中未用的层定义、块定义、线型定义等，所以与源文件相比，新文件的占用空间大小减小了。

- “对象”单选项：此单选项是默认选项，用于有选择性地将当前文件中的部分图形或全部图形创建为一个独立的外部图块，具体的操作过程与创建内部块相同。
- “文件名和路径”下拉列表框：此列表框用于设置块的存盘路径、名称。
- “插入单位”下拉列表框：此列表框用于设置块插入时的单位。

4.1.3.3 “插入块”命令

创建图块的目的就是为了将块应用到其他的图形文件中，以快速地组合复杂图形。使用AutoCAD 提供的“插入块”命令，就可以非常方便快速地将图块引用到各图形文件中，不仅可以提高绘图速度，还可以使图形标准化和规范化。

1. 命令的执行

执行“插入块”命令主要有以下几种方式：

- 单击“菜单浏览器” / “插入” / “块”命令。
- 单击功能区“常用”选项卡 / “块”面板上的按钮。
- 单击功能区“块和参照”选项卡 / “块”面板上的按钮。
- 在命令行输入 Insert↵。
- 使用命令简写 I↵。

执行“插入块”命令后，打开如图 4-5 所示的“插入”对话框，在此对话框中，用户不仅可以将定义的内部块、外部块插入到当前图形文件中，还可以将已存盘的图形文件以块的形式插入到另一个文件中，在插入的过程中，不仅可以设置块的缩放比例，还可以设置块的放置角度。

2. 重要选项解析

- “名称”文本列表框：此列表框用于设置当前需要引用的内部图块，单击该列表框，当前文件中的所有内部块都会显示在展开的下拉列表框内，以供用户选择。
- “插入点”选项组：主要用于设置图块的插入基点。用户可以使用“在屏幕上指定”功能直接在绘图区拾取一点，也可以在“X”、“Y”、“Z”三个文本框中直接输入插入点坐标。

- “比例”选项组：用于设置图块的缩放比例。用户可以使用“在屏幕上指定”功能在绘图区指定比例，也可以在“X”、“Y”、“Z”文本框中直接输入三个轴向上的缩放比例。

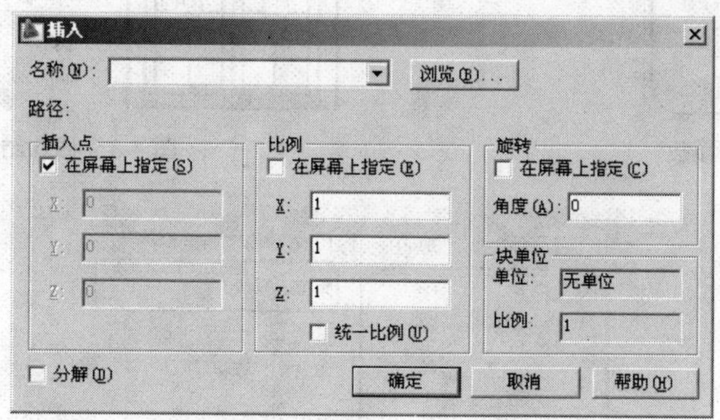

图 4-5　“插入”对话框

- “统一比例”复选框：表示插入的图块在 X、Y、Z 三个方向的插入比例相同。
- “旋转”选项组：用于确定图块的放置角度。用户可以使用“在屏幕上指定”功能直接在绘图区指定放置角度，也可以在“角度”文本框中直接输入角度值。
- “分解”选项：用于分解图块。激活此功能，插入的图块不是一个独立的对象，而是被还原成一个个单独的图形对象。

3. 命令示例

下面将上例制作的“双开门”内部块以不同比例和不同旋转角度重复插入到同一张文件中，学习使用“插入块”命令。本例效果如图 4-6 所示。

源图形

缩放比例=0.8

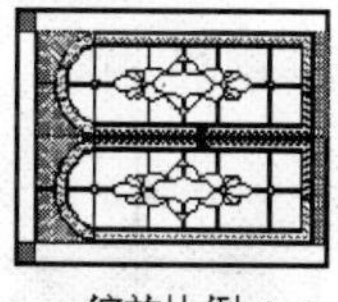
缩放比例=0.6
旋转角度=90

图 4-6　本例效果

（1）打开上例保存的“创建内部块.dwg”文件。

（2）执行“插入块”命令，打开“插入”对话框，在“名称”文本列表框内选择“双开门”内部块，在“缩放比例”选项组中设置参数如图 4-7 所示。

（3）单击 确定 按钮，返回绘图区，在命令行“指定插入点或 [基点(B)/比例(S)/旋转(R)]:”提示下，在适当位置拾取一点，定位插入点，结果如图 4-8 所示。

（4）重复执行“插入块”命令，设置缩放比例及旋转角度等参数，如图 4-9 所示，再次将“双开门”内部块插入到当前文件中，最终效果如图 4-6 所示。

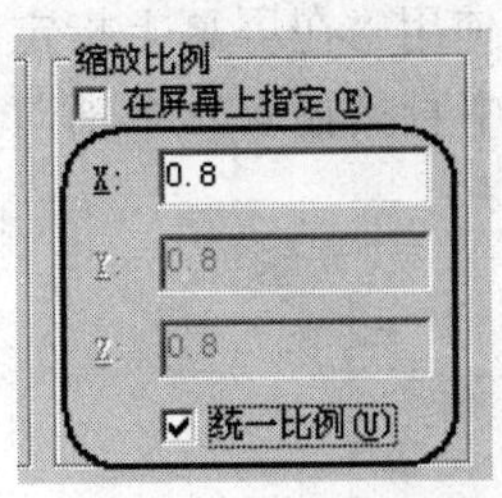

图 4-7 设置参数

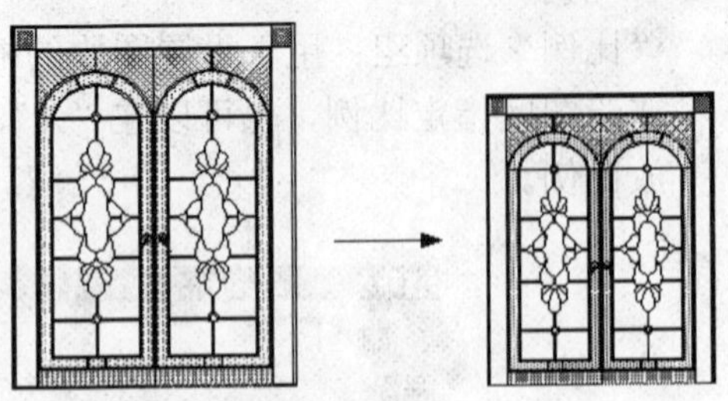

图 4-8 插入结果

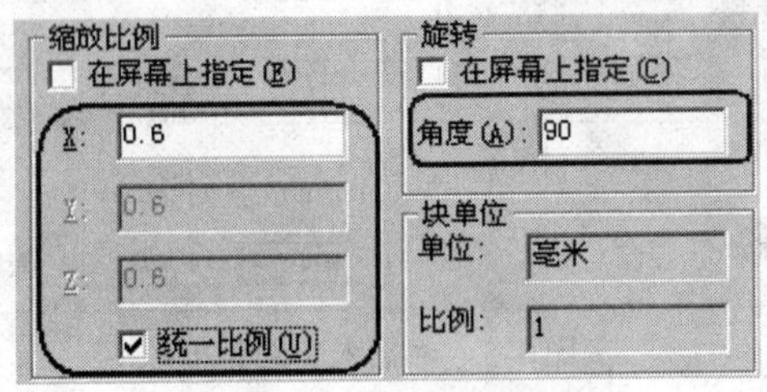

图 4-9 设置参数

4.1.4 绘图步骤

（1）打开素材包中的“/图形源文件/某住宅单元平面图.dwg”文件，如图 4-10 所示。

创建门的图块

（2）展开“图层控制”列表，将“0 图层”设置为当前层。

（3）根据图示尺寸绘制如图 4-11 所示的单开门平面图形，也可以直接调用素材包中的“/图形效果文件/第 3 章/单开门.dwg”。

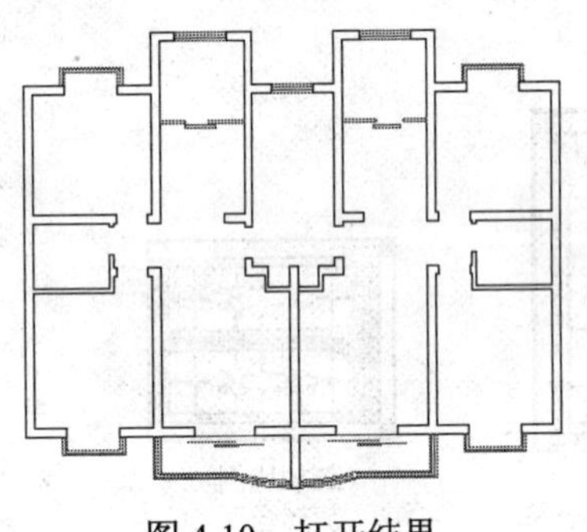

图 4-10 打开结果

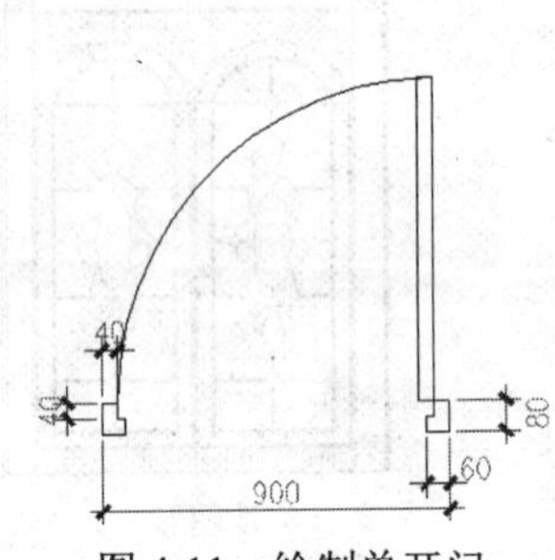

图 4-11 绘制单开门

（4）单击功能区“常用”选项卡/“块”面板上的按钮，打开“块定义”对话框，设置块名及创建方式等参数，如图 4-12 所示。

（5）单击“拾取点”按扭，返回绘图区拾取单开门右侧门垛的中心点作为基点。

（6）按 Enter 键返回“块定义”对话框，单击“选择对象”按扭，框选刚绘制的单开门图形。

（7）按 Enter 键返回“块定义”对话框，单击确定按钮结束命令。

布置单开门

（8）展开“图层控制”列表，将“门窗层”设置为当前图层。

（9）单击功能区“常用”选项卡 / “块”面板上的按钮，选择“单开门”内部块，采用默认设置，将其插入到平面图中，插入点如图 4-13 所示的中点。

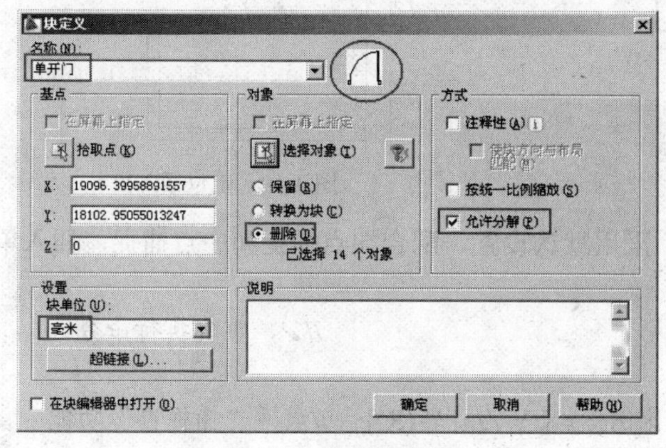

图 4-12　设置块参数

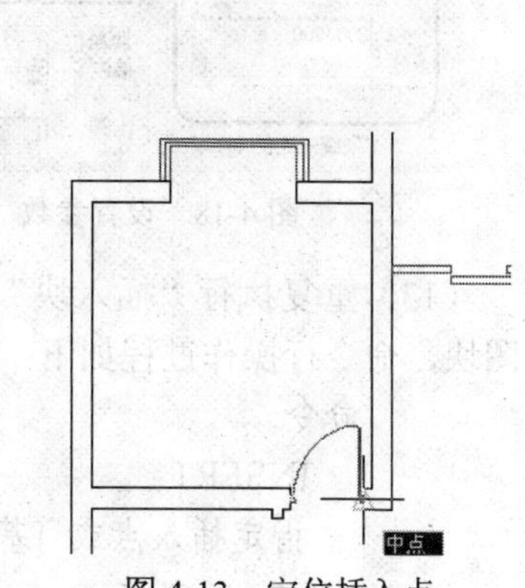

图 4-13　定位插入点

（10）重复执行“插入块”命令，设置参数如图 4-14 所示，配合中点捕捉功能，以如图 4-15 所示的墙线中点作为插入点，插入单开门。

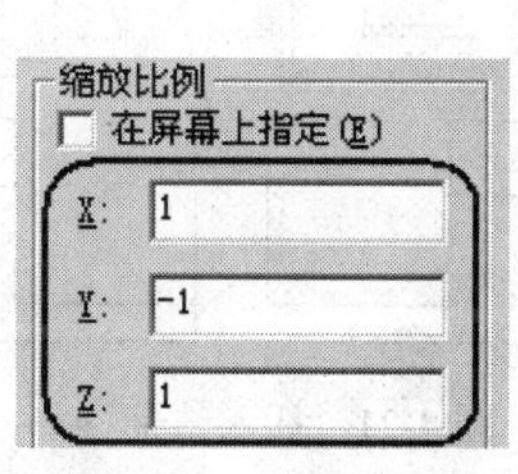

图 4-14　设置参数

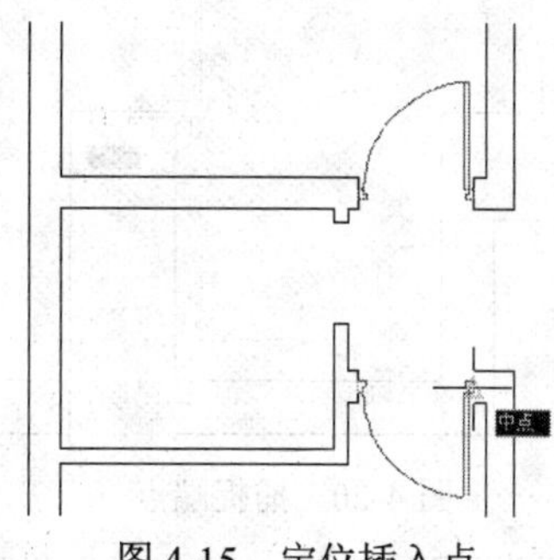

图 4-15　定位插入点

（11）重复执行“插入块”命令，设置参数如图 4-16 所示，配合中点捕捉功能，以如图 4-17 所示的墙线中点作为插入点，插入单开门。

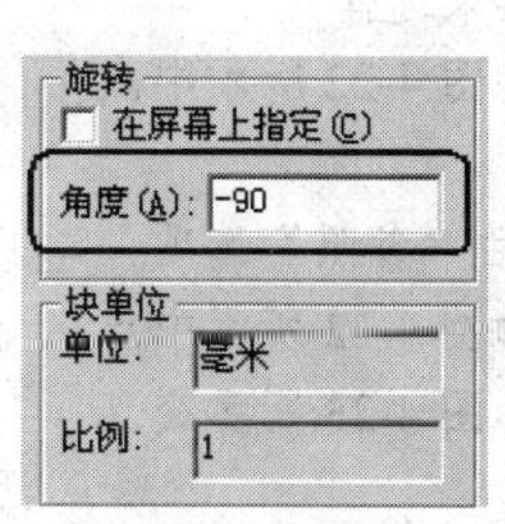

图 4-16　设置参数

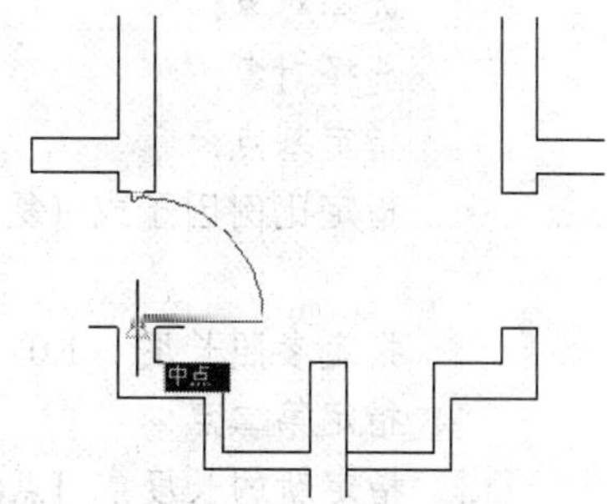

图 4-17　定位插入点

（12）重复执行“插入块”命令，设置参数如图 4-18 所示，配合中点捕捉功能，以如图 4-19 所示的墙线中点作为插入点，插入单开门。

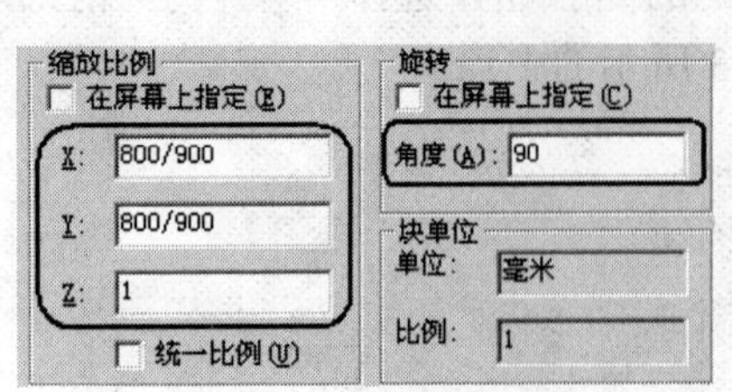

图 4-18 设置参数

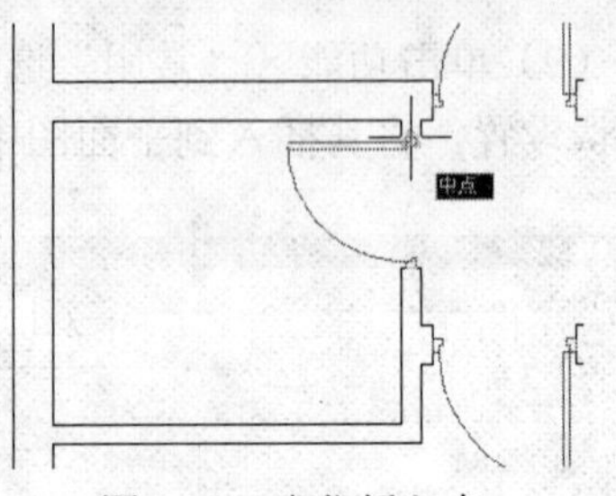

图 4-19 定位插入点

（13）重复执行“插入块”命令，采用默认设置，配合端点捕捉和中点捕捉，插入单开门图块，命令行操作过程如下：

命令: //↵，重复执行命令
INSERT
指定插入点或 [基点(B)/比例(S)/X/Y/Z/旋转(R)]: //激活“捕捉自”功能
_from 基点: //捕捉如图 4-20 所示的端点
<偏移>: //@0,-40↵，定位目标点，插入结果如图 4-21 所示

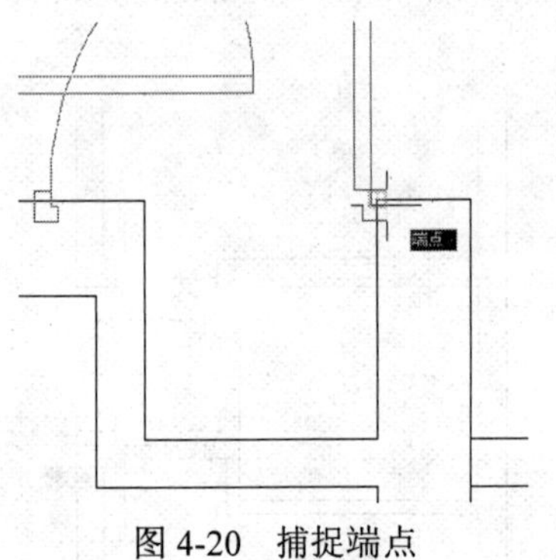

图 4-20 捕捉端点

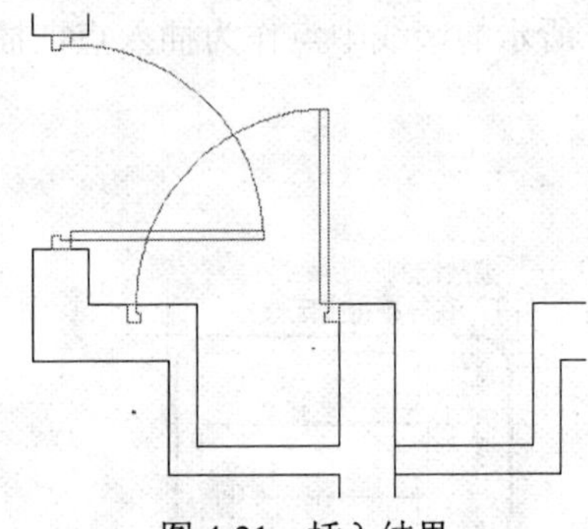

图 4-21 插入结果

（14）单击功能区“常用”选项卡 / “修改”面板上的按钮，激活“缩放”命令，调整单开门的尺寸。命令行操作如下：

命令: _scale
选择对象: //选择刚插入的单开门图例
选择对象: //↵，结束选择
指定基点: //捕捉如图 4-22 所示中点
指定比例因子或 [复制(C)/参照(R)] <1.0>:
//r，激活“参照”选项
指定参照长度 <1.0>: //捕捉如图 4-22 所示中点
指定第二点: //捕捉如图 4-23 所示交点
指定新的长度或 [点(P)] <1.0>:
//捕捉如图 4-24 所示交点，缩放结果如图 4-25 所示

（15）单击功能区“常用”选项卡 / “修改”面板上的按钮，配合中点捕捉功能，将刚插入的单开门图块进行镜像，命令行操作过程如下：

命令: _mirror

选择对象:　　//选择插入的单开门图块
选择对象:　　//↵，结束对象的选择
指定镜像线的第一点:　　//捕捉如图 4-26 所示的中点
指定镜像线的第二点:　　//捕捉如图 4-27 所示的中点
要删除源对象吗？[是(Y)/否(N)] <N>:　　//↵，镜像结果如图 4-1 所示

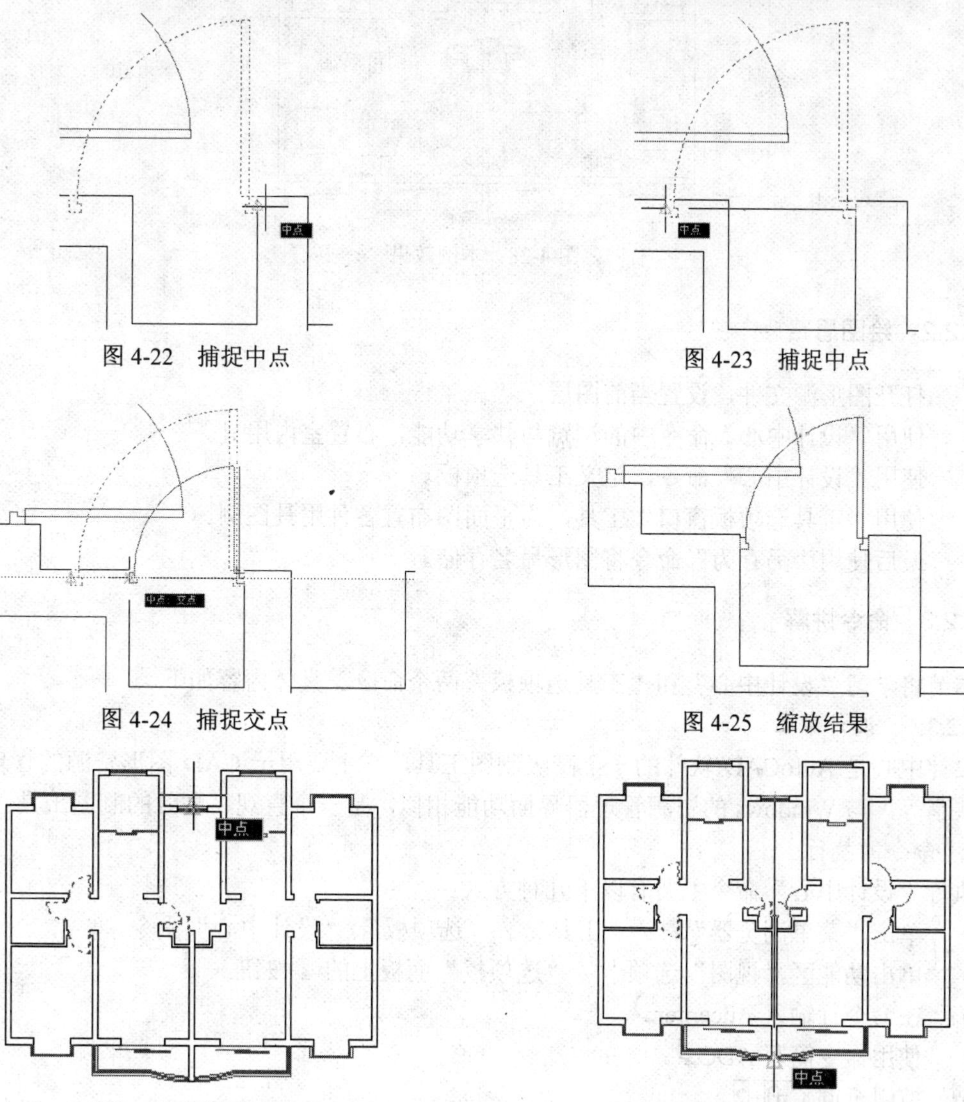

图 4-22　捕捉中点　　图 4-23　捕捉中点

图 4-24　捕捉交点　　图 4-25　缩放结果

图 4-26　捕捉中点　　图 4-27　捕捉中点

（16）最后执行“另存为”命令，将文件另名存储为“门构件的快速布置.dwg”。

4.2　案例二：资源的组合与共享

4.2.1　教学目标

本例通过为住宅单元平面图布置卫生洁具、厨房用具以及各种家具图例，在学习相关命

令的前提下，了解和掌握图形资源的快速组合与共享技巧。本例最终效果如图 4-28 所示。

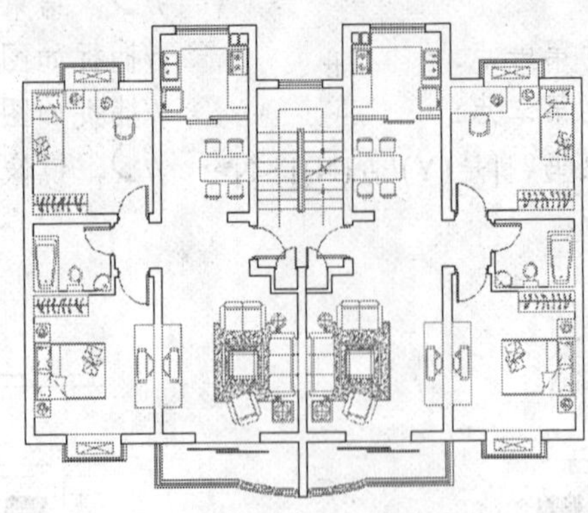

图 4-28　本例效果

4.2.2　绘图思路

- 打开图形源文件，设置当前图层。
- 使用“设计中心”命令中的浏览与共享功能，布置室内用具。
- 使用“设计中心”命令，定义工具选项板。
- 使用“工具选项板窗口”工具，为平面图布置各种用具图例。
- 最后使用“另存为”命令将图形另名存储。

4.2.3　命令讲解

本节将学习“设计中心”和“工具选项板”两个命令。具体内容如下。

4.2.3.1　设计中心

设计中心是 AutoCAD 软件的一个高级制图工具，它主要用于 CAD 图形资源的管理、查看与共享等，与 Windows 的资源管理器界面功能相似，是一个直观、高效的制图工具。

1. 命令的执行

执行“设计中心”命令主要有以下几种方式：

- 单击“菜单浏览器” / “工具” / “选项板” / “设计中心”命令。
- 单击功能区“视图”选项卡 / “选项板”面板上的按钮。
- 在命令行输入 Adcenter↵。
- 使用命令简写 ADC↵。
- 按组合键 Ctrl+2。

执行“设计中心”命令后，可打开如图 4-29 所示的窗口，该窗口有“文件夹”、“打开的图形”、“历史记录”和“联机设计中心”四个选项卡，分别用于显示计算机和网络驱动器上的文件与文件夹的层次结构、打开图形的列表、自定义内容以及上次访问过的位置的历史记录等。

其中：

- 在“文件夹”选项卡中，左侧为“树状管理视窗”，用于显示计算机或网络驱动器中文件和文件夹的层次关系；右侧窗口为“控制面板”，用于显示在左侧树状视窗中选定文件的内容。

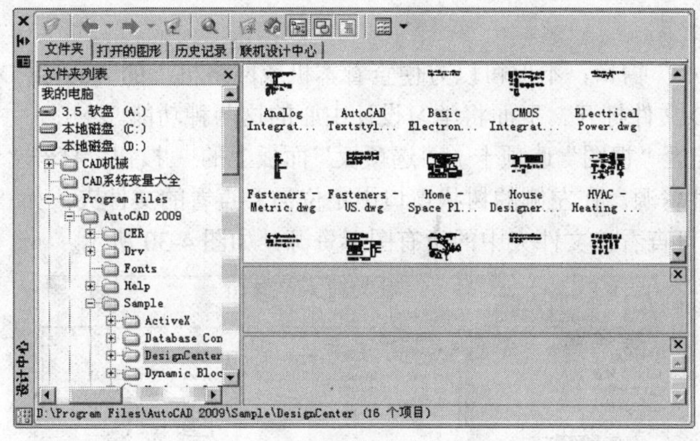

图4-29　“设计中心”窗口

- “打开的图形”选项卡用于显示AutoCAD任务中当前所有打开的图形，包括最小化的图形。
- “历史记录”选项卡用于显示最近在设计中心打开的文件的列表。它可以显示“浏览Web”对话框最近连接过的20条地址的记录。
- “联机设计中心”选项卡用于访问联机设计中心网页。当建立网络连接时，左边面板中将显示包含符号库、制造商站点和其他内容库的文件夹。当选定某个符号时，它会显示在右边的面板中，并且可以下载到用户的图形中。

2. 部分按钮解析

- “加载”按钮：单击该按钮，将弹出“加载”对话框，以方便浏览本地和网络驱动器或Web上的文件，然后选择内容加载到内容区域。
- “上一级”按钮：单击该按钮，将显示活动容器的上一级容器的内容。容器可以是文件夹，也可以是一个图形文件。
- “搜索”按钮：此按钮用于搜索图形、填充图案和块等内容。单击该按钮，可弹出“搜索”对话框，在对话框中指定搜索条件，查找图形、块以及图形中的非图形对象，如线型、图层等，还可以将搜索到的对象添加到当前图形文件中，为当前图形文件所使用。
- “收藏夹”按钮：单击该按钮，系统在设计中心右侧的控制面板中将显示Autodesk Favorites文件夹的内容，在设计中心左侧的树状管理视窗中将在桌面视图中呈高亮显示该文件夹。
- “默认”按钮：单击此按钮，系统将设计中心返回到默认文件夹。安装时，默认文件夹被设置为 ...\Sample\DesignCenter。
- “树状图切换”按钮：单击该按钮，设计中心左侧将显示或隐藏树状管理视窗。如果在绘图区域中需要更多空间，可以单击该按钮隐藏树状管理视窗。
- “预览”按钮：用于显示和隐藏图像的预览框。当预览框被打开时，在上部的面板中选择一个项目，则在预览框内将显示出该项目的预览图像。如果选定项目没有保存的预览图像，则该预览框为空。
- “说明”按钮：用于显示和隐藏选定项目的文字信息。

3. 资源查看

通过“设计中心”窗口，不但可以方便查看本机或网络机上的 AutoCAD 资源，而且可以单独将选择的 CAD 文件打开。下面将学习设计中心的这两种功能。

（1）单击功能区“视图”选项卡 / “选项板”面板上的按钮，打开“设计中心”窗口。

（2）查看文件资源。在左侧的树状窗口中定位需要查看的文件夹，如 Sample 文件夹，在右侧窗口中，即可查看该文件夹中的所有图形资源，如图 4-30 所示。

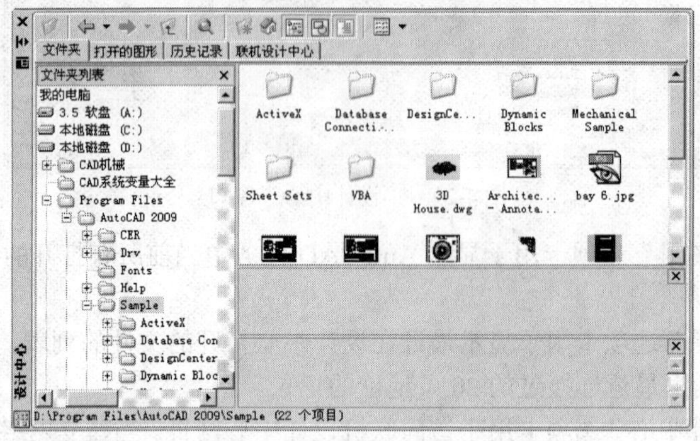

图 4-30　查看文件夹资源

注意：默认设置下，所有 CAD 文件都以图标的形式进行显示。

（3）如果用户需要查看 CAD 文件内部的图形资源，可以在左侧的树状窗口中定位需要查看的 CAD 文件，则可以在右侧窗口中显示出此文件内部的所有资源，如图 4-31 所示。

图 4-31　查看文件内部资源

（4）如果用户需要查看某一类内部资源，如文件内部的所有图块，可以在右侧窗口中双击块的图标，即可显示出所有的图块，如图 4-32 所示。

（5）打开 CAD 文件。如果用户需要打开某 CAD 文件，可以在该文件图标上右击，然后选择快捷菜单上的“在应用程序窗口中打开”选项，即可打开此文件，如图 4-33 所示。

4. 资源共享

用户不但可以随意查看本机上的所有设计资源，还可以将有用的图形资源以及图形的一些内部资源应用到自己的图纸中。下面通过具体的实例学习设计中心的资源共享功能。

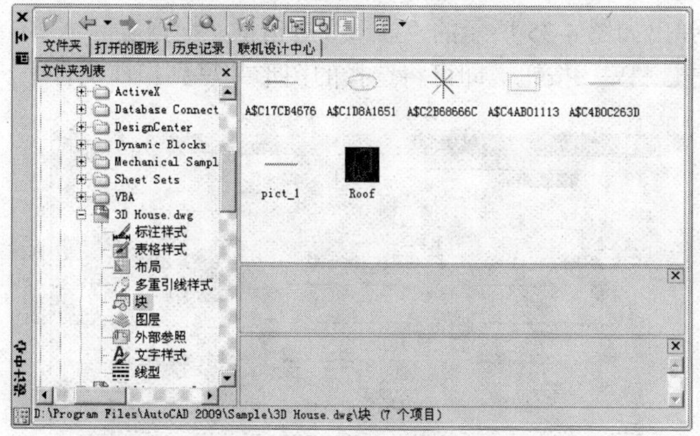

图 4-32　查看块资源

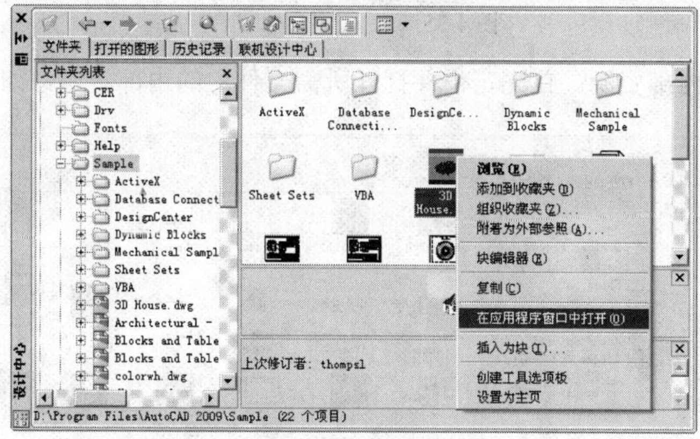

图 4-33　图标右键菜单

（1）单击功能区“视图”选项卡 / “选项板”面板上的按钮，执行“设计中心”命令，打开设计中心窗口。

（2）共享文件资源。在左侧树状窗口中查找并定位所需文件的上一级文件夹，然后在右侧窗口中定位所需文件。

（3）此时在此文件图标上右击，从弹出的快捷菜单中选择“插入为块”选项，如图 4-34 所示。

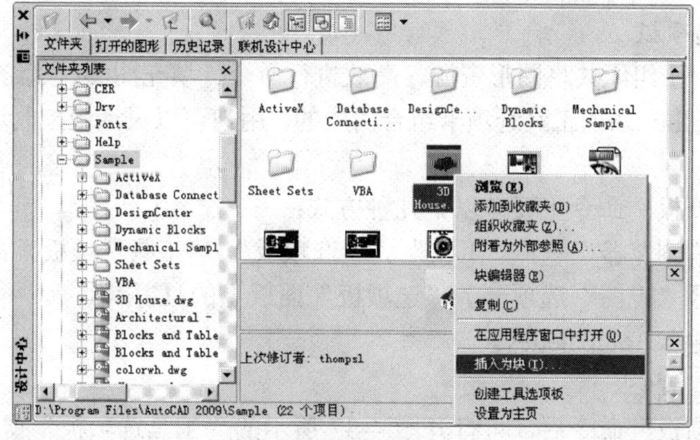

图 4-34　共享文件

（4）此时系统弹出如图 4-35 所示的“插入”对话框，根据实际需要，在此对话框中设置所需参数，然后单击 确定 按钮，即可将选择的图形共享到当前文件中。

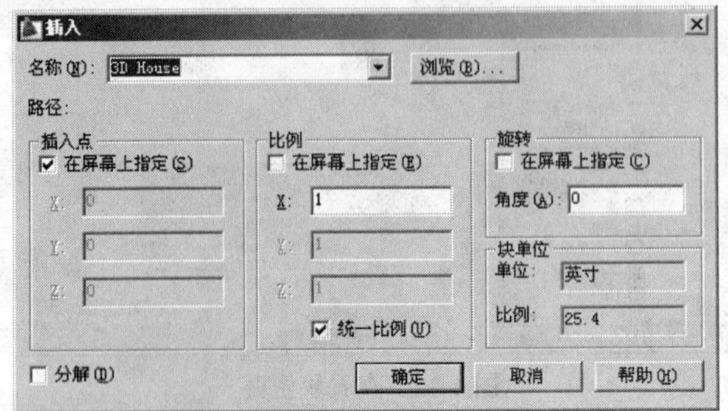

图 4-35 “插入”对话框

（5）共享文件内部资源。首先定位并打开所需文件中的内部资源，如图 4-36 所示。

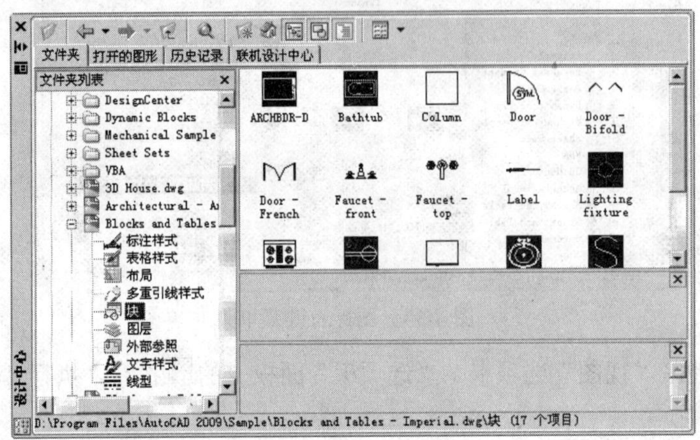

图 4-36 浏览图块资源

（6）在设计中心右侧窗口中选择某一图块，右击，从弹出的快捷菜单中选择“插入块”选项，就可以将此图块插入到当前图形文件中。

注意：用户也可以共享图形文件内部的文字样式、尺寸样式、图层以及线型等资源。

4.2.3.2 工具选项板

工具选项板是用于组织共享图形资源、高效执行命令、填充图案、赋给模型材质等的综合制图工具，其窗口是由一系列工具选项卡组合而成的，用户可以灵活地控制这些选项卡的显示。

1. 命令的执行

执行“工具选项板”命令主要有以下几种方式：

- 单击“菜单浏览器” / “工具” / “选项板” / “工具选项板”命令。
- 单击功能区“视图”选项卡 / “选项板”面板上的 按钮。
- 在命令行输入 Toolpalettes↙。
- 按组合键 Ctrl+3。

执行“工具选项板”命令后，可打开图 4-37 所示的“工具选项板”窗口，该窗口主要有由选项卡和标题栏两部分组成，在窗口标题栏上右击，可打开如图 4-38 所示的菜单，用于控制窗口及工具选项卡的显示状态等。

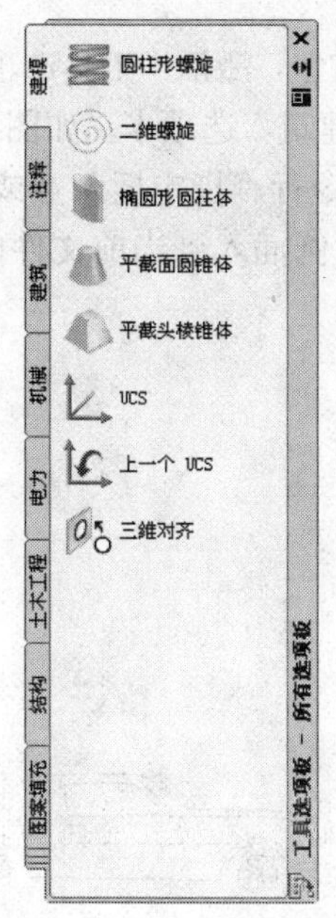

图 4-37　“工具选项板”窗口

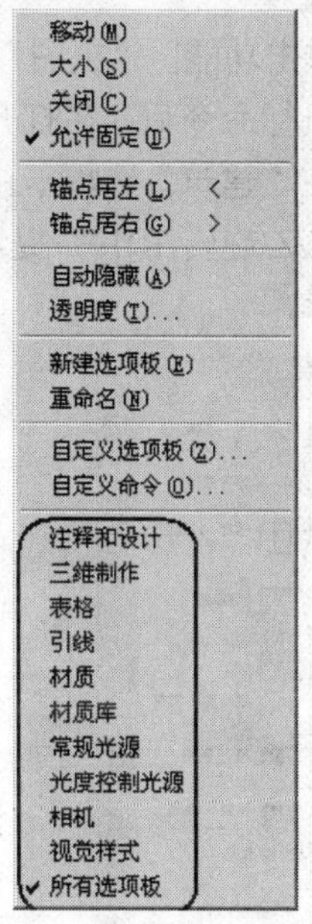

图 4-38　标题栏快捷菜单

在图 4-38 所示的标题栏菜单中，被矩形框圈住的区域选项是用于控制窗口选项卡显示状态的工具，有些用户激活“工具选项板”命令后，打开的选项卡窗口可能会有所不同，这是因为在此标题栏菜单上选择的选项卡不同，比如，如果选择了“引线”选项，选项板窗口的显示状态如图 4-39 所示。

在工具选项板面板中右击，弹出如图 4-40 所示的快捷菜单，通过此快捷菜单，也可以控制工具面板的显示状态、透明度，还可以很方便地创建、删除和重命名工具面板等。

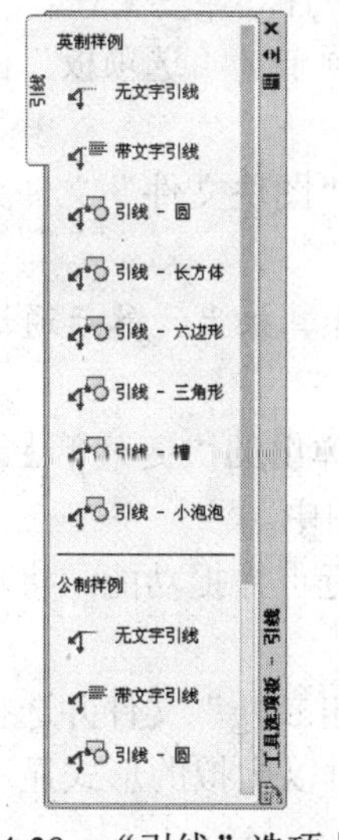

图 4-39　“引线”选项卡

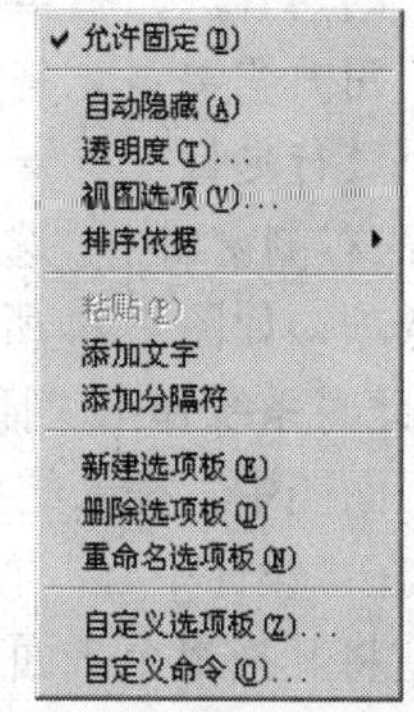

图 4-40　面板快捷菜单

2. 选项板的应用

下面以向图形文件中插入图块及填充图案为例，学习“工具选项板”命令的使用方法和技巧。

（1）单击功能区“视图”选项卡 / “选项板”面板上的按钮，激活“工具选项板”命令。

（2）执行命令后，在打开的“工具选项板”窗口中展开“建筑”选项卡，如图 4-41 所示。

（3）在“建筑”选项卡中单击“车辆－公制”图标，在命令行“指定插入点或 [基点(B)/比例(S)/X/Y/Z/旋转(R)]：”提示下，在绘图区拾取一点，将此图例插入到当前文件内，结果如图 4-42 所示。

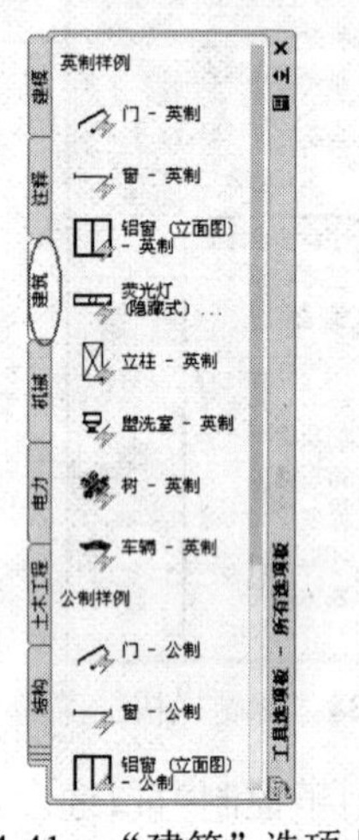

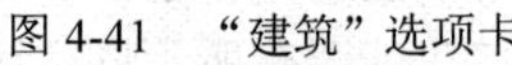
图 4-41 “建筑”选项卡

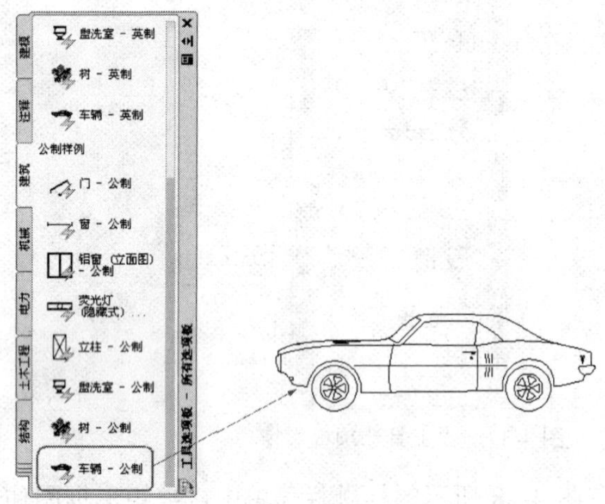

图 4-42 插入结果

（4）用户也可以将光标定位到“车辆－公制”图例上，然后按住左键不放，将其拖入到当前图形中。

4.2.4 绘图步骤

（1）打开素材包中的“/图形效果文件/第 4 章/门构件的快速布置.dwg”文件。

（2）将“图块层”设置为当前图层，单击功能区“视图”选项卡 / “选项板”面板上的按钮，打开“设计中心”窗口。

（3）在窗口左侧的树状资源管理器一栏中，单击素材包中的“图块文件”文件夹，展开此文件夹中的内容，如图 4-43 所示。

注意：用户需要事先将素材包中的“图块文件”拷贝至用户计算机上，然后通过“设计中心”命令进行定位。

（4）在右侧窗口中，选择“双人床.dwg”文件，然后右击，从弹出的快捷菜单上选择“插入为块”选项，如图 4-44 所示，将此图形以块的形式共享到平面图中。

（5）此时系统弹出“插入”对话框，采用默认设置，配合最近点捕捉功能，将双人床图例插入到平面图中，插入结果如图 4-45 所示。

（6）在“设计中心”右侧窗口中向下移动滑块，找到“沙发组.dwg”文件并选择，按住左键不放，将其拖曳至平面图中，此时所选择的组合沙发图形暂时以虚拟的形式显示，如图 4-46 所示。

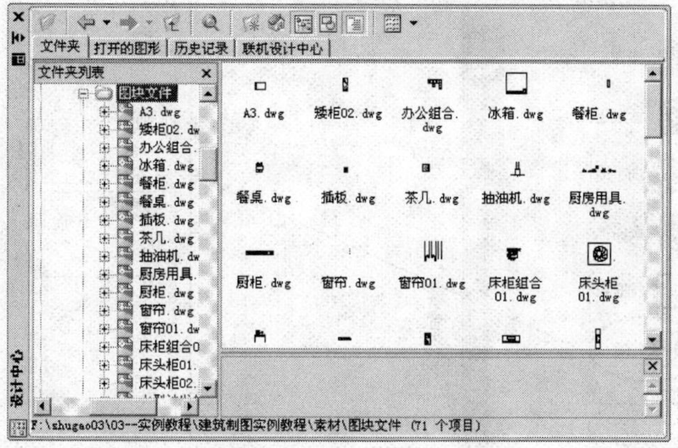

图 4-43　定位目标文件夹

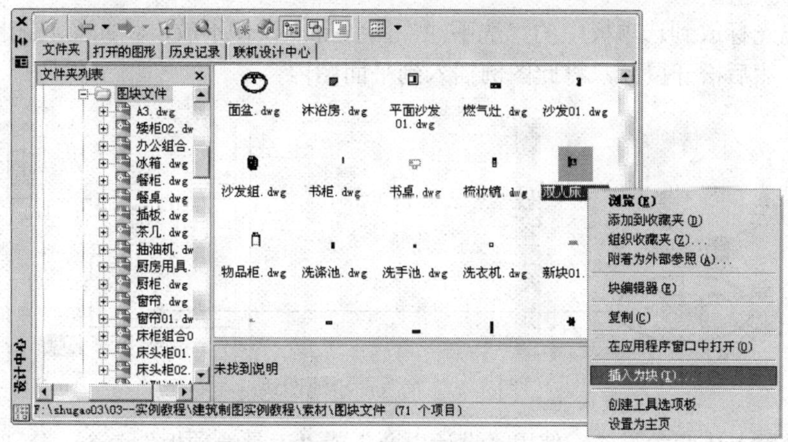

图 4-44　选择共享文件

（7）配合“最近点”捕捉功能，在客厅墙线位置上拾取一点，将沙发组插入到平面图中，结果如图 4-47 所示。

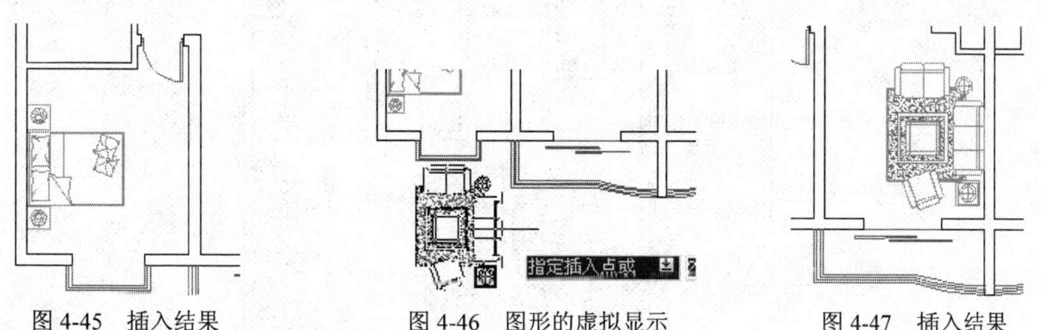

图 4-45　插入结果　　图 4-46　图形的虚拟显示　　图 4-47　插入结果

使用“工具选项板”命令共享资源

（8）在“设计中心”左侧树状栏中，定位“图块文件”文件夹，右击，从弹出的快捷菜单中选择“创建块的工具选项板”命令，创建块的工具选项板。

（9）单击选项板上的“浴盆”图块，然后在命令行提示下，捕捉如图 4-48 所示的端点作为插入点，将此图块插入到平面图中。

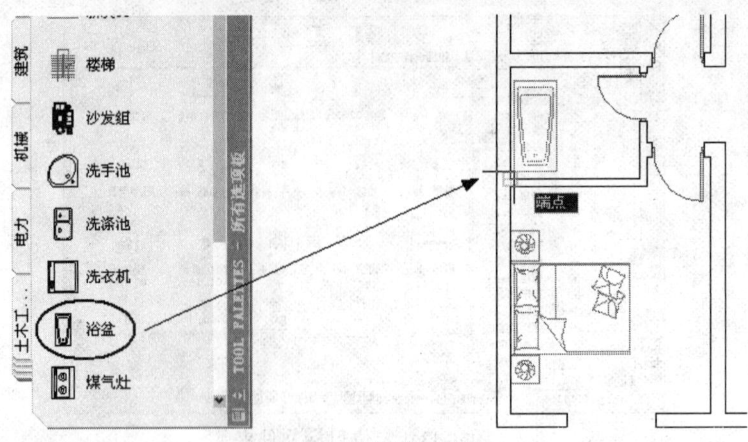

图 4-48　插入浴盆图块

（10）把光标放到选项板中的“洗手池”图块上，按住不放，将此图块拖曳至如图 4-49 所示的位置，然后松开鼠标，将此图例插入到平面图内。

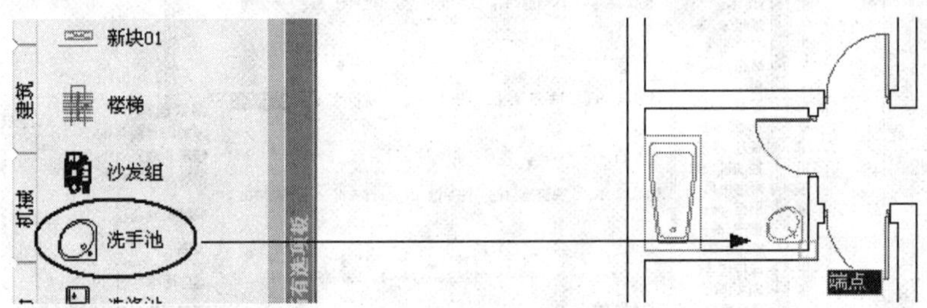

图 4-49　插入洗手池图块

（11）参照上述两种方式，使用“设计中心”或“工具选项板”命令，分别为平面图布置其他用具图例，结果如图 4-50 所示。

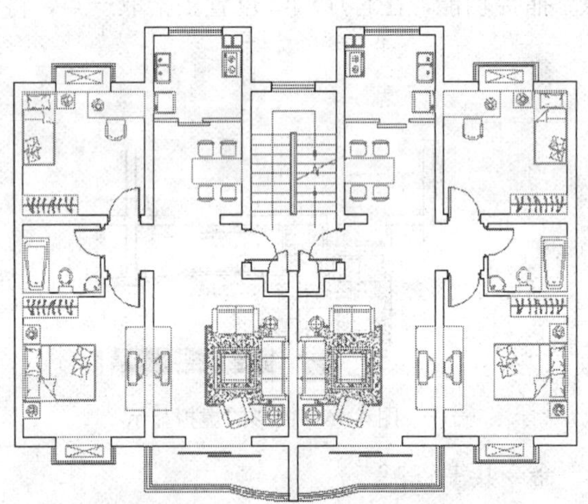
图 4-50　布置居室用具图例

（12）执行“直线”命令，配合捕捉功能，绘制如图 4-51 所示的厨房操作台轮廓线。

（13）最后将图形全部显示在绘图区内，并另名保存为“资源的组合与共享.dwg”文件。

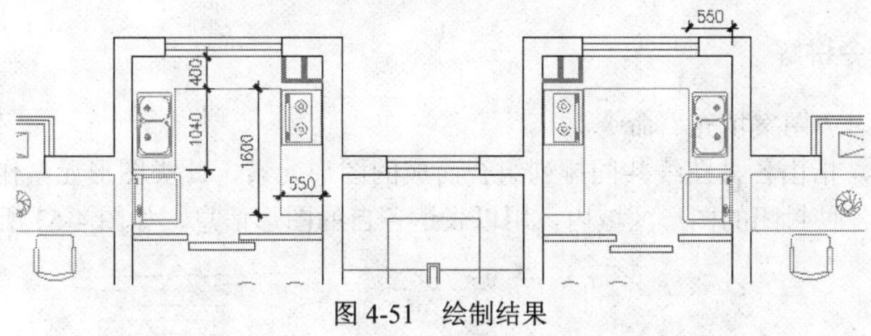

图 4-51　绘制结果

4.3　案例三：地面材料的快速表达

4.3.1　教学目标

随着社会的发展和物质文化生活水平的提高，人们对室内环境的要求也愈来愈高，此种需求不仅表现在室内家具的布局、绿化、墙面的装修方面，室内地面的精装修也是很重要的一环。下面以绘制如图 4-52 所示的居室地面装修布置图为例，学习地面装修材料的具体表达方式和表达技巧。

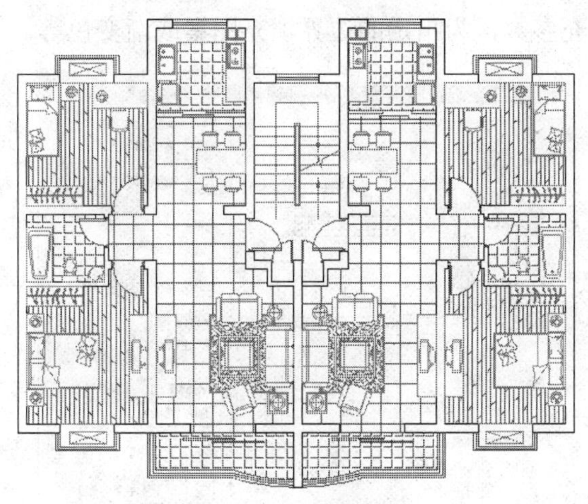

图 4-52　地面装修图

4.3.2　绘图思路

- 首先打开图形源文件，并使用画线命令封闭填充区域。
- 使用图层的控制功能，隐藏与填充无关的图形。
- 使用“图案填充”命令，填充厨房卫生间等地砖图案。
- 配合图层的控制功能，使用“图案填充”工具填充卧室木地板图案。
- 使用“多段线”命令，沿着其他房间图块外轮廓，绘制闭合的多段线作为不被填充的孤岛。
- 配合图层的开关控制功能，使用“图案填充”工具填充室内其他房间的地面装饰图案。
- 最后使用“删除”、“镜像”等命令，对平面图进行快速完善。

4.3.3 命令讲解

本节将学习“图案填充”命令。

所谓图案，指由各种图线共同排列组合而成的图形元素，此类图形元素作为一个独立的整体被填充到各种封闭的图形区域内，用以表达各自的图形信息，如图 4-53 所示。

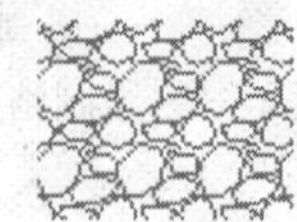
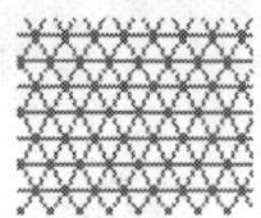

图 4-53 图案示例

1. 命令的执行

执行“图案填充”命令主要有以下几种方式：

- 单击“菜单浏览器” / “绘图” / “图案填充”命令。
- 单击功能区“常用”选项卡 / “绘图”面板上的按钮。
- 在命令行输入 Bhatch↵。
- 使用命令简写 H 或 BH↵。

执行“图案填充”命令，可打开如图 4-54 所示的对话框，在此对话框内，用户可以选择需要填充的图案以及填充参数，为指定的边界填充图案或渐变色等。

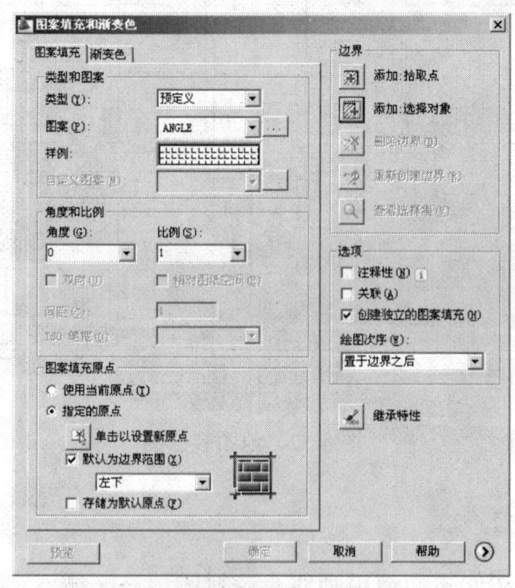

图 4-54 “图案填充和渐变色”对话框

2. 练习——填充图案

下面通过为某闭合图形填充预定义图案和用户定义图案，学习“图案填充”命令的使用方法和填充技巧。

（1）新建文件。

（2）使用“矩形”和“圆”命令，绘制一个矩形和圆图形，作为填充的边界。

（3）单击功能区“常用”选项卡 / “绘图”面板上的按钮，激活“图案填充”命令，打开如图 4-55 所示的“图案填充和渐变色”对话框。

（4）单击“样例”文本框中的图案，或单击“图案”列表右端的…按钮，打开“填充图案选项板”对话框，选择需要填充的图案，如图 4-56 所示。

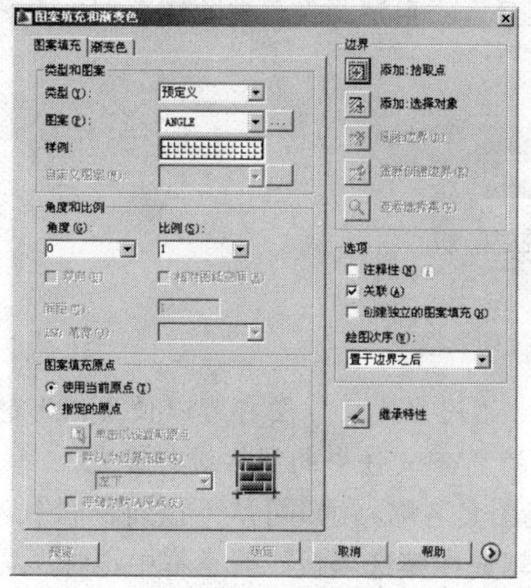

图 4-55　“图案填充和渐变色”对话框

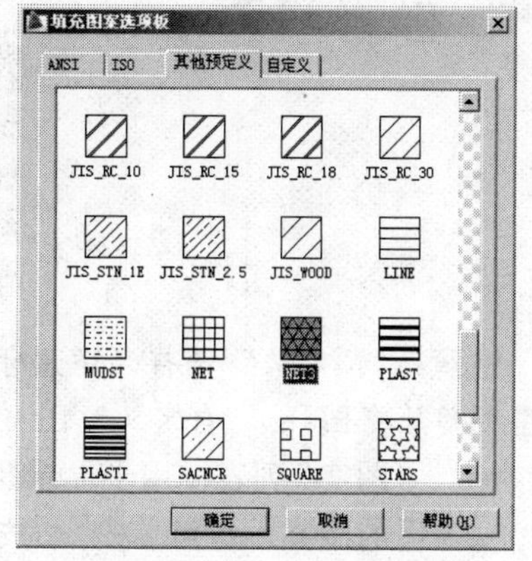

图 4-56　选择填充图案

（5）返回“图案填充和渐变色”对话框，设置填充比例为 5，单击“添加:选择对象”按钮，选择矩形作为填充边界，填充结果如图 4-57 所示。

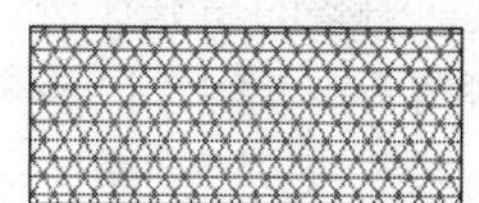

图 4-57　填充结果

（6）重复“图案填充”命令，设置填充的图案以及填充参数如图 4-58 所示，单击“添加:拾取点”按钮，返回绘图区，在圆图形内单击，指定填充边界。

（7）按 Enter 键返回“图案填充和渐变色”对话框，单击 确定 按钮结束命令，填充结果如图 4-59 所示。

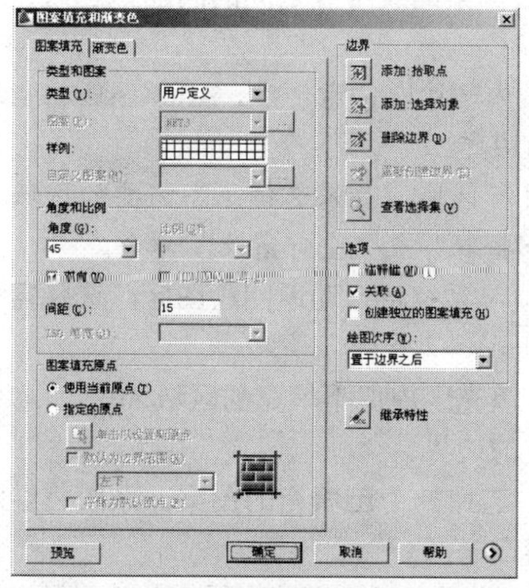

图 4-58　设置填充图案和填充参数

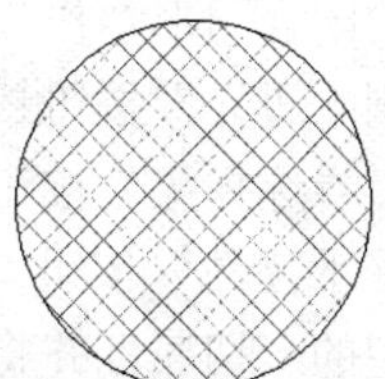

图 4-59　填充结果

3. “图案填充”选项卡

“图案填充”选项卡用于设置填充图案的类型、样式、填充角度及填充比例等，各常用选项如下：

- “类型”列表框内包含“预定义”、“用户定义”、“自定义”三种图样类型，如图 4-60 所示。

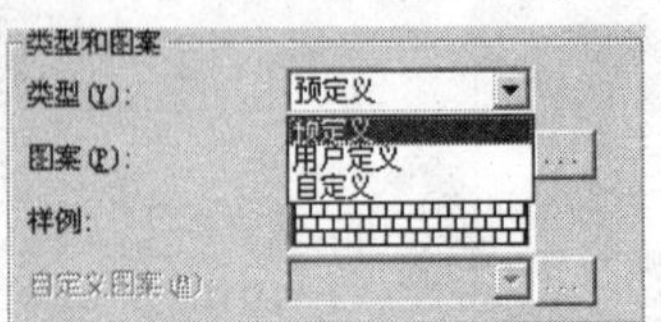

图 4-60 “类型”下拉列表框

注意：“预定义”图样只适用于封闭的填充边界；“用户定义”图样可以使用图形的当前线型创建填充图样；“自定义”图样就是使用自定义的 PAT 文件中的图样进行填充。

- “图案”列表框用于显示预定义类型的填充图案名称。用户可从下拉列表框中选择所需的图案，也可单击按钮，在弹出的“填充图案选项板”对话框中选择所需的填充图案。
- “样例”文本框用于显示图案的预览图像。
- “角度”下拉列表框用于设置图案的倾斜角度。
- “比例”下拉列表框用于设置图案的填充比例。

注意：AutoCAD 提供的各图案都有默认的比例，如果此比例不合适（太稀或太密），可以输入数值给出新比例。

- “相对于图纸空间”选项仅用于布局选项卡，它是相对图纸空间单位进行图案的填充。运用此选项，可以根据适合布局的比例显示填充图案。
- “间距”文本框可设置用户定义填充图案的直线间距。
- “双向”复选框仅适用于用户定义图案，勾选该复选框，将增加一组与原图线垂直的线。
- “ISO 笔宽”选项决定运用 ISO 剖面线图案的线与线之间的间隔，它只在选择 ISO 线型图案时才可用。
- “添加:拾取点”按钮用于在填充区域内部拾取任意一点，AutoCAD 将自动搜索到包含该内点的区域边界，并以虚线显示边界。

注意：用户可以连续地拾取多个要填充的目标区域，如果选择了不需要的区域，此时可右击，从弹出的快捷菜单中选择“放弃上次选择/拾取”或“全部清除”命令。

- “添加:选择对象”按钮：单击此选项，系统将自动返回绘图区，选择需要填充图案的闭合图形，作为填充边界。
- “删除边界”按钮用于删除位于选定填充区内但不填充的区域。
- “查看选择集”按钮用于查看所确定的边界。
- “继承特性”按钮用于在当前图形中选择一个已填充的图案，系统将继承该图案类型的一切属性并将其设置为当前图案。
- “关联”选项与“创建独立的图案填充”选项用于确定填充图形与边界的关系，分别用于创建关联和不关联的填充图案。

4. “渐变色”选项卡

在“图案填充和渐变色”对话框中单击打开如图 4-61 所示的“渐变色”选项卡，用于为指定的边界填充渐变色。

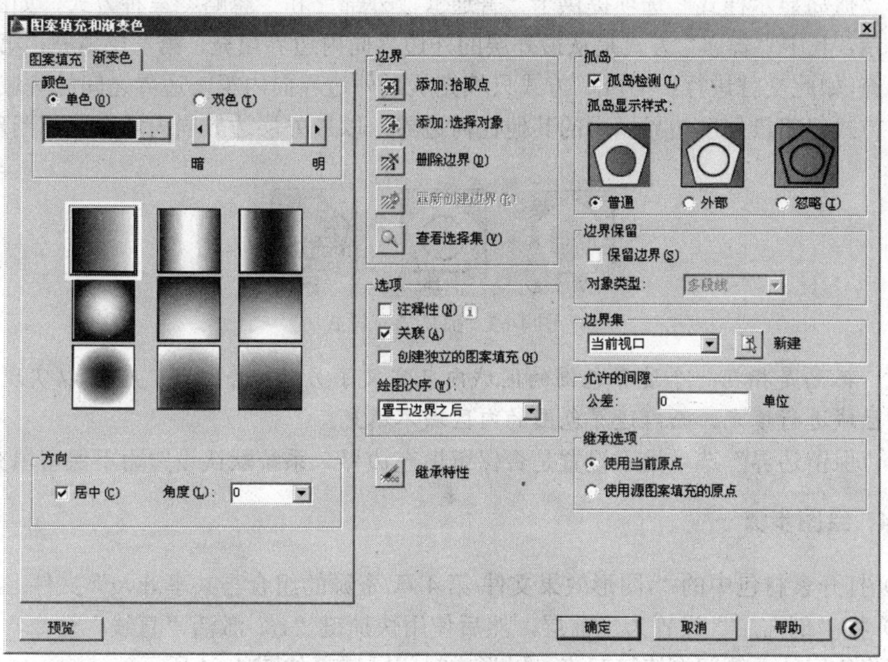

图 4-61　“渐变色”选项卡

注意： 单击对话框右下角的“更多选项”扩展按钮，即可展开右侧的“孤岛”选项组。

- “单色”单选项使用一种渐变颜色进行渐变填充；填充颜色显示框用于显示当前使用的填充颜色，双击该颜色框或单击其右侧的按钮，可以弹出如图 4-62 所示的“选择颜色”对话框，用户可根据需要选择所需的颜色。

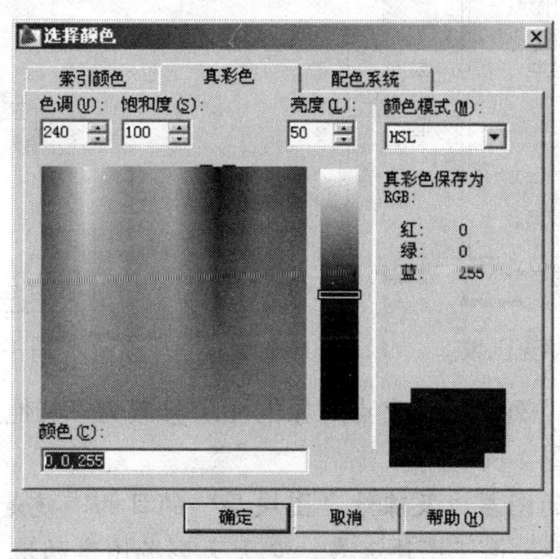

图 4-62　“选择颜色”对话框

- “暗－明”滑动条：拖动滑块可以调整填充颜色的明暗度，如果激活“双色”选项，此滑动条自动转换为颜色显示框。
- “双色”选项用于以两种颜色的渐变色作为填充色。
- “角度”选项用于设置渐变填充的倾斜角度。
- “孤岛显示样式”选项提供了“普通”、“外部”和“忽略”三种方式，如图 4-63 所示，其中“普通”方式是从最外层的外边界向内边界填充，第一层填充，第二层不填充，如此交替进行；“外部”方式只填充从最外边界向内第一边界之间的区域；“忽略”方式忽略最外层边界以内的其他任何边界，以最外层边界向内填充全部图形。

图 4-63　孤岛填充样式

注意：孤岛是指在一个边界包围的区域内又定义了另外一个边界，它可以实现对两个边界之间的区域进行填充，而内边界包围的内区域不填充。

- “保留边界”选项用于设置是否保留填充边界。系统默认设置为不保留填充边界。

4.3.4　绘图步骤

（1）打开素材包中的“/图形效果文件/第 4 章/资源的组合与共享.dwg”文件。

（2）将“剖面层”设置为当前层，然后使用快捷键“L”激活“直线”命令，配合捕捉功能分别将各房间两侧门洞连接起来，以形成封闭区域，如图 4-64 所示。

（3）分别选择厨房、卫生间内的用具图例及操作台轮廓线，使其呈现夹点显示，如图 4-65 所示。

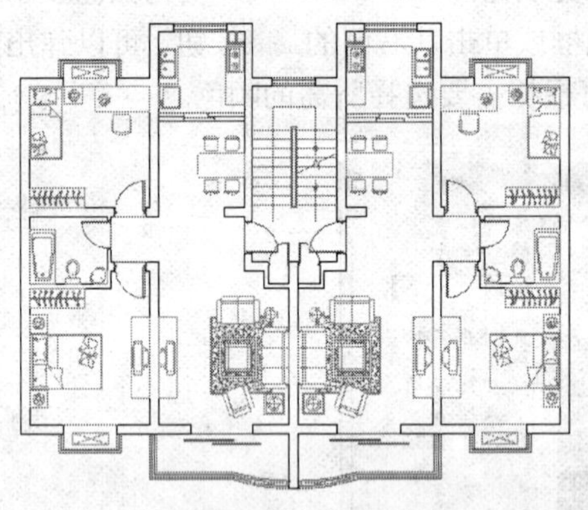
图 4-64　封闭填充区域

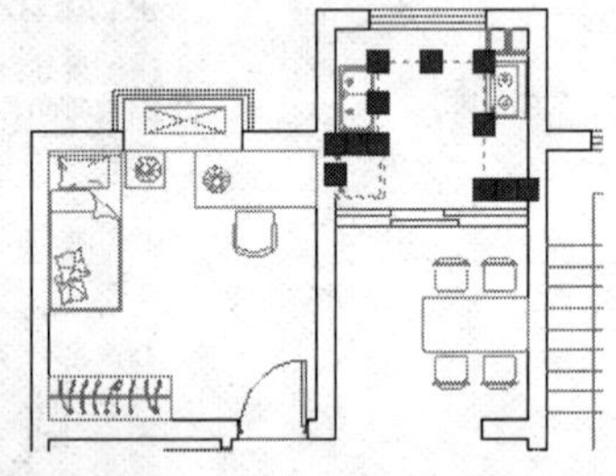
图 4-65　夹点显示对象

（4）展开“图层控制”列表，将夹点对象的图层修改为“其他层”，然后冻结“图块层”，此时平面图的显示效果如图 4-66 所示。

注意：在此更改图块的图层以及冻结“图块层”的目的，就是为了方便房间内地面图案的填充，如果不关闭图块层，由于图块太多，会大大影响图案的填充速度。

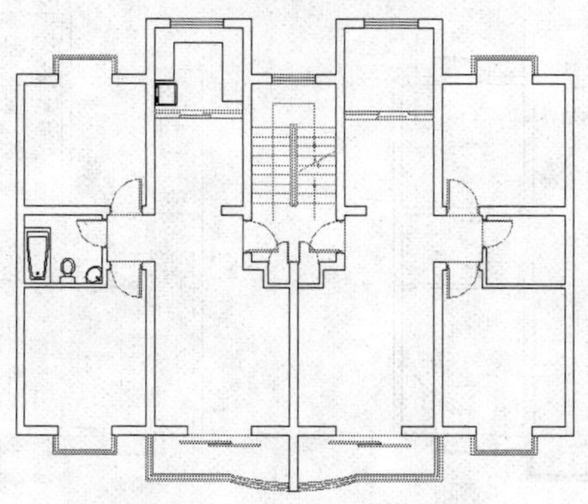

图 4-66　图形的显示效果

（5）单击功能区“常用”选项卡 / “绘图”面板上的按钮，设置填充图案以及图案的填充比例，如图 4-67 所示。

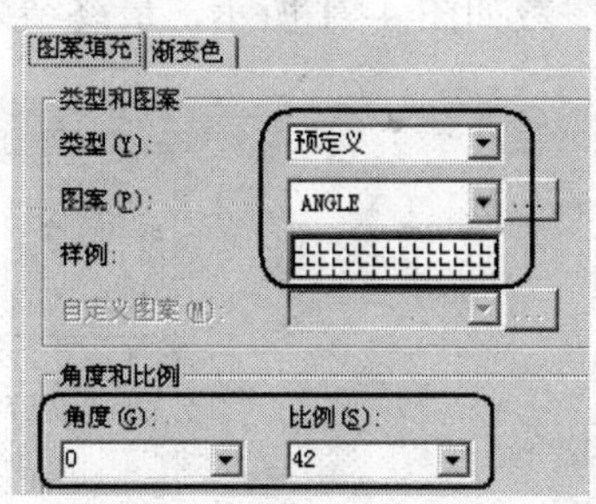

图 4-67　设置填充参数

（6）单击“添加:选择对象”按钮，返回绘图区，分别在左侧单元户的卫生间、厨房以及阳台区域内单击，系统自动分析出填充边界，如图 4-68 所示。

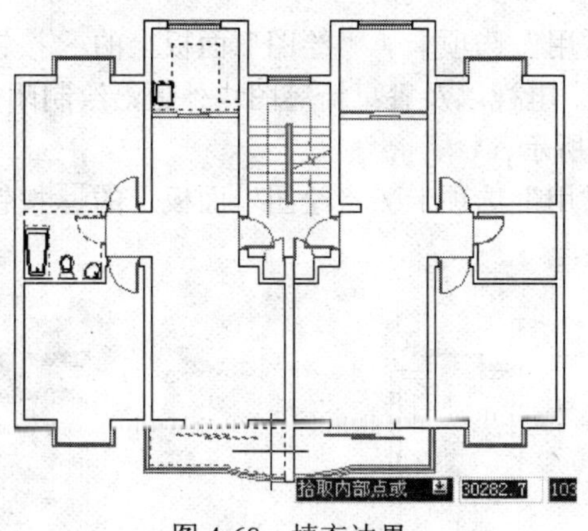

图 4-68　填充边界

（7）按 Enter 键返回“图案填充和渐变色”对话框，单击确定按钮结束命令，填充结果如图 4-69 所示。

（8）分别选择卫生间及厨房用具及操作台轮廓线，将图层恢复为“图块层”，并打开“图块层”，结果如图 4-70 所示。

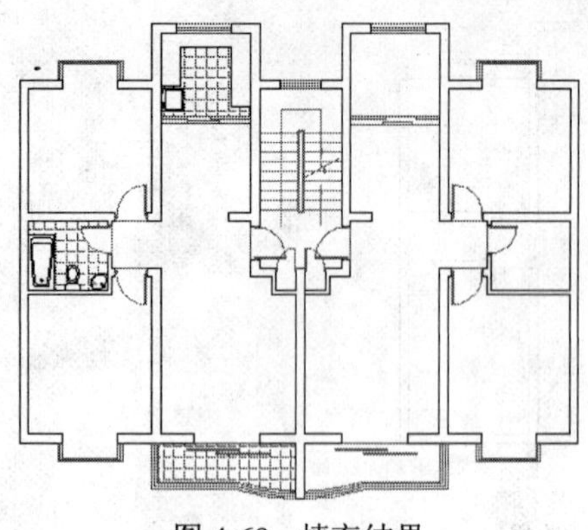

图 4-69　填充结果

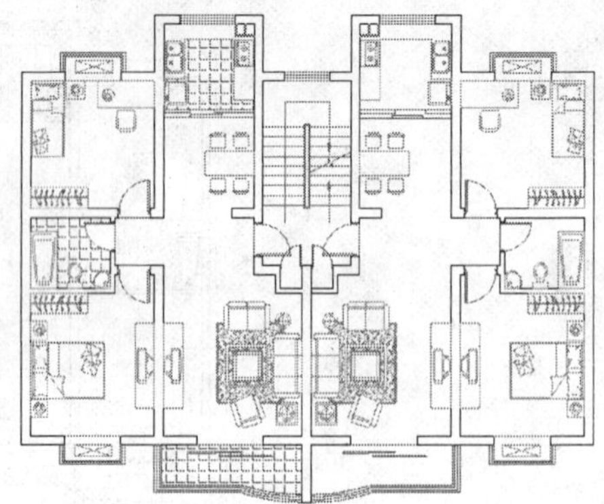

图 4-70　图块层操作结果

（9）将更衣室衣框所在图层恢复为“图块层”，同时打开“图块层”。

（10）参照上述操作步骤，综合应用图层的控制功能以及“图案填充”命令，为左侧单元户卧室填充木地板图案，填充参数如图 4-71 所示，最终结果如图 4-72 所示。

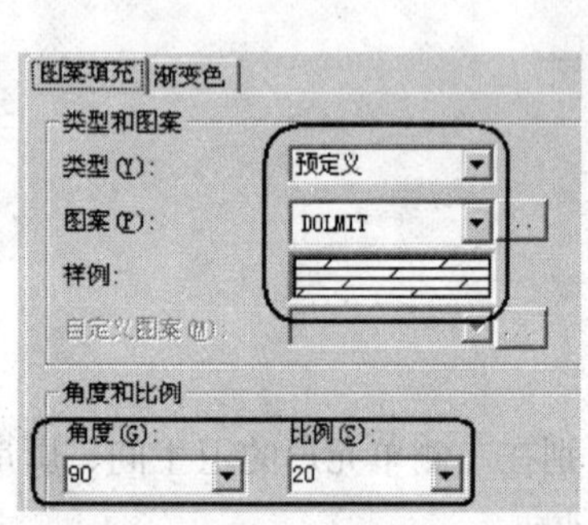

图 4-71　设置填充参数

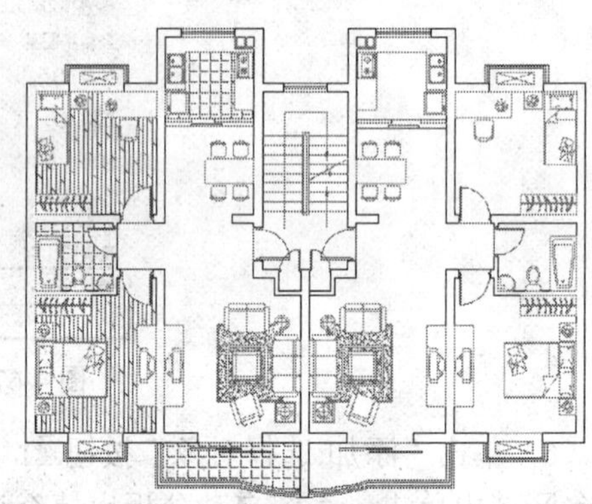

图 4-72　填充结果

（11）单击功能区“常用”选项卡 / “绘图”面板上的按钮，配合最近点和端点捕捉功能，分别沿着客厅沙发组、电视以及餐桌椅等图块外边沿绘制闭合的多段线边界，然后冻结“图块层”，结果如图 4-73 所示。

（12）单击功能区“常用”选项卡 / “绘图”面板上的按钮，设置填充图案类型及参数如图 4-74 所示。

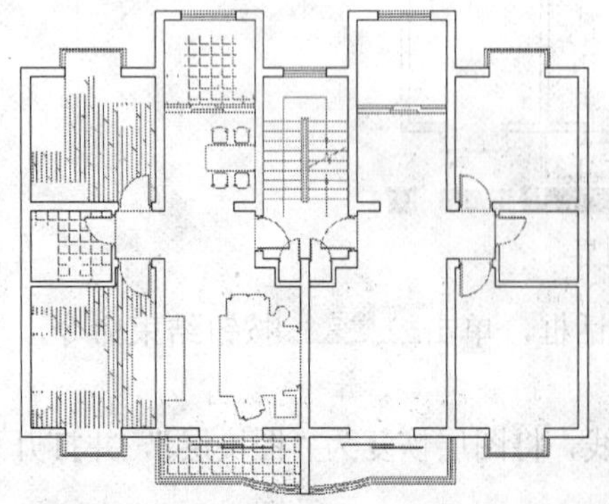

图 4-73　绘制结果

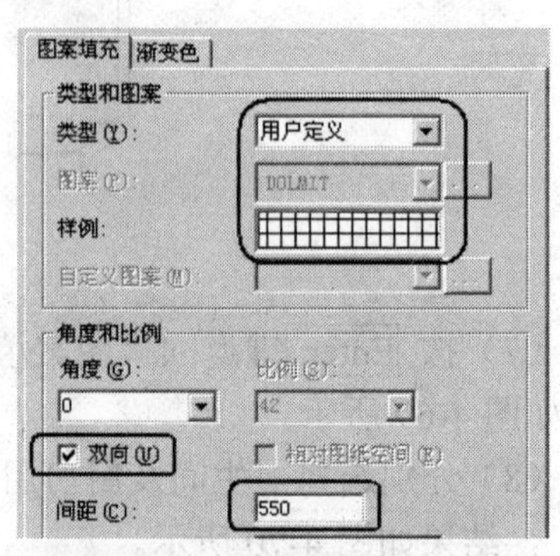

图 4-74　设置图案及填充参数

（13）在对话框中单击“添加：拾取点”按钮，返回绘图区，在客厅内部的空白区域单击，系统会自动分析出填充区域，如图 4-75 所示。

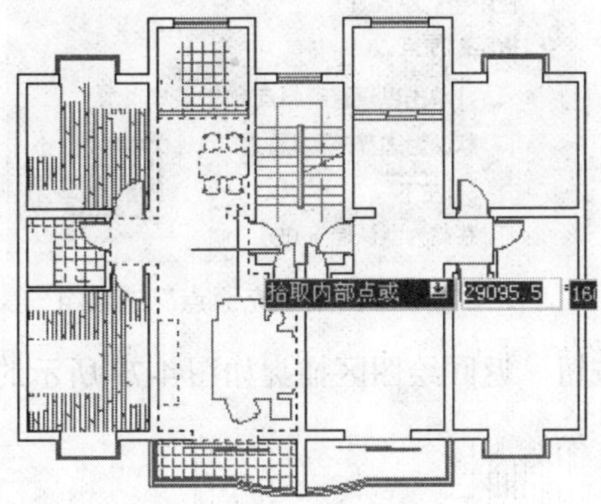

图 4-75　指定填充边界

（14）按 Enter 键返回“图案填充和渐变色”对话框，展开扩展面板，单击 确定 按钮，选择孤岛检测样式为“外部”，如图 4-76 所示。

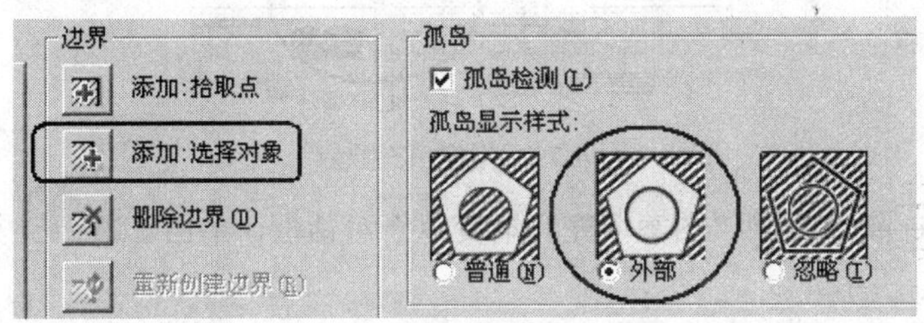

图 4-76　设置孤岛检测样式

（15）在“边界”选项组中单击“添加：选择对象”按钮，返回绘图区选择如图 4-77 所示的边界，将其作为不被填充的孤岛。

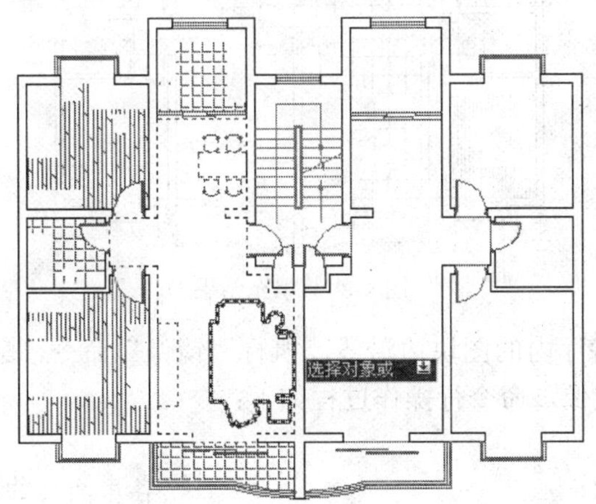

图 4-77　选择孤岛

（16）按 Enter 键返回“图案填充和渐变色”对话框，在“图案填充原点”选项组中选中

“指定的原点”单选项，如图 4-78 所示。

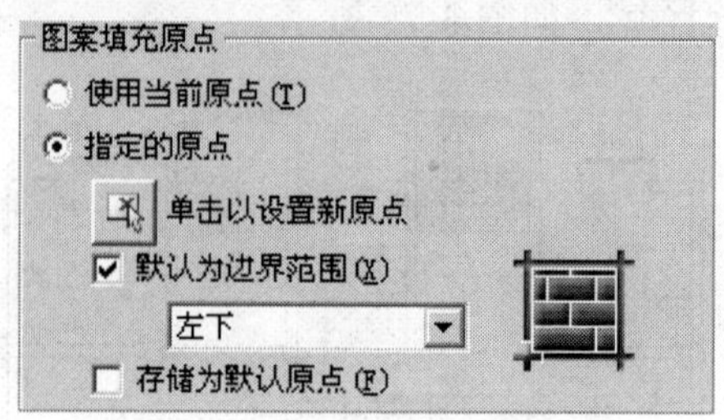

图 4-78　“图案填充原点”选项组

（17）单击下侧的按钮，返回绘图区捕捉如图 4-79 所示的端点，作为填充原点。

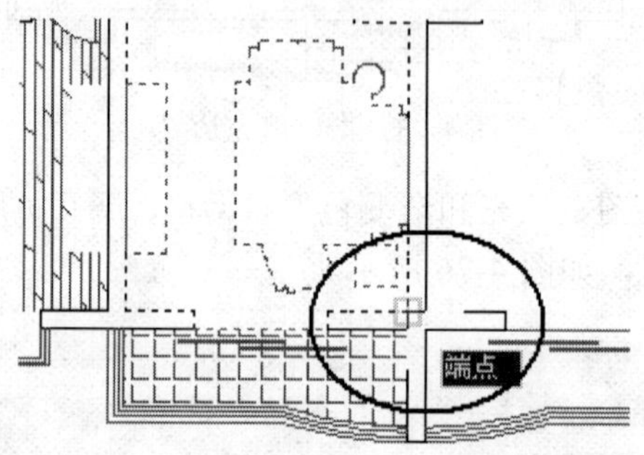

图 4-79　指定填充原点

（18）按 Enter 键，返回“图案填充和渐变色”对话框，单击 确定 按钮，结束命令，填充结果如图 4-80 所示。

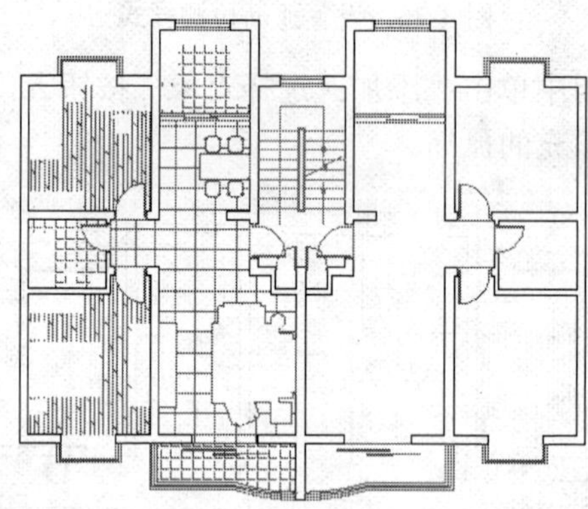

图 4-80　填充结果

（19）删除客厅和餐厅内的图块边沿线，执行“镜像”命令，配合中点捕捉功能，将刚插入的单开门图块进行镜像，命令行操作过程如下：

命令: _mirror

选择对象:　　//各房间内的填充图案

选择对象:　　//↵，结束对象的选择

指定镜像线的第一点:　　//捕捉如图 4-81 所示的中点

指定镜像线的第二点:　　　　　　　　//@0,1↵
要删除源对象吗？[是(Y)/否(N)] <N>:
　　　　　　　　　　//↵，结束命令，镜像结果如图 4-82 所示

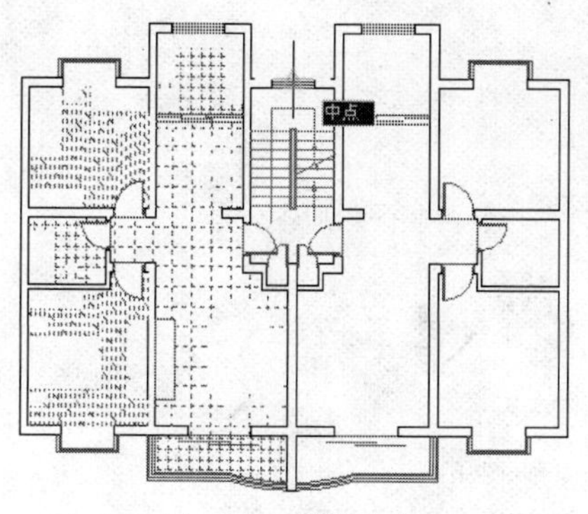

图 4-81　捕捉中点

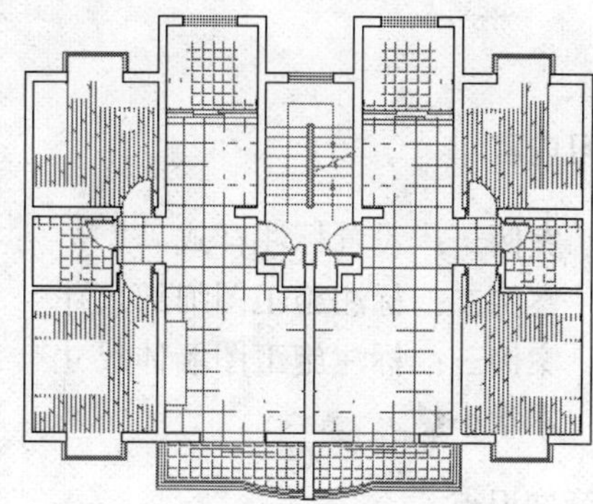

图 4-82　镜像结果

（20）打开“图块层”，调整视图以使平面图完全显示，最终结果如上图 4-52 所示。

（21）最后使用“另存为”命令，将图形另名存储为“地面材料的表达.dwg”。

4.4　本章小结

本章主要通过为单元平面图布置平面门构件、为平面图布置室内用具以及地面装修材料的快速表达等三个典型的操作实例，详细学习了图块的制作与应用、资源的组合与共享以及图案的填充与编辑等高级制图知识。希望读者通过本章的学习，在掌握相关制图工具的前提下，了解和掌握建筑平面图的快速组合技巧和材质的表达技巧。

另外，在填充地面图案时，需要注意配合使用图层的开关等状态控制功能。下一章将学习建筑施工图尺寸的标注方法和具体的标注技巧。

第 5 章　为建筑图标注尺寸

学习内容

- 案例一：设置标注样式
- 案例二：标注施工图细部尺寸
- 案例三：标注施工图墙体尺寸
- 本章小结

本章知识点

- 标注样式
- 直线型尺寸
- 曲线型尺寸
- 复合型尺寸
- 尺寸编辑与更新

5.1　案例一：设置标注样式

5.1.1　教学目标

本节将按照 1:1 的出图比例，为施工图设置一个名为“建筑标注”的常规标注样式，在学习“标注样式”命令的前提下，了解和掌握施工图各种尺寸参数的设置方法和具体的设置技巧。

5.1.2　绘图思路

- 首先创建一张公制单位的空白文件。
- 使用“多段线”、“旋转”、“创建块”命令，自定义尺寸箭头。
- 使用“标注样式”命令中的“新建”功能，为新样式命名。
- 使用“直线”选项卡设置尺寸线与尺寸界线参数。
- 使用“符号和箭头”、“文字”选项卡，设置尺寸箭头、尺寸文字等参数。
- 使用“调整”和“主单位”选项卡设置单位精度并对尺寸变量进行协调。
- 最后使用“保存”命令进行命名存盘。

5.1.3　命令讲解

本节将详细讲述“标注样式”命令。

不同的尺寸变量，决定了不同的尺寸外观形态，而所有尺寸变量的设置与调整，都是通过“标注样式”命令实现的。执行“标注样式”命令主要有以下几种方式：

- 单击“菜单浏览器”/“格式”/“标注样式”命令。
- 单击“菜单浏览器”/“标注”/“标注样式”命令。
- 单击功能区“常用”选项卡/“注释”面板上的按钮。
- 单击功能区“注释”选项卡/“标注”面板上的按钮。
- 在命令行输入 Dimstyle。
- 使用命令简写 D。

执行“标注样式”命令后，系统可打开如图 5-1 所示的“标注样式管理器”对话框，在此对话框中，用户不仅可以设置尺寸标注样式，还可以修改、替代和比较尺寸的样式。在默认设置下，系统为用户指定了一种名为 ISO-25 的标注样式。

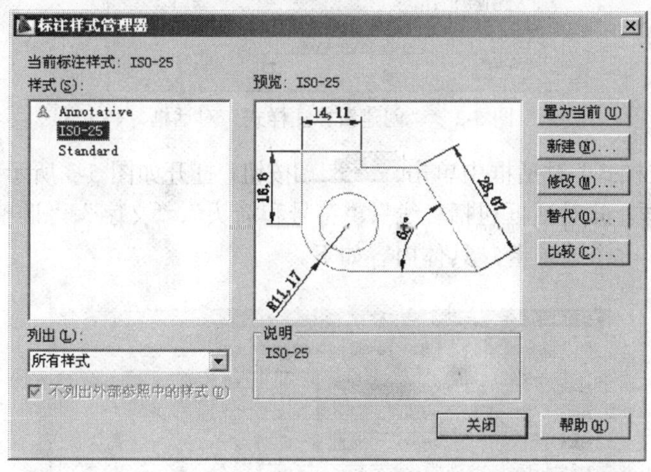

图 5-1　“标注样式管理器”对话框

1. 选项解析

- “样式”列表框用于显示当前文件中的所有尺寸样式，并且当前样式被亮显。选择一种样式右击，在右键菜单中可以设置当前样式、重命名样式和删除样式。

注意：当前标注样式和当前文件中已使用的样式不能被删除。AutoCAD 默认样式为 ISO-25。

- “列出”下拉列表框中提供了两个显示标注样式的选项：“所有样式”和“正在使用的样式”。前一个选项用于显示当前图形中的所有标注样式；后一个选项仅用于显示被当前图形中的标注引用过的样式。
- “预览”区域主要显示“样式”区中选定的尺寸样式的标注效果。
- 置为当前(U)按钮用于把选定的标注样式设置为当前标注样式。
- 修改(M)...按钮用于修改当前选择的标注样式。当用户修改了标注样式后，当前图形中的所有尺寸标注都会自动改变为所修改的尺寸样式。
- 替代(O)...按钮用于设置当前使用的标注样式的临时替代值。当用户创建了替代样式后，当前标注样式将被应用到以后所有的尺寸标注中，直到用户删除替代样式为止，而不会改变替代样式之前的标注样式。
- 比较(C)...按钮用于比较两种标注样式的特性或浏览一种标注样式的全部特性，并将比较结果输出到 Windows 剪贴板上，然后再粘贴到其他 Windows 应用程序中。

- 新建(N)... 按钮用于设置新的尺寸样式。

单击新建(N)... 按钮后，系统将弹出如图 5-2 所示的“创建新标注样式”对话框，其中“新样式名”文本框用于为新样式赋名；“基础样式”下拉列表框用于设置新样式的基础样式；“注释”复选项用于为新样式添加注释；“用于”下拉列表框用于创建一种仅适用于特定标注类型的样式。

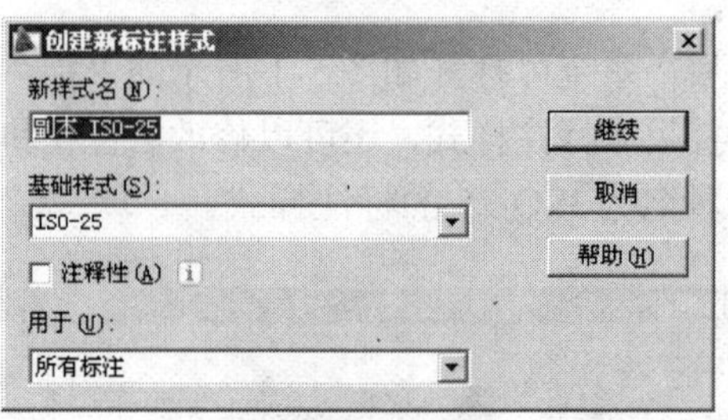

图 5-2　“创建新标注样式”对话框

在“创建新标注样式”对话框中单击 继续 按钮，打开如图 5-3 所示的“新建标注样式：副本 ISO-25”对话框。此对话框包括“线”、“符号和箭头”、“文字”、“调整”、“主单位”、“换算单位”和“公差”七个选项卡，具体内容如下。

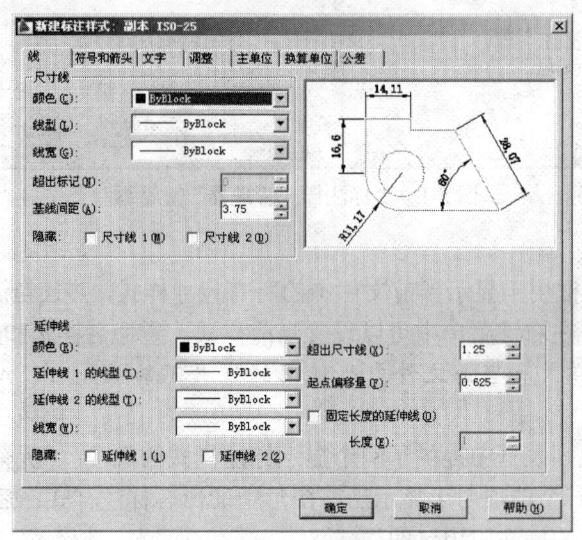

图 5-3　“新建标注样式”对话框

2.　“直线”选项卡

如图 5-3 所示的“线”选项卡，主要用于设置尺寸线、延伸线的格式和特性等变量，具体如下：

（1）“尺寸线”选项组。

- “颜色”下拉列表框用于设置尺寸线的颜色。
- “线宽”下拉列表框用于设置尺寸线的线宽。
- “超出标记”微调按钮用于设置尺寸线超出尺寸界限的长度。在默认状态下，该选项处于不可用状态，用户只有选择建筑标记箭头时，此微调按钮才处于可用状态。
- “基线间距”微调按钮用于设置在基线标注时两条尺寸线之间的距离。

（2）“延伸线”选项组。

- “颜色”下拉列表框用于设置延伸线的颜色。
- “线宽”下拉列表框用于设置延伸线的线宽。
- “超出尺寸线”微调按钮用于设置延伸线超出尺寸线的长度。
- “起点偏移量”微调按钮用于设置延伸线起点与被标注对象间的距离。

3.　“符号和箭头”选项卡

如图 5-4 所示的“符号和箭头”选项卡主要用于设置箭头、圆心标记、弧长符号和半径标注等参数。

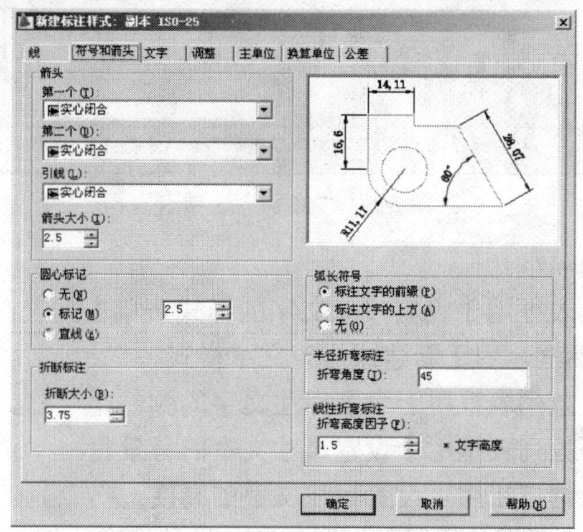

图 5-4　“符号和箭头”选项卡

（1）“箭头”选项组。

- “第一个/第二个”下拉列表框用于设置箭头的形状。
- “引线”下拉列表框用于设置引线箭头的形状。
- “箭头大小”微调按钮用于设置箭头的大小。

（2）“圆心标记”选项组。

- “无”单选项表示不添加圆心标记。
- “标记”单选项用于为圆添加十字型标记。
- “直线”单选项用于为圆添加直线型标记。
- 2.5 微调按钮用于设置圆心标记的大小。

（3）“弧长符号”选项组。

- “标注文字的前缀”单选项用于为弧长标注添加前缀。
- “标注文字的上方”单选项用于设置标注文字的位置。
- “无”单选项表示在弧长标注上不出现弧长符号。
- “半径折弯标注”选项组用于设置半径折弯的角度。
- “线性折弯标注”选项组用于设置线性折弯的高度因子。

4.　“文字”选项卡

如图 5-5 所示的“文字”选项卡主要用于设置尺寸文字的样式、颜色、位置及对齐方式等变量。

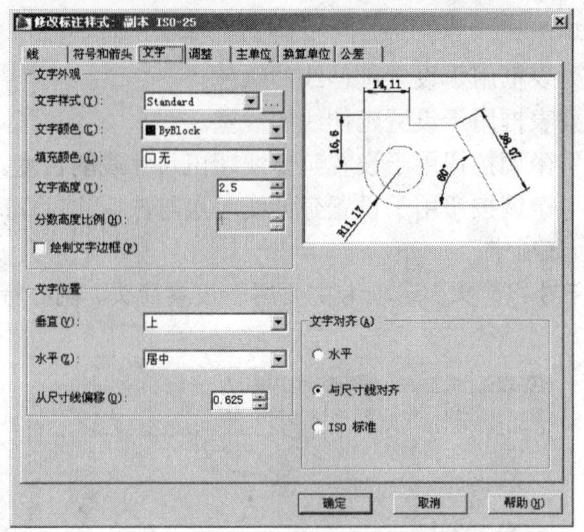

图 5-5 “文字”选项卡

（1）“文字外观”选项组。

- “文字样式”列表框用于设置尺寸文字的样式。单击列表框右端的…按钮，将弹出“文字样式”对话框，用于新建或修改文字样式。
- “文字颜色”下拉列表框用于设置标注文字的颜色。
- “填充颜色”下拉列表框用于设置尺寸文本的背景色。
- “文字高度”微调按钮用于设置标注文字的高度。
- “分数高度比例”微调按钮用于设置标注分数的高度比例。只有在选择分数标注单位时，此选项才可用。
- “绘制文字边框”复选框用于设置是否为标注文字加上边框。

（2）“文字位置”选项组。

- “垂直”列表框用于设置尺寸文字相对于尺寸线垂直方向的放置位置。
- “水平”列表框用于设置标注文字相对于尺寸线水平方向的放置位置。
- “从尺寸线偏移”微调按钮用于设置标注文字与尺寸线之间的距离。

（3）“文字对齐”选项组。

- “水平”单选按钮用于设置标注文字以水平方向放置。
- “与尺寸线对齐”单选按钮用于设置标注文字以与尺寸线平行的方向放置。
- “ISO 标准”单选按钮用于根据 ISO 标准设置标注文字。

注意：“ISO 标准”是“水平”与“与尺寸线对齐”两者的综合。当标注文字在延伸线中时，就会采用“与尺寸线对齐”对齐方式；当标注文字在延伸线外时，就会采用“水平”对齐方式。

5. “调整”选项卡

如图 5-6 所示的“调整”选项卡主要用于设置尺寸文字与尺寸线、延伸线等之间的位置。

（1）“调整选项”选项组。

- “文字或箭头（最佳效果）”选项用于自动调整文字与箭头的位置，使二者达到最佳效果。

- “箭头”单选项用于将箭头移到延伸线外。
- “文字”单选项用于将文字移到延伸线外。
- “文字和箭头”单选项用于将文字与箭头都移到延伸线外。
- “文字始终保持在延伸线之间”选项用于将文字始终放置在延伸线之间。

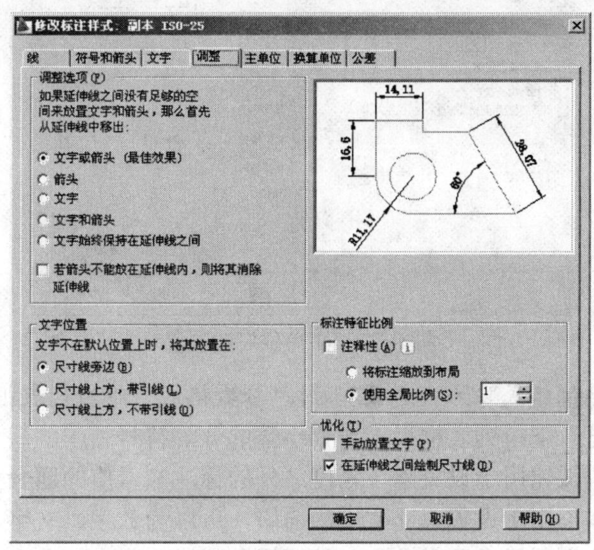

图 5-6　“调整”选项卡

（2）“文字位置”选项组。

- “尺寸线旁边”单选项用于将文字放置在尺寸线旁边。
- “尺寸线上方，带引线”单选项用于将文字放置在尺寸线上方，并加引线。
- “尺寸线上方，不带引线”单选项用于将文字放置在尺寸线上方，但不加引线引导。

（3）“标注特征比例”选项组。

- “注释性”复选项用于设置标注为注释性标注。
- “使用全局比例”单选项用于设置标注的比例因子。
- “将标注缩放到布局”单选项用于根据当前模型空间的视口与布局空间的大小来确定比例因子。

（4）“优化”选项组。

- “手动放置文字”复选框用于手动放置标注文字。
- “在延伸线之间绘制尺寸线”复选框用于在标注圆弧或圆时，尺寸线始终在延伸线之间。

6. “主单位”选项卡

如图 5-7 所示的选项卡为“主单位”选项卡，主要用于设置线性标注和角度标注的单位格式以及精确度等参数变量。

（1）“线性标注”选项组。

- “单位格式”下拉列表框用于设置线性标注的单位格式，默认值为小数。
- “精度”下拉列表框用于设置尺寸的精度。
- “分数格式”下拉列表框用于设置分数的格式。

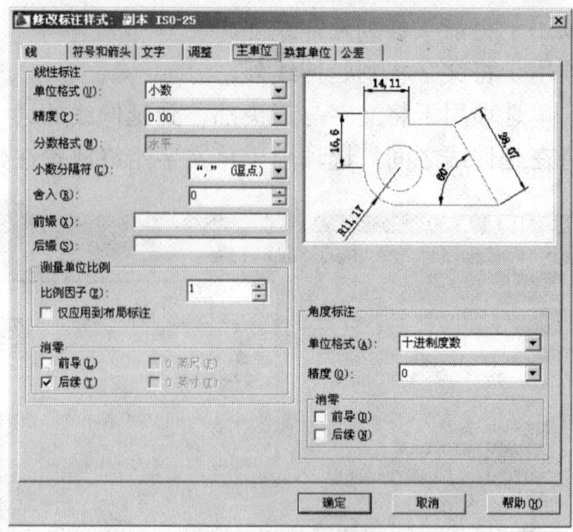

图 5-7 “主单位”选项卡

注意：只有当“单位格式”为“分数”时，“分数格式”下拉列表框才能激活。

- “小数分隔符”下拉列表框用于设置小数的分隔符号。
- “舍入”微调按钮用于设置除了角度之外的标注测量值的四舍五入规则。
- “前缀”文本框用于设置尺寸文字的前缀，可以为数字、文字、符号。
- “后缀”文本框用于设置尺寸文字的后缀，可以为数字、文字、符号。
- “比例因子”微调按钮用于设置除了角度之外的标注比例因子。
- “仅应用到布局标注”复选框仅对在布局里创建的标注应用线性比例值。
- “前导”复选框用于消除小数点前面的零。当尺寸文字小于 1 时，如“0.5”，勾选此复选框后，此“0.5”将变为“.5，前面的零已消除。
- “后续”复选框用于消除小数点后面的零。
- “0 英尺”复选框用于消除零英尺前的零。如：“0′ -1/2″ ”表示为“1/2″ ”。

注意：只有当“单位格式”设为“工程”或“建筑”时，“0 英寸”复选框才可被激活。

- “0 英寸”复选框用于消除英寸后的零。如：“2′ -1.400″ ”表示为“2′ -1.4″ ”。

（2）“角度标注”选项组

- “单位格式”下拉列表框用于设置角度标注的单位格式。
- “精度”下拉列表框用于设置角度的小数位数。
- “前导消零”复选框消除角度标注前面的零。
- “后续消零”复选框消除角度标注后面的零。

7. “换算单位”选项卡

如图 5-8 所示的“换算单位”选项卡主要用于显示和设置尺寸文字的换算单位、精度等变量。只有勾选了“显示换算单位”复选框，才可激活“换算单位”选项卡中所有的选项组。

（1）“换算单位”选项组。

- “单位格式”下拉列表框用于设置换算单位格式。
- “精度”下拉列表框用于设置换算单位的小数位数。
- “换算单位倍数”微调按钮用于设置主单位与换算单位间的换算因子的倍数。

- “舍入精度”微调按钮用于设置换算单位的四舍五入规则。
- “前缀”文本框中输入的值将显示在换算单位的前面。
- “后缀”文本框中输入的值将显示在换算单位的后面。

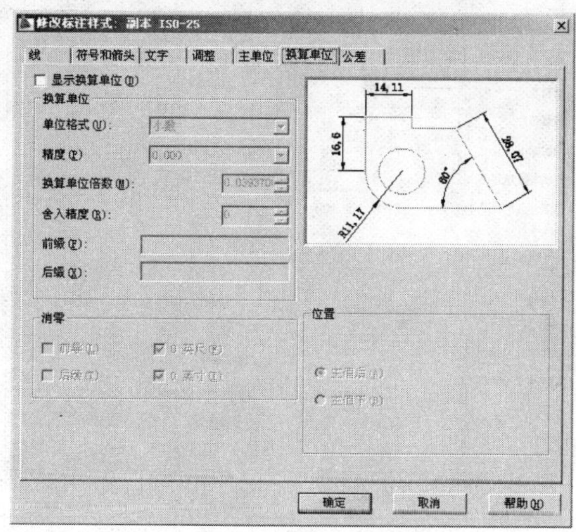

图 5-8　“换算单位”选项卡

（2）“消零”选项组。该选项组用于消除换算单位的前导和后继零以及英尺、英寸前后的零。其作用与“主单位”选项卡中的“消零”选项组相同。

（3）“位置”选项组。

- “主值后”单选项用于将换算单位放在主单位之后。
- “主值下”单选项用于将换算单位放在主单位之下。

5.1.4　绘图步骤

（1）新建公制单位的空白文件。

（2）单击功能区“常用”选项卡 / “绘图”面板上的按钮，配合捕捉和追踪功能，绘制如图 5-9 所示的两条多段线，其中多段线的宽度分别为 0 和 0.5。

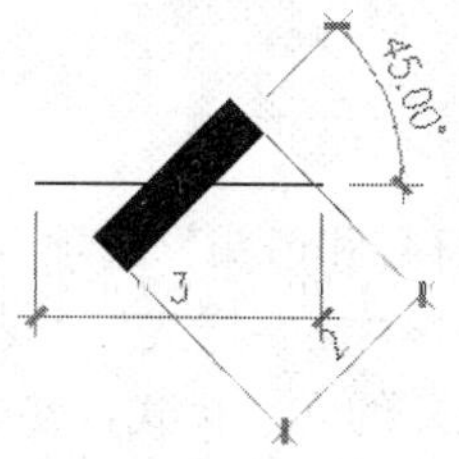

图 5-9　操作结果

（3）单击功能区“常用”选项卡 / “块”面板上的按钮，以多段线中点作为块的基点，将两条多段线创建为内部块，块名为“尺寸箭头”，并删除源对象。

（4）单击功能区“常用”选项卡 / “注释”面板上的按钮，在打开的“标注样式管理器”对话框中单击新建(N)...按钮，新建名为“建筑标注”的新样式。

（5）在“新建标注样式”对话框中单击 继续 按钮，打开“新建标注样式：建筑标注”对话框，设置基线间距、起点偏移量等参数，如图 5-10 所示。

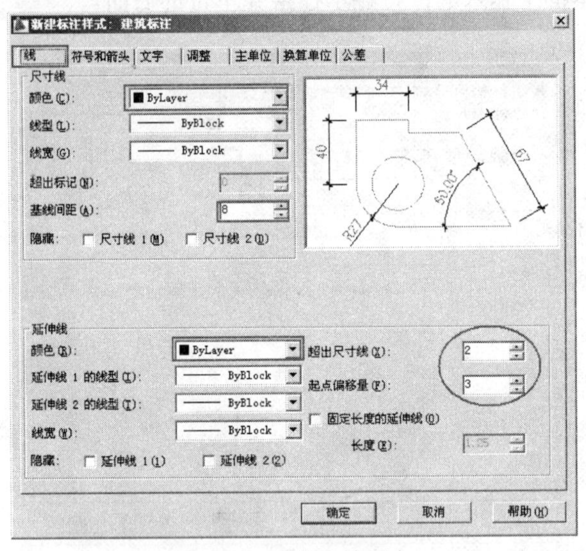

图 5-10　“线”选项卡

（6）展开“符号和箭头”选项卡，单击“箭头”选项组中的“第一项”列表框，选择列表中的“用户箭头”选项，如图 5-11 所示。

（7）此时系统打开“选择自定义箭头块”对话框，选择“尺寸箭头”块作为尺寸箭头，如图 5-12 所示。

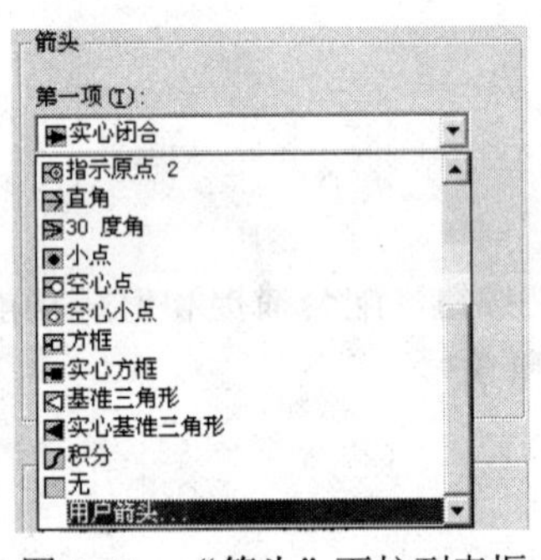

图 5-11　“箭头”下拉列表框

图 5-12　设置尺寸箭头

（8）单击 确定 按钮返回“符号和箭头”选项卡，设置箭头大小为 1.2。

（9）展开“文字”选项卡，单击“文字样式”列表框右端的按钮 ... ，打开“文字样式”对话框，然后设置一种名为 SIMPLEX 的文字样式，参数设置如图 5-13 所示。

（10）单击 应用(A) 按钮返回“文字”选项卡，设置尺寸文字的样式、颜色、大小等参数如图 5-14 所示。

（11）展开“调整”选项卡，调整文字、箭头与尺寸线和延伸线之间的位置，如图 5-15 所示。

（12）展开“主单位”选项卡，设置线性标注参数和角度标注参数如图 5-16 所示。

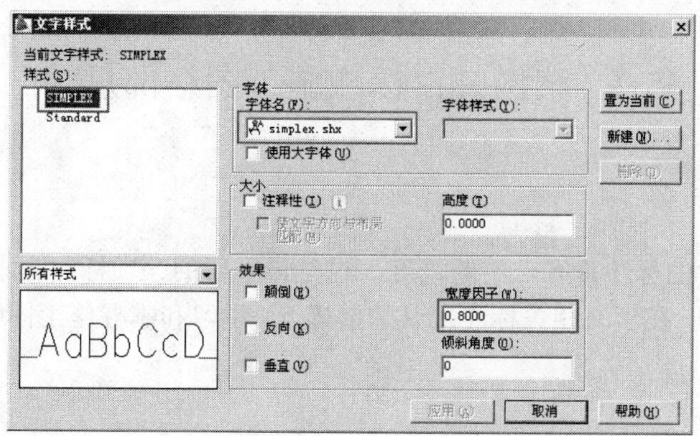

图 5-13　设置 SIMPLEX 样式

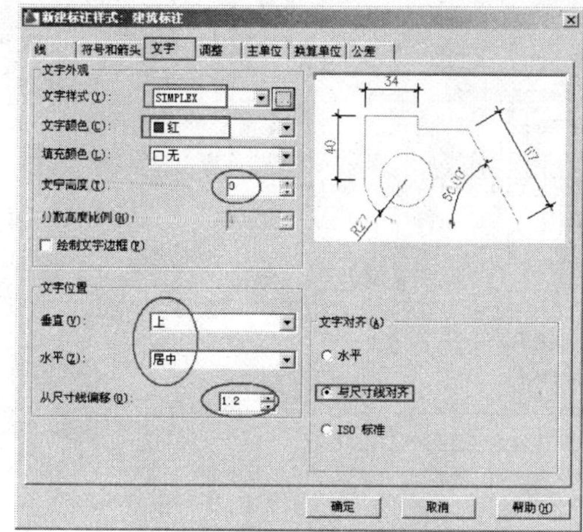

图 5-14　设置文字参数

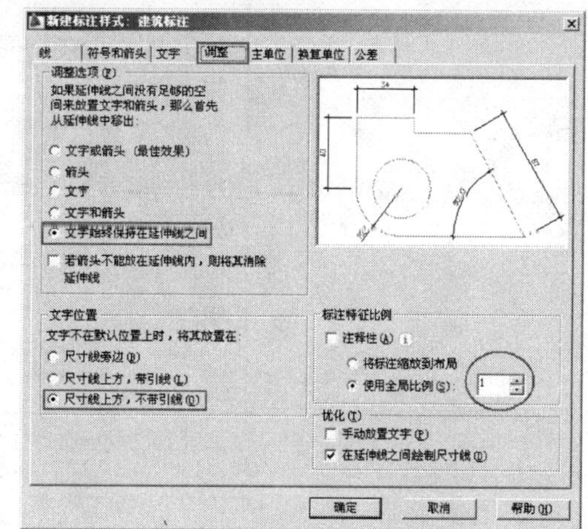

图 5-15　“调整”选项卡

（13）返回“标注样式管理器”对话框，选择刚设置的“建筑标注”样式，单击置为当前(U)按钮，将其设置为当前标注样式，如图 5-17 所示。

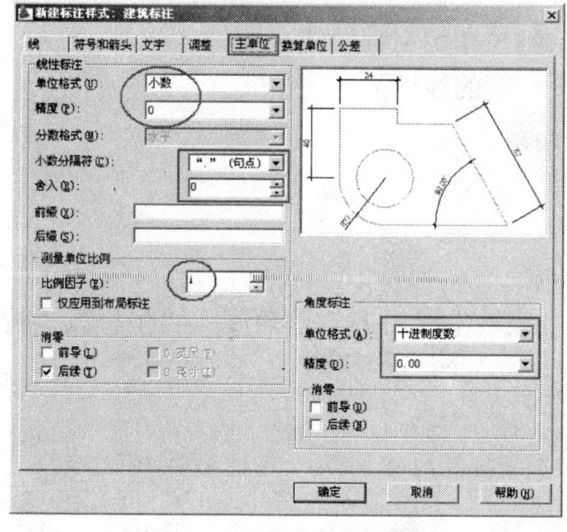

图 5-16　“主单位”选项卡

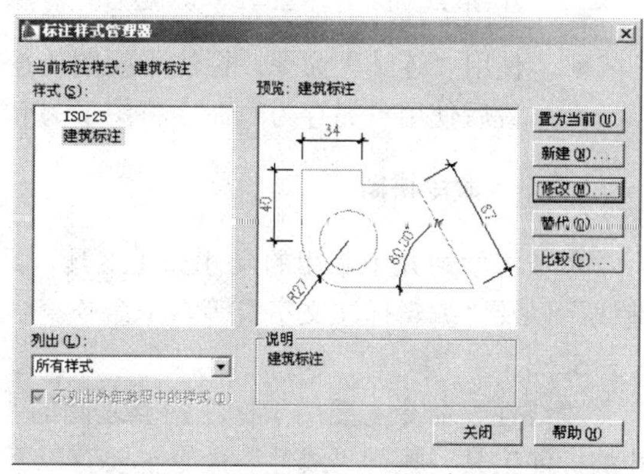

图 5-17　“标注样式管理器”对话框

（14）执行“保存”命令，将图形命名存储为“标注样式.dwg”。

5.2 案例二：标注施工图细部尺寸

5.2.1 教学目标

施工图细部尺寸的标注具有一定的难度，也是最重要的一项标注。本节以标注如图 5-18 所示的施工尺寸为例，在学习相关标注工具的前提下，学习和掌握施工图细部尺寸的标注方法和标注技巧。

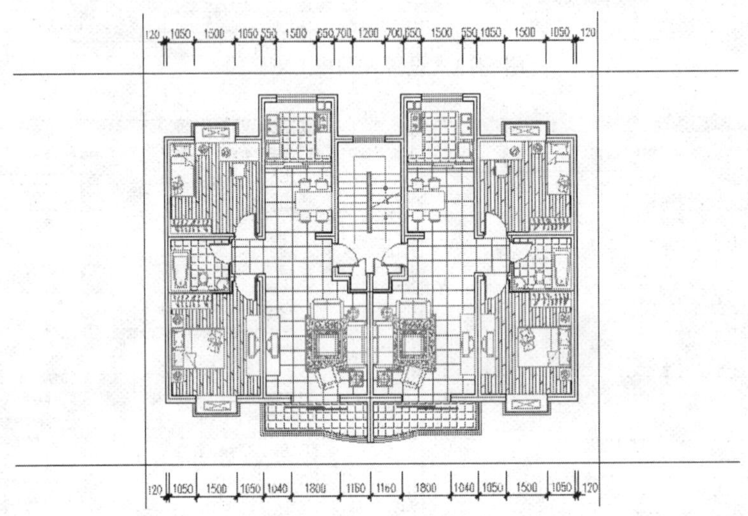

图 5-18 标注效果

5.2.2 绘图思路

- 首先打开图形源文件，并设置当前图层。
- 激活状态栏上的追踪和捕捉功能。
- 使用“构造线”命令，配合捕捉追踪功能绘制尺寸定位辅助线。
- 使用“线性”或“对齐”命令，标注平面图一侧的线性尺寸。
- 使用“连续”命令，标注平面图的连续尺寸。
- 最后使用“另存为”命令将图形另名存盘。

5.2.3 命令讲解

本节将学习几个常用的尺寸标注工具，具体有“线性”、“对齐”、“角度”、“坐标”、“构造线”以及“编辑标注文字”等六个命令。

5.2.3.1 “线性”命令

“线性”命令主要用于标注两点之间的水平尺寸或垂直尺寸，是一种比较常用的线性尺寸的标注工具。执行“线性”命令主要有以下几种方式：

- 单击“菜单浏览器”/“标注”/“线性”命令。
- 单击功能区“常用”选项卡/“注释”面板上的按钮。

- 单击功能区“注释”选项卡 / “标注”面板上的⊟按钮。
- 在命令行输入 Dimlinear↵
- 使用命令简写 Dimlin↵。

执行“线性”命令后，通过拾取图线的两个端点，或直接选择图线，即可标注出图线的长度或宽度尺寸。命令行操作过程如下：

命令: _dimlinear
指定第一条延伸线原点或 <选择对象>:　　//捕捉矩形的左下角点
指定第二条延伸线原点:　　//捕捉矩形的右下角点
指定尺寸线位置或[多行文字(M)/文字(T)/角度(A)/水平(H)/垂直(V)/旋转(R)]:
　　//向下移动光标，在适当位置拾取一点，以定位
　　//尺寸线的位置，标注结果如图 5-19 所示
标注文字 = 200

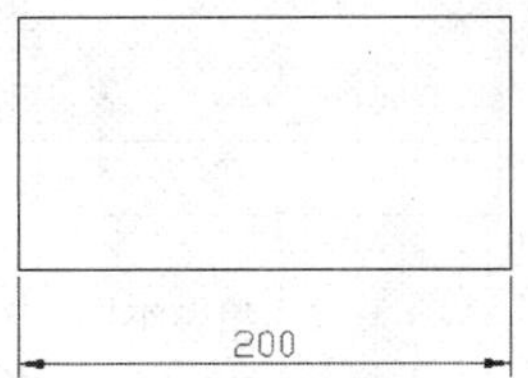

图 5-19　标注结果

按 Enter 键，重复执行“线性”命令，命令行操作过程如下：

命令:
DIMLINEAR 指定第一条延伸线原点或 <选择对象>:
　　//↵，激活“选择对象”功能
选择标注对象:　　//单击矩形右侧的垂直边
指定尺寸线位置或[多行文字(M)/文字(T)/角度(A)/水平(H)/垂直(V)/旋转(R)]:
　　//水平向右移动光标，然后在适当位置指定
　　//尺寸线位置，标注结果如图 5-20 所示
标注文字 = 100

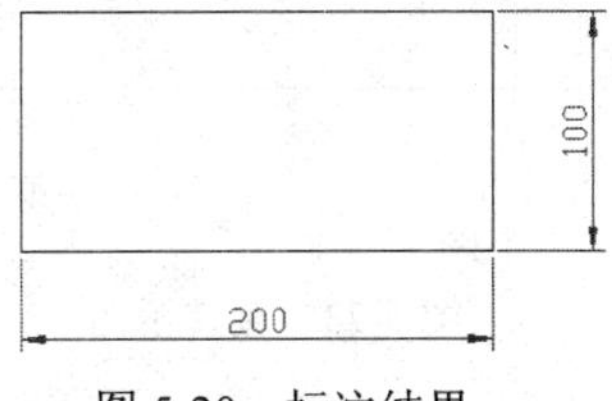

图 5-20　标注结果

1. “多行文字”选项

此选项主要用于编辑尺寸的文字内容，或者为尺寸文字添加前后缀等。选择该选项后，系统将弹出“文字格式”编辑器，用户可以在此编辑器中编辑尺寸的文字内容，如图 5-21 所示。

图 5-21　修改尺寸内容

2. “文字”选项

此选项也是用于修改尺寸文字或者为尺寸文字添加前后缀的，只不过此种方式是通过命令行编辑尺寸文字的。

3. “角度”选项

此选项用于设置尺寸文字的旋转角度，如图 5-22 所示。激活该选项后，命令行出现“指定标注文字的角度：”的提示，用户可根据此提示输入标注角度值来放置尺寸文本。

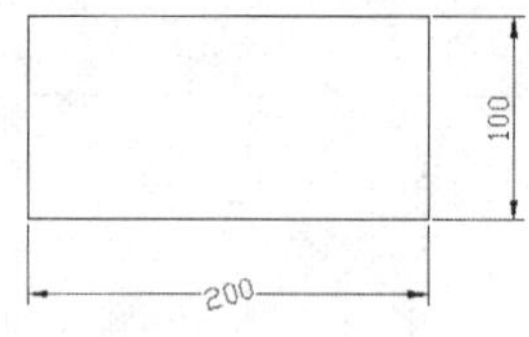

图 5-22　角度示例

4. “水平”选项

此选项主要用于标注两点之间的水平尺寸，当激活该选项功能后，无论如何移动光标，标注的始终是对象的水平尺寸。

5. “垂直”选项

此选项主要用于标注两点之间的垂直尺寸，当激活该选项功能后，无论如何移动光标，所标注的始终是对象的垂直尺寸。

6. “旋转”选项

此选项用于设置尺寸线的旋转角度，如图 5-23 所示。当激活该选项后，命令行出现“指定尺寸线位置：”的提示，在此提示下，用户输入角度值即可创建旋转型尺寸。

图 5-23　旋转示例

5.2.3.2　“对齐”命令

“对齐”命令主要用于标注平行于所选对象或平行于两尺寸界线原点连线的直线型尺寸，此命令比较适合于标注倾斜图线的尺寸。执行“对齐”命令主要有以下几种方式：

- 单击“菜单浏览器”/“标注”/“对齐”命令。
- 单击功能区“常用”选项卡/“注释”面板上的按钮。
- 单击功能区“注释”选项卡/“标注”面板上的按钮。

- 在命令行输入 Dimaligned↵。
- 使用命令简写 Dimali↵。

执行“对齐”命令后，命令行操作过程如下：

命令: _dimaligned

指定第一条延伸线原点或 <选择对象>:　　//捕捉矩形的左上角点

指定第二条延伸线原点:　　//捕捉矩形的右下角点

指定尺寸线位置或[多行文字(M)/文字(T)/角度(A)]:

//在适当位置指定尺寸线位置，标注结果如图 5-24 所示

标注文字 ＝223.61

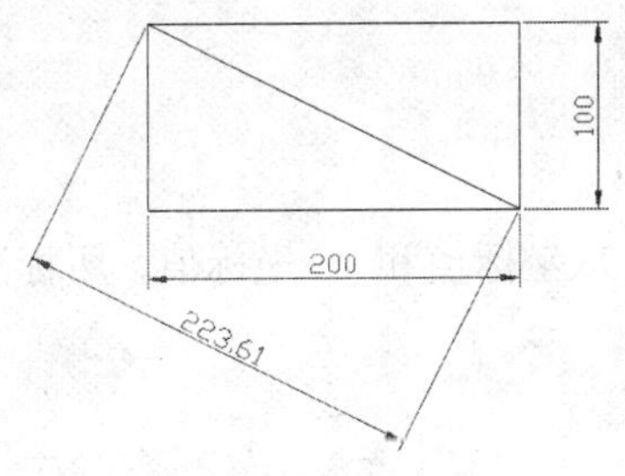

图 5-24　标注对齐尺寸

注意：“对齐”命令中的多行文字、文字以及角度等选项的功能与“线性”命令相同，故不再讲述。

5.2.3.3　“角度”命令

“角度”命令主要用于标注图线间的角度尺寸或者圆弧的圆心角等。执行“角度”命令主要有以下几种方式：

- 单击“菜单浏览器” / “标注” / “角度”命令。
- 单击功能区“常用”选项卡 / “注释”面板上的按钮。
- 单击功能区“注释”选项卡 / “标注”面板上的按钮。
- 在命令行输入 Dimangular↵。
- 使用命令简写 Angular↵。

执行“角度”命令后，进行角度尺寸的标注。

命令: _dimangular

选择圆弧、圆、直线或 <指定顶点>:　　//单击矩形的对角线

选择第二条直线:　　//单击矩形的下侧水平边

指定标注弧线位置或 [多行文字(M)/文字(T)/角度(A)].

//在适当位置拾取一点，标注结果如图 5-25 所示

标注文字 ＝27

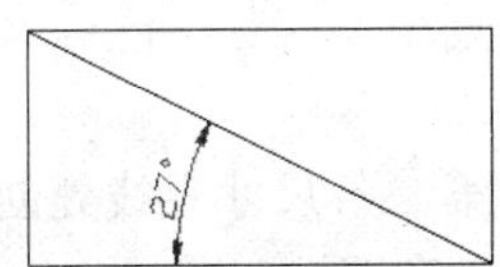

图 5-25　标注角度尺寸

注意：在标注对象的角度尺寸时，如果用户选择的对象是圆弧时，系统自动以圆弧的圆心作为顶点，圆弧端点作为尺寸界线的原点，标注出圆弧的角度，如图 5-26 所示；如果选择的对象为圆时，系统将以选择的点作为第一条尺寸界线的原点，以圆心作为顶点，第二条尺寸界线的原点可以位于圆上，也可以在圆外或圆内，如图 5-27 所示。

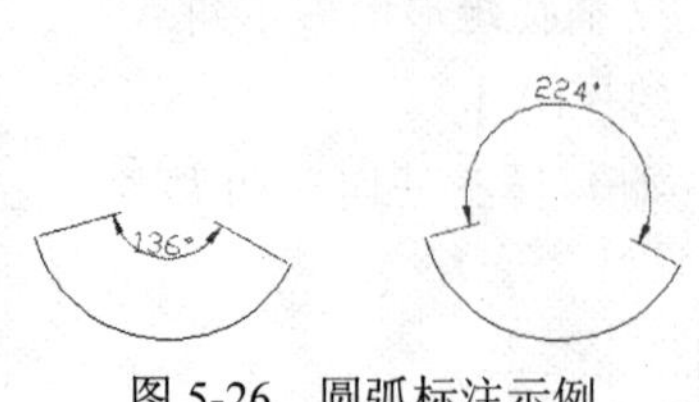

图 5-26 圆弧标注示例

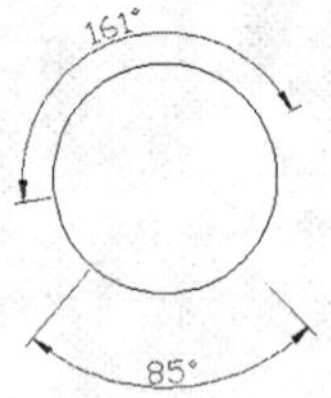

图 5-27 圆标注示例

5.2.3.4 “坐标”命令

“坐标”命令用于标注点的 X 坐标值和 Y 坐标值，所标注的坐标为点的绝对坐标，如图 5-28 所示。

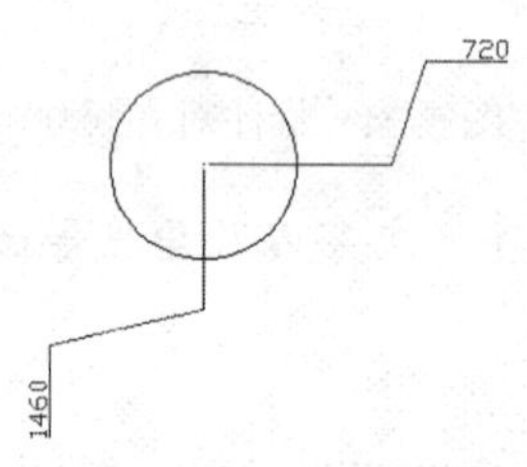

图 5-28 坐标示例

执行“坐标”命令主要有以下几种方式：

- 单击“菜单浏览器” / “标注” / “坐标”命令。
- 单击功能区“常用”选项卡 / “注释”面板上的按钮。
- 单击功能区“注释”选项卡 / “标注”面板上的按钮。
- 在命令行输入 Dimordinate↵。
- 使用命令简写 Dimord↵。

激活“坐标”命令后，命令行出现如下操作提示：

命令: _dimordinate

指定点坐标: //捕捉点

指定引线端点或 [X 基准(X)/Y 基准(Y)/多行文字(M)/文字(T)/角度(A)]:

//定位引线端点

上下移动光标，则可以标注点的 X 坐标值；左右移动光标，则可以标注点的 Y 坐标值。另外，使用“X 基准”选项，可以强制性地标注点的 X 坐标，不受光标引导方向的限制；使用“Y 基准”选项可以标注点的 Y 坐标。

5.2.3.5 “连续”命令

“连续”命令用于从基准标注的第二条尺寸界线处创建连续的尺寸标注，所有标注尺寸线位于同一水平线或垂直线上，如图 5-29 所示。

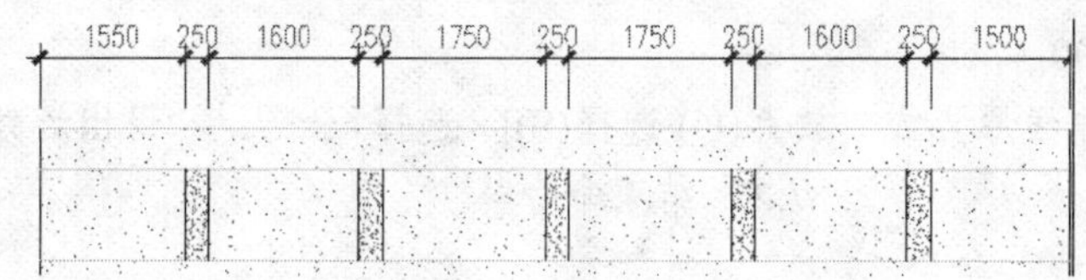

图 5-29　连续尺寸

执行“连续”命令主要有以下几种方式：

- 单击“菜单浏览器”/“标注”/“连续”命令。
- 单击功能区“注释”选项卡/“标注”面板上的按钮。
- 在命令行输入 Dimcontinue↵。
- 使用命令简写 Dimcont↵。

“连续”命令是一种复合性的快速标注工具，在使用此命令之前，需要事先创建出一个基准尺寸，如图 5-30 所示。

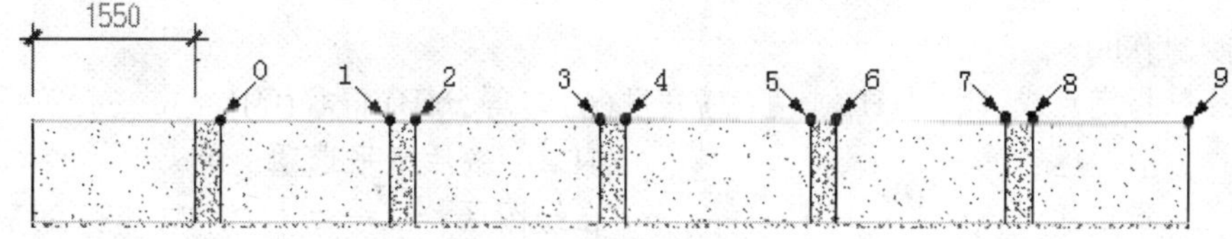

图 5-30　创建基准尺寸

然后执行“连续”命令，根据命令行的操作提示，标注连续尺寸。具体操作过程如下：

命令: _dimcontinue

指定第二条延伸线原点或 [放弃(U)/选择(S)] <选择>:　//捕捉图 5-30 所示的点 0

标注文字 =250

指定第二条延伸线原点或 [放弃(U)/选择(S)] <选择>:　//捕捉点 1

标注文字 =1600

指定第二条延伸线原点或 [放弃(U)/选择(S)] <选择>:　//捕捉点 2

标注文字 =250

指定第二条延伸线原点或 [放弃(U)/选择(S)] <选择>:　//捕捉点 3

标注文字 =1750

指定第二条延伸线原点或 [放弃(U)/选择(S)] <选择>:　//捕捉点 4

标注文字 =250

指定第二条延伸线原点或 [放弃(U)/选择(S)] <选择>:　//捕捉点 5

标注文字 =1750

标注文字 =250

指定第二条延伸线原点或 [放弃(U)/选择(S)] <选择>:　//捕捉点 6

指定第二条延伸线原点或 [放弃(U)/选择(S)] <选择>:　//捕捉点 7

标注文字 =1600

指定第二条延伸线原点或 [放弃(U)/选择(S)] <选择>:　//捕捉点 8

标注文字 =250

指定第二条延伸线原点或 [放弃(U)/选择(S)] <选择>:　//捕捉点 9

标注文字 ＝1500
指定第二条延伸线原点或 [放弃(U)/选择(S)] <选择>: //↙，退出连续标注状态
选择连续标注:　　　　　//↙，结束命令

5.2.3.6　"构造线"命令

使用"构造线"命令可以绘制向两端延伸的作图辅助线，此辅助线可以是水平的、垂直的，还可以是倾斜的。执行"构造线"命令主要有以下几种方式：

- 单击"菜单浏览器"/"绘图"菜单中的"构造线"命令。
- 单击功能区"常用"选项卡/"绘图"面板上的按钮。
- 在命令行输入 Xline↙。
- 使用命令简写 XL↙。

1. 绘制水平构造线。

执行"构造线"命令，根据 AutoCAD 命令行的步骤提示，绘制水平构造线。命令行操作提示如下：

```
命令:_xline
    指定点或 [水平(H)/垂直(V)/角度(A)/二等分(B)/偏移(O)]:
                                    //H↙，激活水平选项
    指定通过点:                      //在绘图区拾取一点
    指定通过点:                      //继续在绘图区拾取点
    指定通过点:                      //↙，结束命令
```

绘制结果如图 5-31 所示。

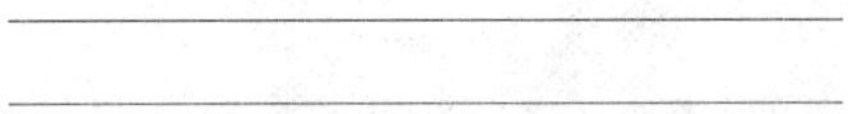

图 5-31　绘制水平辅助线

2. 绘制垂直构造线

绘制垂直的构造线，命令行操作如下：

```
命令:_xline
    指定点或 [水平(H)/垂直(V)/角度(A)/二等分(B)/偏移(O)]:
                                    //V↙，激活垂直选项
    指定通过点:                      //在绘图区拾取一点
    指定通过点:                      //继续在绘图区拾取点
    指定通过点:                      //↙，结束命令
```

绘制结果如图 5-32 所示。

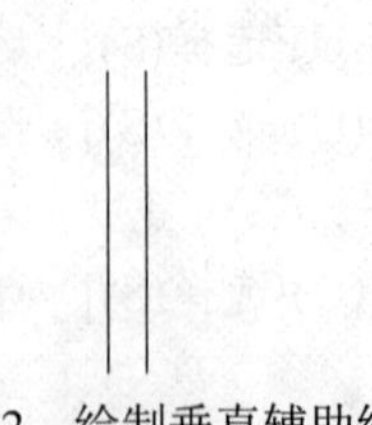

图 5-32　绘制垂直辅助线

3. 绘制倾斜构造线

绘制倾斜的构造线，命令行操作如下：

命令:_xline

指定点或 [水平(H)/垂直(V)/角度(A)/二等分(B)/偏移(O)]:
//A↵，激活角度选项

输入构造线的角度 (0) 或 [参照(R)]:　//30↵，设置倾斜角度

指定通过点:　//拾取通过点

指定通过点:　//↵，结束命令

绘制结果如图 5-33 所示。

4. 绘制角等分线

使用“构造线”命令中的“二等分”选项功能，可以绘制任意角度的角平分线。命令行操作如下：

（1）首先绘制如图 5-34 所示的图线。

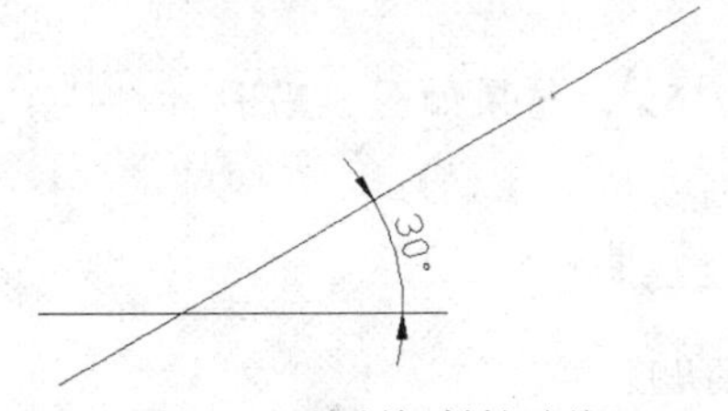

图 5-33　绘制倾斜辅助线

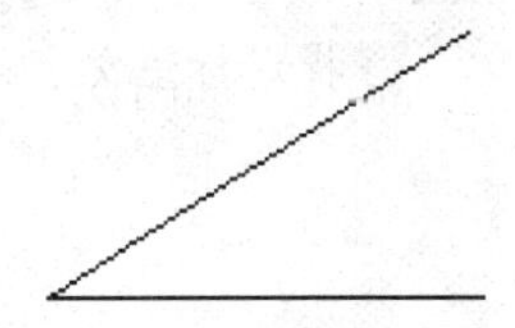

图 5-34　绘制相交图线

（2）执行“构造线”命令后，根据 AutoCAD 命令行的提示绘制等分线。具体操作如下：

命令:_xline

指定点或 [水平(H)/垂直(V)/角度(A)/二等分(B)/偏移(O)]:
//B↵，激活二等分选项

指定角的顶点:　//捕捉两条图线的交点

指定角的起点:　//捕捉水平线段的右端点

指定角的端点:　//捕捉倾斜线段的上侧端点

指定角的端点:　//↵，结束命令

（3）绘制结果如图 5-35 所示。

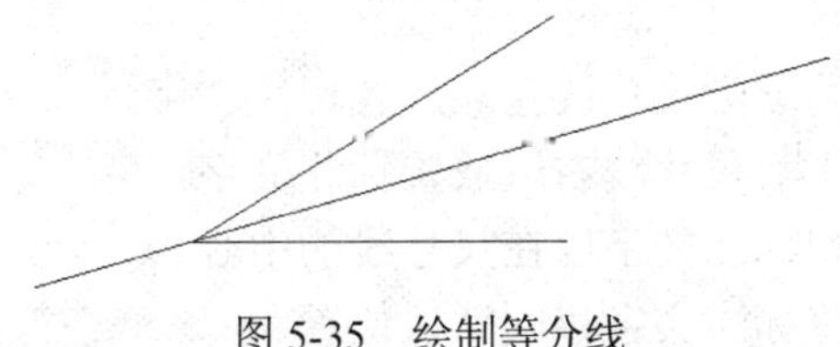

图 5-35　绘制等分线

5.2.3.7　“编辑标注文字”命令

“编辑标注文字”命令主要用于编辑尺寸文字的放置位置和旋转角度。执行“编辑标注文字”命令主要有以下几种方式：

- 单击“菜单浏览器”/“标注”/“对齐文字”级联菜单中的各命令。
- 单击功能区“注释”选项卡/“标注”面板上的各种对齐文字按钮。

- 在命令行输入 Dimtedit↵。

下面通过更改某尺寸标注文字的位置及角度，学习“编辑标注文字”命令的具体操作过程。

（1）新建空白文件。

（2）使用“线性”命令，任意标注一个线性尺寸，如图 5-36 所示。

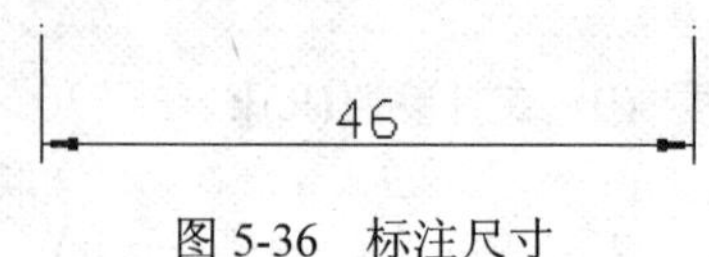

图 5-36 标注尺寸

（3）在命令行输入 Dimtedit 后按 Enter 键，激活“编辑标注文字”命令，根据命令行提示编辑尺寸文字。操作如下：

命令: Dimtedit

选择标注: //选择刚标注的尺寸对象

为标注文字指定新位置或 [左对齐(L)/右对齐(R)/居中(C)/默认(H)/角度(A)]: //a↵，激活“角度”选项

指定标注文字的角度: //15↵，结果如图 5-37 所示

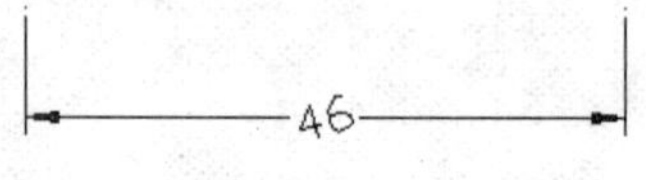

图 5-37 更改尺寸文字的角度

（4）重复“对齐文字”命令，修改尺寸文字的位置。命令行操作如下：

命令: _dimtedit

选择标注: //选择图 5-37 所示的尺寸

为标注文字指定新位置或 [左对齐(L)/右对齐(R)/居中(C)/默认(H)/角度(A)]: // L↵，修改结果如图 5-38 所示

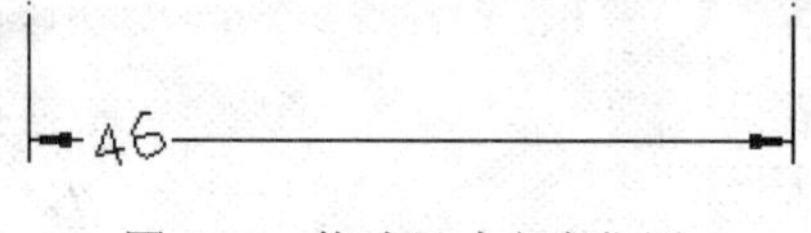

图 5-38 修改尺寸文字位置

其中：

- “左对齐”选项后用于沿尺寸线左端放置标注文字。
- “右对齐”选项用于沿尺寸线右端放置标注文字。
- “居中”选项用于把标注文字放在尺寸线的中心。
- “默认”选项用于将标注文字移回默认位置。
- “角度”选项用于按照输入的角度放置标注文字。

5.2.4 绘图步骤

（1）打开素材包的“/图形效果文件/第 4 章/地面材料的表达.dwg”文件，如图 5-39 所示。

（2）展开“图层控制”列表，打开被关闭的“轴线层”，同时设置“尺寸层”为当前图层。

（3）使用快捷键 XL 激活“构造线”命令，分别通过平面图四侧最外侧点绘制四条构造线作为尺寸定位线，如图 5-40 所示。

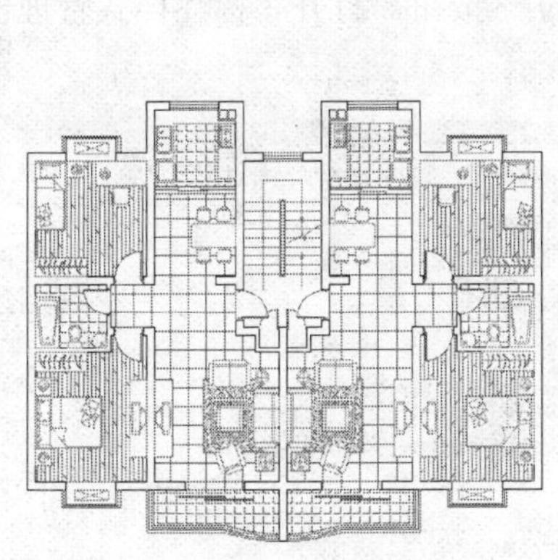
图 5-39　打开结果

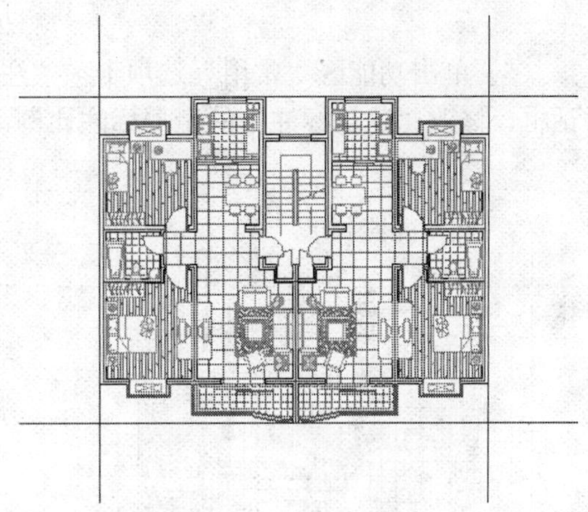
图 5-40　绘制定位线

（4）单击功能区“常用”选项卡 / “修改”面板上的按钮，将各条构造线分别向外偏移 800 个绘图单位，并删除源构造线，命令行操作如下：

```
命令: _offset
        当前设置: 删除源=否    图层=源    OFFSETGAPTYPE=0
        指定偏移距离或 [通过(T)/删除(E)/图层(L)] <通过>:
                                                //e↵，激活删除选项
        要在偏移后删除源对象吗？[是(Y)/否(N)] <否>:
                                                //y↵，激活“是”选项
        指定偏移距离或 [通过(T)/删除(E)/图层(L)] <通过>:
                                                //800↵，设置偏移距离
        选择要偏移的对象，或 [退出(E)/放弃(U)] <退出>:
                                                //选择上侧的水平构造线
        指定要偏移的那一侧上的点，或 [退出(E)/多个(M)/放弃(U)] <退出>:
                                            //在所选构造线的上侧拾取一点
        选择要偏移的对象，或 [退出(E)/放弃(U)] <退出>:
                                            //选择下侧的水平构造线
        指定要偏移的那一侧上的点，或 [退出(E)/多个(M)/放弃(U)] <退出>:
                                            //在所选构造线的下侧拾取一点
        选择要偏移的对象，或 [退出(E)/放弃(U)] <退出>:
                                            //选择左侧的垂直构造线
        指定要偏移的那一侧上的点，或 [退出(E)/多个(M)/放弃(U)] <退出>:
                                            //在所选构造线的左侧拾取一点
        选择要偏移的对象，或 [退出(E)/放弃(U)] <退出>:
                                            //选择右侧的垂直构造线
        指定要偏移的那一侧上的点，或 [退出(E)/多个(M)/放弃(U)] <退出>:
```

//在所选构造线的右侧拾取一点

选择要偏移的对象，或 [退出(E)/放弃(U)] <退出>:

//↵，结束命令，偏移结果如图 5-41 所示

（5）单击功能区“常用”选项卡 / “注释”面板上的按钮，打开“标注样式管理器”对话框，修改“建筑标注”的全局标注比例，如图 5-42 所示。

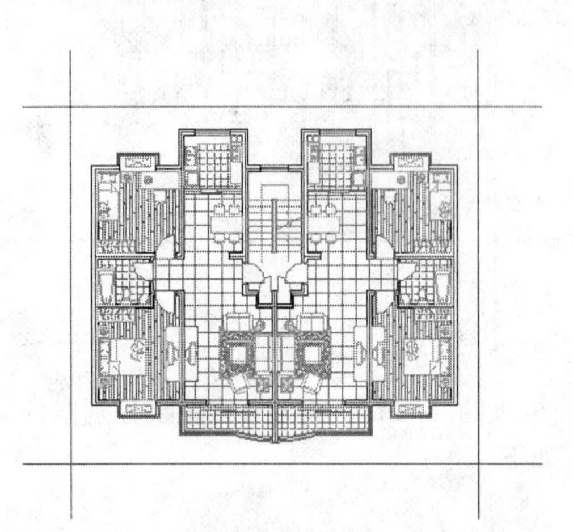

图 5-41　偏移结果

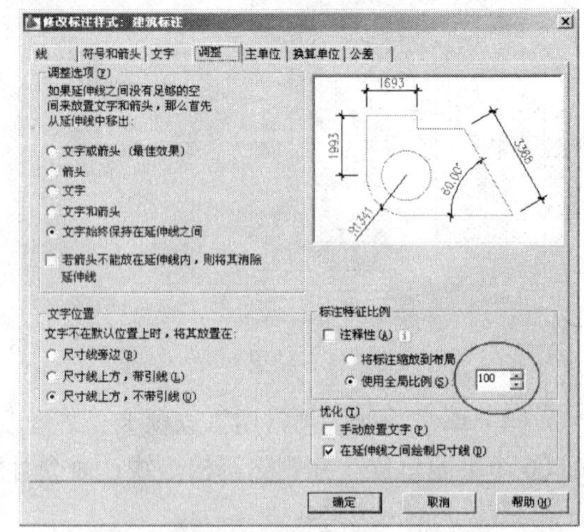

图 5-42　修改标注比例

（6）打开状态栏上的“极轴追踪”、“对象捕捉”和“对象追踪”等辅助功能。

（7）单击功能区“常用”选项卡 / “注释”面板上的按钮，激活“线性”命令，配合捕捉与追踪功能，标注上侧的一个线性尺寸作为基准尺寸。命令行操作如下：

命令: _dimlinear

指定第一条延伸线原点或 <选择对象>:

//配合端点捕捉和延伸捕捉，引出图 5-43
//所示的方向矢量线，然后捕捉虚线与
//构造线的交点作为第一界线点

指定第二条延伸线原点： //配合端点捕捉和延伸捕捉，引出图 5-44
//所示的方向矢量线，然后捕捉虚线与
//构造线的交点作为第二界线点

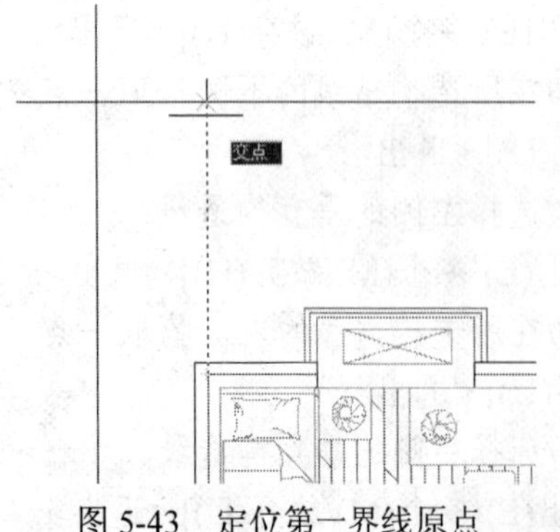

图 5-43　定位第一界线原点

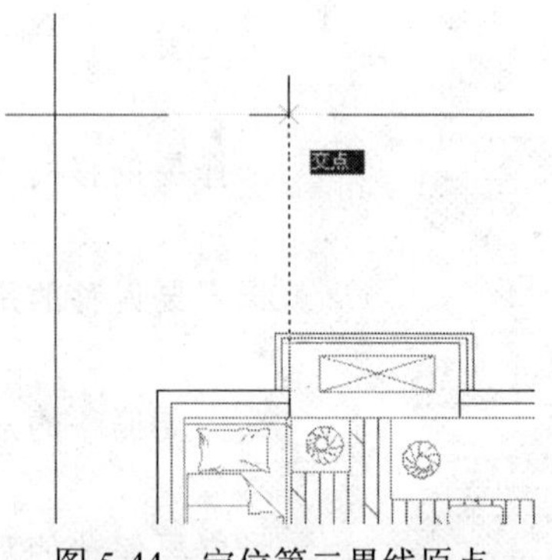

图 5-44　定位第二界线原点

指定尺寸线位置或[多行文字(M)/文字(T)/角度(A)/水平(H)/垂直(V)/旋转(R)]: //1200↵，在距离定位线 1200 的高度定位尺 //寸线，标注结果如图 5-45 所示

标注文字 ＝1050

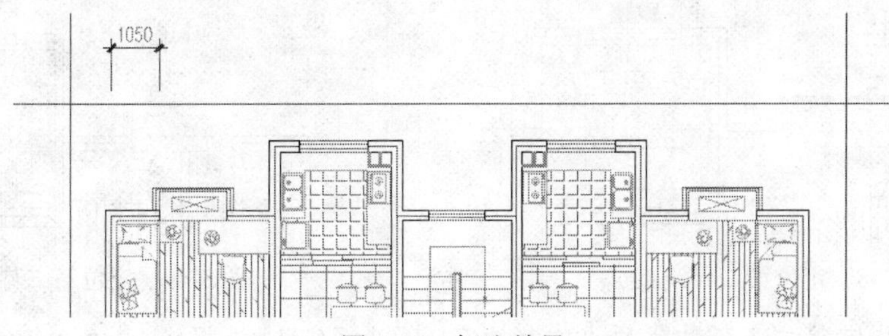

图 5-45　标注结果

创建连续尺寸

（8）单击功能区“注释”选项卡 / “标注”面板上的按钮，以刚标注的线性尺寸作为基准尺寸，配合捕捉与追踪等功能，继续标注右侧的细部尺寸。命令行操作如下：

命令: _dimcontinue

指定第二条延伸线原点或 [放弃(U)/选择(S)] <选择>: //捕捉如图 5-46 所示的交点

标注文字 ＝1500

指定第二条延伸线原点或 [放弃(U)/选择(S)] <选择>: //捕捉如图 5-47 所示的交点

标注文字 ＝1050

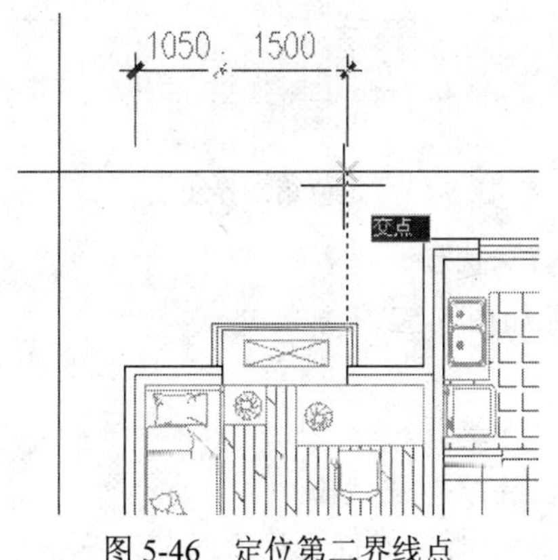

图 5-46　定位第二界线点

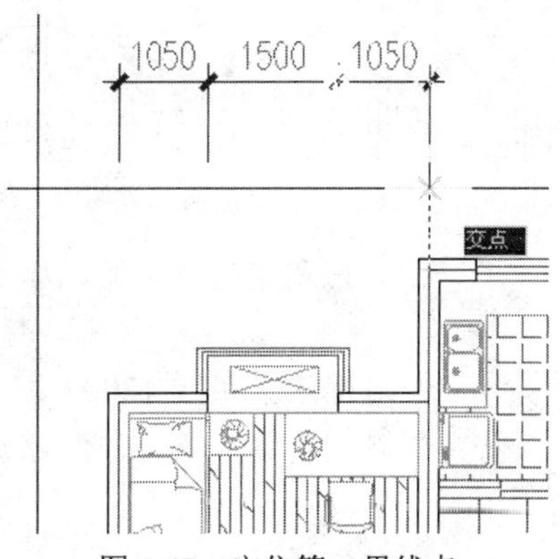

图 5-47　定位第二界线点

指定第二条延伸线原点或 [放弃(U)/选择(S)] <选择>: //捕捉如图 5-48 所示的交点

标注文字 ＝550

指定第二条延伸线原点或 [放弃(U)/选择(S)] <选择>: //捕捉如图 5-49 所示的交点

标注文字 ＝1500

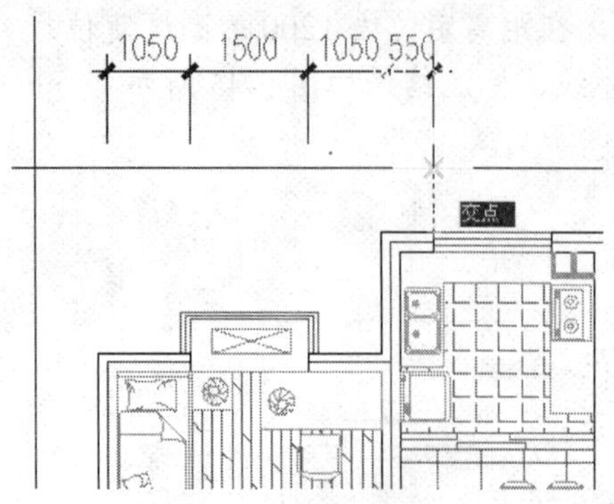

图 5-48　定位第二界线点

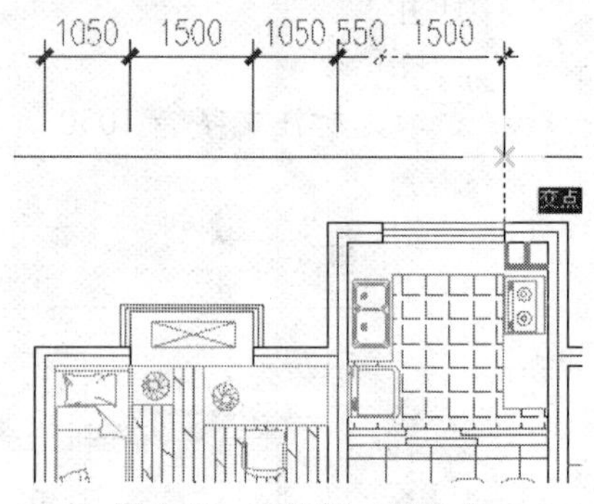

图 5-49　定位第二界线点

指定第二条延伸线原点或 [放弃(U)/选择(S)] <选择>:
//捕捉如图 5-50 所示的交点

标注文字 ＝650

指定第二条延伸线原点或 [放弃(U)/选择(S)] <选择>:
//捕捉如图 5-51 所示的交点

标注文字 ＝700

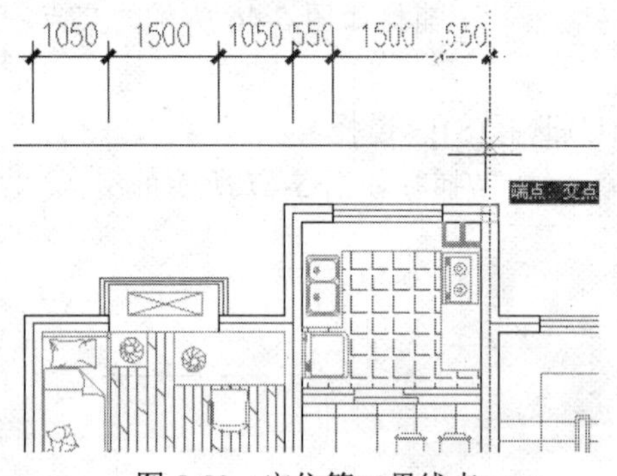

图 5-50　定位第二界线点

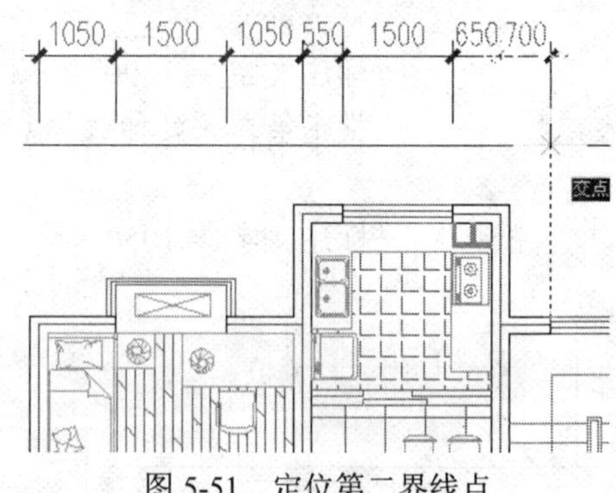

图 5-51　定位第二界线点

指定第二条延伸线原点或 [放弃(U)/选择(S)] <选择>:
//捕捉如图 5-52 所示的交点

标注文字 ＝1200

指定第二条延伸线原点或 [放弃(U)/选择(S)] <选择>:
//↵，退出连续标注状态

选择连续标注:　　//在如图 5-53 所示的位置单击尺寸对象

指定第二条延伸线原点或 [放弃(U)/选择(S)] <选择>:
//捕捉如图 5-54 所示的交点

标注文字 ＝120

指定第二条延伸线原点或 [放弃(U)/选择(S)] <选择>:
//↵，退出连续标注状态

选择连续标注:　　//↵，结束命令，标注结果如图 5-55 所示

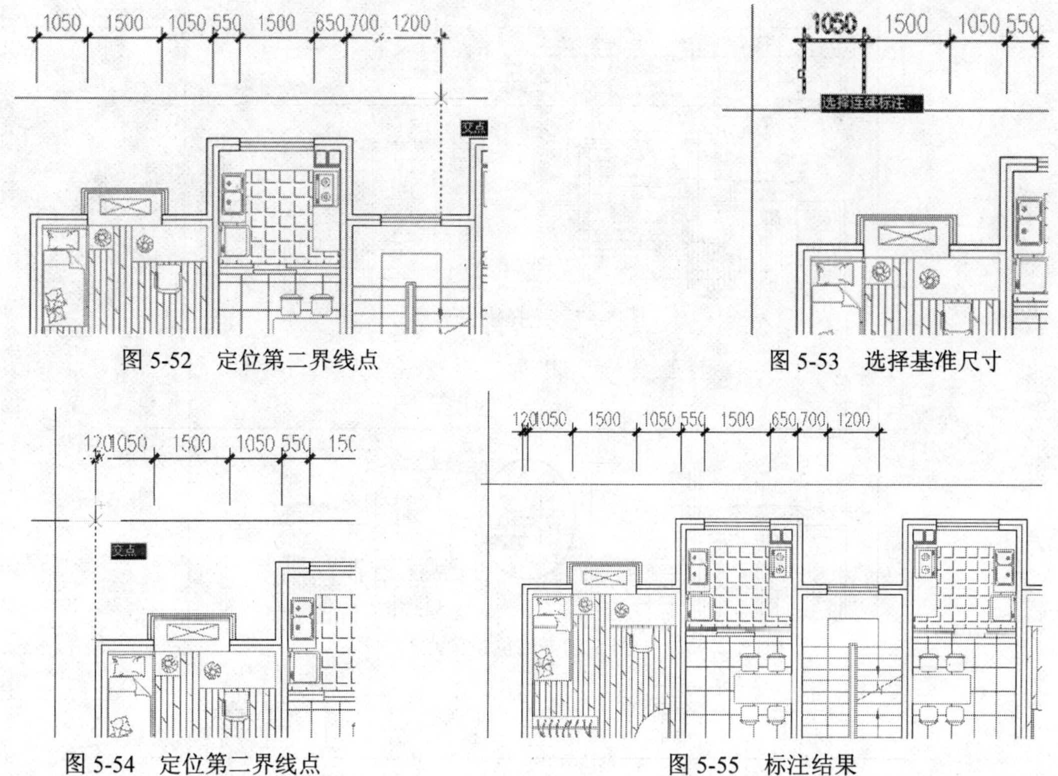

图 5-52　定位第二界线点　　图 5-53　选择基准尺寸

图 5-54　定位第二界线点　　图 5-55　标注结果

（9）激活“编辑标注文字”命令，选择尺寸文字为 120 的尺寸，调整文本的位置，结果如图 5-56 所示。

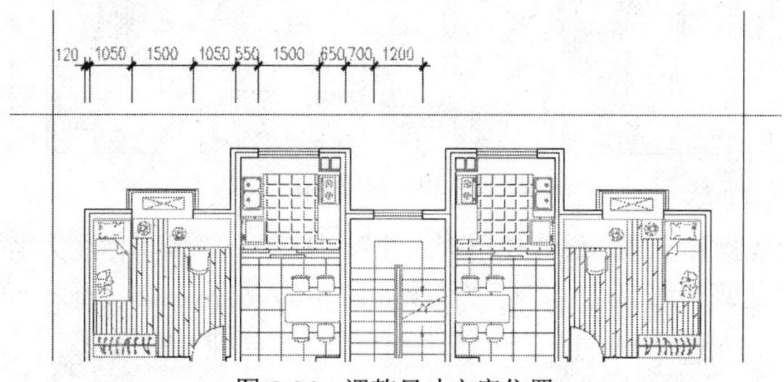

图 5-56　调整尺寸文字位置

（10）单击功能区“常用”选项卡 / “修改”面板上的按钮，对刚标注的尺寸进行镜像复制。命令行具体操作如下：

命令: _mirror

选择对象:　　//拉出如图 5-57 所示的窗交选择框

选择对象:　　//↵，结束对象的选择

指定镜像线的第一点:　　//捕捉如图 5-58 所示的中点

指定镜像线的第二点:　　//@0,1↵

要删除源对象吗？[是(Y)/否(N)] <N>:

//↵，结束命令，镜像结果如图 5-59 所示

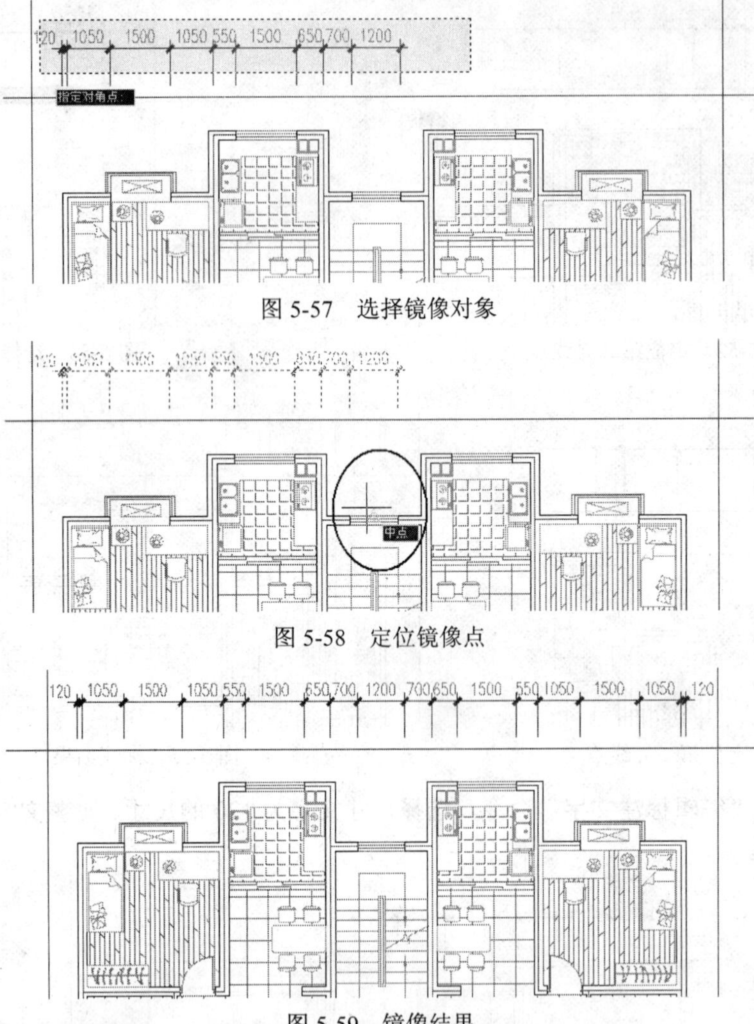

图 5-57 选择镜像对象

图 5-58 定位镜像点

图 5-59 镜像结果

（11）参照上述操作步骤，综合使用“线性”、“连续”、“编辑标注文字”以及“镜像”等命令，分别标注其他侧的细部尺寸，标注结果如图 5-60 所示。

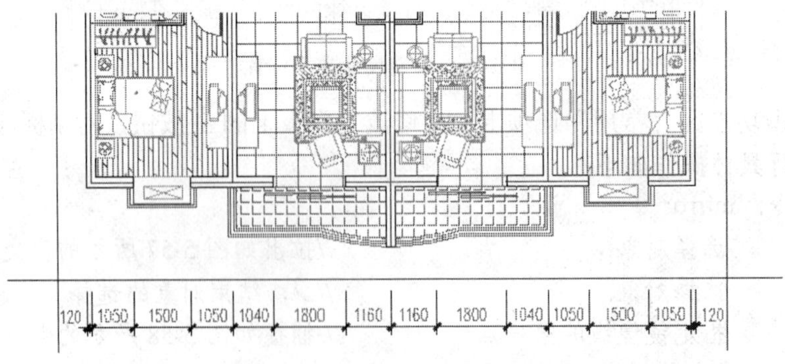

图 5-60 标注结果

（12）调整视图，使平面图完全显示，最终效果如图 5-18 所示。

（13）最后执行“另存为”命令，将图形另名存储为“标注细部尺寸.dwg”。

5.2.5 延伸知识

5.2.5.1 “编辑标注”命令

“编辑标注”命令主要用于修改尺寸文字的内容、旋转角度以及尺寸界线的倾斜角度等。执行“编辑标注”命令主要有以下几种方式：

- 单击“菜单浏览器”/“标注”/“倾斜”命令。
- 单击功能区“注释”选项卡/“标注”面板上的按钮。
- 在命令行输入 Dimedit↙。

现假设对图 5-61 所示的尺寸进行编辑，学习使用“编辑标注”命令。

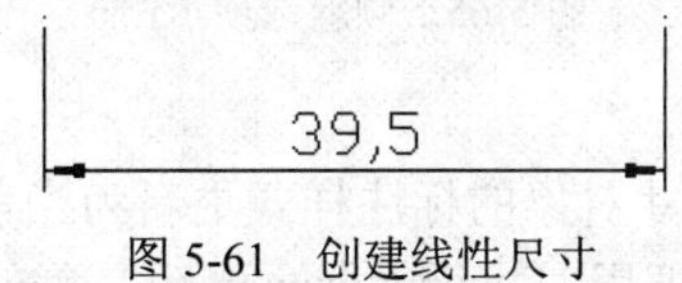

图 5-61 创建线性尺寸

具体操作如下：

激活“编辑标注”命令后，根据命令行提示编辑标注。具体操作如下：

命令: _dimedit

输入标注编辑类型 [默认(H)/新建(N)/旋转(R)/倾斜(O)] <默认>:

//n↙，打开“文字格式”编辑器，然后修改尺寸文字如图//5-62 所示，并关闭此编辑器

ø35

图 5-62 修改尺寸文字内容

选择对象: //选择刚标注的尺寸

选择对象: //↙，标注结果如图 5-63 所示

命令: //↙，重复执行命令

DIMEDIT 输入标注编辑类型 [默认(H)/新建(N)/旋转(R)/倾斜(O)] <默认>:

//r↙，激活“旋转”选项

注意：当旋转角度输入值为“0”时，系统将把标注文字按默认方向放置。

指定标注文字的角度: //15↙，设置文字的旋转角度

选择对象: //选择图 5-63 所示的尺寸

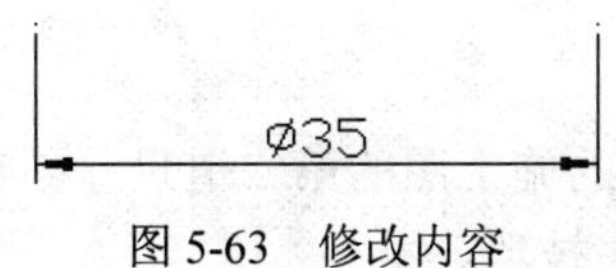

图 5-63 修改内容

选择对象: //↵，结果如图 5-64 所示

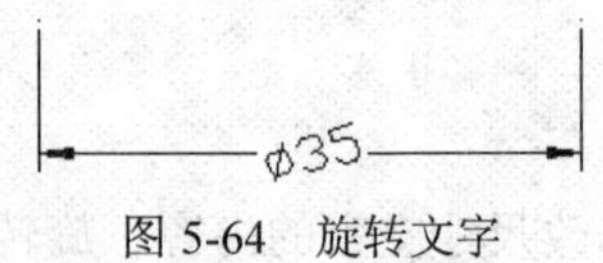

图 5-64 旋转文字

“倾斜”选项用于对尺寸界线进行倾斜，激活该选项后，系统将按指定的角度调整标注尺寸界线的倾斜角度，如图 5-65 所示。

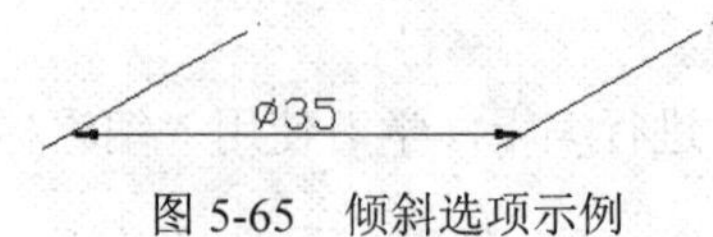

图 5-65 倾斜选项示例

5.2.5.2 “标注更新”命令

“标注更新”命令用于将尺寸对象的标注样式更新为当前尺寸标注样式，还可以将当前的标注样式保存起来，以供随时调用。执行“标注更新”命令主要有以下几种方式：

- 单击“菜单浏览器” / “标注” / “更新”命令。
- 单击功能区“注释”选项卡 / “标注”面板上的按钮。
- 在命令行输入-Dimstyle↵。

执行“标注更新”命令后，仅选择需要更新的尺寸对象即可，命令行操作如下：

命令: -dimstyle

当前标注样式:NEWSTYLE

输入标注样式选项[保存(S)/恢复(R)/状态(ST)/变量(V)/应用(A)/?] <恢复>: _apply

选择对象: //选择需要更新的尺寸

选择对象: //按 Enter 键，结束命令

主要选项功能如下：

- “状态”选项：用于以文本窗口的形式显示当前标注样式的各设置数据。
- “应用”选项：将选择的标注对象自动更换为当前标注样式。
- “保存”选项：用于将当前标注样式存储为用户定义的样式。
- “恢复”选项：选择该项后，用户在系统提示后输入已定义过的标注样式名称，即可用此标注样式更换当前的标注样式。
- “变量”选项：选择该项后，命令行提示用户选择一个标注样式，选定后，系统打开文本窗口，并在窗口中显示所选样式的设置数据。

5.3 案例三：标注施工图墙体尺寸

5.3.1 教学目标

本例通过标注如图 5-66 所示的施工图的第二道尺寸，在相关命令的前提下，学习施工图墙体尺寸的标注方法和具体的标注技巧。

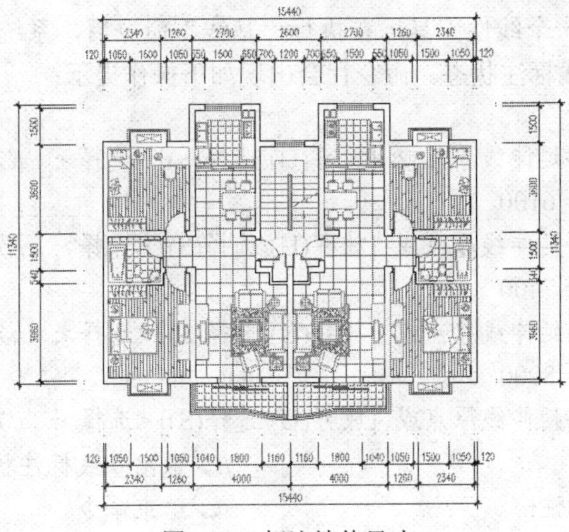

图 5-66　标注墙体尺寸

5.3.2　绘图思路

- 首先打开图形源文件。
- 使用“图层”的状态控制功能隐藏不相关的对象。
- 使用“快速标注”命令为平面图标注墙体尺寸。
- 使用夹点编辑功能编辑墙体尺寸。
- 使用“线性”命令标注平面图总体尺寸。
- 最后使用“另存为”命令将图形另名存盘。

5.3.3　命令讲解

本节将学习“基线”、“快速标注”等两个复合尺寸标注工具。

5.3.3.1　“基线”命令

“基线”命令是一个复合尺寸工具，需要在现有基准尺寸的基础上，以基准尺寸的尺寸界限作为基线尺寸的尺寸界限，进行创建基线尺寸，如图 5-67 所示。

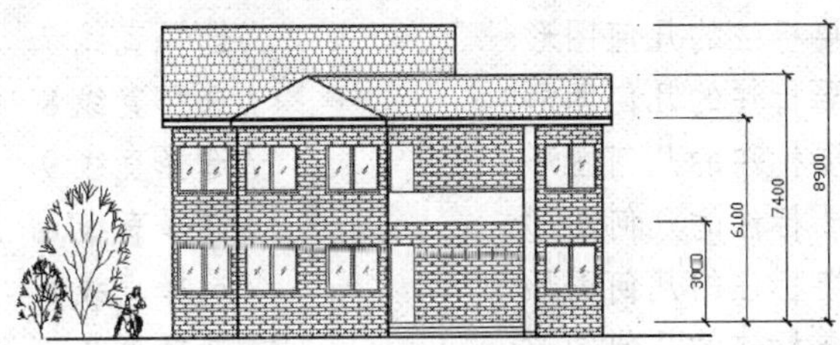

图 5-67　基线尺寸

执行“基线”命令主要有以下几种方式：

- 单击“菜单浏览器” / “标注” / “基线”命令。
- 单击功能区“注释”选项卡 / “标注”面板上的按钮。
- 在命令行输入 Dimbaseline↵。
- 使用命令简写 Dimbase↵。

如果用户刚结束了一个线性工具，在执行“基线”命令后，系统将自动以刚标注的尺寸作为基准尺寸，进入基线标注状态。命令行会出现如下操作提示：

命令: _dimbaseline

指定第二条延伸线原点或 [放弃(U)/选择(S)] <选择>: //定位目标点

标注文字 =6100

指定第二条延伸线原点或 [放弃(U)/选择(S)] <选择>: //定位目标点

标注文字 =7400

指定第二条延伸线原点或 [放弃(U)/选择(S)] <选择>: //定位目标点

标注文字 =8900

指定第二条延伸线原点或 [放弃(U)/选择(S)] <选择>: //定位目标点

//↵退出基线标注状态

选择基准标注: //↵结束命令

5.3.3.2 “快速标注”命令

“快速标注”命令用于为多个对象标注尺寸，执行该命令后，系统将分别测量并标注出每相邻对象之间的尺寸。执行“快速标注”命令主要有以下几种方式：

- 单击“菜单浏览器”/“标注”/“快速标注”命令。
- 单击功能区“注释”选项卡/“标注”面板上的按钮。
- 在命令行输入 Qdim↵。

执行“快速标注”命令后，AutoCAD 命令行会出现如下操作提示：

命令: _qdim

关联标注优先级 = 端点

选择要标注的几何图形: //选择如图 5-68 所示的直线 1

选择要标注的几何图形: //选择直线 2

选择要标注的几何图形: //选择直线 3

选择要标注的几何图形: //选择直线 4

选择要标注的几何图形: //选择直线 5

选择要标注的几何图形: //选择直线 6

选择要标注的几何图形: //选择直线 7

选择要标注的几何图形: //选择直线 8

选择要标注的几何图形: //选择直线 9

选择要标注的几何图形: //选择直线 a

选择要标注的几何图形: //选择直线 b

选择要标注的几何图形: //选择直线 c

选择要标注的几何图形: //↵，结束选择状态

指定尺寸线位置或 [连续(C)/并列(S)/基线(B)/坐标(O)/半径(R)/直径(D)/基准点(P)/编辑(E)/设置(T)] <连续>:

//↵，此时系统自动进入如图 5-68 所示的快速标注状态，在适当的位置拾取一点，指定尺寸线位置，即可标注出相邻对象之间的尺寸。

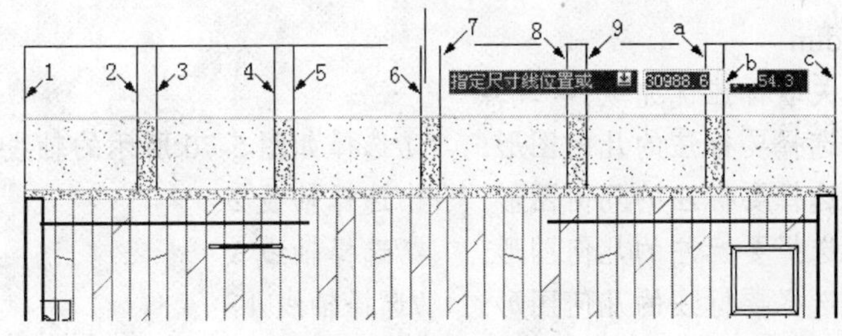

图 5-68　快速标注状态

选项解析如下：

- “连续”选项用于创建一系列连续标注。
- “并列”选项用于快速生成并列的尺寸标注。
- “基线”选项用于对选择的对象以基线尺寸形式快速标注。
- “坐标”选项用于对选择的多个对象快速生成坐标标注。
- “半径”选项用于对选择的多个对象快速生成半径标注。
- “直径”选项用于对选择的多个对象快速生成直径标注。
- “编辑”选项用于对快速标注的选择集进行修改。
- “基准点”选项用于确定一个新的基准点。
- “设置”选项用于设置关联标注的优先级，即为指定尺寸界线原点设置默认对象捕捉。

5.3.4　绘图步骤

（1）打开素材包中的“/图形效果文件/第 5 章/标注细部尺寸.dwg”文件。

（2）展开“图层控制”列表，关闭楼梯层、门窗层、剖面线、墙线层和图块层等五个图层，如图 5-69 所示。

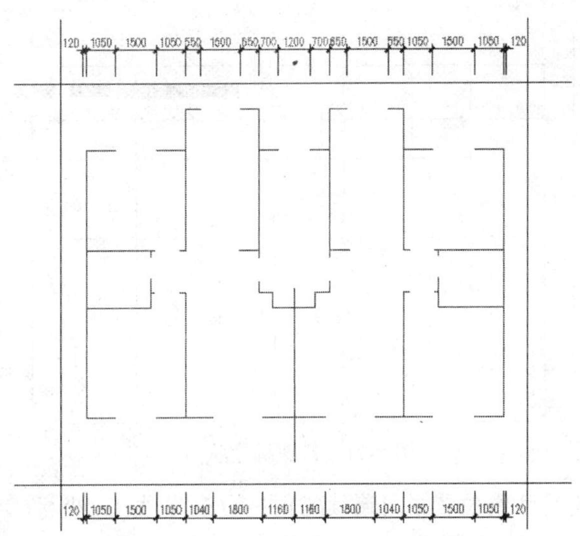

图 5-69　图形的显示状态

（3）单击功能区“注释”选项卡 / “标注”面板上的按钮，标注施工图上侧的墙体尺寸。命令行操作如下：

命令: _qdim

关联标注优先级 = 端点
选择要标注的几何图形:　　//选择如图 5-70 所示的轴线 1
选择要标注的几何图形:　　//选择轴线 2
选择要标注的几何图形:　　//选择轴线 3
选择要标注的几何图形:　　//选择轴线 4
选择要标注的几何图形:　　//选择轴线 5
选择要标注的几何图形:　　//选择轴线 6
选择要标注的几何图形:　　//选择轴线 7
选择要标注的几何图形:　　//选择轴线 8

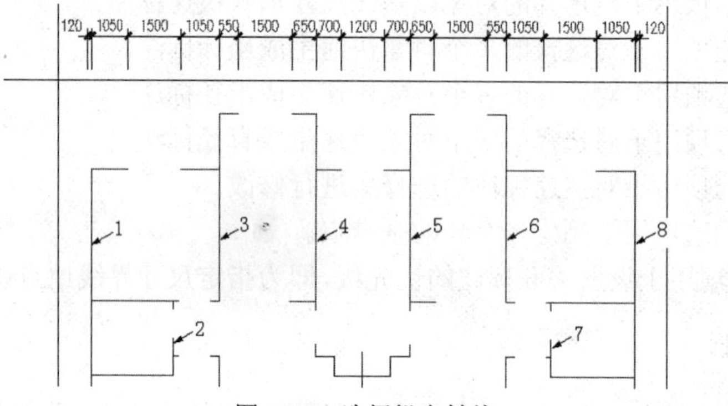

图 5-70　选择纵向轴线

选择要标注的几何图形: //↵，结束选择，向上引导光标，系统进入如图
//5-71 所示的快速标注状态

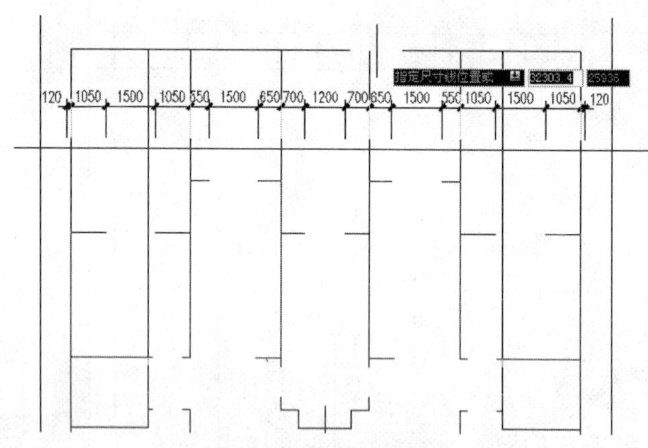

图 5-71　快速标注状态

指定尺寸线位置或 [连续(C)/并列(S)/基线(B)/坐标(O)/半径(R)/直径(D)/基准点(P)/编辑(E)/设置(T)] <连续>:

//配合捕捉与追踪功能，在距离第一道尺寸线 900 个单
//位的高度，定位第二道尺寸，标注结果如图
//5-72 所示

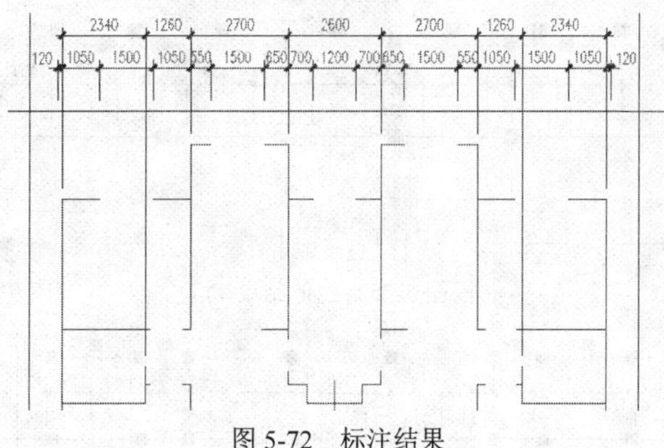

图 5-72　标注结果

（4）在无命令执行的前提下，选择刚标注的轴线尺寸，使其呈现出夹点，如图 5-73 所示。

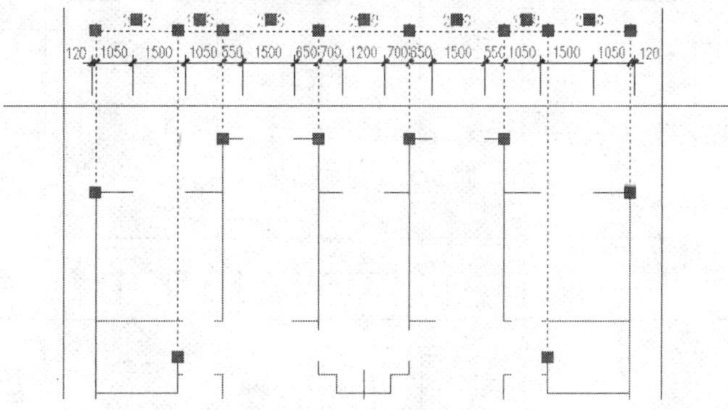

图 5-73　夹点显示

（5）按住 Shift 键，依次单击如图 5-74 所示的四个夹点，使其变为夹基点。

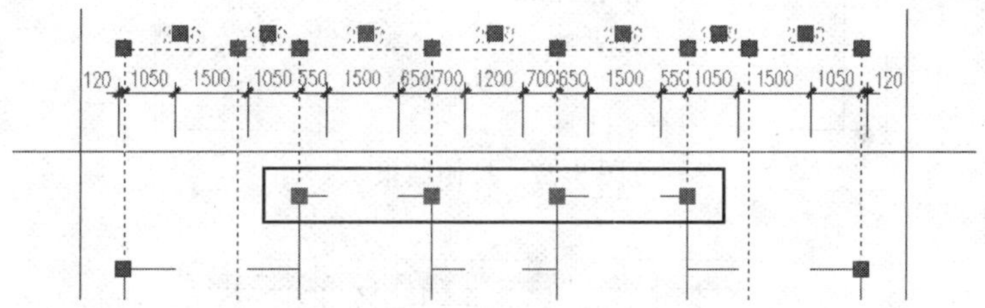

图 5-74　选择夹基点

（6）松开 Shift 键，单击其中的一个夹基点，进入夹点编辑模式，在命令行“** 拉伸 ** 指定拉伸点或 [基点(B)/复制(C)/放弃(U)/退出(X)]:”提示下，捕捉如图 5-75 所示的交点，作为拉伸目标点。

（7）参照上一步操作，分别拉伸其他位置的尺寸界线原点，将其拉伸到尺寸定位辅助线上，结果如图 5-76 所示。

（8）按下键盘上的 Esc 键，取消对象的夹点显示，结果如图 5-77 所示。

注意： 如果各尺寸界线原点都处在同一方向矢量上，在夹点拉伸尺寸时，可以按住 Shift 键选择所有需要拉伸的尺寸界线原点，将其同时拉伸到新的位置。

（9）参照第（3）～（8）步，使用“快速标注”命令和夹点编辑功能，分别标注平面图其他侧的墙体尺寸，结果如图 5-78 所示。

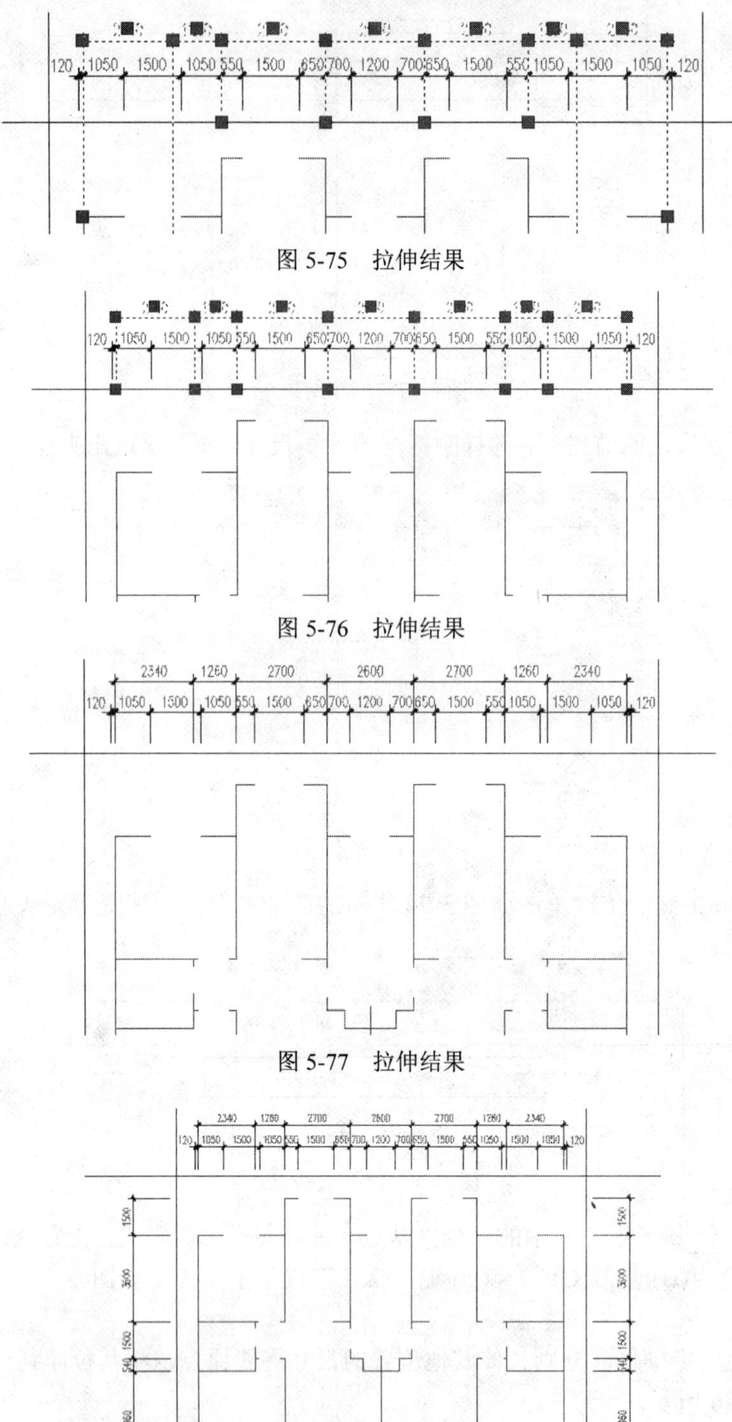

图 5-75 拉伸结果

图 5-76 拉伸结果

图 5-77 拉伸结果

图 5-78 标注其他侧尺寸

（10）打开所有被关闭的图层，结果如图 5-79 所示。

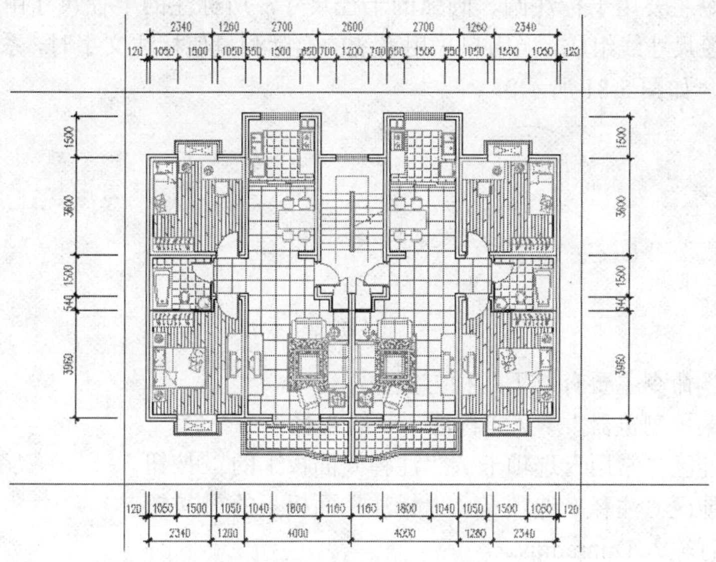

图 5-79　打开被关闭的图层

（11）使用“线性”或“对齐”命令，配合捕捉与追踪功能标注如图 5-80 所示的总尺寸。

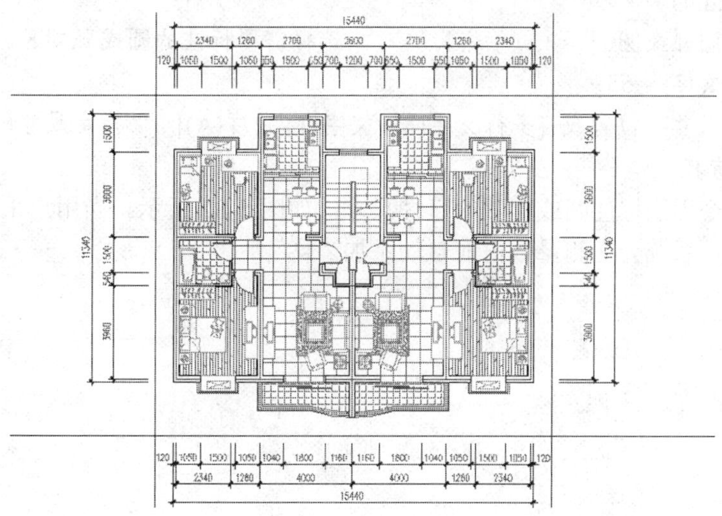

图 5-80　标注总尺寸

（12）使用快捷键 E 激活“删除”命令，删除四条尺寸定位辅助线，同时关闭“轴线层”，最终效果如图 5-66 所示。

（13）使用“另存为”命令，将图形另名存储为“标注墙体尺寸.dwg”。

5.3.5　延伸知识

AutoCAD 不仅为用户提供了众多的直线型尺寸和复合尺寸的标注工具，还为用户提供了半径、直径等曲线尺寸的标注工具。具体如下：

5.3.5.1 “半径”命令

“半径”命令主要用于标注圆、圆弧的半径尺寸，所标注的半径尺寸由一条指向圆或圆弧的带箭头的半径尺寸线组成，当用户采用系统的实际测量值标注文字时，系统会在测量数值前自动添加“R”，如图 5-81 所示。

图 5-81 半径尺寸示例

执行“半径”命令主要有以下几种方式：

- 单击“菜单浏览器”/“标注”/“半径”命令。
- 单击功能区“常用”选项卡/“注释”面板上的按钮。
- 单击功能区“注释”选项卡/“标注”面板上的按钮。
- 在命令行输入 Dimradius↵。
- 使用命令简写 Dimrad↵。

激活“半径”命令后，AutoCAD 命令行会出现如下操作提示：

```
命令: _dimradius
    选择圆弧或圆:                      //选择需要标注的圆或弧对象
    标注文字 =55
    指定尺寸线位置或 [多行文字(M)/文字(T)/角度(A)]:  //指定尺寸的位置
```

5.3.5.2 “直径”命令

“直径”命令用于标注圆或圆弧的直径尺寸，如图 5-82 所示。当用户采用系统的实际测量值标注文字时，系统会在测量数值前自动添加“Ø”。

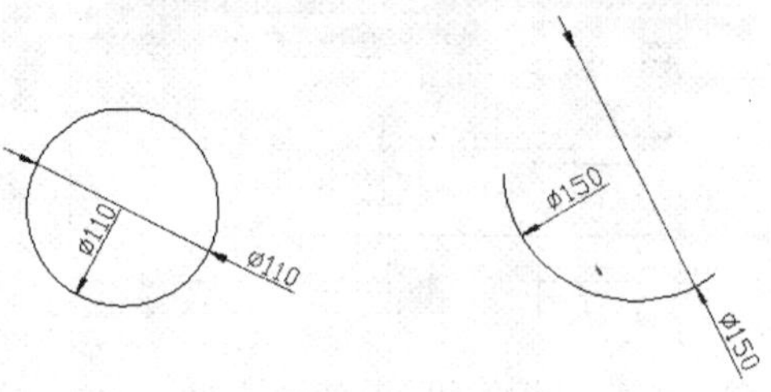

图 5-82 直径尺寸示例

执行“直径”命令主要有以下几种方式：

- 单击“菜单浏览器”/“标注”/“直径”命令。
- 单击功能区“常用”选项卡/“注释”面板上的按钮。
- 单击功能区“注释”选项卡/“标注”面板上的按钮。
- 在命令行输入 Dimdiameter↵。
- 使用命令简写 Dimdia↵。

激活“直径”命令后，AutoCAD 命令行会出现如下操作提示：

命令: _dimdiameter

选择圆弧或圆:　　//选择需要标注的圆或圆弧

标注文字 = 110

指定尺寸线位置或 [多行文字(M)/文字(T)/角度(A)]:

//指定尺寸的位置

5.4　本章小结

尺寸是施工图参数化的最直接表现，是施工人员现场施工的主要依据。本章详细讲述了AutoCAD 的常用尺寸标注工具和尺寸编辑工具，并通过三个典型的操作实例，重点介绍了尺寸样式的参数设置以及施工图尺寸的标注技法，对所讲知识进行了综合巩固和实际应用。

下一章将学习施工图文字的标注方法和标注技巧。

第 6 章　为建筑图标注文字

学习内容

- 案例一：标注施工图房间功能
- 案例二：标注施工图使用面积
- 案例三：标注施工图引线注释
- 案例四：创建与填充明细表格
- 本章小结

本章知识点

- 文字样式
- 单行文字
- 多行文字
- 快速引线
- 面积查询
- 表格
- 表格样式

6.1　案例一：标注施工图房间功能

6.1.1　教学目标

本例通过为某住宅施工平面图标注如图 6-1 所示的文字注释，主要学习平面图各房间功能的快速标注方法和标注技巧。

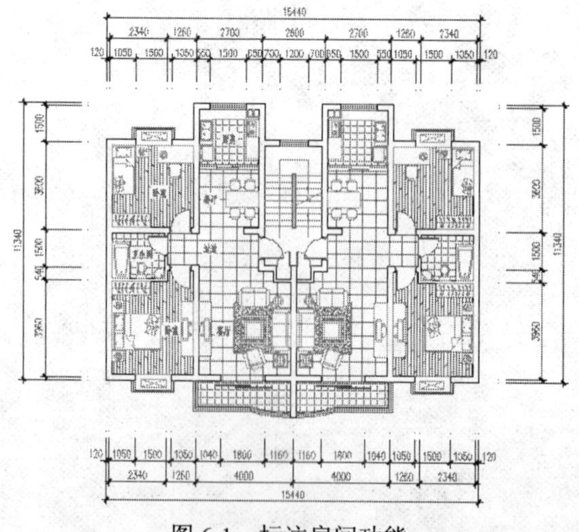

图 6-1　标注房间功能

6.1.2　绘图思路

- 首先使用“打开”命令，打开图形源文件。
- 使用“图层”和“文字样式”命令，设置当前图层及文字样式。
- 使用“单行文字”命令，标注各房间功能。
- 使用“编辑图案填充”命令，对图形进行修饰完善。
- 最后使用“另存为”命令，将图形另名存盘。

6.1.3　命令讲解

在标注施工图房间功能之前，首先学习“文字样式”和“单行文字”两个命令。具体内容如下。

6.1.3.1　“文字样式”命令

文字的外观是受字体、字高以及各种文字效果等因素控制的，如图 6-2 所示，所有控制文字外观显示的因素，都可以通过“文字样式”命令进行设置。

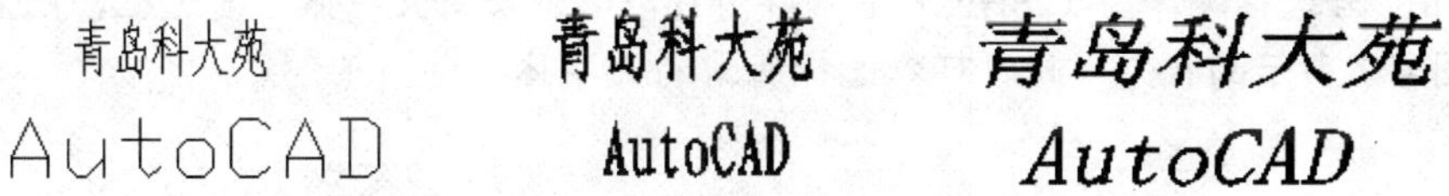

青岛科大苑　　青岛科大苑　　青岛科大苑

AutoCAD　　AutoCAD　　AutoCAD

图 6-2　文字示例

执行“文字样式”命令主要有以下几种方式：

- 单击“菜单浏览器”/“格式”/“文字样式”命令。
- 单击功能区“常用”选项卡/“注释”面板上的按钮。
- 单击功能区“注释”选项卡/“文字”面板上的按钮。
- 在命令行输入 Style↵。
- 使用命令简写 ST↵。

执行“文字样式”命令后，打开如图 6-3 所示的“文字样式”对话框，在此对话框内可以设置新的文字样式，也可以修改已有的文字样式以及协调文字的外观效果。具体操作如下：

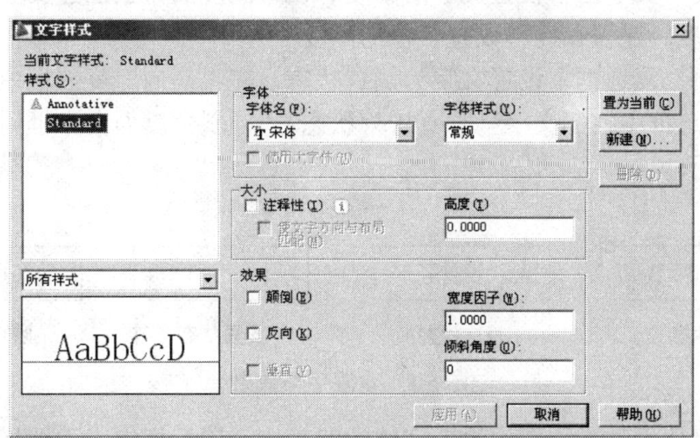

图 6-3　“文字样式”对话框

（1）单击新建(N)...按钮，在弹出的“新建文字样式”对话框中，为新样式命名，如图 6-4 所示。

（2）单击确定按钮，创建名称为“样式 1”的文字样式。

（3）在“字体”选项组中展开“字体名”下拉列表框，选择所需的字体，如图 6-5 所示。

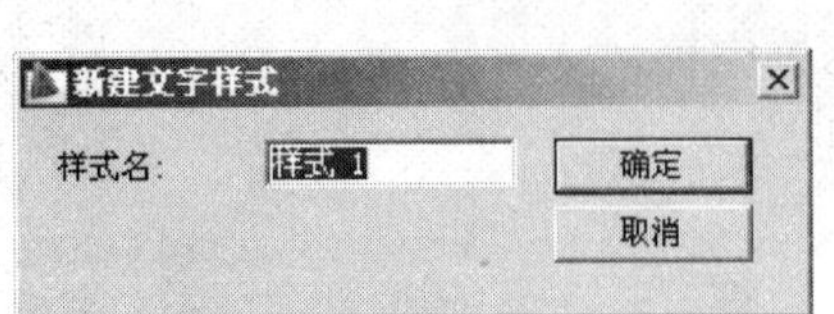

图 6-4 “新建文字样式”对话框

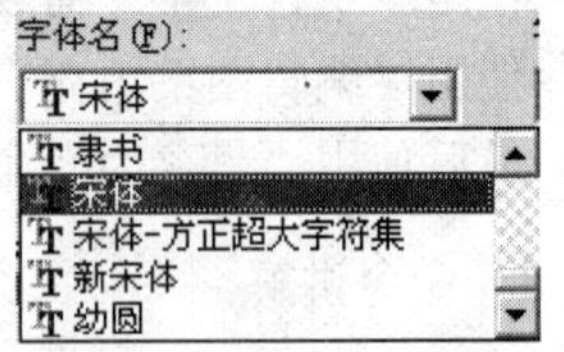

图 6-5 “字体名”下拉列表框

（4）在“字体”选项组中取消选中“使用大字体”复选框，所有 AutoCAD 编译型（.SHX）字体和已注册的 TrueType 字体都显示在此列表框内，用户可以选择某种字体作为当前样式的字体。

注意：*若选择 TrueType 字体，可在右侧的“字体样式”列表框中设置当前字体样式，如图 6-6 所示；若选择编译型（.SHX）字体后，且勾选“使用大字体”复选框，则右端的列表框变为如图 6-7 所示的状态，此时可以选择所需的大字体。*

图 6-6 选择 TrueType 字体

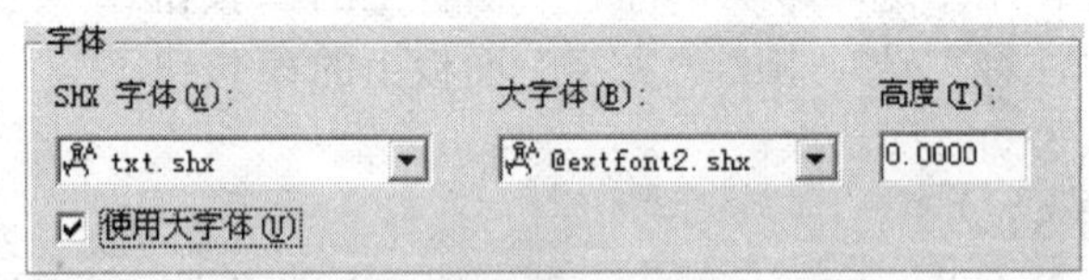

图 6-7 选择编译型（.SHX）字体

（5）在“高度”文本框中设置文字的高度。设置高度后，当创建文字时，命令行不会再提示输入文字的高度。建议在此不设置字体的高度。

（6）在“颠倒”复选框中设置文字为倒置状态；在“反向”复选框中设置文字为反向状态；在“垂直”复选框中控制文字呈垂直排列状态；“倾斜角度”文本框用于控制文字的倾斜角度，如图 6-8 所示。

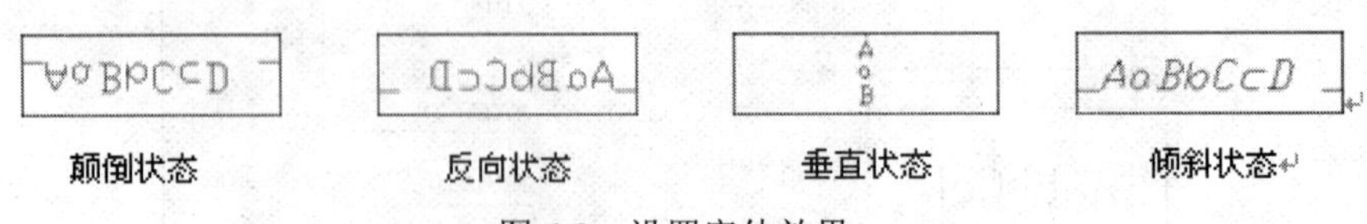

图 6-8 设置字体效果

（7）在“宽度比例”文本框内设置字体的宽高比。国标规定工程图样中的汉字应采用长仿宋体，宽高比为 0.7，当此比值大于 1 时，文字宽度放大，否则将缩小。

（8）单击 预览(P) 按钮，在“预览”选项组中直观地预览文字的效果。

（9）单击 删除(D) 按钮，可以将多余的文字样式删除。

注意：默认的 Standard 样式、当前文字样式以及在当前文件中已使过的文字样式，都不能被删除。

（10）单击 应用(A) 按钮，最后设置的文字样式被看作当前样式。

6.1.3.2　“单行文字”命令

使用“单行文字”命令可以创建单行文字注释和多行文字注释，其中每行文字注释都被作为一个独立的对象看待，如图 6-9 所示。

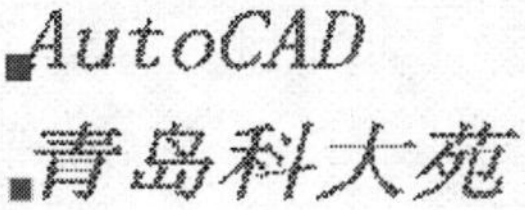

AutoCAD

青岛科大苑

图 6-9　单行文字示例

执行“单行文字”命令主要有以下几种方式：

- 单击“菜单浏览器” / “绘图” / “文字” / “单行文字”命令。
- 单击功能区“常用”选项卡 / “注释”面板上的 A 按钮。
- 单击功能区“注释”选项卡 / “文字”面板上的 A 按钮。
- 在命令行输入 Dtext↵。
- 使用命令简写 DT↵。

执行“单行文字”命令后，命令行将出现如下操作提示：

```
命令: _dtext
        当前文字样式:  Standard   当前文字高度:  0.0000
        指定文字的起点或  [对正(J)/样式(S)]:        //指定文字的插入点
        指定高度  <2.5000>:                          //设置字体高度
        指定文字的旋转角度  <0>:                     //设置旋转角度
```

当指定文字的旋转角度后，绘图区将出现一个单行文字输入框，直接在此输入框内输入文字即可。如果需要输入多行文字，可以按 Enter 键，也可以单击在所需位置拾取文字的插入点，以创建多行文字。

6.1.4　绘图步骤

（1）打开素材包中的“/图形效果文件/第 5 章/标注墙体尺寸.dwg”文件，如图 6-10 所示。

（2）将“文本层”设置为当前层，执行“文字样式”命令，创建名为“仿宋体”的文字样式，如图 6-11 所示。

（3）单击功能区“常用”选项卡 / “注释”面板上的 A 按钮，在命令行“指定文字的起点或 [对正(J)/样式(S)]：”提示下，在平面图左上侧房间内拾取一点。

（4）在命令行“指定高度 <2.500>：”提示下输入 300 后按 Enter 键，设置文字高度。

（5）在“指定文字的旋转角度 <0.000>：”提示下，按 Enter 键设置文字的旋转角度。

（6）此时系统显示出如图 6-12 所示的单行文字输入框，输入如图 6-13 所示的文字注释。

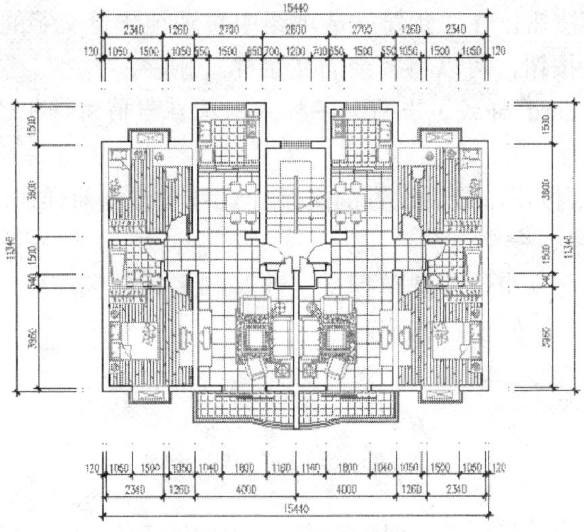

图 6-10 打开文件

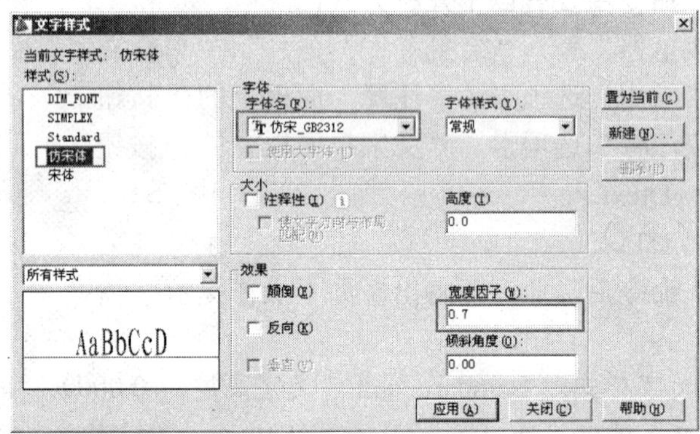

图 6-11 设置文字样式

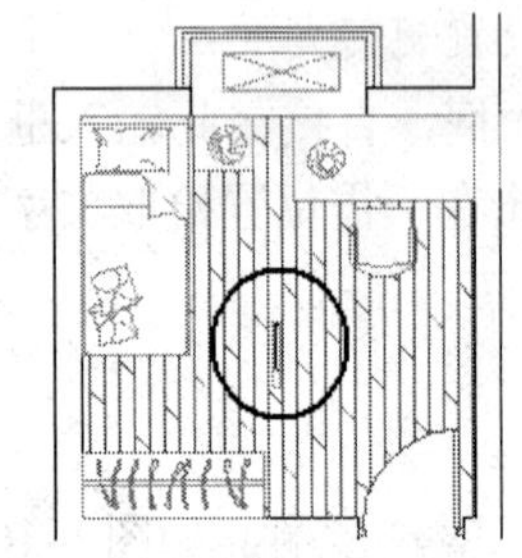

图 6-12 单行文字输入框

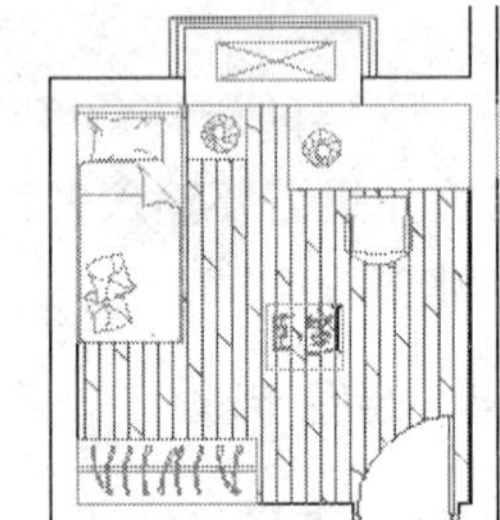

图 6-13 标注房间功能

（7）分别在每个房间内部拾取文字插入点，标注各房间的功能性文字注释，最后连续两次按 Enter 键，结束“单行文字”命令，标注结果如图 6-14 所示。

（8）在卧室房间内的地板填充图案上双击，打开“图案填充编辑”对话框。

（9）单击对话框中的“选择对象”按钮，返回绘图区单击“卧室”字样，如图 6-15 所示。

（10）按 Enter 键返回“图案填充编辑”对话框，单击 确定 按钮，结束命令，修改结果如图 6-16 所示。

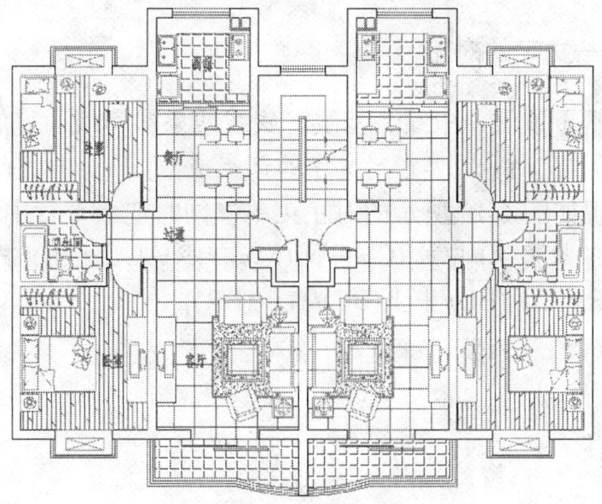

图 6-14　标注其他房间功能

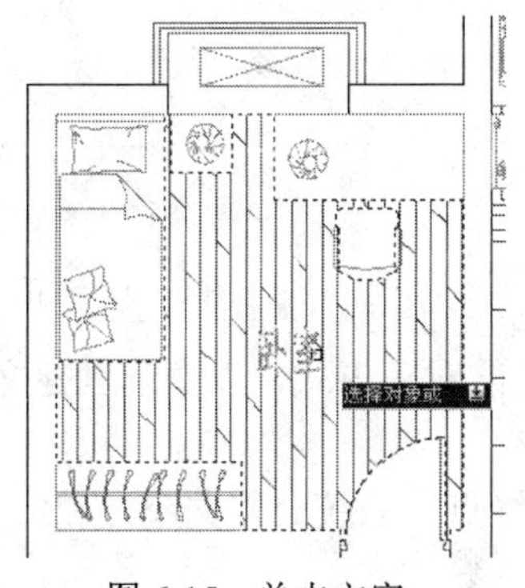

图 6-15　单击文字

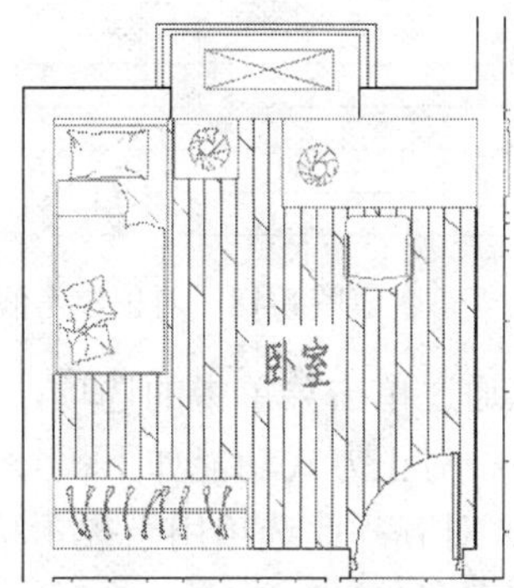

图 6-16　修改结果

（11）参照第（8）～（10）步，分别在其他房间内的填充图案上双击，将文字所在区域以孤岛的形式分离开，结果如图 6-17 所示。

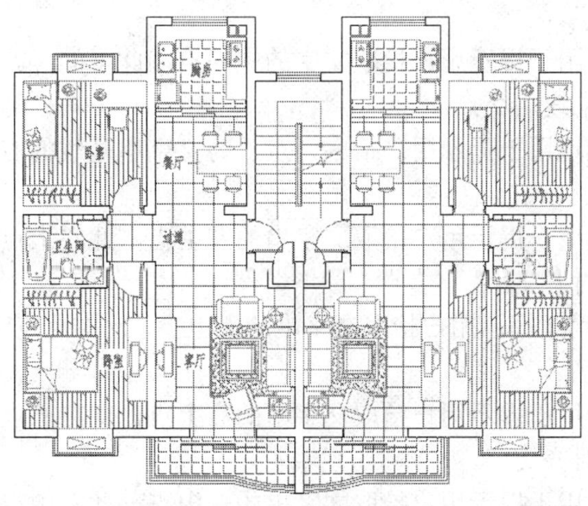

图 6-17　编辑结果

（12）使用“另存为”命令，将图形另名存储为“标注施工图房间功能.dwg”。

6.1.5 延伸知识——文字的对正

文字的对正方式是基于顶线、中线、基线、底线四条参考线而言的，如图 6-18 所示。当执行“单行文字”命令后，在命令行“指定文字的起点或[对正(J)/样式(S)]:”提示下，激活“对正”选项，绘图区会出现如图 6-19 所示的对正菜单，同时在命令行中会出现如下提示：

输入选项 [对齐(A)/调整(F)/中心(C)/中间(M)/右(R)/左上(TL)/中上(TC)/右上(TR)/左中(ML)/正中(MC)/右中(MR)/左下(BL)/中下(BC)/右下(BR)]:

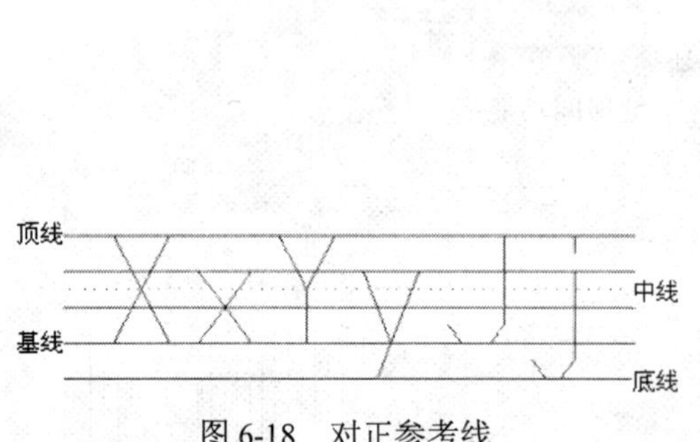

图 6-18 对正参考线

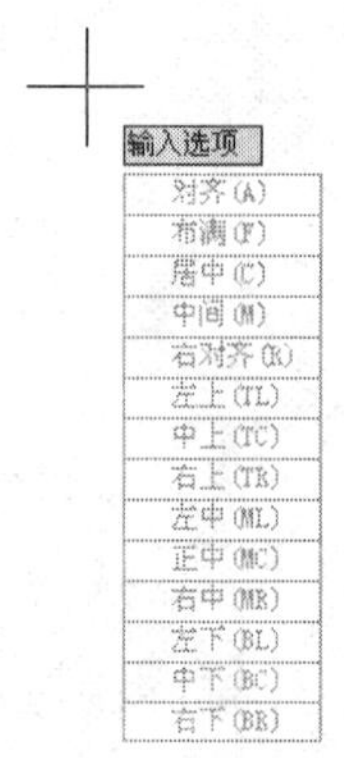

图 6-19 对正菜单

可以通过单击菜单中的选项，或通过命令行选择相应的对正方式，以快速创建文字对象。文字的各种对正方式功能如下：

（1）对齐：此选项用于提示拾取文字基线的起点和终点，系统会根据起点和终点的距离自动调整字高。

（2）布满：此选项用于提示用户拾取文字基线的起点和终点，系统会以拾取的两点之间的距离自动调整宽度系数，但不改变字高。

（3）居中：此选项用于提示用户拾取文字的中心点，此中心点就是文字串基线的中点，即以基线的中点对齐文字。

（4）中间：此选项用于提示用户拾取文字的中间点，此中间点就是文字串基线的垂直中线和文字串高度的水平中线的交点。

（5）右对齐：此选项用于提示用户拾取一点作为文字串基线的右端点，以基线的右端点对齐文字。

（6）左上：此选项用于提示用户拾取文字串的左上点，此左上点就是文字串顶线的左端点，即以顶线的左端点对齐文字。

（7）中上：此选项用于提示用户拾取文字串的中上点，此中上点就是文字串顶线的中点，即以顶线的中点对齐文字。

（8）右上：此选项用于提示用户拾取文字串的右上点，此右上点就是文字串顶线的右端点，即以顶线的右端点对齐文字。

（9）左中：此选项用于提示用户拾取文字串的左中点，此左中点就是文字串中线的左端点，即以中线的左端点对齐文字。

（10）正中：此选项用于提示用户拾取文字串的中间点，此中间点就是文字串中线的中点，即以中线的中点对齐文字。

（11）右中：此选项用于提示用户拾取文字串的右中点，此右中点就是文字串中线的右端点，即以中线的右端点对齐文字。

（12）左下：此选项用于提示用户拾取文字串的左下点，此左下点就是文字串底线的左端点，即以底线的左端点对齐文字。

（13）中下：此选项用于提示用户拾取文字串的中下点，此中下点就是文字串底线的中点，即以底线的中点对齐文字。

（14）右下：此选项用于提示用户拾取文字串的右下点，此右下点就是文字串底线的右端点，即以底线的右端点对齐文字。

另外，用户还可以通过如图 6-20 所示的图形了解和掌握文字的各种对正方式。

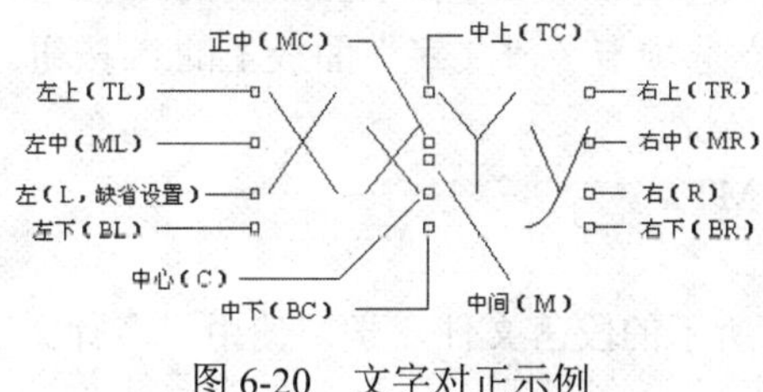

图 6-20　文字对正示例

6.2　案例二：标注施工图使用面积

6.2.1　教学目标

本例通过为某住宅施工平面图标注如图 6-21 所示的房间使用面积，主要学习施工图房间面积的快速标注方法和标注技巧。

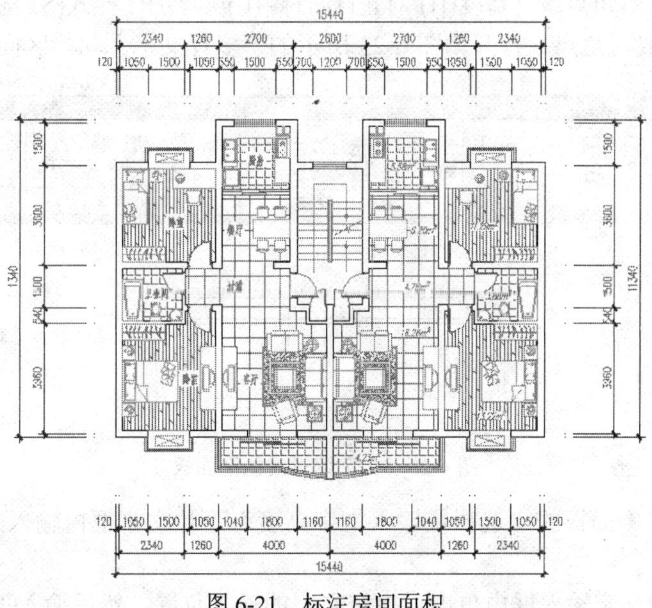

图 6-21　标注房间面积

6.2.2 命令讲解

在标注施工图房间面积之前，首先学习“多行文字”、“编辑文字”以及“面积”等命令。

6.2.2.1 “多行文字”命令

“多行文字”命令是以对话框的形式，直观而又方便地创建各类文字对象。使用此命令，可以创建单行文字、多行文字、段落文字以及一些特殊字符，无论创建的文字包含多少行，AutoCAD 都将其看作一个单独的对象。

1. 命令的执行

执行“多行文字”命令主要有以下几种方式：

- 单击“菜单浏览器” / “绘图” / “文字” / “多行文字”命令。
- 单击功能区“常用”选项卡 / “注释”面板上的 按钮。
- 单击功能区“注释”选项卡 / “文字”面板上的 按钮。
- 在命令行输入 Mtext↵。
- 使用命令简写 T 或 MT↵。

2. 命令的使用

下面通过创建如图 6-22 所示的段落文件，学习使用“多行文字”命令。

技术要求

1.材料为40Cr锻打

2.整体调质处理HB220，齿面高频淬火

3.未注倒角1X45，粗糙度Ra=6.3

图 6-22 创建多行文字

（1）单击功能区“常用”选项卡 / “注释”面板上的 按钮，激活“多行文字”命令。

（2）在命令行“指定第一角点:”提示下，在绘图区拾取一点。

（3）在“指定对角点或 [高度(H)/对正(J)/行距(L)/旋转(R)/样式(S)/宽度(W)/栏(C)]:”提示下，在绘图区拾取对角点，打开如图 6-23 所示的“多行文字”功能区面板。

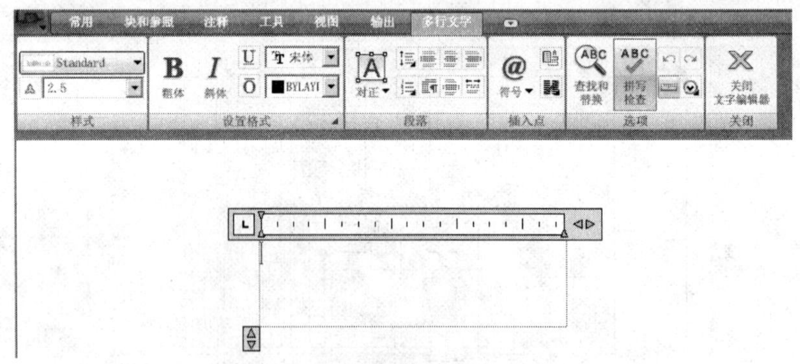

图 6-23 文字编辑功能区面板

（4）在“样式”面板的“选择或输入文字高度”下拉文本框内输入“10”，将当前字体的高度设置为 10。

（5）在下侧的文字输入框内单击，指定文字的输入位置，然后输入“技术要求”等字样

作为标题内容，如图 6-24 所示。

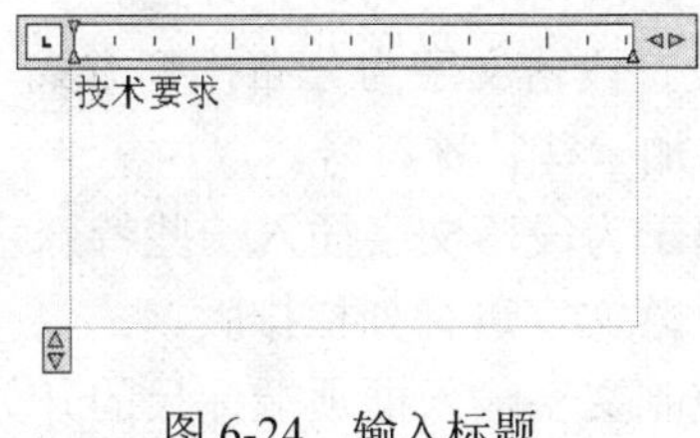

图 6-24　输入标题

（6）向后移动标题内容，并修改当前文字的高度为 7.5，然后通过按 Enter 键换行，输入如图 6-25 所示的段落内容。

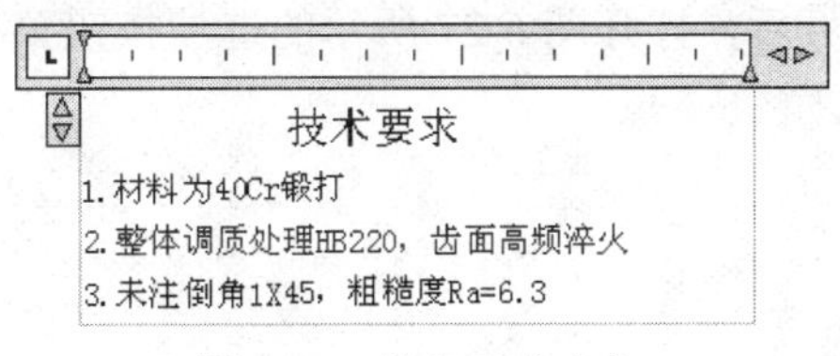

图 6-25　输入段落内容

（7）单击按钮，关闭文字编辑器面板。

3. 文字编辑器

从“多行文字”功能区面板中可以看出，此文字编辑器面板主要由“样式”、“设置格式”、“段落”、“插入点”、“选项”等部分组成，重要选项功能如下：

- “选择文字样式”按钮 Standard 用于设置当前的文字样式。
- “选择或输入文字高度”列表框 2.5 用于设置新字符高度或更改选定文字的高度。
- “粗体”按钮 **B** 用于为输入的文字对象或所选定的文字对象设置粗体格式；“斜体”按钮 *I* 用于为新输入文字对象或所选定的文字对象设置斜体格式。此两个选项仅适用于使用 TrueType 字体的字符。
- “下划线”按钮 U 用于为文字或所选定的文字对象设置下划线格式。
- “上划线”按钮 O 用于为文字或所选定的文字对象设置上划线格式。
- “选择文字的字体”列表框 宋体 用于设置或修改文字的字体。
- “选择文字的颜色”列表框 BYLAYI 用于为文字指定颜色或修改选定文字的颜色。
- “倾斜角度”微调按钮 0.0000 用于修改文字的倾斜角度。
- “追踪”微调按钮 a•b 1.0000 用于修改文字间的距离。
- “宽度因子”微调按钮 1.0000 用于修改文字的宽度比例。
- “对正”按钮用于设置多行文字的对正方式。
- “行距”按钮用于设置段落文字的行间距。
- “左对齐”按钮用于设置段落文字为左对齐方式。
- “居中”按钮用于设置段落文字为居中对齐方式。
- “右对齐”按钮用于设置段落文字为右对齐方式。
- “编号”按钮用于为段落文字进行编号。

- “段落”按钮用于设置段落文字的制表位、缩进量、对齐、间距等。
- “对正”按钮用于设置段落文字为对正方式。
- “分布”按钮用于设置段落文字为分布排列方式。
- “符号”按钮用于添加一些特殊符号。
- “插入字段”按钮用于为段落文字插入一些特殊字段。
- “列”按钮用于为段落文字进行分栏排版。
- “标尺”按钮用于控制文字输入框顶端标尺的开关状态。
- “选项”按钮。单击此按钮，可以打开如图 6-26 所示的菜单，用于设置文字、段落格式、大小写等。

另外，如果要使文字堆叠，文字中必须包含插入符（^）、正向斜杠（/）或磅符号（#），当选择需要堆叠的文字及符号后，打开图 6-27 所示的选项按钮菜单，单击此菜单上的“堆叠”选项，即可将文字进行堆叠。

度数(D) %%d
正/负(P) %%p
直径(I) %%c
约等于 \U+2248
角度 \U+2220
边界线 \U+E100
中心线 \U+2104
差值 \U+0394
电相角 \U+0278
流线 \U+E101
恒等于 \U+2261
初始长度 \U+E200
界碑线 \U+E102
不相等 \U+2260
欧姆 \U+2126
欧米加 \U+03A9
地界线 \U+214A
下标 2 \U+2082
平方 \U+00B2
立方 \U+00B3
不间断空格(S) Ctrl+Shift+Space
其他(O)...

图 6-26 符号按钮菜单

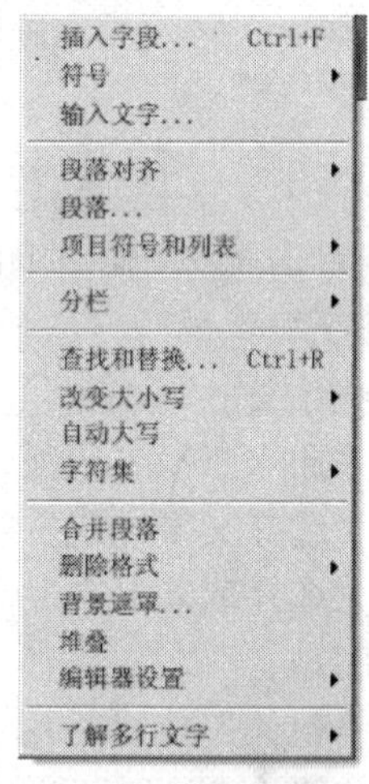

图 6-27 选项按钮菜单

默认情况下，包含插入符（^）的文字转换为左对正的公差值；包含正斜杠（/）的文字转换为置中对正的分数值，斜杠被转换为一条同较长的字符串长度相同的水平线；包含磅符号（#）的文字转换为被斜线（高度与两个字符串高度相同）分开的分数。

4. 文字输入框

如图 6-28 所示的文本输入框位于工具栏下侧，主要用于输入和编辑文字对象，它是由标尺和文本框两部分组成的。

在文本输入框内右击，可弹出如图 6-29 所示的快捷菜单，其大多数选项功能与工具栏上的各按钮功能相对应，个别选项功能如下：

- “全部选择”选项用于选择多行文字编辑框中的所有文字。
- “改变大小写”选项用于改变选定文字对象的大小写。
- “查找和替换”选项用于搜索指定的文字串并使用新的文字将其替换。
- “自动大写”选项用于将新输入的文字或当前选择的文字转换成大写。
- “删除格式”选项用于删除选定文字的粗体、斜体或下划线等格式。

- “合并段落”选项用于将选定的段落合并为一段并用空格替换每段的回车。
- “符号”选项用于在光标所在的位置插入一些特殊符号或不间断空格。
- “输入文字”选项用于向多行文字编辑器中插入 TXT 格式的文本、样板等文件或插入 RTF 格式的文件。

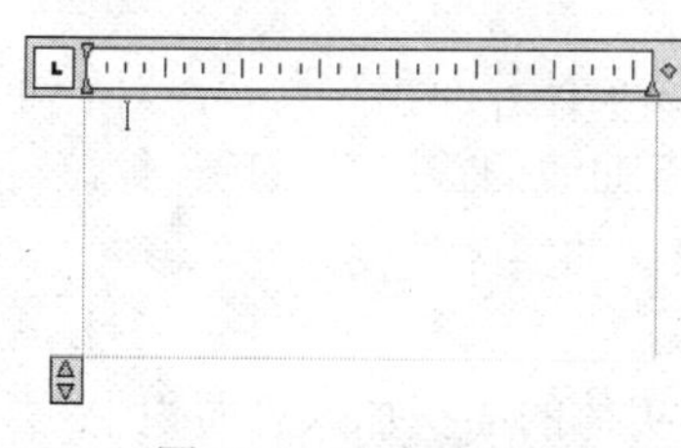

图 6-28　文字输入框

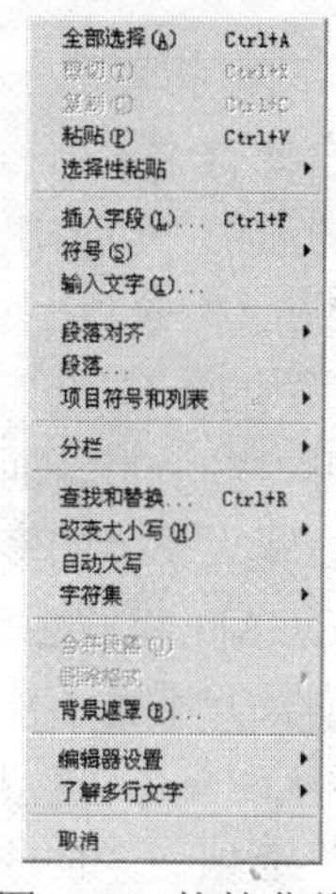

图 6-29　快捷菜单

6.2.2.2　“编辑文字”命令

“编辑文字”命令用于修改编辑已创建的文字对象。比如在原有文字的基础上进行增加或替换字符、编辑文本内容等操作。执行“编辑文字”命令主要有以下几种方式：

- 单击“菜单浏览器”/“对象”/“文字”/“编辑”命令。
- 单击功能区“注释”选项卡/“文字”面板上的按钮。
- 在命令行输入 Ddedit↵。
- 使用命令简写 ED↵。

如果需要编辑使用“单行文字”命令创建出的文字对象，激活“编辑文字”命令，在命令行“选择注释对象或 [放弃（U）]”的提示下，选择单行文字，可弹出单行文字编辑框，用户只需输入正确的文字内容即可。

如果需要编辑使用“多行文字”命令创建出的文字对象，激活“编辑文字”命令，选择多行文字对象后，AutoCAD 将展开如图 6-23 所示的文字编辑功能区面板，在此编辑器面板内不但可以修改文字的内容，也可以修改文字的样式、字体、字高以及对正方式等特性。

6.2.2.3　“面积”命令

“面积”命令不仅可以查询区域的面积和周长，也可以快速查询出单个封闭对象的面积和周长，同时可以对面积进行加减运算等。

执行“面积”命令主要有以下几种方式：

- 单击“菜单浏览器”/“工具”/“查询”/“面积”命令。
- 单击功能区“工具”选项卡/“查询”面板上的按钮。
- 在命令行输入 Area↵。

执行“面积”命令后，命令行操作提示及查询结果如下：

命令: _area

指定第一个角点或 [对象(O)/加(A)/减(S)]: //定位第一点
指定下一个角点或按 ENTER 键全选: //定位第二点
指定下一个角点或按 ENTER 键全选: //定位第三点
指定下一个角点或按 ENTER 键全选: //定位第四点
……
指定下一个角点或按 ENTER 键全选: //，结束命令

系统自动查询出所有点所围成的区域面积和周长。另外，由于默认绘图单位是毫米，所以查询出的面积一般情况下需要转换为平方米。

1. “对象”选项

此选项用于计算选定的单个闭合对象的面积和周长。可以计算圆、椭圆、样条曲线、多段线、矩形、多边形、面域和三维实体的面积。

对于线宽大于零的多段线，AutoCAD 将按其中心线来计算面积和周长；对于非封闭的多段线，AutoCAD 将假想已有一条直线连接多段线或样条曲线的首尾，然后计算该封闭框架的面积，但周长并不包括那条假想的连线，即周长是多段线的实际长度。

2. 加减运算

“加”选项是“面积的加法运算”，即将新选图形实体的面积加入总面积中；“减”选项是“面积的减法运算”，将所选实体的面积从总面积中减去。如果需要执行面积加法或减法运算，必须先转换为加法或减法运算模式。

6.2.3 绘图思路

- 首先使用“打开”命令打开图形源文件。
- 使用“图层”命令设置当前图层。
- 使用“面积”命令查询施工图房间使用面积。
- 使用“多行文字”命令标注单个房间面积。
- 使用“复制”和“编辑文字”命令标注其他房间面积。
- 使用“编辑图案填充”命令对图形进行修饰完善。
- 最后使用“另存为”命令将图形另名存盘。

6.2.4 绘图步骤

（1）打开素材包中的“/图形效果文件/第 6 章/标注施工图房间功能.dwg”。

（2）将“面积层”设置为当前图层，执行“面积”命令，配合端点捕捉功能，在命令行“指定第一个角点或 [对象(O)/加(A)/减(S)]:”操作提示下，分别捕捉卫生间各内墙角点。

（3）按 Enter 键，系统自动查询出卫生间的使用面积和周长。如：面积 = 4017600.0，周长 = 8040.0。

（4）重复执行“面积”命令，配合对象捕捉和追踪功能，分别查询其他房间的使用面积，查询结果如下：

南卧室=13.22m^2　　过道=4.76m^2
北卧室=11.29m^2　　餐厅=6.20m^2
卫生间= 3.66m^2　　厨房=5.58m^2

阳台=4.23m^2　　　　　　　　　客厅=16.26m^2

注意：在拾取各房间内墙角点时，需要按照一定的顺序拾取。

（5）单击功能区“常用”选项卡 / “注释”面板上的 A 按钮，为户型图标注房间的使用面积。命令行操作过程如下：

命令: _mtext

当前文字样式:"仿宋体"　当前文字高度:4.5

指定第一角点:　　　　　　　//在图 6-30 所示的点 A 处单击

指定对角点或 [高度(H)/对正(J)/行距(L)/旋转(R)/样式(S)/宽度(W)]:

//在图 6-30 所示的点 B 处单击，打开文字格式编辑器功能面板

（6）在“文字格式”编辑器中设置当前字体为 SIMPLEX，字高为 240，倾斜角度为 15，对正方式为正中对正。

（7）在下侧的文字输入框内输入“11.29m”，如图 6-31 所示。

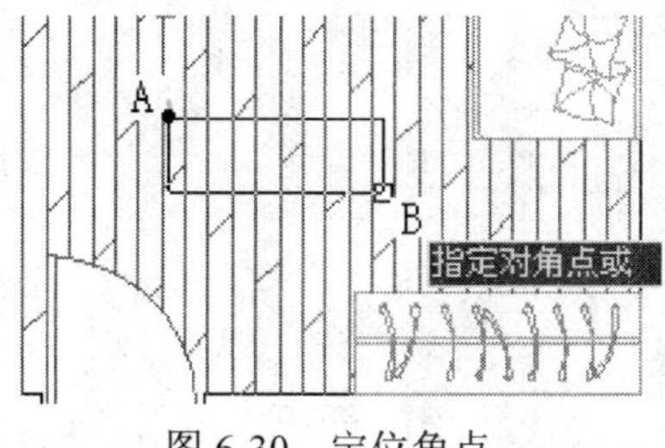

图 6-30　定位角点

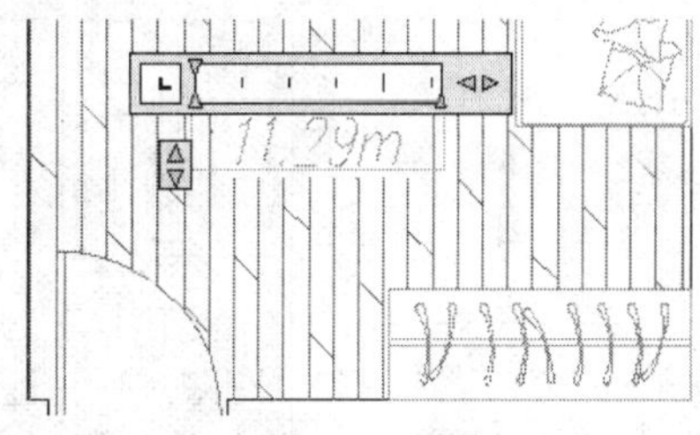

图 6-31　输入文字

（8）在“插入点”面板上展开“符号”按钮，为面积文字添加平方，如图 6-32 所示，添加后的效果如图 6-33 所示。

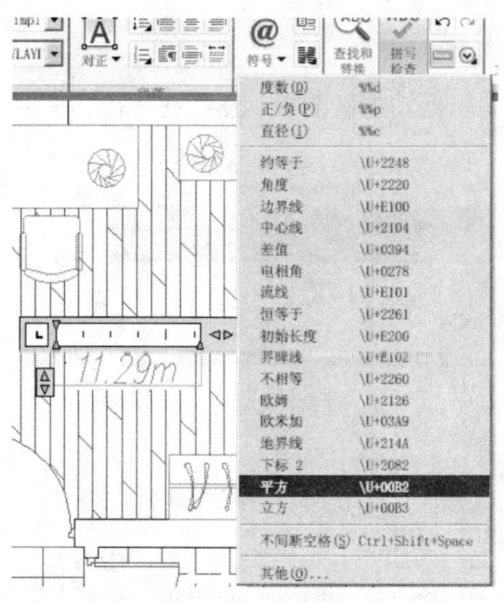

图 6-32　添加平方

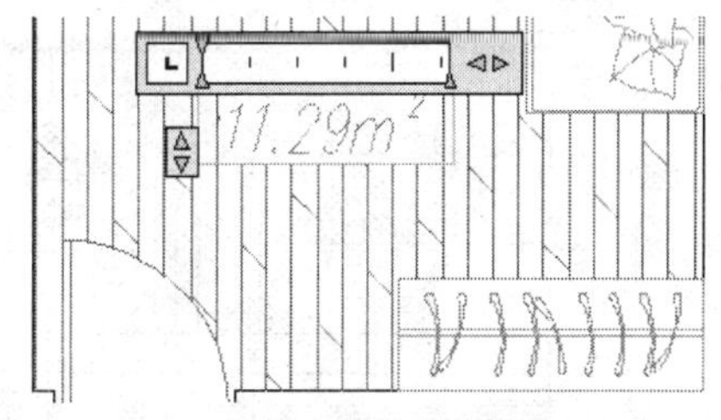

图 6-33　添加后的效果

（9）关闭文字编辑器功能区面板，结束“多行文字”命令，标注结果如图 6-34 所示。

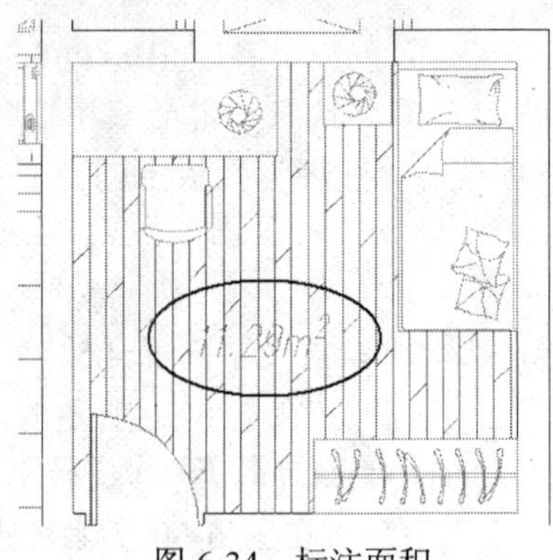

图 6-34 标注面积

（10）使用快捷键 CO 激活“复制”命令，将刚标注的面积分别复制到其他房间内，结果如图 6-35 所示。

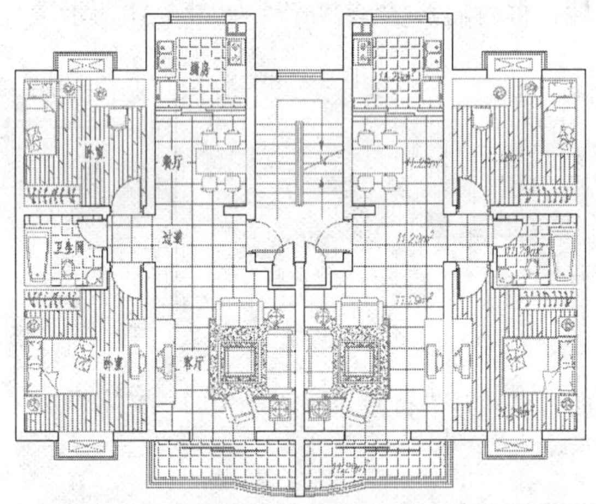

图 6-35 复制结果

（11）在复制出的面积对象上双击，打开文字编辑器功能区面板，然后在下侧的文字输入框内输入正确的内容，如图 6-36 所示。

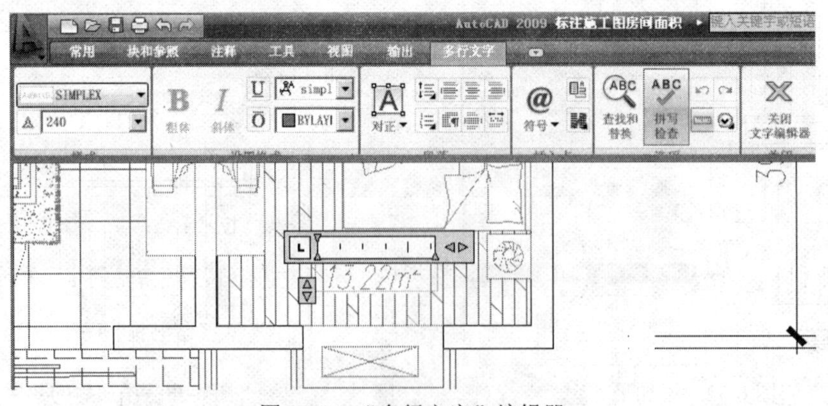

图 6-36 “多行文字”编辑器

（12）关闭文字编辑器功能区面板，修改结果如图 6-37 所示。

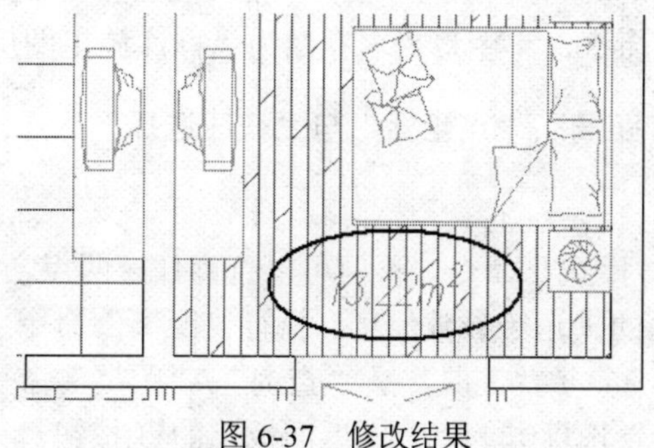

图 6-37　修改结果

（13）分别双击其他位置的面积对象，修改其内容，结果如图 6-38 所示。

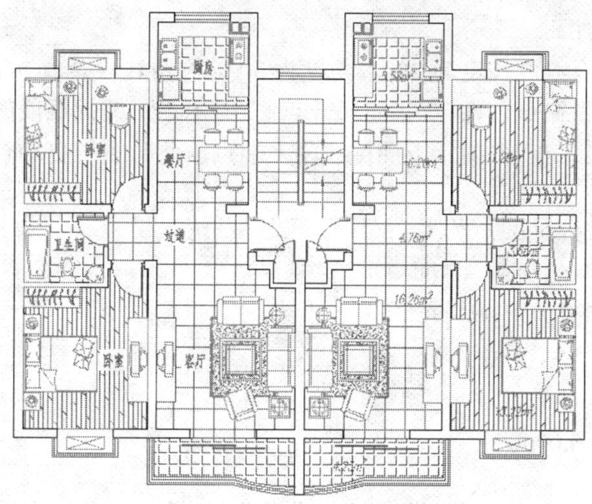

图 6-38　修改其他面积

（14）使用“编辑图案填充”命令，对各房间内的地面填充图案进行编辑，使其与面积对象分离开，结果如图 6-39 所示。

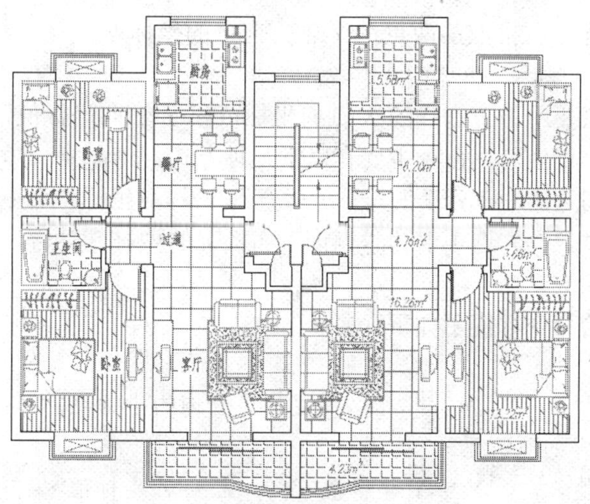

图 6-39　编辑结果

（15）使用“另存为”命令，将图形另名存储为“标注施工图房间面积.dwg”。

6.2.5 延伸知识——“距离”、“点坐标”与“快速选择”

6.2.5.1 “距离”命令

使用 AutoCAD 提供的“距离”命令，不但可以查询任意两点之间的距离，还可以查询两点的连线与 X 轴或 XY 平面的夹角等参数信息。执行“距离”命令主要有以下几种方式：

- 单击“菜单浏览器” / “工具” / “查询” / “距离”命令。
- 单击功能区“工具”选项卡 / “查询”面板上的按钮。
- 在命令行输入 Dist↵。
- 使用命令简写 DL↵。

（1）新建空白文件。

（2）使用画线命令绘制长度为 200、角度为 30 的倾斜线段。

（3）激活“距离”命令，在 “指定第一点：”提示下，捕捉线段的下端点。

（4）在 “指定第二点：”提示下捕捉线段上端点，此时系统自动查询出这两点之间的信息，具体如下：

距离 = 200.0000
XY 平面中的倾角 = 30
与 XY 平面的夹角 = 0
X 增量 = 173.2051，
Y 增量 = 100.0000
Z 增量 = 0.0000

其中：

- “距离”表示所拾取的两点之间的实际长度。
- “XY 平面中的倾角”表示所拾取的两点边线与 X 轴正方向的夹角。
- “与 XY 平面的夹角”表示所拾取的两点边线与当前坐标系 XY 平面的夹角。
- “X 增量”表示所拾取的两点在 X 轴方向上的坐标差。
- “Y 增量”表示所拾取的两点在 Y 轴方向上的坐标差。

6.2.5.2 “点坐标”命令

“点坐标”命令主要用于查询点的 X 轴向坐标值和 Y 轴向坐标值，查询出的坐标值为点的绝对坐标值。执行“点坐标”命令主要有以下几种方式：

- 单击“菜单浏览器” / “工具” / “查询” / “点坐标”命令。
- 单击功能区“工具”选项卡 / “查询”面板上的按钮。
- 在命令行输入 Id↵。

“点坐标”命令的命令行提示如下：

命令：'_Id
指定点： //捕捉需要查询的坐标点。
AutoCAD 报告如下信息：
X = <X 坐标值> Y =<Y 坐标值> Z = <Z 坐标值>

6.2.5.3　“快速选择”命令

“快速选择”命令是一个快速构造选择集的工具，此工具可以根据图形的类型、图层、颜色、线型、线宽等属性设定过滤条件，AutoCAD 将自动进行筛选，最终过滤出符合设定条件的所有图形对象，是一种图形的高级选择工具。

执行“快速选择”命令主要有以下几种方式：

- 单击“菜单浏览器” / “工具” / “快速选择”命令。
- 在命令行中输入 Qselect↵。
- 在绘图区右击，选择右键菜单中的“快速选择”选项。

执行“快速选择”命令后，系统打开如图 6-40 所示的“快速选择”对话框，在此对话框中设置好过滤参数，即可快速选择一些具有共同特性的图形对象。

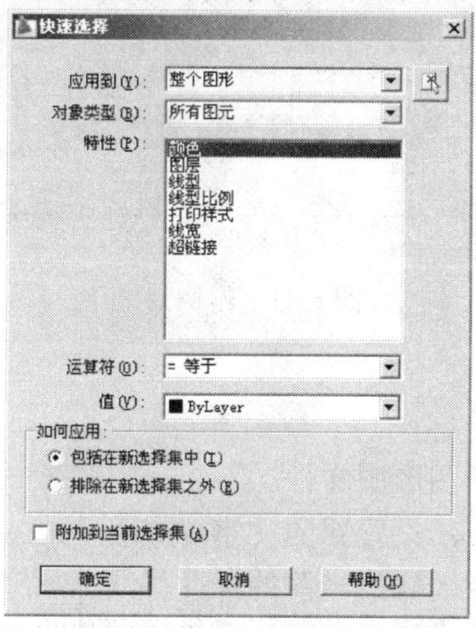

图 6-40　“快速选择”对话框

- “应用到”列表框：该选项属于一级过滤功能，用于指定是否将过滤条件应用到整个图形或当前选择集（如果存在的话），此时使用“选择对象”按钮完成对象选择后，按 Enter 键重新显示该对话框。AutoCAD 将“应用到”设置为“当前选择”，对当前已有的选择集进行过滤，只有当前选择集中符合过滤条件的对象才能被选择。
- “对象类型”列表框：该选项属于快速选择的二级过滤功能，用于指定要包含在过滤条件中的对象类型。如果过滤条件正应用于整个图形，“对象类型”列表包含全部的对象类型，包括自定义；否则，该列表只包含选定对象的对象类型。
- “特性”列表框：该选项属于快速选择的三级过滤功能，三级过滤功能共包括“特性”、“运算符”和“值”三个选项，“特性”选项用于指定过滤器的对象特性；“运算符”下拉列表用于控制过滤器值器范围。根据选定的对象属性，其过滤器值的范围分别是“=等于”、“<>不等于”、“>大于”、“<小于”和“*通配符匹配”；“值”下拉列表框用于指定过滤器的特性值。
- “如何应用”选项组：用于指定是否将符合过滤条件的对象包括在新选择集内或是排除在新选择集之外。
- “附加到当前选择集”复选框：用于指定创建的选择集是替换当前选择集还是附加到当前选择集。

6.3 案例三：标注施工图引线注释

6.3.1 教学目标

本例通过为施工图标注如图 6-41 所示的文字注释，主要学习施工图引线注释的快速标注方法和标注技巧。

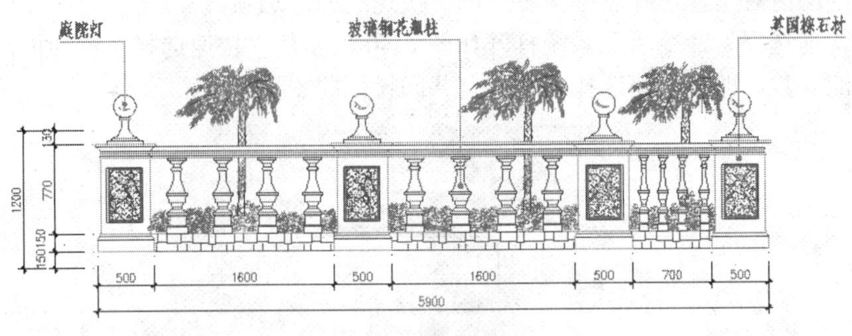

图 6-41 本例效果

6.3.2 绘图思路

- 使用“打开”命令打开图形源文件。
- 使用“文字样式”命令，设置新的文字样式。
- 使用“标注样式”命令，修改当前的标注样式。
- 使用“快速引线”命令中的设置功能，设置引线样式。
- 使用“快速引线”命令，标注引线注释对象。
- 使用“编辑文字”命令，对注释文字进行编辑。
- 使用“另存为”命令，将文件另名存盘。

6.3.3 命令讲解

在标注施工图引线注释之前，首先学习“快速引线”命令。

“快速引线”命令用于创建一端带有箭头的引线和一端带有文字的注释，引线可以是直线段，也可以是平滑的样条曲线。执行“快速引线”命令主要有以下几种方法：

- 在命令行输入 Qleader↵。
- 使用命令简写 LE↵。

执行“快速引线”命令后，选择“设置”选项，打开如图 6-42 所示的“引线设置”对话框。在此对话框内可以设置引线点数、注释类型和格式，还可以设置引线添加到多行文字注释的位置以及引线的角度约束等参数。

1. “注释”选项卡

“注释”选项卡主要用于设置引线注释文字的类型以及注释的文字特性和重复使用特性，其中：

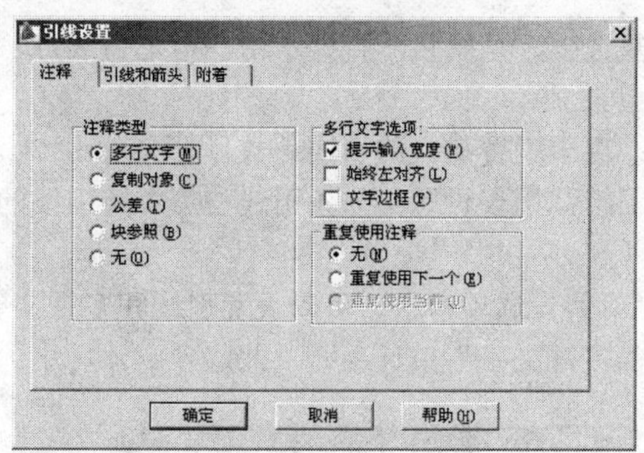

图 6-42　“引线设置”对话框

- “多行文字”选项：用于在引线末端创建多行文字注释。
- “复制对象”选项：用于复制已有的多行文字、单行文字、公差或块参照等对象。
- “公差”选项：用于在引线末端创建公差注释。
- “块参照”选项：用于插入一个块参照作为注释对象。
- “无”选项：表示创建无注释的引线。
- “提示输入宽度”复选框：用于提示用户，指定多行文字注释的宽度。
- “始终左对齐”复选框：用于自动设置多行文字使用左对齐方式。
- “文字边框”复选框：用于在多行文字注释外面加一个边框。
- “无”选项：表示不对当前所设置的引线注释进行重复使用。
- “重复使用下一个”选项：表示重复使用所创建的下一个注释类型。
- “重复使用当前”选项：表示重复使用当前注释类型。

注意：用户选择了“重复使用下一个”选项后，系统将自动选择“重复使用当前”选项。

2.　“引线和箭头”选项卡

如图 6-43 所示的“引线和箭头”选项卡主要用于设置引线和箭头的格式。

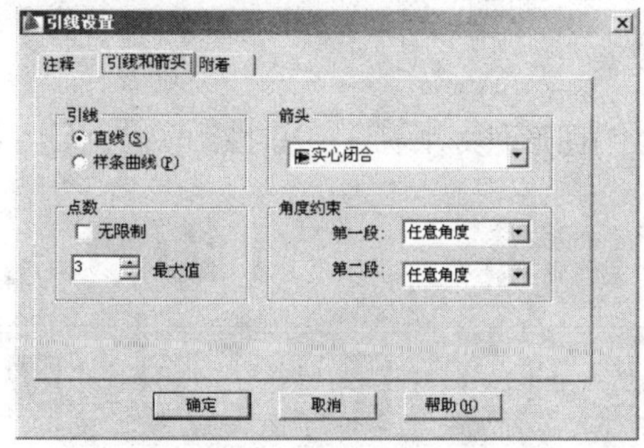

图 6-43　“引线和箭头”选项卡

- “直线”单选项：用于在引线点之间创建直线段，即引线的各线段为直线。
- “样条曲线”单选项：用于在引线点之间创建样条曲线，即引线的各线段为样条曲线。
- “箭头”选项组：用于设置引线箭头的形式。在列表内单击，可展开“箭头”下拉列表框，用户可以在下拉列表框中选择一种箭头形式。

- 勾选“无限制”复选框，系统将一直提示用户指定引线点，直到连续单击两次 Enter 键，提示才会结束。
- “最大值”选项：用于设置最大的引线点数目。
- “角度约束”选项组：用于设置第一条引线与第二条引线的角度约束。

3. “附着”选项卡

在如图 6-44 所示的“附着”选项卡中，可以设置引线和多行文字注释的附加位置，只有在“注释”选项卡内选中“多行文字”单选项时，此选项卡才可用。

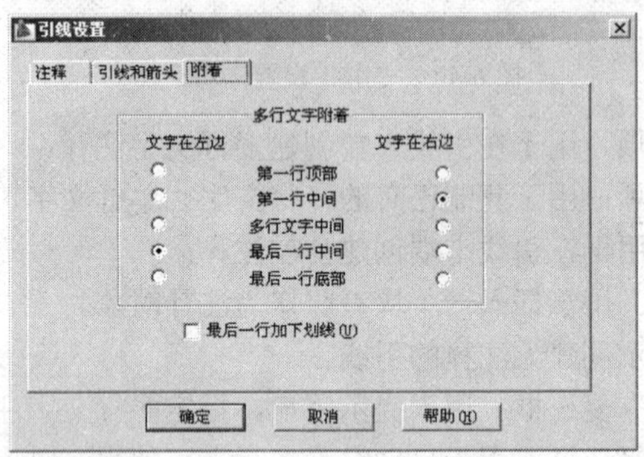

图 6-44 “附着”选项卡

各选项功能如下：

- “第一行顶部”单选项：将引线放置在第一行引线注释的顶部。
- “第一行中间”单选项：用于将引线放置在第一行引线注释的中间。
- “多行文字中间”单选项：用于将引线放置在所有引线注释的中间。
- “最后一行中间”单选项：用于将引线放置在最后一行引线注释的中间。
- “最后一行底部”单选选：用于将引线放置在是后一行引线注释的底部。
- “最后一行加下划线”复选框：用于为最后一行引线注释添加下划线。

6.3.4 绘图步骤

（1）打开素材包中的“/图形源文件/标注引线注释.dwg”，如图 6-45 所示。

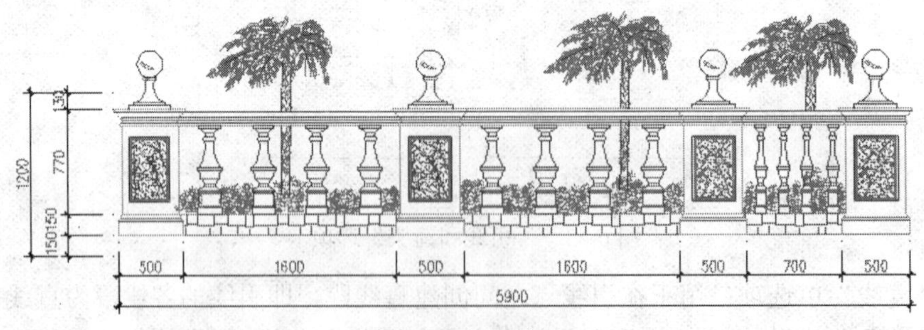

图 6-45 打开结果

（2）设置“文本层”为当前图层，然后使用快捷键 ST 激活“文字样式”命令，设置一种新的文字样式，如图 6-46 所示。

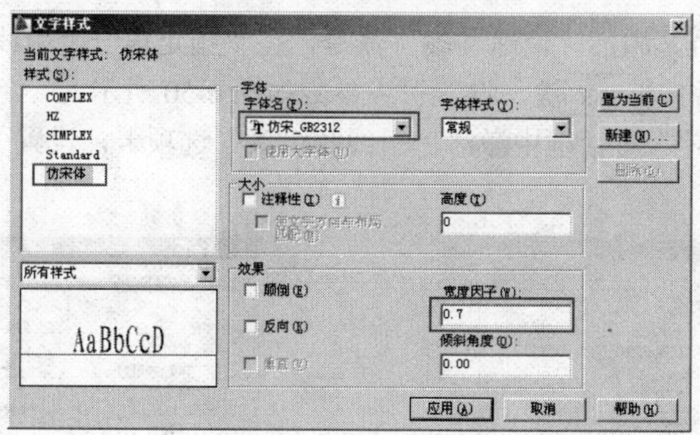

图 6-46　设置文字样式

（3）单击功能区“常用”选项卡 / “注释”面板上的按钮，替代建筑标注样式参数，如图 6-47 所示。

（4）在“替代当前样式：建筑标注”对话框内激活“调整”选项卡，修改尺寸样式的全局比例如图 6-48 所示，并关闭对话框。

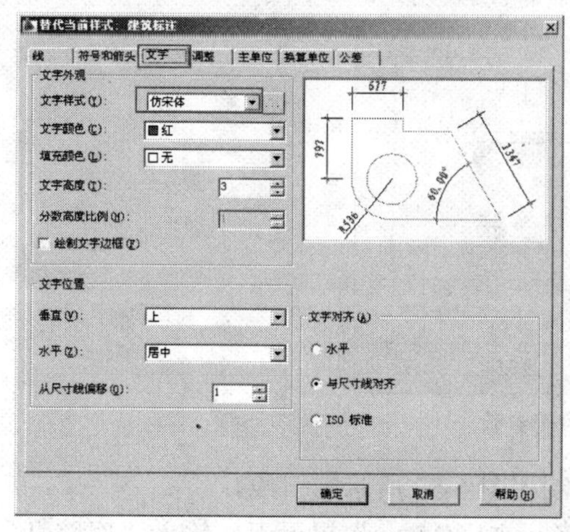

图 6-47　修改文本样式

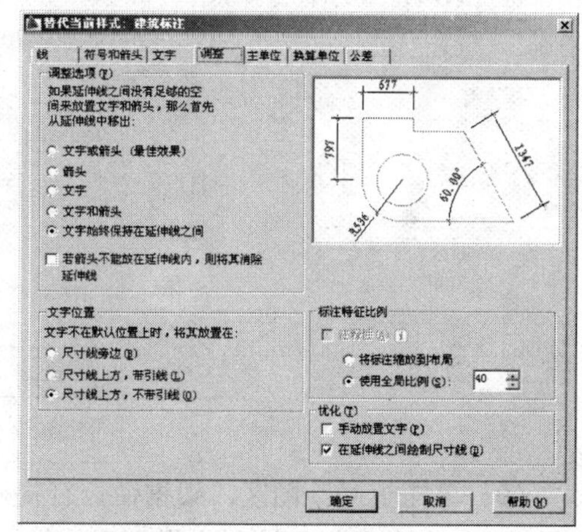

图 6-48　修改尺寸比例

（5）返回“标注样式管理器”对话框，替代结果如图 6-49 所示。

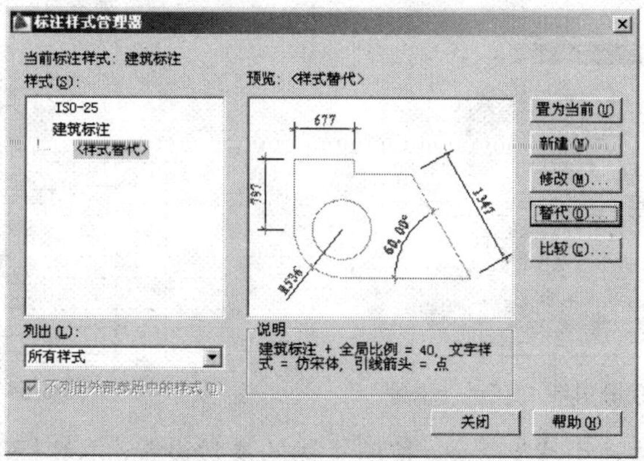

图 6-49　替代建筑标注样式

（6）使用快捷键 LE 激活“快速引线”命令，在“指定第一个引线点或 [设置(S)] <设置>：”提示下，输入 S 并按 Enter 键，设置引线参数如图 6-50 所示。

（7）在“引线设置”对话框中激活“引线和箭头”选项卡，设置引线、点数、箭头等参数如图 6-51 所示。

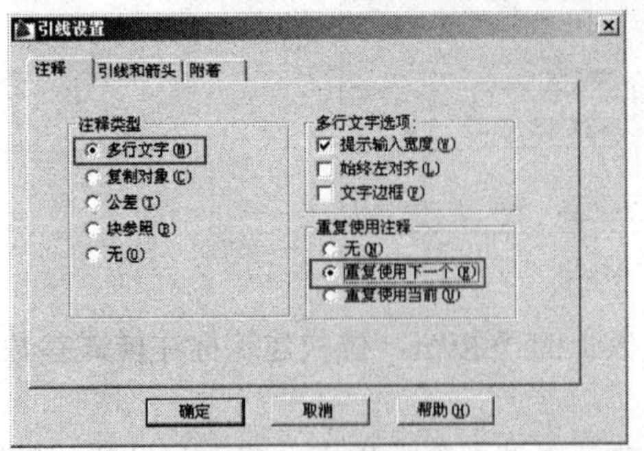

图 6-50　设置注释参数

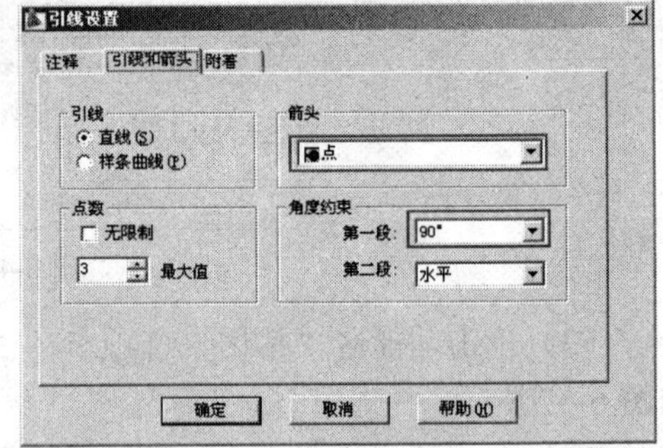

图 6-51　设置引线和箭头

（8）激活“附着”选项卡，设置注释文字的附着位置如图 6-52 所示。

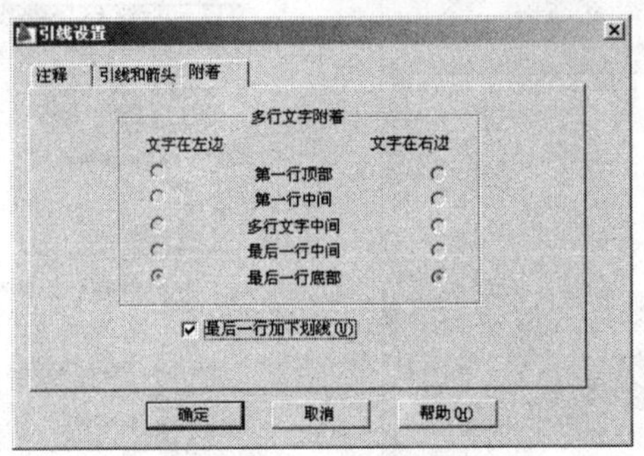

图 6-52　设置附着参数

（9）单击返回绘图区，根据命令行提示，绘制如图 6-53 所示的引线。

（10）在命令行“输入注释文字的第一行 <多行文字(M)>：”提示下，输入“庭院灯”，并结束命令，标注结果如图 6-54 所示。

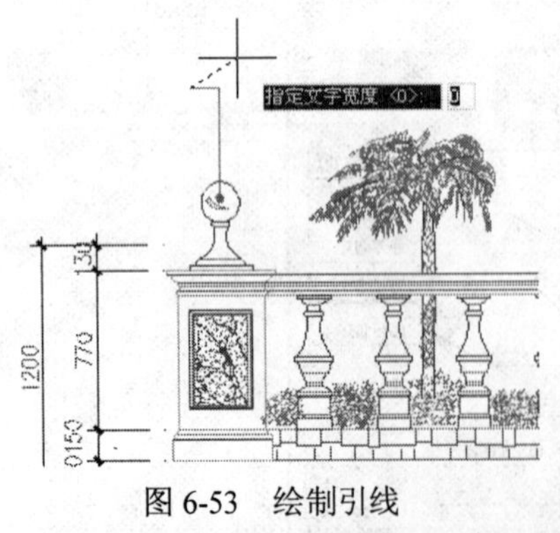

图 6-53　绘制引线

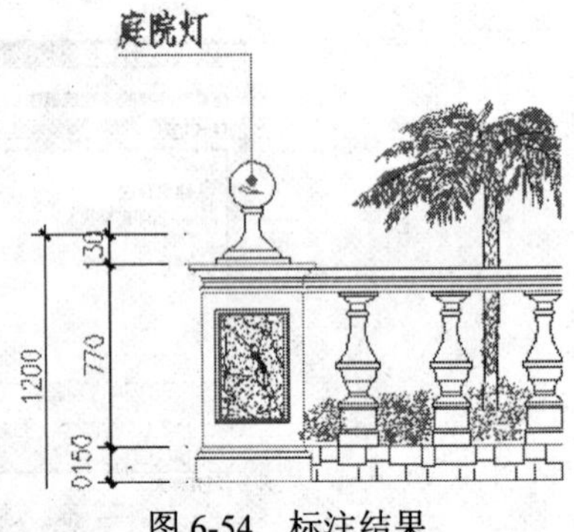

图 6-54　标注结果

（11）重复执行“快速引线”命令，按照上述的参数设置，继续标注其他位置的引线文本，结果如图 6-55 所示。

图 6-55　标注文字注释

（12）单击“菜单浏览器” / “修改” / “对象”/“文字”/ “编辑”命令，在命令行“选择注释对象或 [放弃(U)]：”的提示下，选择中间的引线注释。

（13）此时系统自动打开文字格式编辑器功能区面板，在文字输入框内输入正确的文字标注“玻璃钢花瓶柱”，如图 6-56 的所示。

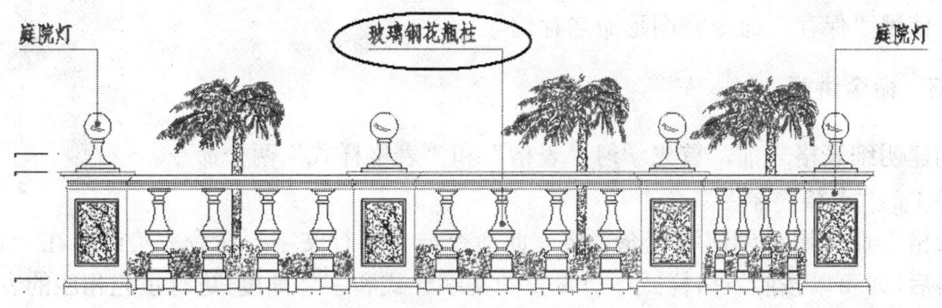

图 6-56　修改结果

（14）继续在命令行“选择注释对象或 [放弃(U)]：”的提示下，修改右侧的引线注释，结果如图 6-57 所示。

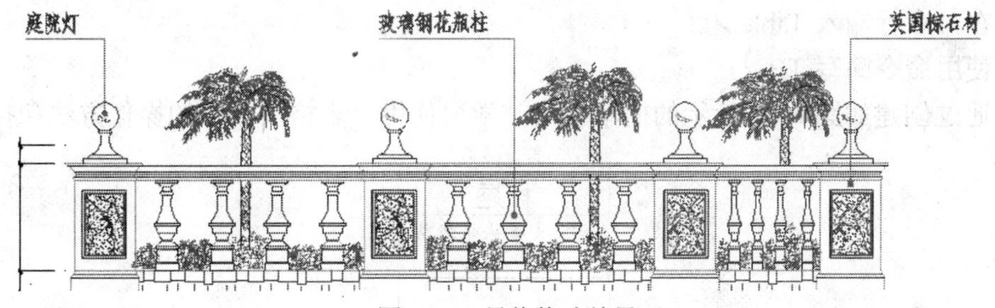

图 6-57　最终修改结果

（15）最后使用“另存为”命令，将文件另名存储为“标注引线注释.dwg”。

6.4　案例四：创建与填充明细表格

6.4.1　教学目标

本例通过创建如图 6-58 所示的明细表格及表格文字，主要学习明细表的快速创建方法和填充技巧。

编号	BXL	H1	H2
ZJ1	1000X1000	100	200
ZJ2	1200X1000	100	200
ZJ3	1300X1000	100	200
ZJ4	1500X1000	100	200

图 6-58　本例效果

6.4.2　绘图思路

- 创建一张空白文件。
- 使用“表格样式”命令修改表格的样式。
- 使用“表格”命令设置行列参数。
- 使用“表格”命令创建并填充明细表格。
- 使用夹点编辑命令对表格进行调整。
- 使用“保存”命令将图形命名存储。

6.4.3　命令讲解

在创建明细表格之前，首先学习“表格”和“表格样式”两个命令。

6.4.3.1　“表格”命令

“表格”命令用于创建和填充表格，此命令与“多行文字”命令完美结合在一起，用户创建表格后，即可以按照表格样式中所设置的文字样式和字体高度，进行填充相应的表格文字。

执行“表格”命令主要有以下几种方式：

- 单击“菜单浏览器”/“绘图”/“表格”命令。
- 单击功能区“常用”选项卡/“注释”面板上的按钮。
- 单击功能区“注释”选项卡/“表格”面板上的按钮。
- 在命令行输入 Table↵。
- 使用命令简写 TB↵。

下面通过创建如图 6-59 所示的简单表格，学习使用“表格”命令的操作方法和技巧。

标题		
表头	表头	表头

图 6-59　创建表格

（1）执行“表格”命令，打开如图 6-60 所示的“插入表格”对话框。

（2）在“列”文本列表框中输入 3，设置表格列数为 3；在“列宽”文本列表框中输入 20，设置列宽为 20。

（3）在“数据行”文本列表框中输入 3，设置表格行数为 3，其他参数不变，然后单击 确定 按钮返回绘图区，在命令行“指定插入点：”的提示下，拾取一点作为插入点。

（4）此时打开如图 6-61 所示的“文字格式”编辑器，用于填写表格内容。

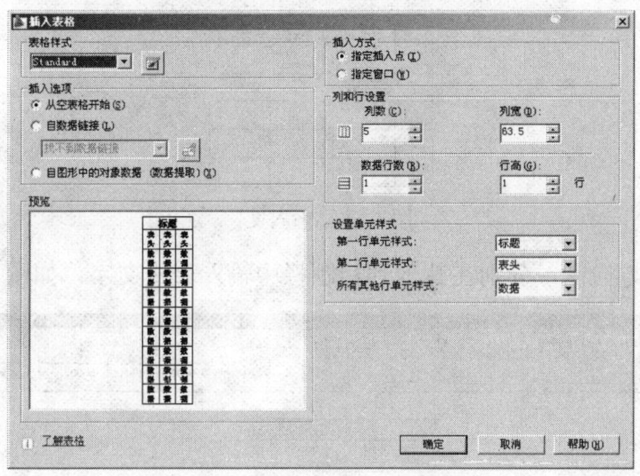

图 6-60　“插入表格”对话框

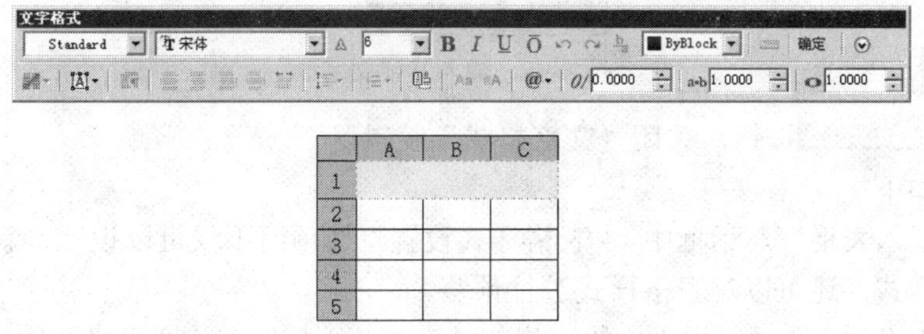

图 6-61　“文字格式”编辑器

（5）在反白显示的表格框内输入“标题”，如图 6-62 所示。

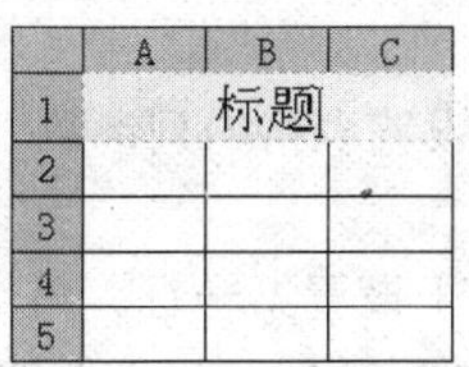

图 6-62　输入标题文字

（6）按键盘上的右方向键，此时光标跳至左下侧的列标题栏中，如图 6-63 所示。

图 6-63　定位光标

（7）此时在反白显示的列标题栏中输入文字，如图 6-64 所示。

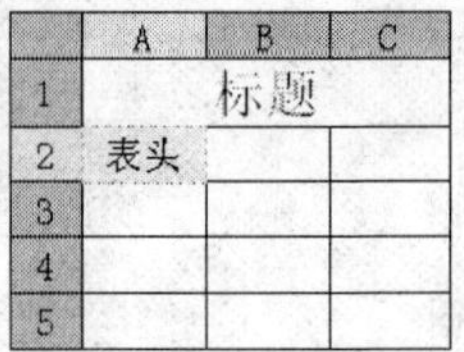

图 6-64　输入文字

（8）继续按右方向键，分别在其他列标题栏中输入表格文字，如图 6-65 所示。

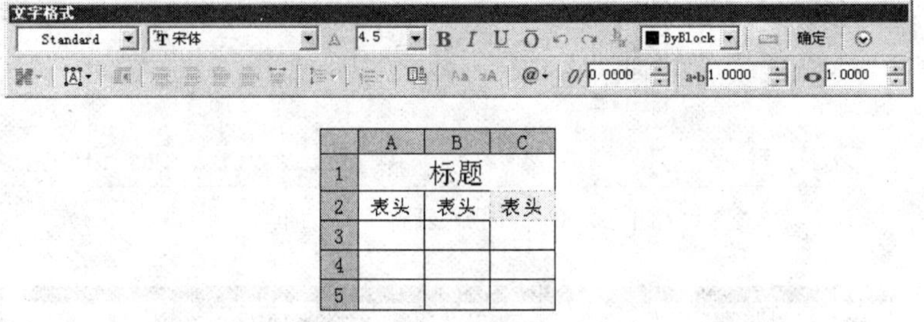

图 6-65　输入其他文字

（9）单击 确定 按钮，关闭“文字格式”编辑器。

选项解析如下：

- 在“插入表格”对话框中，“表格样式设置”选项组不仅可以设置、新建或修改当前表格样式，还可以对表格样式进行预览。
- “插入选项”选项组用于设置表格的填充方式，具体有从空表格开始、自动数据链接和自图形中的对象数据提取三种。
- “插入方式”选项组用于设置表格的插入方式。即激活此方式后，系统将按照当前的行参数和列参数创建表格。
- “列和行设置”选项组用于设置表格的列参数、行参数以及列宽和行宽参数。系统默认的列参数为 5、行参数为 1。
- “设置单元数据”选项组用于设置第一行、第二行或其他行的单元样式。
- 单击 Standard “表格样式名称”列表右侧的按钮，可打开如图 6-66 所示的“表格样式”对话框，在此对话框内用于设置新的表格样式、修改已有表格样式或设置当前样式等。

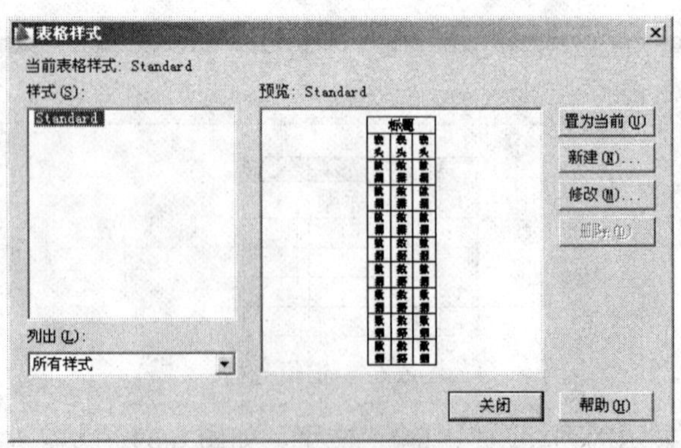

图 6-66　“表格样式”对话框

6.4.3.2　“表格样式”命令

“表格样式”命令主要用于设置或修改表格样式。执行“表格样式”命令主要有以下几种方法：

- 单击“菜单浏览器”/“格式”/“表格样式”命令。
- 单击功能区“常用”选项卡 / “注释”面板上的按钮。
- 单击功能区“注释”选项卡 / “表格”面板上的按钮。
- 在命令行输入 Tablestyle↵。
- 使用命令简写 TS↵。

执行“表格样式”命令后，AutoCAD 将打开如图 6-66 所示的“表格样式”对话框，此对话框主要用于新建、修改、预览和设置当前表格样式的。

6.4.4　绘图步骤

（1）新建空白文件。

（2）单击菜单“格式”/“表格样式”命令，在弹出的“表格样式”对话框中单击新建(N)...按钮，打开“创建新的表格样式”对话框，为新样式命名，如图 6-67 所示。

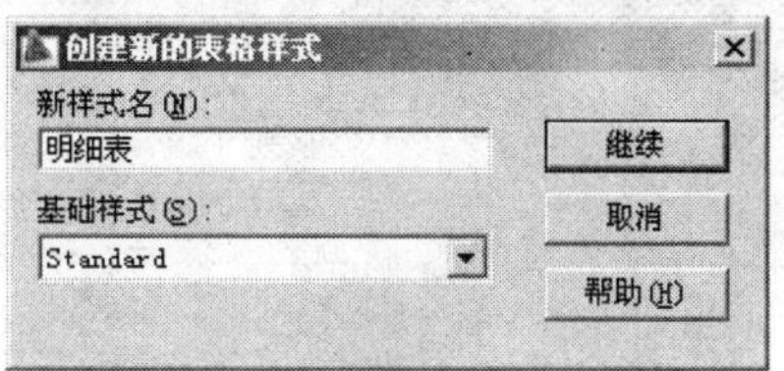

图 6-67　“创建新的表格样式”对话框

（3）单击继续按钮，打开“新建表格样式：明细表”对话框，展开“数据”单元样式，设置参数如图 6-68 所示。

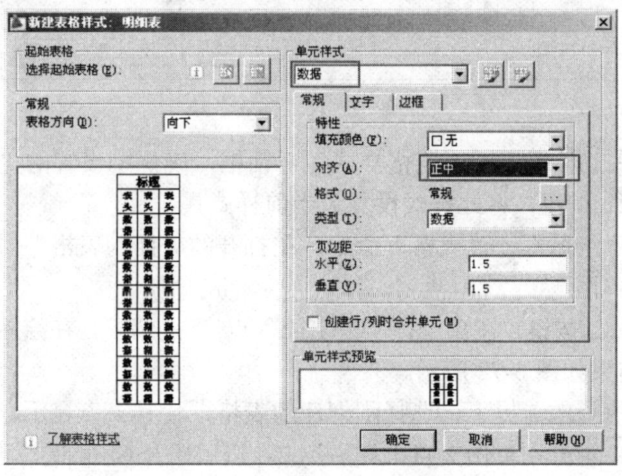

图 6-68　“数据”单元样式

（4）在“单元样式”列表中选择“表头”选项，然后在展开的选项卡中设置参数，如图 6-69 所示。

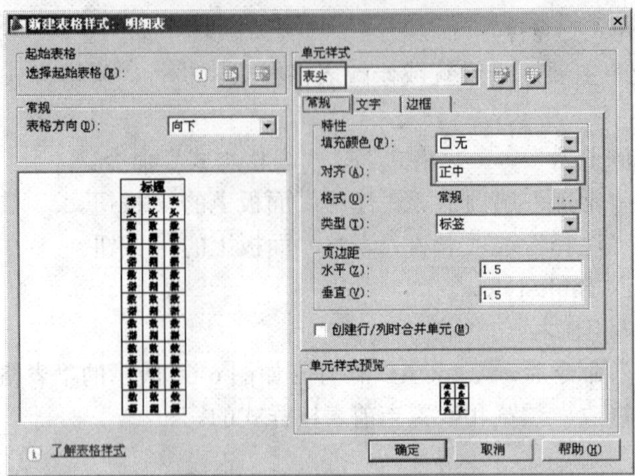

图 6-69 “列标题”选项卡

（5）在“单元样式”列表中选择“标题”选项，然后在展开选项卡中设置参数如图 6-70 所示。

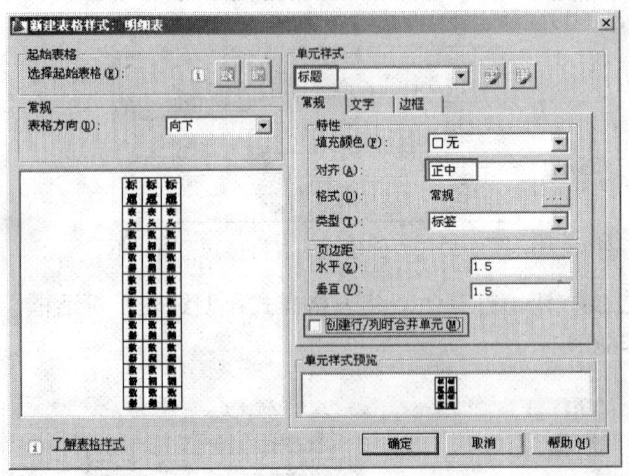

图 6-70 设置标题参数

（6）单击 确定 按钮返回“表格样式”对话框，确保刚设置的“明细表”样式处于选择状态，单击 置为当前(U) 按钮，将此样式设置为当前样式。

（7）单击菜单“绘图”/“表格”命令，在打开的“插入表格”对话框中设置参数，如图 6-71 所示。

（8）单击 确定 按钮，在命令行“指定插入点：”提示下，在绘图区拾取一点，插入表格，并结束命令，结果如图 6-72 所示。

（9）在无命令执行的前提下，选择刚创建的表格，使其夹点显示，如图 6-73 所示。

（10）按住 Shift 键分别单击夹点 1 和夹点 2，然后松开 Shift 键，再次单击夹点 2，进入夹点编辑模式。

（11）在“** 拉伸 **指定拉伸点或 [基点(B)/复制(C)/放弃(U)/退出(X)]：”提示下，输入“@-12,0”并按 Enter 键，拉伸结果如图 6-74 所示。

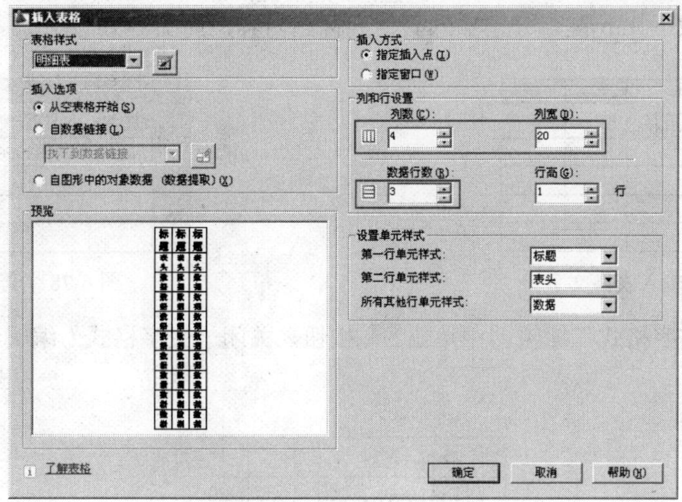

图 6-71　设置表格参数

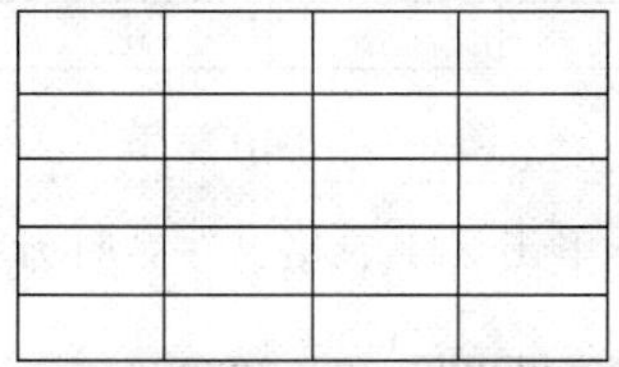

图 6-72　创建表格

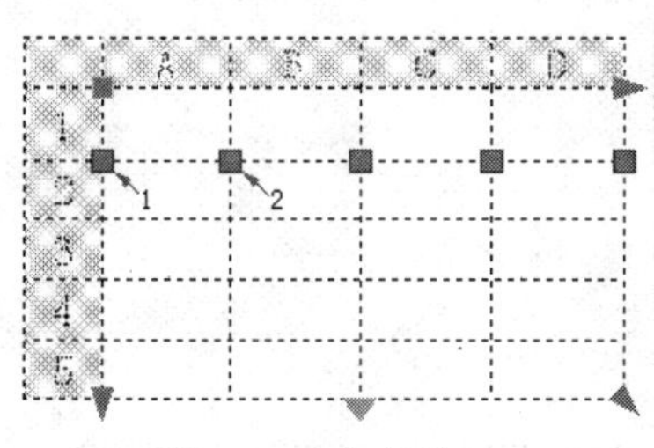

图 6-73　夹点显示

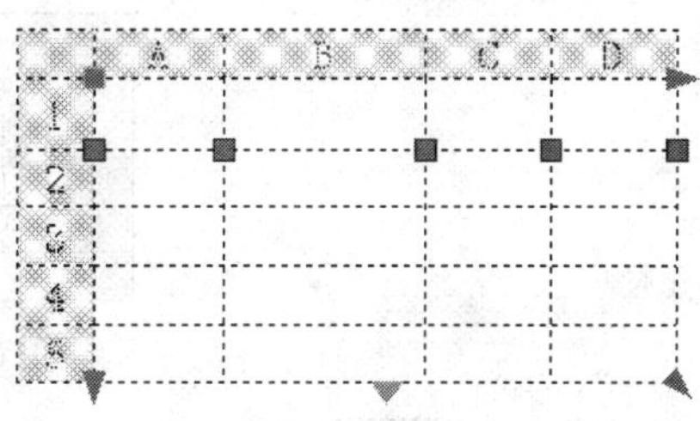

图 6-74　拉伸结果

（12）取消表格的夹点显示状态，编辑结果如图 6-75 所示。

（13）在左侧第一个列标题方格内双击，打开文字格式编辑器功能区面板，输入文字内容，如图 6-76 所示。

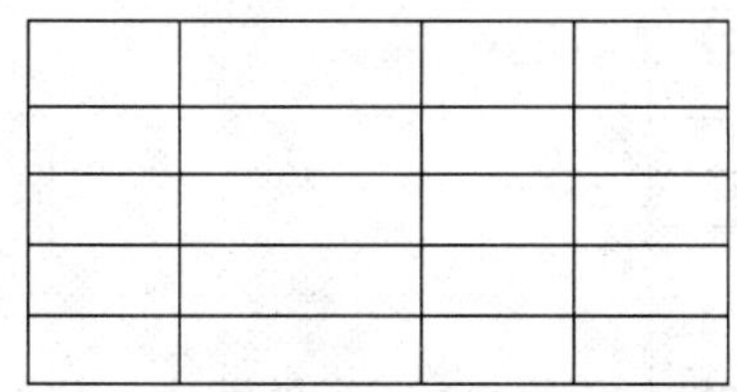

图 6-75　编辑结果

	A	B	C	D
1	编号			
2				
3				
4				
5				

图 6-76　输入表格文字

（14）按 Tab 键，在第二个列标题方格内填写表格内容，并设置文字样式等，如图 6-77 所示。

（15）通过按下 Tab 键，分别输入其他列标题内容，如图 6-78 所示。

	A	B	C	D
1	编号	BXL		
2				
3				
4				
5				

图 6-77　输入表格文字

	A	B	C	D
1	编号	BXL	H1	H2
2	ZJ1	1000X1000	100	200
3				
4				
5				

图 6-78　填充结果

（16）在“文字格式”编辑器中单击确定按钮，关闭“文字格式”编辑器，操作结果如图 6-79 所示。

编号	BXL	H1	H2
ZJ1	1000X1000	100	200

图 6-79　操作结果

（17）在无命令执行的前提下单击 ZJ1 表格文字，打开如图 6-80 所示的“表格”编辑器。

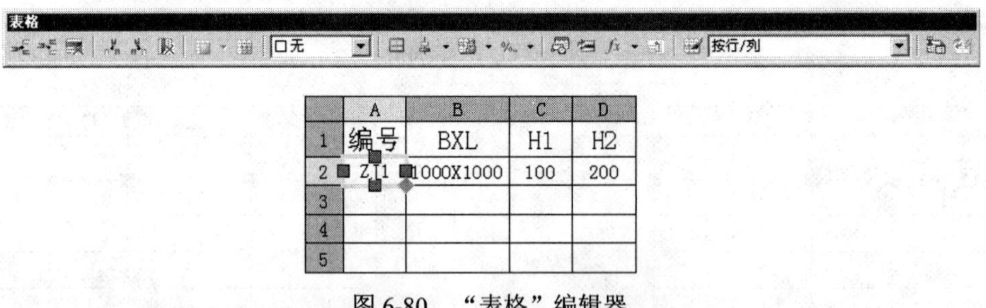

	A	B	C	D
1	编号	BXL	H1	H2
2	ZJ1	1000X1000	100	200
3				
4				
5				

图 6-80　“表格”编辑器

（18）按住 Shift 键依次单击右次的三个表格文字，结果如图 6-81 所示。

	A	B	C	D
1	编号	BXL	H1	H2
2	ZJ1	1000X1000	100	200
3				
4				
5				

图 6-81　操作结果

（19）单击右下侧的夹点，垂直向下引导光标，捕捉如图 6-82 所示的端点，将选中的表格文字进行复制，复制结果如图 6-83 所示。

（20）在复制出的表格文字上双击，输入新的表格内容，修改结果如图 6-84 所示。

（21）将当前文件命名存储为“创建与填充明细表.dwg”。

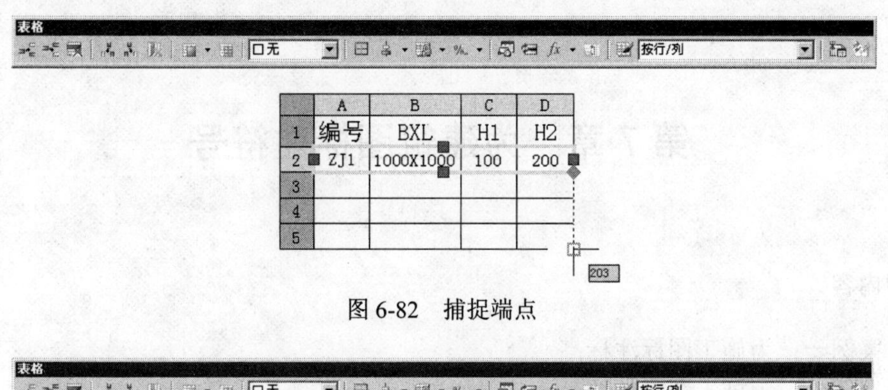

	A	B	C	D
1	编号	BXL	H1	H2
2	ZJ1	1000X1000	100	200
3				
4				
5				

图 6-82　捕捉端点

	A	B	C	D
1	编号	BXL	H1	H2
2	ZJ1	1000X1000	100	200
3	ZJ1	1000X1000	101	201
4	ZJ1	1000X1000	102	202
5	ZJ1	1000X1000	103	203

图 6-83　复制结果

	A	B	C	D
1	编号	BXL	H1	H2
2	ZJ1	1000X1000	100	200
3	ZJ2	1200X1000	100	200
4	ZJ3	1300X1000	100	200
5	ZJ4	1500X1000	100	200

图 6-84　修改其他表格文字

6.5　本章小结

本章主要学习了施工图文字注释的快速标注方法和标注技巧。通过本章的学习，应掌握单行文字、多行文字、引线文字等的标注技巧和编辑技巧，除此之外，还需要了解和掌握表格的创建和填充技巧、图形信息的查询技巧等。

下一章将学习施工图中常用符号的快速标注方法和标注技巧。

第 7 章　为建筑图标注符号

学习内容

- 案例一：为施工图标注标高
- 案例二：为施工图墙体编号
- 本章小结

本章知识点

- 定义属性
- 编辑属性
- 编辑属性块
- 属性块管理器

7.1　案例一：为施工图标注标高

7.1.1　教学目标

本例通过为某建筑立面图标注如图 7-1 所示的标高尺寸，主要学习施工图标高尺寸的快速标注方法和标注技巧。

图 7-1　标注标高

7.1.2　绘图思路

- 使用“打开”命令打开图形源文件。
- 使用“多段线”、“定义属性”和“创建块”等命令，创建标高属性块。
- 使用“特性”和“特性匹配”命令，快速创建标高尺寸指示线。
- 使用“插入块”和“复制”命令，标注标高尺寸。
- 使用“编辑属性”命令，修改各位置的标高属性值。
- 使用“另存为”命令，将图形另名存盘。

7.1.3　命令讲解

在标注施工图标高尺寸之前，首先学习“定义属性”和“修改属性”两个命令。

7.1.3.1　“定义属性”命令

“定义属性”命令是为几何图形定义文字属性的工具，具体包括属性标记名、提示说明、默认值、显示格式及属性在图形中的位置等参数。

1. 命令的执行

执行“定义属性”命令主要有以下几种方式：

- 单击“菜单浏览器” / “绘图” / “块” / “定义属性”命令。
- 单击功能区“常用”选项卡 / “块”面板上的按钮。
- 单击功能区“块和参照”选项卡 / “属性”面板上的按钮。
- 在命令行输入 Attdef↵。
- 使用命令简写 ATT↵。

2. 定义文字属性

下面通过为平面门图例定义如图 7-2 所示的文字属性，学习使用“定义属性”命令。

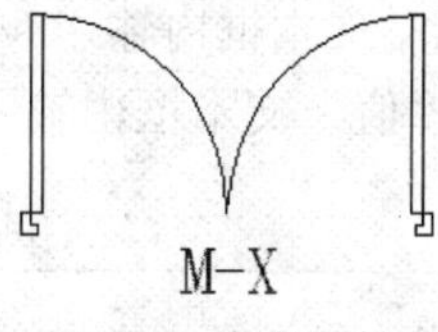

图 7-2　定义属性

（1）打开素材包中的“/图形源文件/双开门.dwg”，如图 7-3 所示。

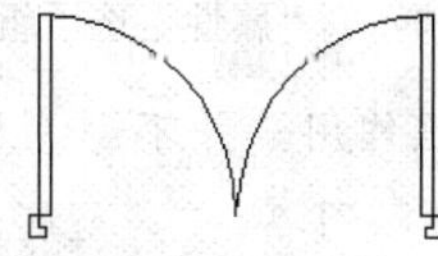

图 7-3　打开结果

（2）使用快捷键 ST 激活“文字样式”命令，设置一种新的文字样式，如图 7-4 所示。

（3）执行“菜单浏览器” / “绘图” / “块” / “定义属性”命令，在命令行中输入 Attdef 后按 Enter 键，打开如图 7-5 所示的“属性定义”对话框。

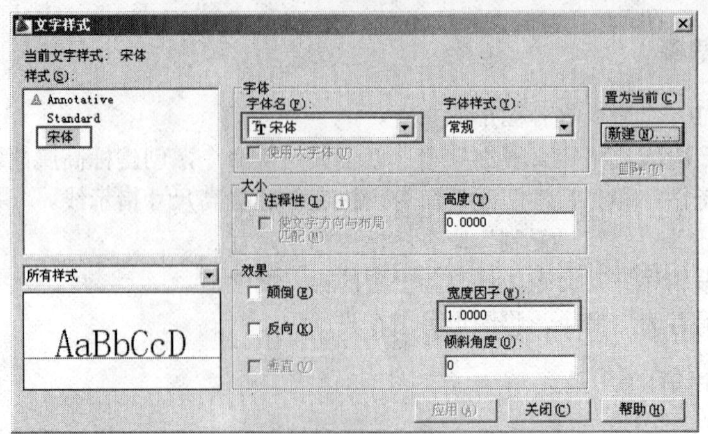

图 7-4　设置新样式

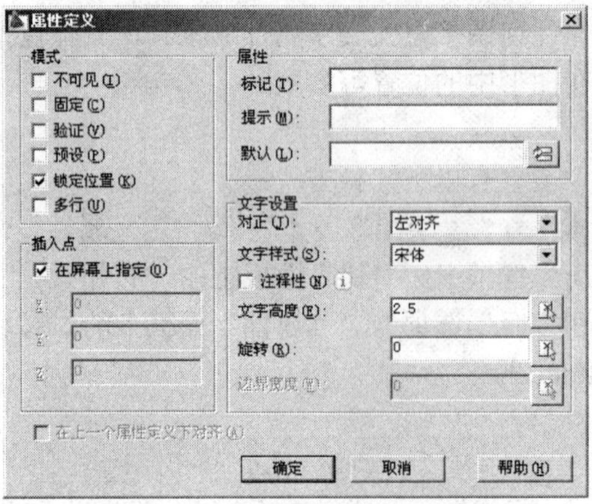

图 7-5　“属性定义”对话框

（4）在“属性”选项组的“标记”文本框内输入 M-X，作为属性的标记名；在“提示”文本框内输入“输入门的编号：”；在“值”文本框内输入 M-1，如图 7-6 所示。

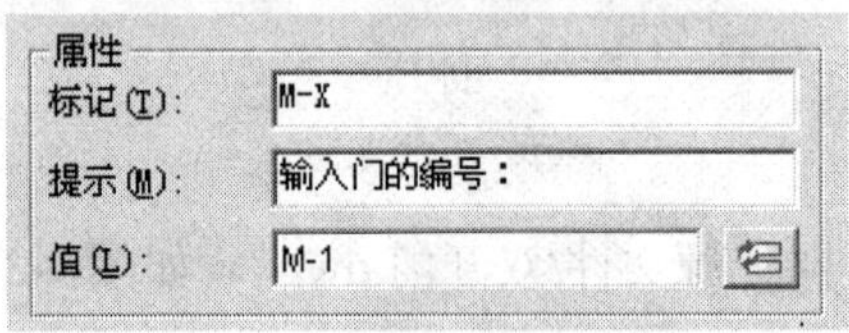

图 7-6　“属性”选项组

注意：标记名仅起到一个属性参照作用，并不影响属性值，用户可以随意设置标记名；提示内容一般输入一些与符号相关的信息内容。

（5）在“高度”文本框内输入 200，其他参数采用默认设置。

（6）单击对话框中的 确定 按钮。在命令行“指定起点：”提示下，在双开门下侧适当位置拾取一点，作为属性的插入点，最终结果如图 7-2 所示。

3. 重要选项解析

● “模式”选项组：用于控制属性的模式，包括“不可见”、“固定”、“验证”和“预置”

4 个复选框，其中“不可见”选项用于设置插入属性块后是否显示属性值；“固定”选项用于设置属性是否为固定值；“验证”选项用于设置在插入块时提示确认属性值是否正确；“预置”选项用于将属性值定为默认值。

注意：用户也可以运用系统变量 Attdisp 直接在命令行进行设置或修改属性的显示状态。

- “属性”选项组：用于设置属性参数，包括“标记”、“提示”和“值”三个文本框，其中，“标记”文本框用于输入属性的标记名；“提示”文本框用于输入在属性块插入时属性的提示内容；“值”文本框用于设置属性的默认值。
- “插入点”选项组：用来设置属性的插入基点。用户可以直接在“X”、“Y”、“Z”文本框中输入插入点的 X、Y、Z 的坐标值，也可以切换到屏幕绘图窗口，用光标拾取属性的插入基点。
- “文字选项”选项组：用于设置属性文本的样式、对正方式、高度以及旋转角度。

注意：一旦用户设置为某种文字样式，在插入属性块后，块中的属性文本一直沿用这种文字样式，与当前图形文件中的文字样式无关。

- “在上一个属性定义下对齐”复选项：当用户需要重复定义对象的属性时，勾选此选项，系统将自动沿用上次设置的各属性的文字样式、对正方式以及高度等参数的设置。

7.1.3.2　修改属性

当定义了属性后，如果需要改变属性的标记、提示或默认值，可以执行“修改”菜单中的“对象”/“文字”/“编辑”命令，在命令行“选择注释对象或 [放弃(U)]:”提示下，选择需要编辑的属性，弹出如图 7-7 所示的“编辑属性定义”对话框，通过此对话框，用户可以修改属性定义的标记、提示或默认。

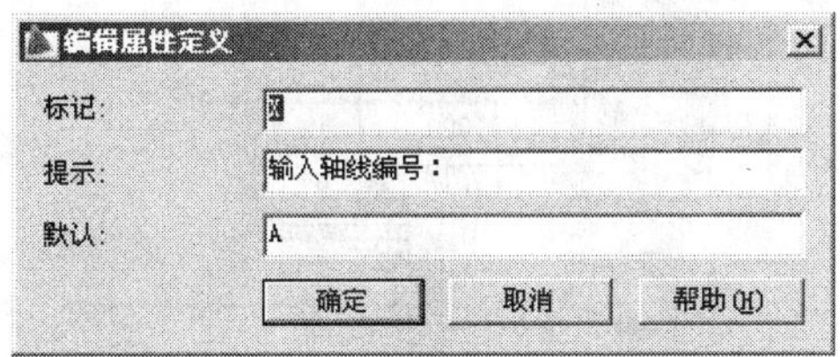

图 7-7　“编辑属性定义”对话框

最后单击对话框中的 确定 按钮，属性将按照修改后的标记、提示或默认值显示。

注意：上述命令只能修改属性的标记名、提示及默认值三个参数，不能修改属性的文本样式、对正方式以及插入基点等选项。另外，此命令只能对未作成图块或已分解开的属性进行编辑。

7.1.4　绘图步骤

（1）打开素材包中的“/图形源文件/别墅立面图.dwg”，如图 7-8 所示。

（2）将 0 图层设置为当前图层，激活状态栏上的“极轴追踪”功能，并设置极轴角为 45 度。

（3）使用快捷键 PL 激活“多段线”命令，参照图示尺寸绘制出标高符号，如图 7-9 所示。

（4）单击功能区“常用”选项卡 / “块”面板上的按钮，在打开的“属性定义”对话框中设置各参数，如图 7-10 所示。

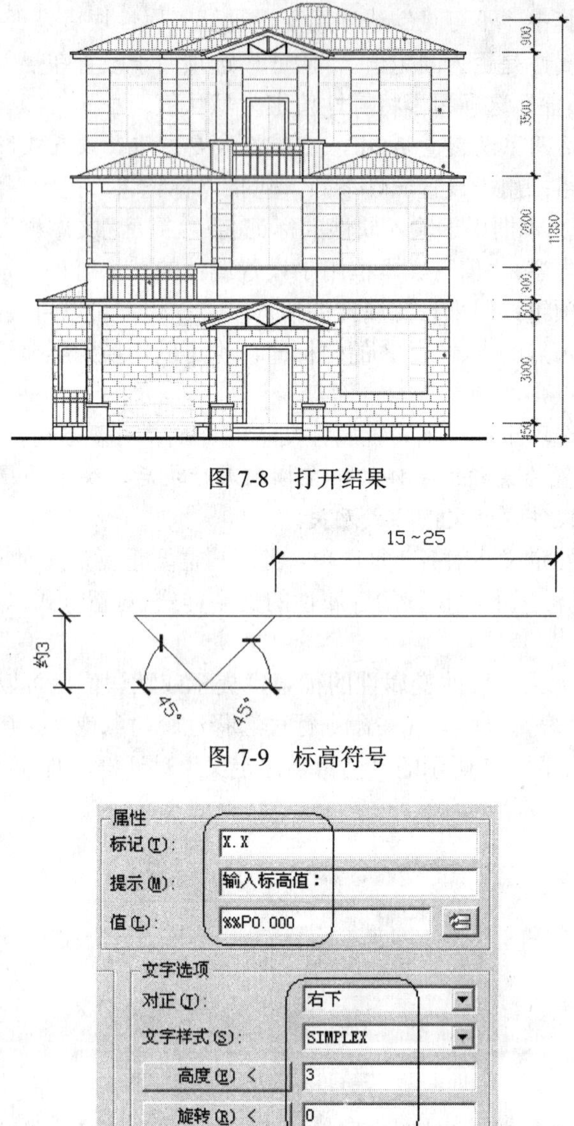

图 7-8 打开结果

图 7-9 标高符号

图 7-10 设置属性参数

（5）单击 确定 按钮，在命令行“指定起点：”提示下捕捉标高符号最右侧的端点，为标高符号定义属性，结果如图 7-11 所示。

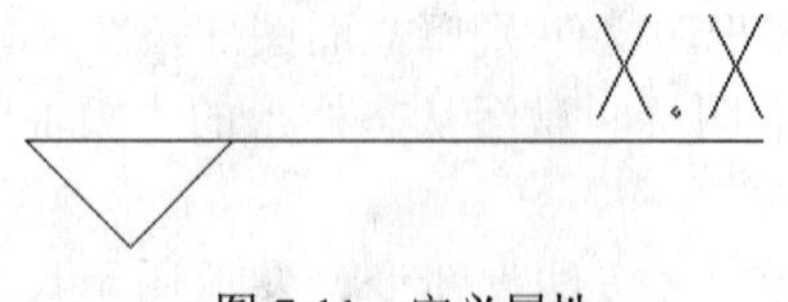

图 7-11 定义属性

（6）使用快捷键 B 激活“创建块”命令，设置参数如图 7-12 所示，选择所绘制的标高符号和所定义的属性，将其一起创建为内部块，图块的基点为标高符号最下侧的端点。

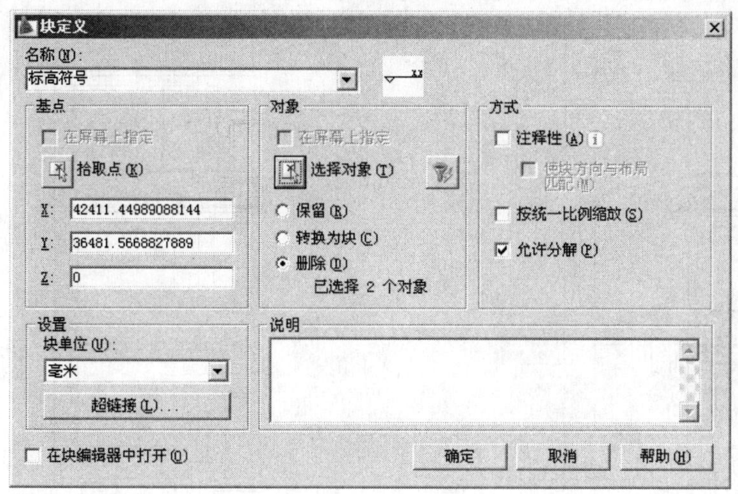

图 7-12　设置内部块参数

（7）在无任何命令执行的前提下，选择下侧尺寸文本为 900 的层高尺寸，使其呈现夹点显示，如图 7-13 所示。

（8）按 Ctrl+1 组合键，打开“特性”对话框，修改尺寸界线超出尺寸线的长度，参数设置如图 7-14 所示。

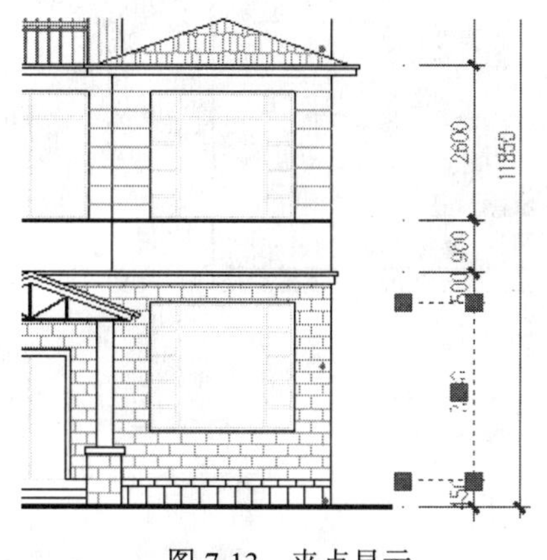

图 7-13　夹点显示

尺寸...	开
尺寸...	开
固定...	关
尺寸...	1.3
尺寸...	ByLayer
尺寸...	22
尺寸...	3
文字	

指定尺寸界线超出尺寸线...

图 7-14　修改参数

（9）取消对象的夹点显示，结果所选择的层高尺寸的尺寸界线被延长，如图 7-15 所示。

（10）使用快捷键 MA 激活“特性匹配”命令，选择被延长的层高尺寸作为源对象，将其尺寸界线的特性复制给其他层高尺寸，结果如图 7-16 所示。

（11）设置“其他层”作为当前图层，执行“插入块”命令，插入刚定义的“标高符号”内部块，块参数设置如图 7-17 所示。命令行操作如下：

```
命令: _insert
    指定插入点或 [基点(B)/比例(S)/旋转(R)]:
                                      //捕捉最下侧尺寸界限的外端点
    输入属性值
    输入标高值: <±0.000>:              //-0.450↵，结果如图 7-18 所示
```

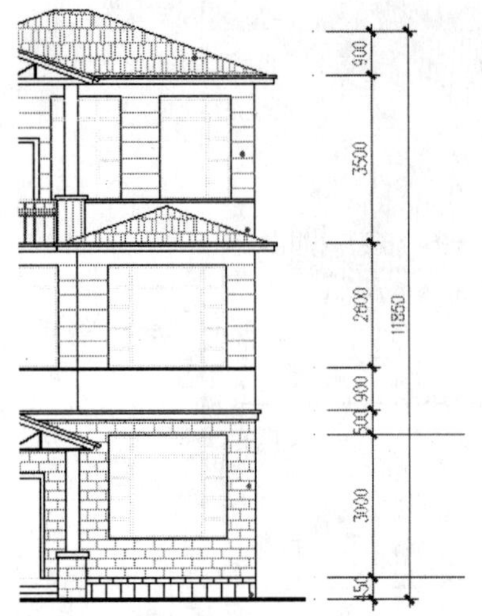

图 7-15　轴线尺寸的夹点显示

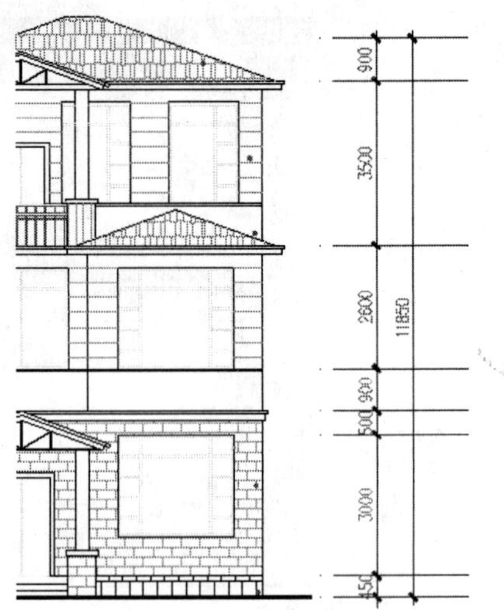

图 7-16　特性匹配

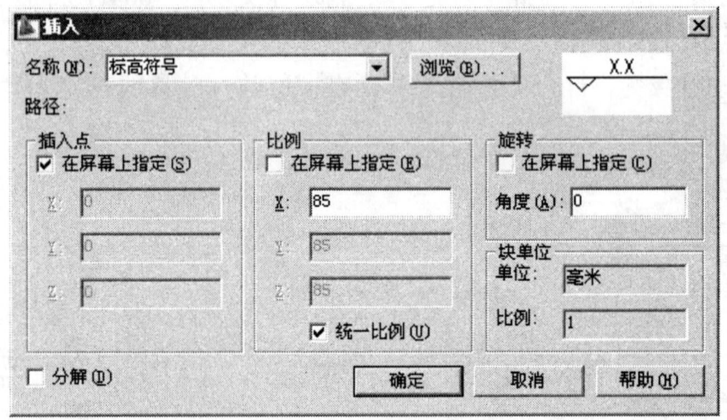

图 7-17　设置参数

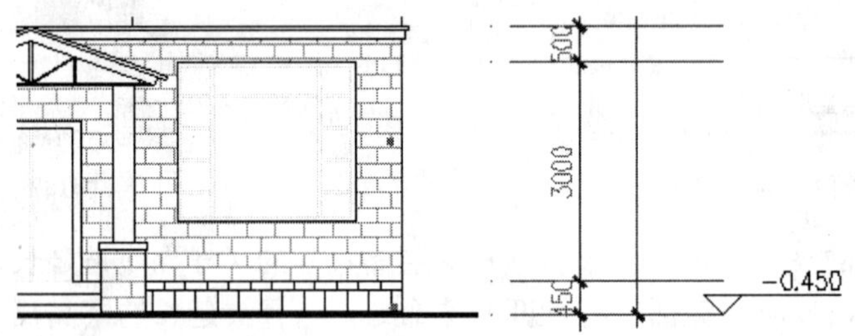

图 7-18　插入结果

（12）执行“复制”命令，选择刚标注的标高尺寸进行多重复制，基点为块插入点，目标点为各层高尺寸界线的外端点，结果如图 7-19 所示。

（13）单击“菜单浏览器” / “修改” / “对象” / “属性” / “单个”命令，在“选择块：”提示下选择第二个标高属性块（从下向上），在弹出的“增强属性编辑器”对话框中修改标高的属性值如图 7-20 所示。

（14）单击 应用(A) 按钮，结果标高尺寸被自动修改，如图 7-21 所示。

图 7-19　复制结果

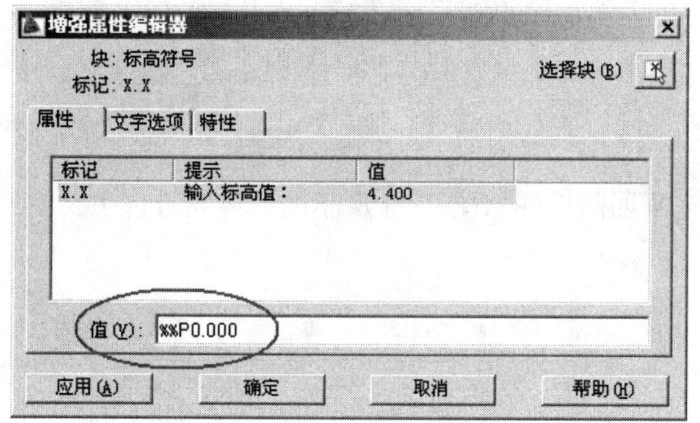

图 7-20　修改属性值

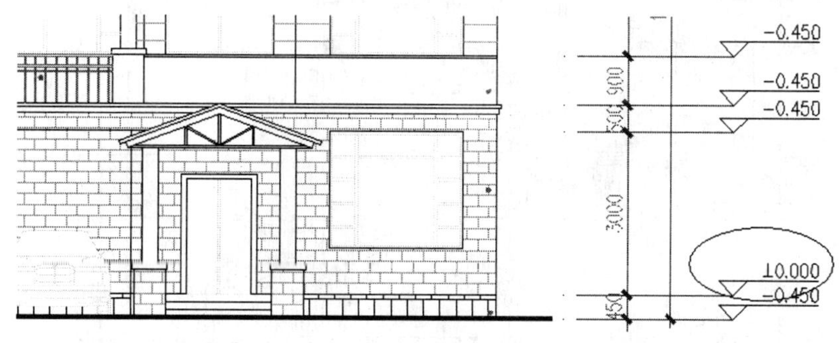

图 7-21　修改标高尺寸

（15）在“增强属性编辑器”对话框中单击“选择块”按钮，返回绘图区，从下向上依次拾取其他位置的标高尺寸属性块，修改各位置的标高尺寸，结果如图 7-22 所示。

（16）调整视图，使立面图最大化显示在绘图区内，最终结果如图 7-1 所示。

（17）使用“另存为”命令，将当前文件另名存储为“标注施工图标高.dwg”。

图 7-22 修改结果

7.2 案例二：为施工图墙体编号

7.2.1 教学目标

本例通过为某住宅平面图标注如图 7-23 所示的墙体编号，主要学习施工图轴标号的快速标注方法和标注技巧。

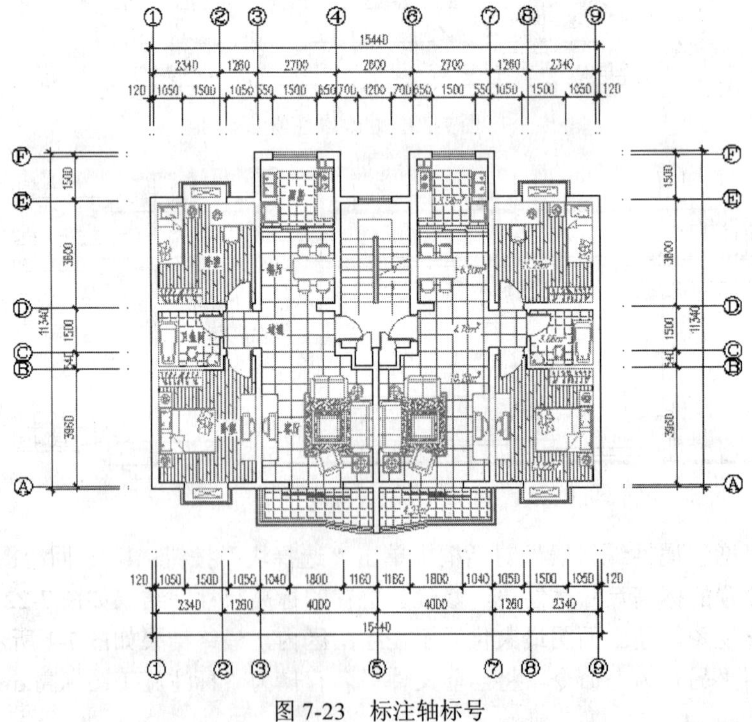

图 7-23 标注轴标号

7.2.2　“编辑属性”命令

在为施工图墙体编号之前，首先学习属性块的编辑工具，即“编辑属性”命令。

当将属性和几何图形定义为属性块之后，可以使用“编辑属性”命令修改属性块的属性值、文字样式、对正方式、文字的高度、倾斜角度以及它的图层特性等参数，但是不能修改属性的标记名和提示说明等。

执行“编辑属性”命令主要有以下几种方式：

- 单击“菜单浏览器”/“修改”/“对象”/“属性”/“单个”命令。
- 单击功能区“常用”选项卡/“块”面板上的按钮。
- 单击功能区“块和参照”选项卡/“属性”面板上的按钮。
- 在命令行输入 Eattedit。

激活“编辑属性”命令后，选择属性块，可打开如图 7-20 所示的属性块，各选项功能如下：

- “属性”选项卡：用于显示当前图形文件中的所有属性块的属性标记、提示和默认值，还可以修改属性块的属性值。当选择了需要修改的属性后，在“值”文本框内输入新的属性值后单击 应用(A) 按钮，就可以改变原来的属性值。然后通过单击右上角的“选择块”按钮，对当前图形中的其他属性块进行修改。
- “文字选项”选项卡：单击对话框中的 文字选项 标签，即可打开“文字选项”选项卡，在此选项卡内可以修改属性的文字样式、对正方式、高度以及旋转角度、宽度比例和倾斜角度等参数。
- “特性”选项卡：单击对话框中的 特性 标签，可打开如图 7-24 所示的“特性”选项卡，在此选项卡内可以修改属性所在的图层、线型、颜色和线宽等特性。

图 7-24　“特性”选项卡

7.2.3　绘图思路

- 使用“打开”命令打开图形的源文件。
- 使用“文字样式”命令设置新的文字样式。
- 使用“圆”、“定义属性”和“写块”命令，为轴标号定义属性。
- 使用“特性”、“特性匹配”命令修改轴线尺寸的尺寸界线。
- 使用“插入块”和“复制”命令，为施工平面图编写轴线编号。

- 使用“编辑属性”和“移动”命令，修改轴线编号。
- 使用“另存为”命令，将文件另名存盘。

7.2.4　绘图步骤

（1）打开素材包中的“/图形效果文件/第 6 章/标注施工图房间面积.dwg”，如图 7-25 所示。

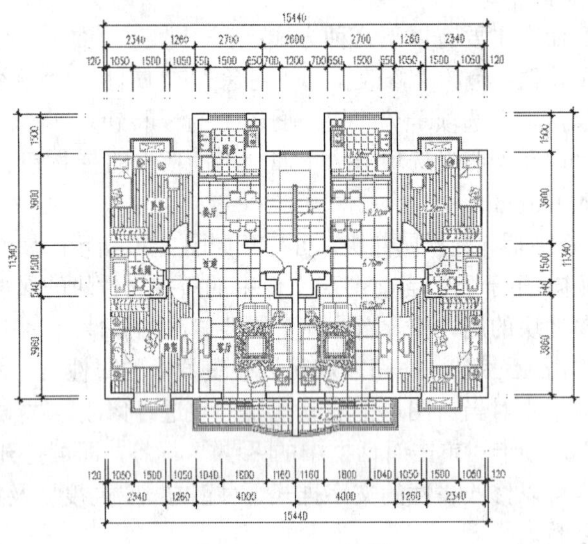

图 7-25　打开结果

（2）使用快捷键 LA 激活“图层”命令，将 0 图层设为当前图层。

（3）绘制一个直径为 8 个绘图单位的圆，并使用视图调整功能将圆放大显示。

（4）使用快捷键 ST 激活“文字样式”命令，设置如图 7-26 所示的文字样式。

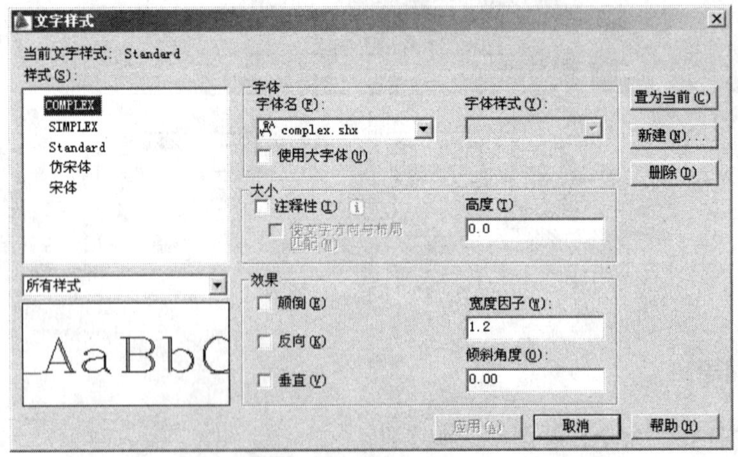

图 7-26　设置文字样式

（5）单击“菜单浏览器”/“绘图”/“块”/“定义属性”命令，设置属性的标记名、提示符、默认值；在“文字选项”选项组内分别设置属性的对正方式、文字样式和文字高度等参数，如图 7-27 所示。

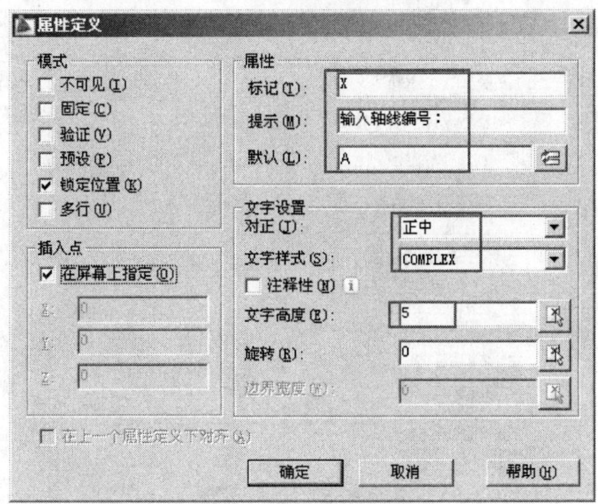

图 7-27　设置属性参数

（6）单击确定按钮，返回绘图区，在命令行“指定起点：”的提示下，捕捉圆的圆心作为属性插入点，结果如图 7-28 所示。

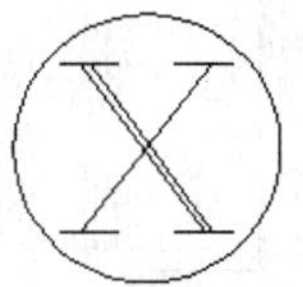

图 7-28　定义属性

（7）激活“创建块”命令，将刚定义的属性和轴标号一起定义为内部图块，图块的基点为圆的圆心，其他参数设置如图 7-29 所示。

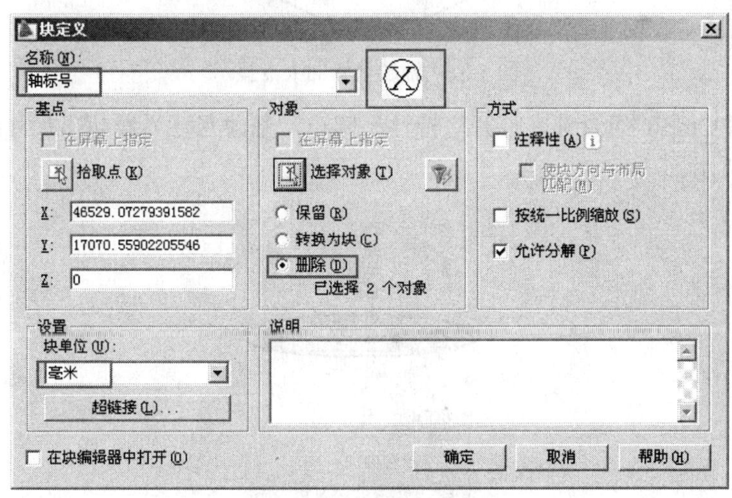

图 7-29　设置图块参数

（8）使用快捷键 W 激活“写块”命令，设置参数如图 7-30 所示，将刚定义的轴标号内部块转化为外部块，以将其应用到其他图形文件中。

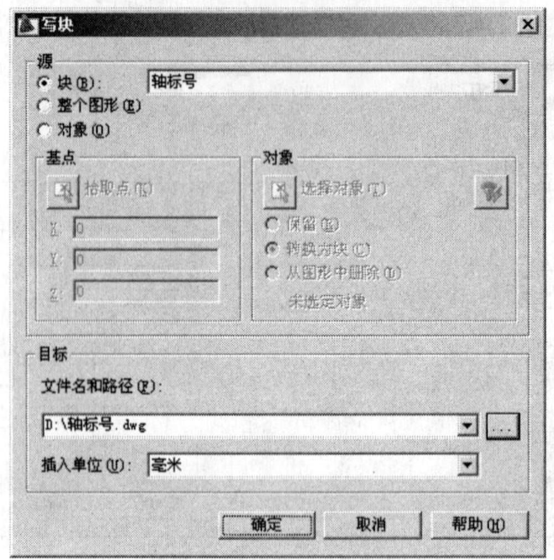

图 7-30 创建外部块

（9）在无任何命令执行的前提下选择平面图的一个轴线尺寸，使其夹点显示，如图 7-31 所示。

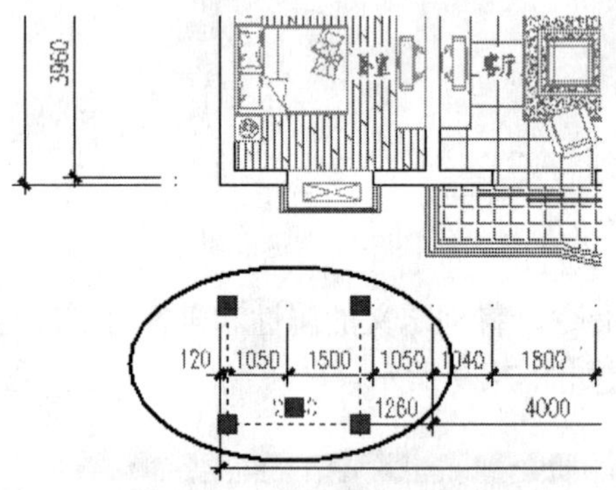

图 7-31 轴线尺寸的夹点显示

（10）按下 Ctrl+1 组合键，打开“特性”窗口，修改尺寸界线超出尺寸线的长度，修改参数如图 7-32 所示。

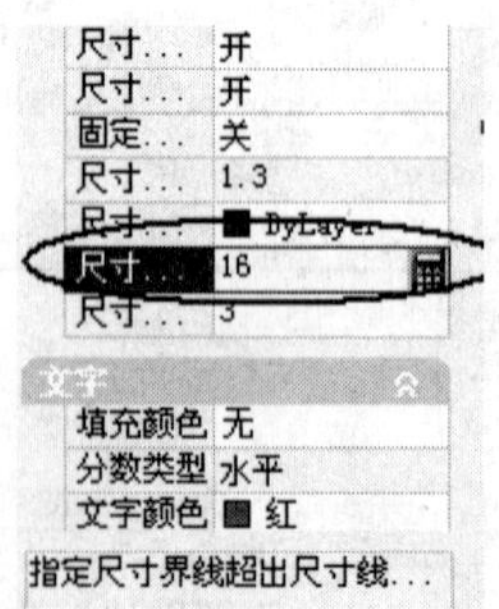

图 7-32 “特性”对话框

（11）取消对象的夹点显示，结果所选择的轴线尺寸的尺寸界线被延长，如图 7-33 所示。

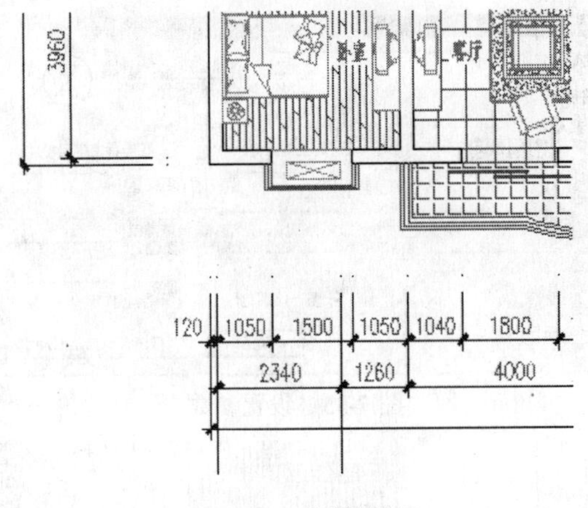

图 7-33　编辑特性

（12）激活“特性匹配”命令，选择被延长的轴线尺寸作为匹配的源对象，将其尺寸界线的特性复制给其他位置的轴线尺寸，匹配结果如图 7-34 所示。

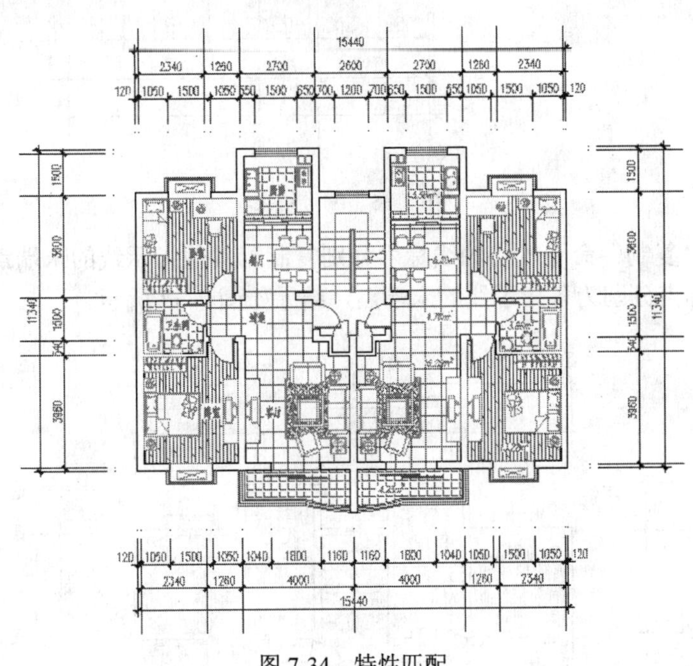

图 7-34　特性匹配

（13）设置“其他层”作为当前图层，然后执行“插入块”命令，在打开的“插入”对话框中设置各参数，如图 7-35 所示。

（14）单击 确定 按钮，根据命令行的提示，为第一道纵向轴线编号，命令行操作如下：

命令: INSERT

指定插入点或 [基点(B)/比例(S)/旋转(R)]:

//捕捉下侧第一道纵向尺寸界线的端点

输入属性值

输入轴线编号 <A>:　　//1↵，结果如图 7-36 所示

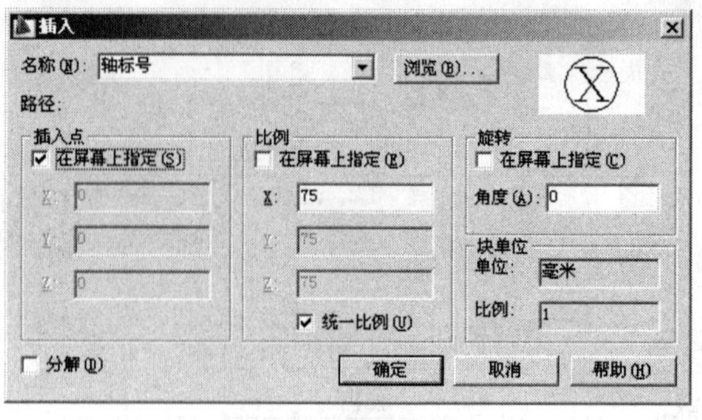

图 7-35 设置参数

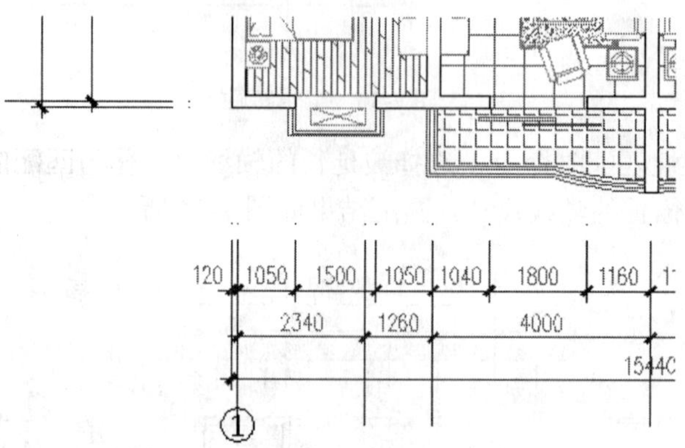

图 7-36 编号结果

（15）执行“复制”命令，将轴线标号分别复制到其他指示线的末端点，复制的基点为轴标号圆心，目标点分别为各指示线的末端点，结果如图 7-37 所示。

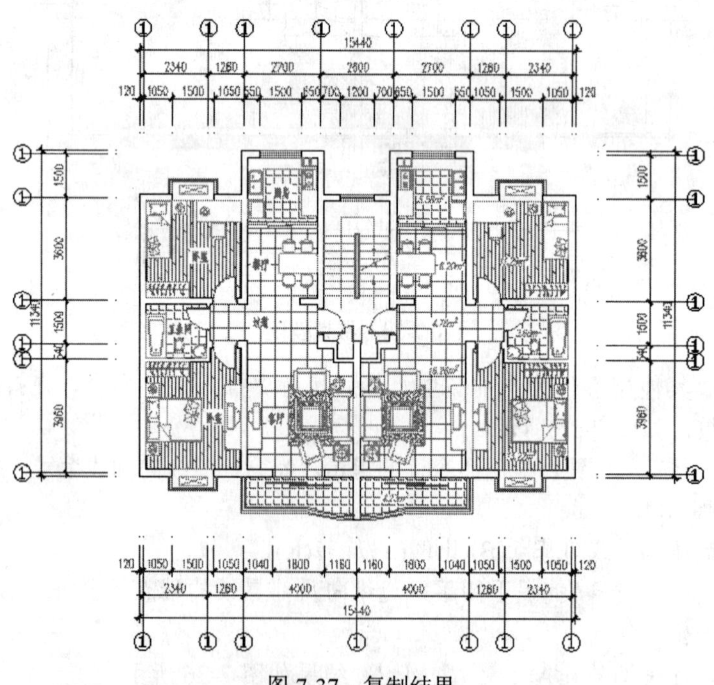

图 7-37 复制结果

（16）单击“菜单浏览器”/“修改”/“对象”/“属性”/“单个”命令，在命令行“选择块:”提示下选择平面图下侧第二个轴标号（左下向右），打开“增强属性编辑器”对话框。

（17）在对话框中修改属性值为 2，如图 7-38 所示。

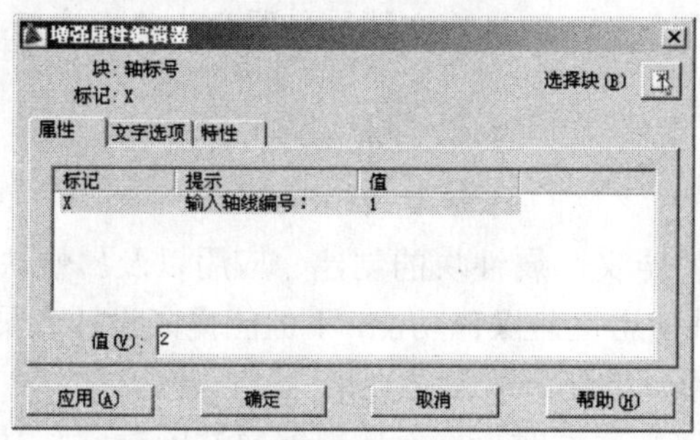

图 7-38　“增强属性编辑器”对话框

（18）单击左下角的 应用(A) 按钮，则此位置轴标号的值被修改为 2，如图 7-39 所示。

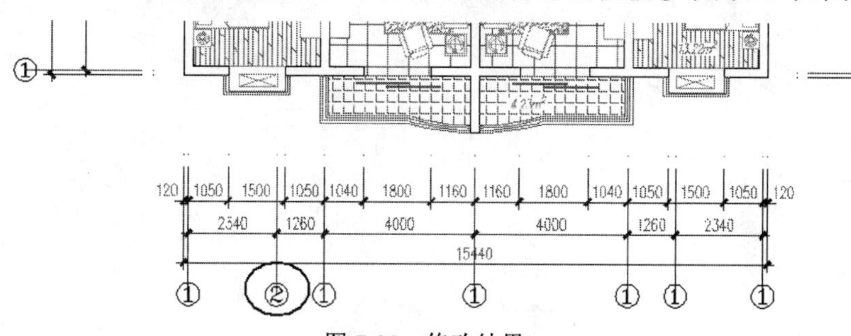

图 7-39　修改结果

（19）在对话框中单击右上角的“选择块”按钮，返回绘图区，分别选择其他位置的轴线编号进行修改，结果如图 7-40 所示。

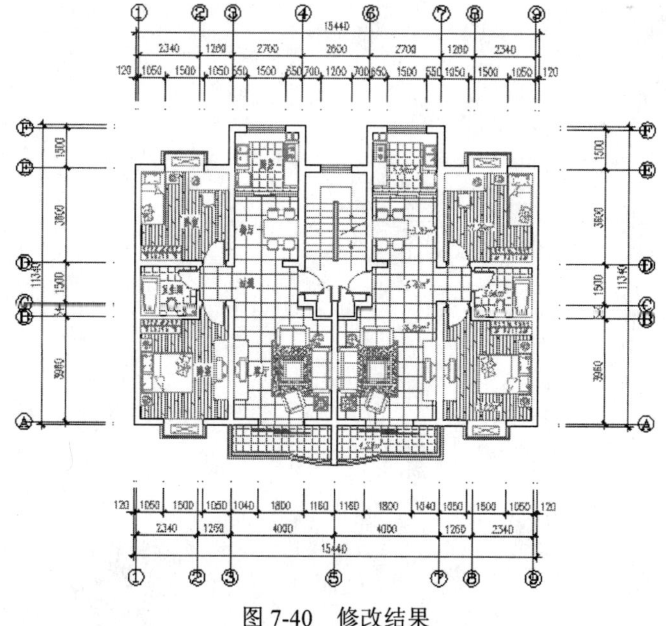

图 7-40　修改结果

（20）单击“菜单浏览器”▲/“修改”/“移动”命令，配合交点、端点捕捉功能，分别将平面图四侧的轴标号进行外移，基点为轴标号与指示线的交点，目标点为各指示线端点，最终结果如图 7-23 所示。

（21）使用“另存为”命令，将当前文件另名保存为“标注施工图轴标号.dwg”。

7.3 本章小结

本章主要学习了属性的定义、属性块的创建、应用以及属性块的编辑修改等重要操作。在平时的绘图过程中，巧妙使用这些操作功能，不但能提高设计人员的绘图速度并节省存储空间，而且还可使绘制的图形标准化、规范化。

另外，在为几何图形定义属性时，不但要理解属性的概念和功能，还需要掌握属性的定义过程和修改方法；在具体应用属性时，要掌握属性块的创建、属性块的编辑和管理等重要知识。

第 8 章　制作建筑绘图模板

学习内容

- 案例一：设置绘图环境
- 案例二：设置绘图样式
- 案例三：绘制图纸边框
- 案例四：样板页面布局
- 本章小结

本章知识点

- 图层的设置
- 图层特性的设置
- 图层的状态控制
- 页面设置管理器

8.1　案例一：设置绘图环境

8.1.1　教学目标

本例主要学习建筑样板绘图环境的设置过程，具体内容包括绘图单位、图形界限、捕捉模式、追踪功能、常用的图层及图层的相关特性等。

8.1.2　绘图思路

- 新建一张空白文件。
- 使用“图形界限”命令设置绘图界限。
- 使用“单位”命令设置图形单位和绘图精度。
- 使用“草图设置”命令设置常用捕捉模式。
- 为样板文件设置一些常用的系统变量。
- 使用“图层”命令中的“新建”功能创建所需图层。
- 使用“图层”命令中的“颜色”功能设置图层的颜色特性。
- 使用“图层”命令中的“线型”功能设置图层的线型特性。
- 使用“图层”命令中的“线宽”功能设置图层的线宽特性。
- 将图形另名存盘。

8.1.3　命令讲解

“图层”命令主要用于对图形内部资源进行组织、规划和控制等。用户可以将图层理解为透明的电子纸，每张电子纸上可以绘制不同线型、线宽、颜色等特性的图形，最后将这些透明电子纸叠加起来，即可得到一幅完整的图样。

执行“图层”命令主要有以下几种方式：

- 单击“菜单浏览器” / “格式” / “图层”命令。
- 单击功能区“常用”选项卡 / “图层”面板上的按钮。
- 单击功能区“视图”选项卡 / “选项板”面板上的按钮。
- 在命令行输入 Layer↵。
- 使用命令简写 LA↵。

1. 设置新图层

（1）执行“图层”命令，在打开的“图层特性管理器”对话框中单击按钮，新图层将以临时名称“图层 1”显示在列表中，如图 8-1 所示。

图层1				白	Contin...	—— 默认	Color_7		

图 8-1 新建图层

（2）用户在反白显示的“图层 1”区域输入新图层的名称，即“点划线”，创建第一个新图层。

注意：图层名最长可达 255 个字符，可以是数字、字母或其他字符；图层名中不允许含有大于号（>）、小于号（<）、斜杠（/）、反斜杠（\）以及标点符号等；另外，为图层命名时，必须确保图层名的唯一性。

（3）按下组合键 Alt+N，或再次单击按钮，连续创建另外两个图层，即“实线层”和“双点划线”，结果如图 8-2 所示。

状.	名称	开	冻结	锁..	颜色	线型	线宽	打印...	打.	新.	说明
✔	0				白	Contin...	—— 默认	Color_7			
	点划线				白	Contin...	—— 默认	Color_7			
	实线层				白	Contin...	—— 默认	Color_7			
	双点划线				白	Contin...	—— 默认	Color_7			

图 8-2 设置新图层

2. 图层颜色的设置

（1）单击名为“点划线”的图层，使其处于激活状态，此时被选择的图层反白显示，如图 8-3 所示。

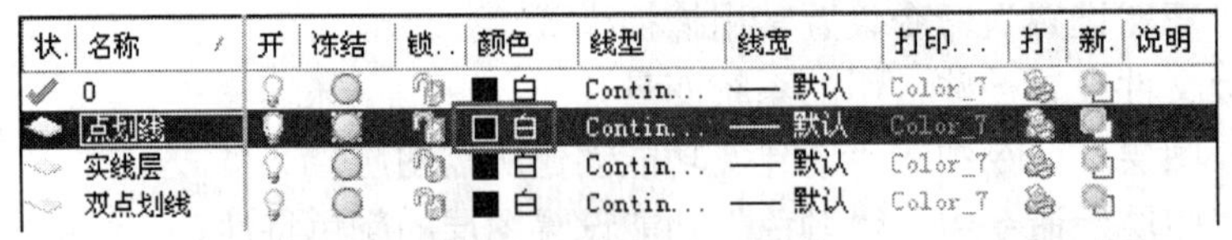

状.	名称	开	冻结	锁..	颜色	线型	线宽	打印...	打.	新.	说明
✔	0				白	Contin...	—— 默认	Color_7			
	点划线				白	Contin...	—— 默认	Color_7			
	实线层				白	Contin...	—— 默认	Color_7			
	双点划线				白	Contin...	—— 默认	Color_7			

图 8-3 修改图层颜色

（2）在如图 8-3 所示的颜色区域上单击，打开“选择颜色”对话框，如图 8-4 所示。

（3）在此对话框内选择一种颜色，如红色，单击 确定 按钮，即可将图层的颜色设置为红色，结果如图 8-5 所示。

3. 图层线型的设置

下面通过为“点划线”图层设置“点划线”线型，学习线型的加载与图层线型的设置功能。

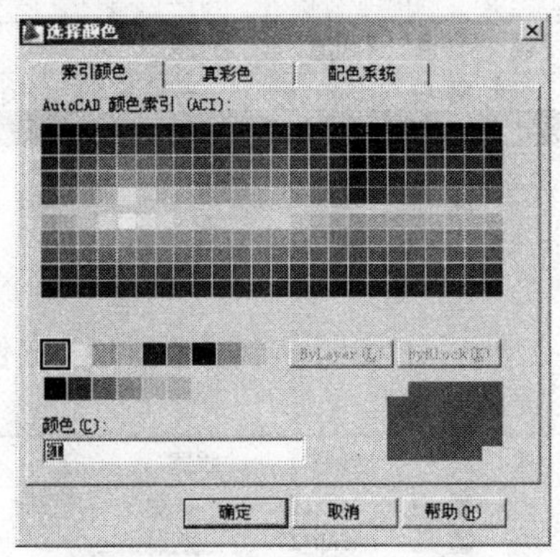

图 8-4　“选择颜色”对话框

状.	名称	开	冻结	锁..	颜色	线型	线宽	打印...	打.	新.	说明
	0				白	Contin...	—— 默认	Color_7			
	点划线				红	Contin...	—— 默认	Color_1			
	实线层				白	Contin...	—— 默认	Color_7			
	双点划线				白	Contin...	—— 默认	Color_7			

图 8-5　设置颜色后的图层

（1）在如图 8-6 所示的图层位置上单击，打开“选择线型”对话框。

状.	名称	开	冻结	锁..	颜色	线型	线宽	打印...	打.	新.	说明
	0				白	Contin...	—— 默认	Color_7			
	点划线				红	Contin...	—— 默认	Color_1			
	实线层				白	Contin...	—— 默认	Color_7			
	双点划线				白	Contin...	—— 默认	Color_7			

图 8-6　修改图层线型

（2）单击 加载(L)... 按钮，打开“加载或重载线型”对话框，选择 ACAD ISO04W100 线型，如图 8-7 所示。

（3）单击 确定 按钮，结果选择的线型被加载到“选择线型”对话框内，如图 8-8 所示。

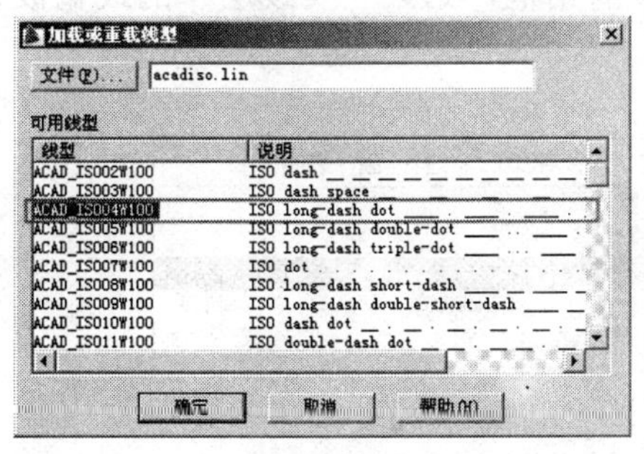

图 8-7　“加载或重载线型”对话框

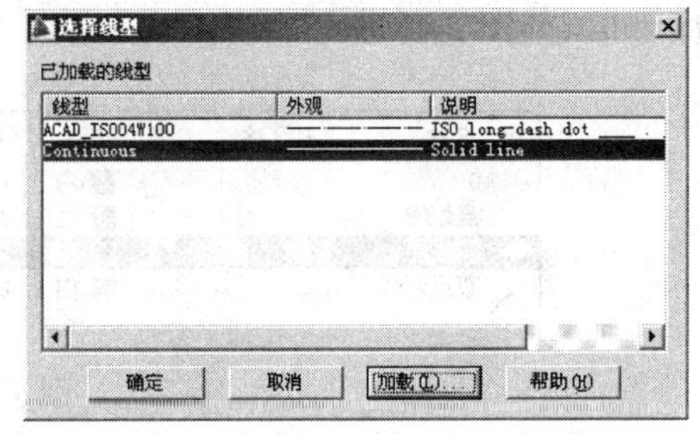

图 8-8　加载线型

注意：在默认设置时，系统将为用户提供一种 Continuous 线型，如果需要使用其他的线型，必须进行加载。

（4）选择刚加载的线型单击 确定 按钮，即将此线型附加给当前图层，结果如图 8-9 所示。

4. 图层线宽的设置

接下来通过为“实线层”设置线宽，学习图层线宽的设置功能。具体操作过程如下：

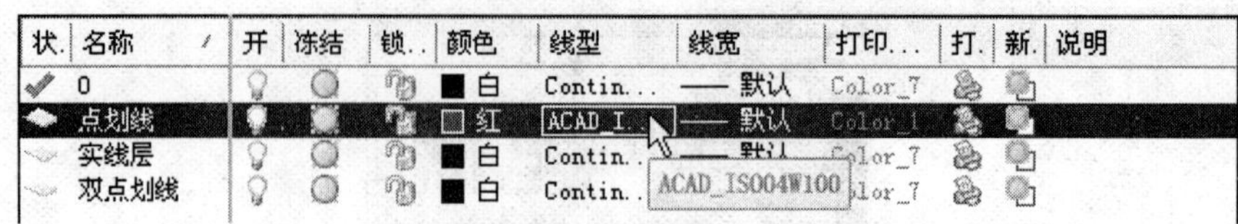

图 8-9 设置线型

（1）选择“实线层”图层，然后在如图 8-10 所示的线宽位置上单击。

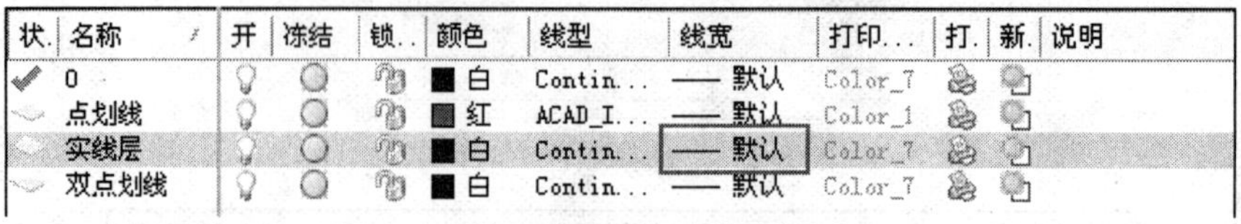

图 8-10 修改层的线宽

（2）此时系统打开“线宽”对话框，在对话框中选择 0.50mm 线宽，如图 8-11 所示。

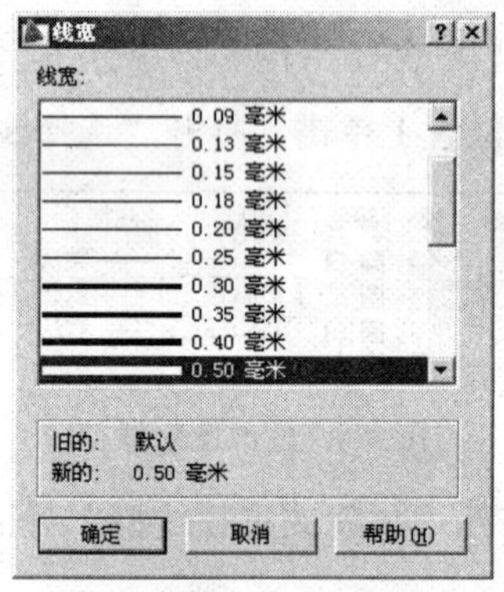

图 8-11 选择线宽

（3）单击 确定 按钮返回“图层特性管理器”对话框，结果“实线层”的线宽被设置为 0.5mm，如图 8-12 所示。

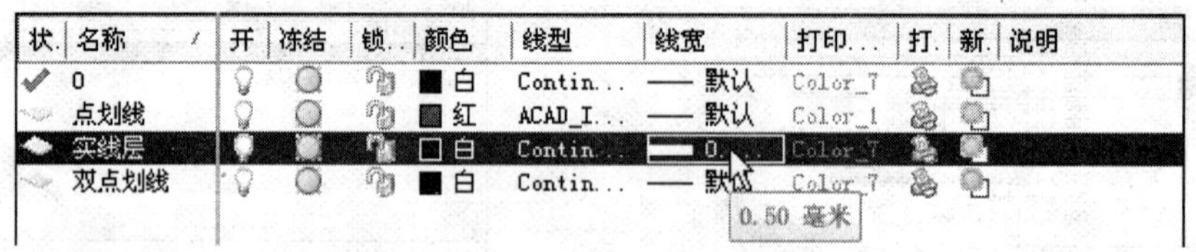

图 8-12 设置线宽

（4）单击 确定 按钮，关闭“图层特性管理器”对话框。

5. 图层的状态控制

用户设置图层的目的，就是为了对复杂图形进行规划管理和状态控制等。图层状态控制功能主要有开关、冻结与解冻、锁定与解锁等，如图 8-13 所示。

图 8-13 状态控制图标

- 开关控制功能。/按钮用于控制图层的开关状态。当按钮显示为时，位于图层上的对象都是可见的，并且可以在该层上进行绘图和修改操作；在按钮上单击，即可关闭该图层，按钮显示为（按钮变暗），此时图层上的所有图形对象被隐藏，该层上的图形也不能被打印或由绘图仪输出，但重新生成图形时，图层上的实体仍将重新生成。
- 冻结与解冻。/按钮用于在所有视图窗口中冻结或解冻图层。默认状态下图层是被解冻的，按钮显示为；在该按钮上单击，按钮显示为，位于该层上的内容不能在屏幕上显示或由绘图仪输出，不能进行重生成、消隐、渲染和打印等操作。
- 锁定与解锁。/按钮用于锁定图层或解锁图层。默认状态下图层是解锁的，按钮显示为，在此按钮上单击，图层被锁定，按钮显示为，用户只能观察该层上的图形，不能对其编辑和修改，但该层上的图形仍可以显示和输出。

注意：当前图层不能被冻结，但可以被关闭和锁定。

8.1.4　绘图步骤

（1）执行“新建”命令，以 acadISO -Named Plot Styles 样板作为基础样板，创建空白文件。

（2）单击“菜单浏览器”/“格式”/“单位”命令，在打开的“图形单位”对话框中设置长度、角度等参数，如图 8-14 所示。

（3）单击“菜单浏览器”/“格式”/“图形界限”命令，设置默认作图区域为 59400×42000。

（4）单击“菜单浏览器”/“格式”/“视图”/“缩放”/“全部”命令，将图形界限最大化显示。

（5）单击“菜单浏览器”/“格式”/“工具”/“草图设置”命令，在打开的对话框中激活“对象捕捉”选项卡，启用和设置一些常用的对象捕捉功能，如图 8-15 所示。

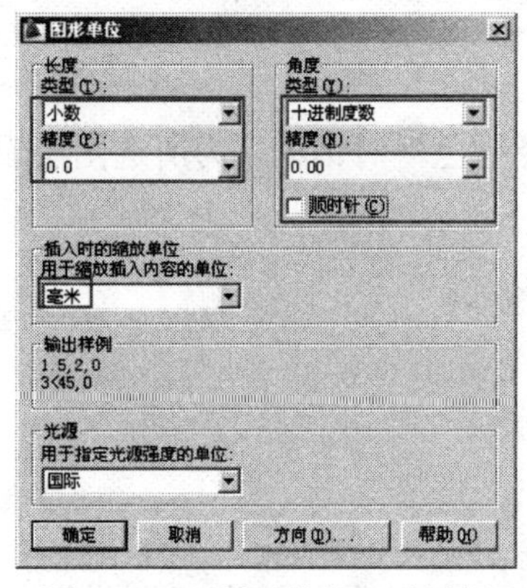

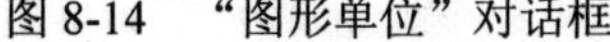

图 8-14　“图形单位”对话框

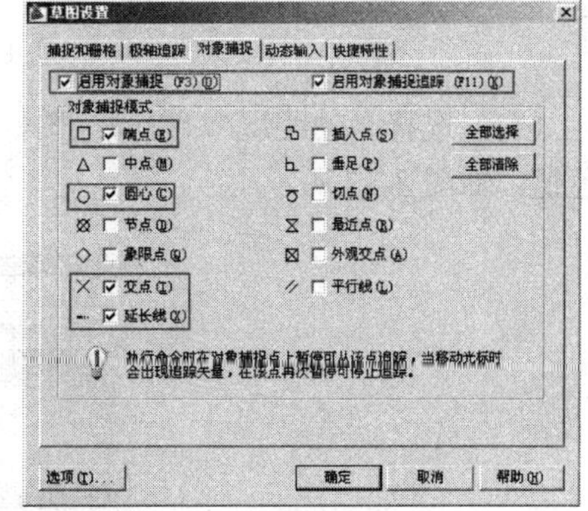

图 8-15　设置捕捉参数

（6）在命令行输入 LTSCALE，以调整线型的显示比例。命令行操作如下：

```
命令: LTSCALE                          //↵
    输入新线型比例因子 <1.0000>:        // 100↵
```

正在重生成模型。

（7）在命令行输入 DIMSCALE，设置和调整尺寸标注样式的比例。命令行操作如下：

命令: DIMSCALE //↵

输入 DIMSCALE 的新值 <1>: //100↵

（8）在命令行输入 MIRRTEXT，设置镜像文字的可读性。当变量值为 0 时，镜像后的文字具有可读性；当变量为 1 时，镜像后的文字不可读。具体设置如下：

命令: MIRRTEXT //↵

输入 MIRRTEXT 的新值 <1>: // 0↵

（9）由于属性块的引用一般有“对话框”和“命令行”两种方式，可以使用系统变量 ATTDIA 控制属性值的输入方式。具体操作如下：

命令: ATTDIA //↵

输入 ATTDIA 的新值 <1>: //0↵

（10）单击功能区“常用”选项卡 / “图层”面板上的按钮，执行“图层”命令，打开“图层特性管理器”对话框。

（11）单击“新建图层”按钮，创建名为尺寸层、楼梯层、轮廓线、门窗层、剖面线、其他层、墙线层、图块层、文本层、轴线层的 9 个图层，如图 8-16 所示。

图 8-16 新建其他图层

（12）选择“轴线层”，在颜色图标上单击，打开“选择颜色”对话框，为所选图层设置颜色值，如图 8-17 所示。

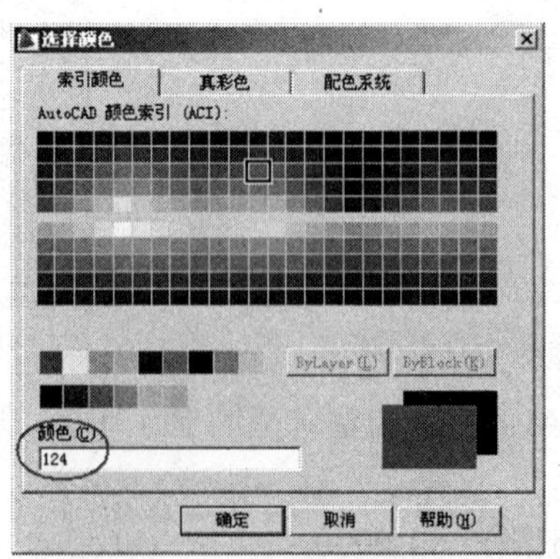

图 8-17 “选择颜色”对话框

（13）单击 确定 按钮，返回“图层特性管理器”对话框，结果“轴线层”的颜色被设置为 124 号色，如图 8-18 所示。

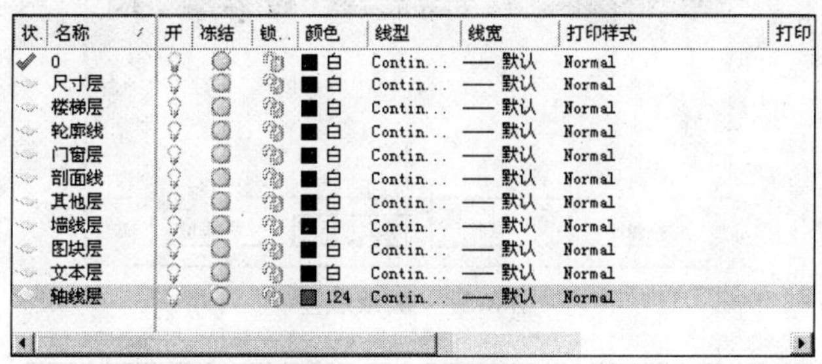

图 8-18 设置结果

（14）参照第（12）～（13）步，分别为其他图层设置颜色特性，结果如图 8-19 所示。

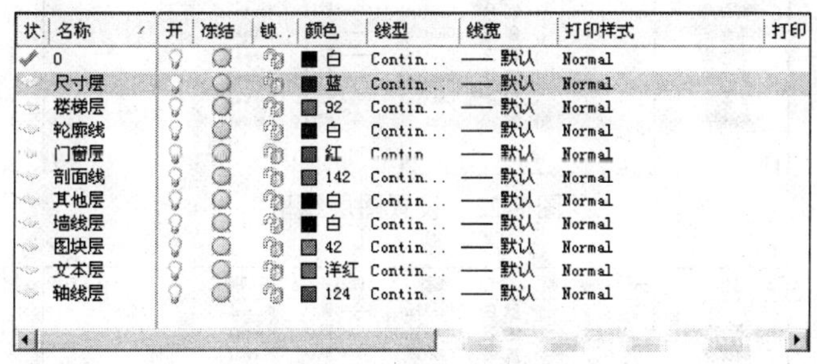

图 8-19 设置颜色特性

（15）设置线型特性。选择“轴线层”，在 Continuous 位置上单击。此时系统弹出“选择线型”对话框。

（16）单击 加载... 按钮，打开“加载或重载线型”对话框，选择如图 8-20 所示的 ACAD_ISO04W100 线型。

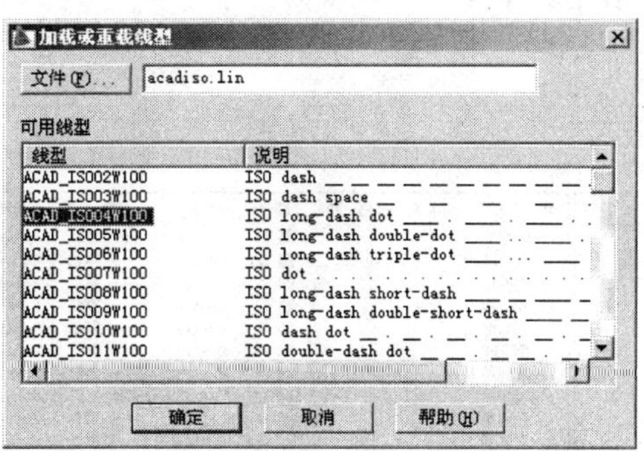

图 8-20 选择线型

（17）单击 确定 按钮，将此线型加载到“选择线型”对话框中，如图 8-21 所示。

（18）选择刚加载的线型，单击 确定 按钮，将加载的线型赋给当前选择的“轴线层”，结果如图 8-22 所示。

（19）选择“墙线层”，在如图 8-23 所示的位置上单击，打开“线宽”对话框，选择 1.00mm 线宽。

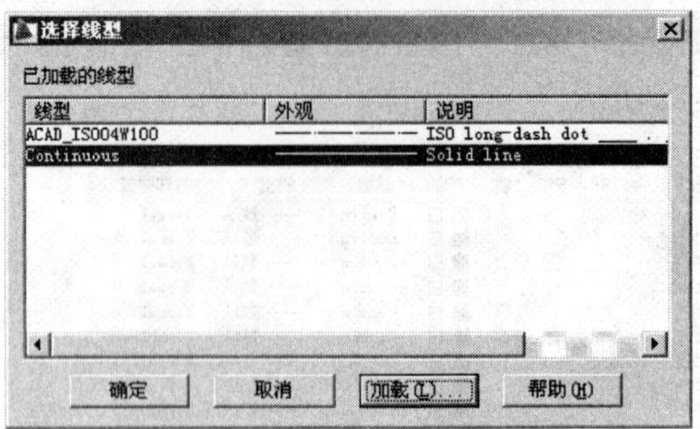

图 8-21　加载线型

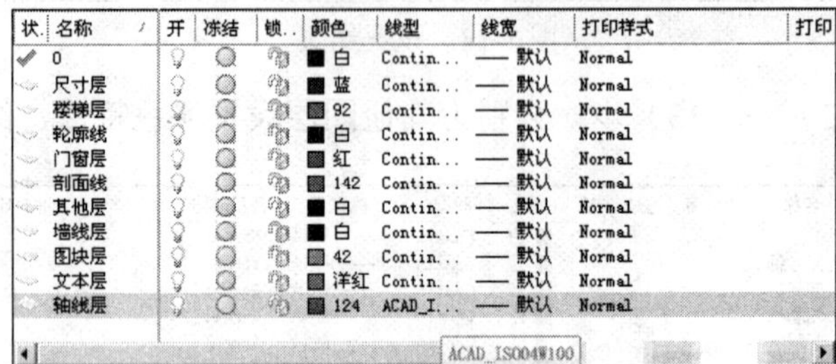

图 8-22　设置图层线型

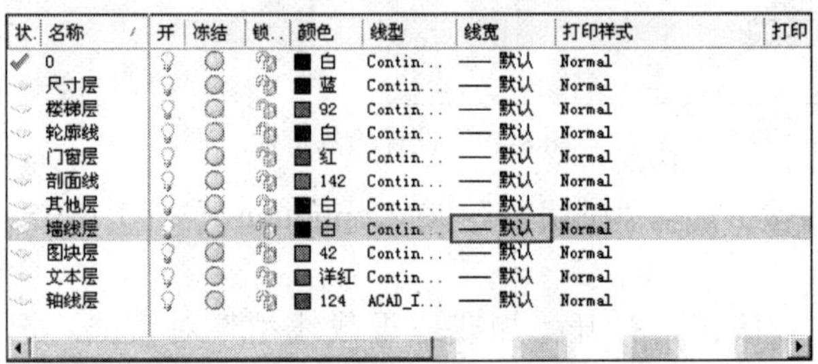

图 8-23　指定单击位置

（20）返回“图层特性管理器”对话框，线宽设置结果如图 8-24 所示。

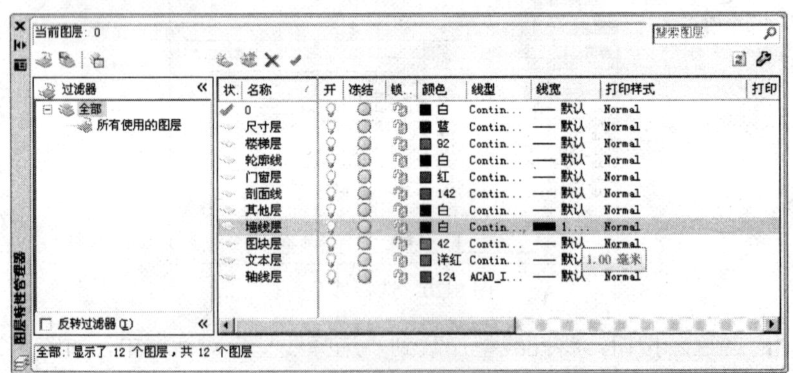

图 8-24　设置线宽

（21）在“图层特性管理器”对话框中单击 确定 按钮，结束命令。

（22）执行“另存为”命令，将当前文件另名存储为“设置绘图环境.dwg”。

8.2　案例二：设置绘图样式

8.2.1　教学目的

本例主要学习建筑样板图中，各种常用样式的具体设置过程和设置技巧，如文字样式、尺寸样式、墙线样式、窗线样式等。

8.2.2　绘图思路

- 使用“打开”命令打开图形的源文件。
- 使用“文字样式”命令设置各类文字样式。
- 使用“多段线”和“创建块”命令，创建尺寸箭头。
- 使用“标注样式”命令设置尺寸标注样式。
- 使用“多线样式”命令设置墙线和窗线样式。
- 最后使用“另存为”命令将图形另名存盘。

8.2.3　绘图步骤

（1）继续上例操作，或打开素材包中的“ / 图形效果文件 / 第 8 章 / 设置绘图环境.dwg”。

（2）单击“菜单浏览器” / “格式” / “文字样式”命令，在打开的“文字样式”对话框中单击 新建(N) 按钮，为新样式赋名，如图 8-25 所示。

图 8-25　为新样式赋名

（3）单击 确定 按钮返回“文字样式”对话框，设置新样式的字体、字高以及宽度比例等参数，如图 8-26 所示。

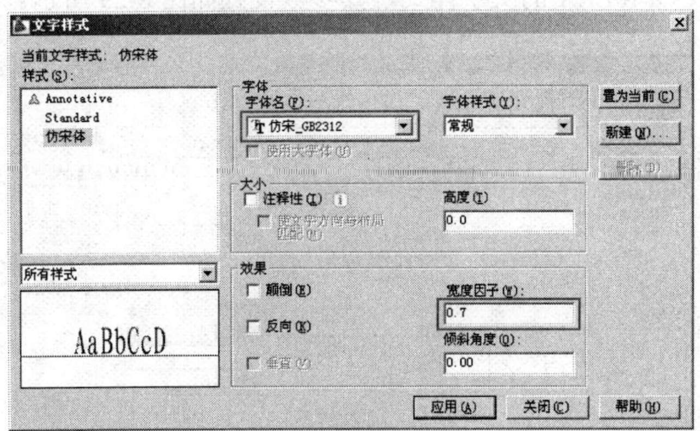

图 8-26　设置“仿宋体”样式

（4）单击 应用(A) 按钮，创建名为“仿宋体”的文字样式。

（5）参照第（2）～（4）步，设置名为“宋体”的文字样式，其参数设置如图 8-27 所示。

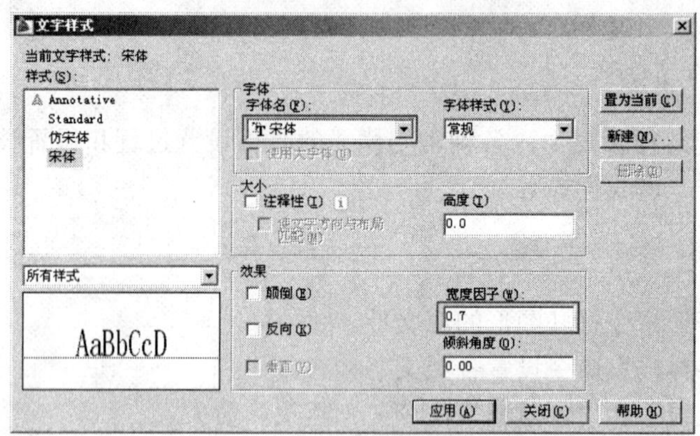

图 8-27　设置“宋体”样式

（6）参照第（2）～（4）步，设置名为 SIMPLEXS 的文字样式，其参数设置如图 8-28 所示。

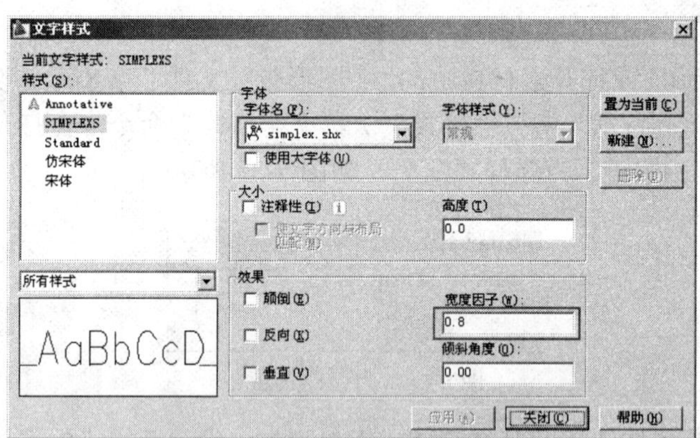

图 8-28　设置 SIMPLEXS 样式

（7）设置名为 COMPLEX 的文字样式，其参数设置如图 8-29 所示。

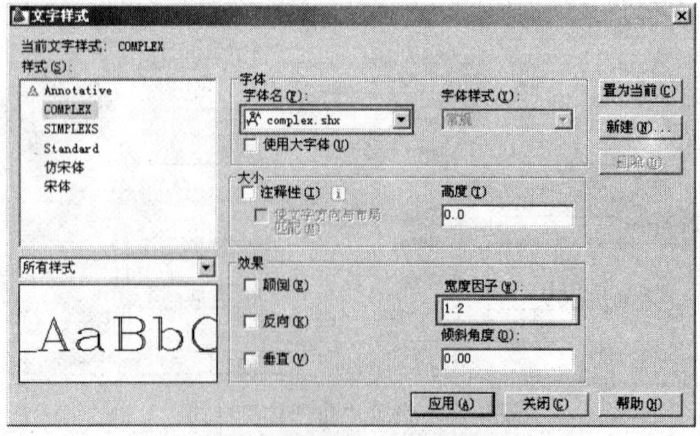

图 8-29　设置 COMPLEX 样式

（8）将默认的 Standard 文字样式置为当前，并关闭“文字样式”对话框。

（9）单击功能区“视图”选项卡 / “选项板”面板上的▦按钮，打开“设计中心”窗口，然后定位素材包中的“ / 效果文件 / 第 5 章 / 标注样式.dwg”，如图 8-30 所示。

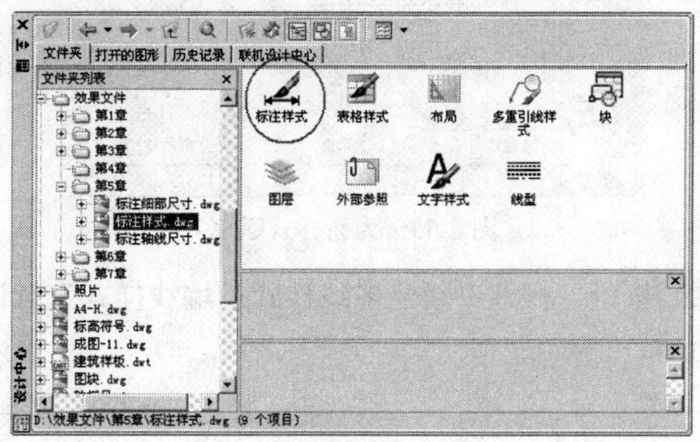

图 8-30　定位目标文件

（10）在“设计中心”右侧窗口中双击如图 8-30 所示的“标注样式”图标，展开如图 8-31 所示的标注样式。

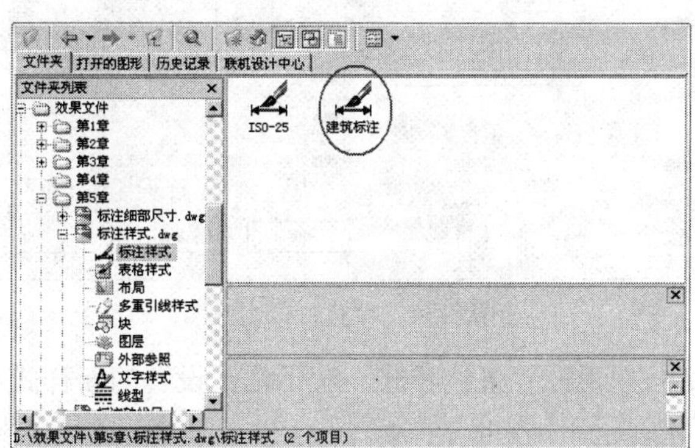

图 8-31　展开内部资源

（11）在如图 8-31 所示的“建筑标注”图标上右击，选择右键菜单上的“添加标注样式”选项，如图 8-32 所示，将此样式添加到当前文件中。

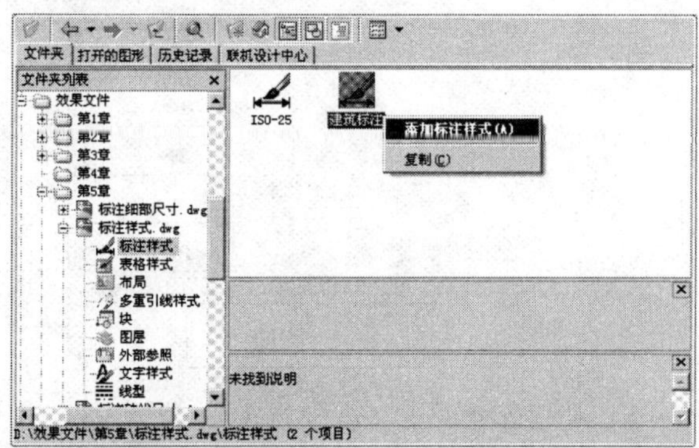

图 8-32　添加标注样式

（12）单击“格式”/“多线样式”命令，在打开的对话框中单击 新建(N)... 按钮，创建名为“墙线样式”的多线样式，如图 8-33 所示。

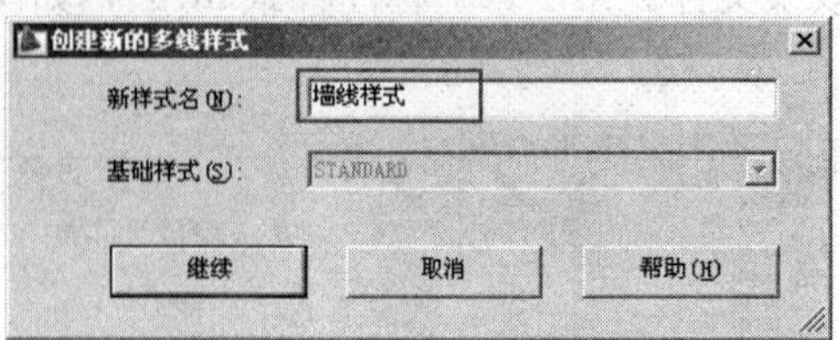

图 8-33 为新样式赋名

（13）单击 继续 按钮，打开“新建多线样式：墙线样式”对话框，设置多线样式的封口形式，如图 8-34 所示。

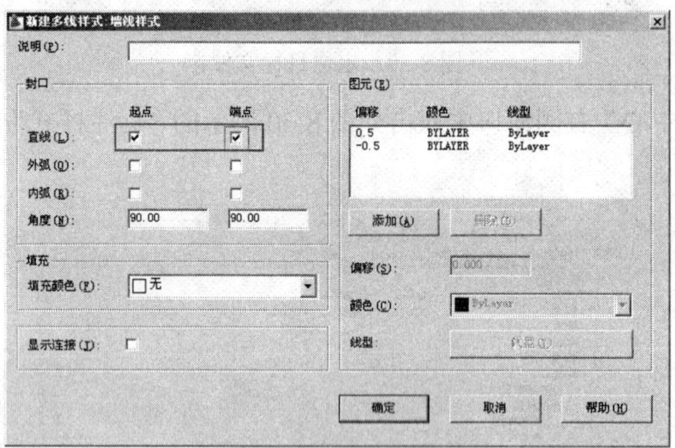

图 8-34 设置封口形式

（14）单击 确定 按钮返回“多线样式”对话框，设置的新样式显示在预览框内，如图 8-35 所示。

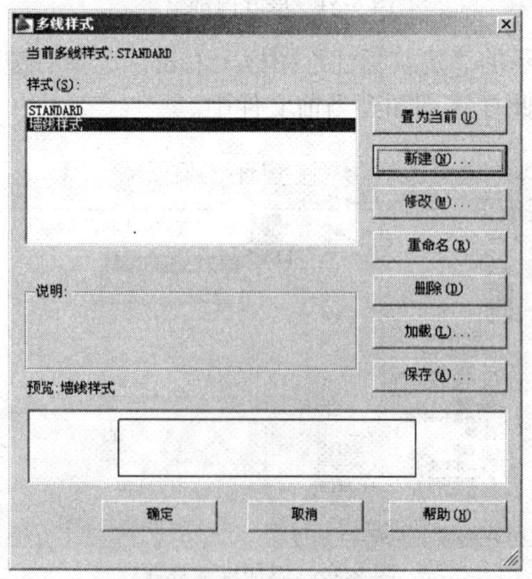

图 8-35 设置墙线样式

（15）参照“墙线样式”的设置步骤，设置一种名为“窗线样式”的多线样式，其参数设置和效果预览分别如图 8-36 和图 8-37 所示。

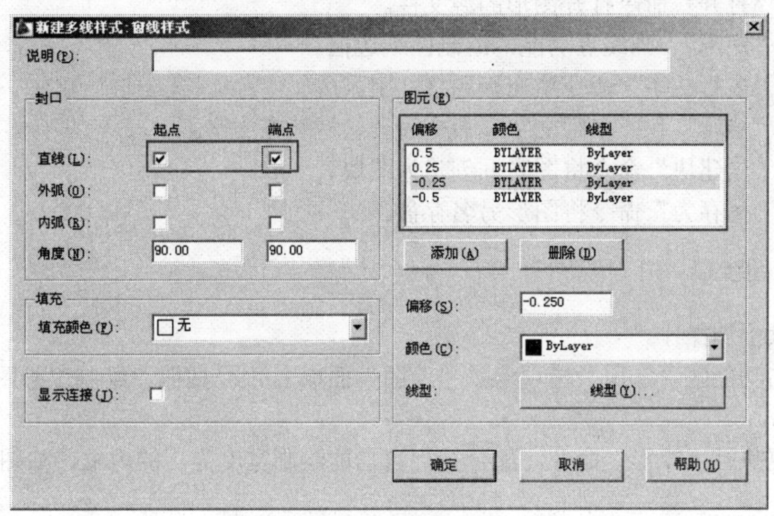

图 8-36　设置参数

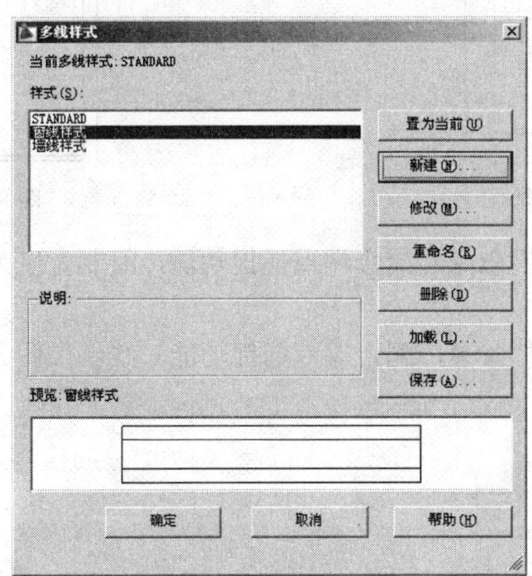

图 8-37　窗线样式预览

（16）选择“墙线样式”，单击 置为当前(U) 按钮，将其设置为当前样式。

（17）使用“另存为”命令，将当前文件另名存储为“设置常用样式.dwg”。

8.3　案例三：绘制图纸边框

8.3.1　教学目标

本例通过为建筑样板图配置 2 号图框，主要学习图纸边框的绘制过程与标题栏的填充技巧。

8.3.2 绘图思路

- 使用“打开”命令打开图形的源文件。
- 使用“矩形”、画线等功能，绘制图纸边框。
- 使用“多行文字”命令填充标题栏文字。
- 使用“旋转”和“多行文字”命令为会签栏填充文字。
- 使用“创建块”命令将图表框创建为图块。
- 使用“另存为”命令将图形另名存盘。

8.3.3 绘图步骤

（1）继续上例操作。

（2）单击功能区“常用”选项卡 / “绘图”面板上的按钮，绘制 2 号图纸的外边框，如图 8-38 所示。

（3）重复执行“矩形”命令，配合捕捉自功能绘制宽度为 2 的内框，如图 8-39 所示。

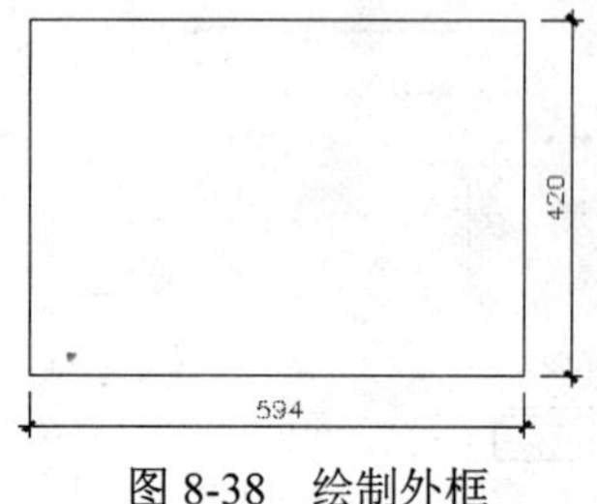

图 8-38 绘制外框

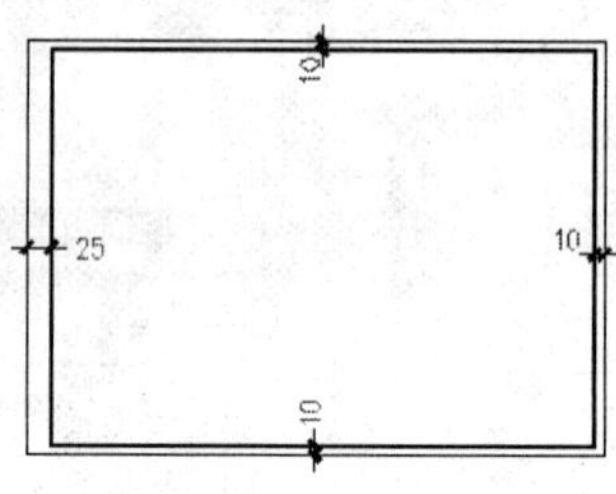

图 8-39 绘制内框

（4）重复执行“矩形”命令，配合端点捕捉功能，绘制宽度为 1.5 的标题栏外框，如图 8-40 所示。

（5）重复执行“矩形”命令，配合端点捕捉功能，绘制如图 8-41 所示的会签栏的外框。

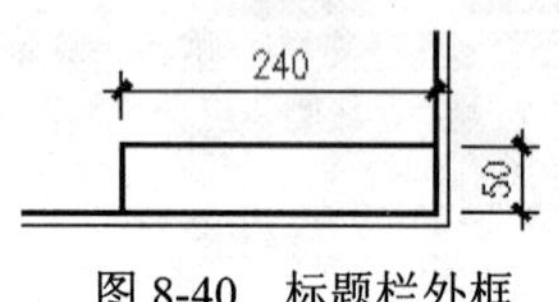

图 8-40 标题栏外框

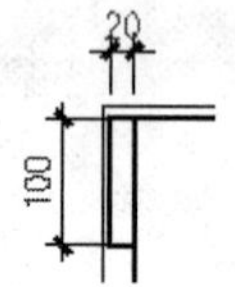

图 8-41 会签栏外框

（6）使用“直线”命令，参照所示尺寸，绘制标题栏和会签栏内部的分格线，如图 8-42 和图 8-43 所示。

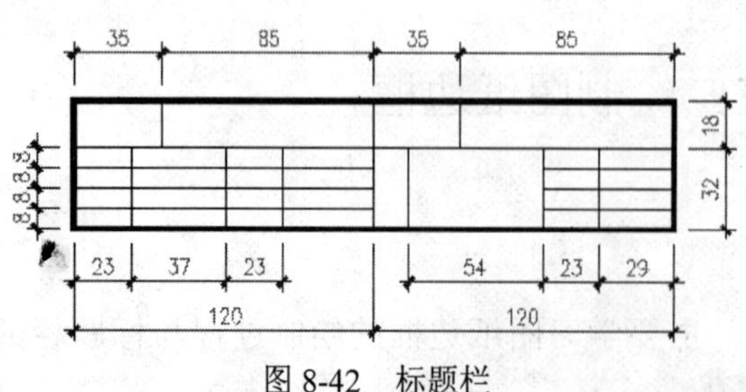

图 8-42 标题栏

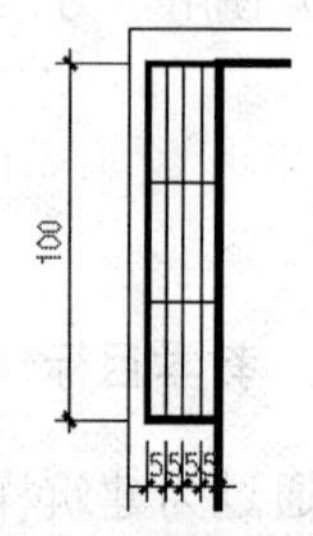

图 8-43 会签栏

（7）使用快捷键 T 激活“多行文字”命令，标注如图 8-44 所示的方格内容。

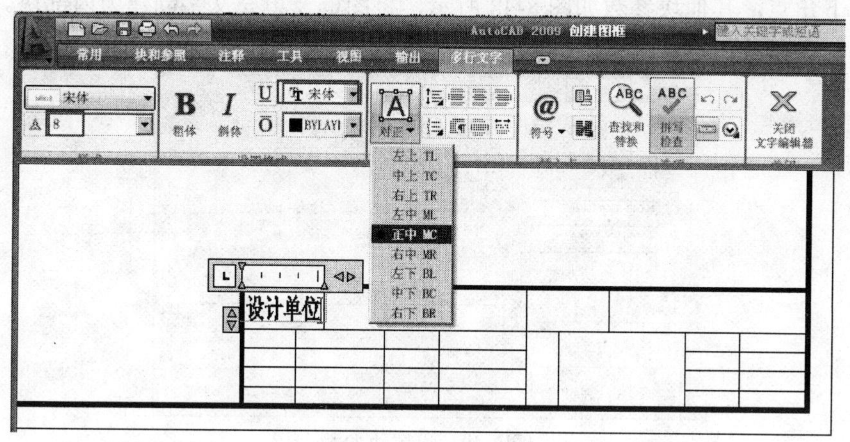

图 8-44　输入文字

（8）重复使用“多行文字”命令，设置文字样式、高度和对正方式不变，填充如图 8-45 所示的文字。

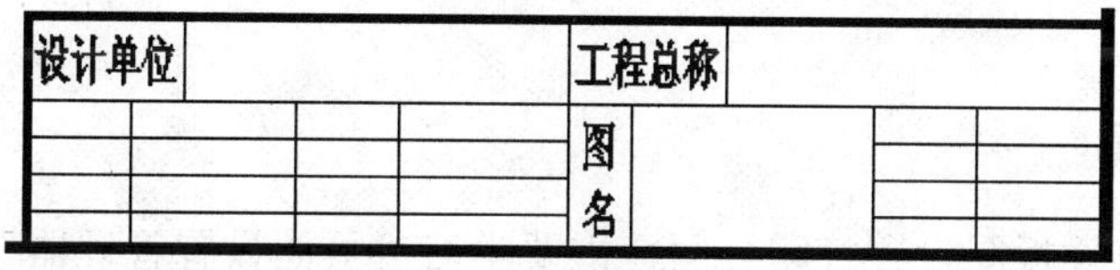

设计单位				工程总称			
				图名			

图 8-45　填充其他内容

（9）重复执行“多行文字”命令，设置字体样式为“宋体”、字体高度为 4.6、对正方式为“正中”，填充标题栏其他文字，如图 8-46 所示。

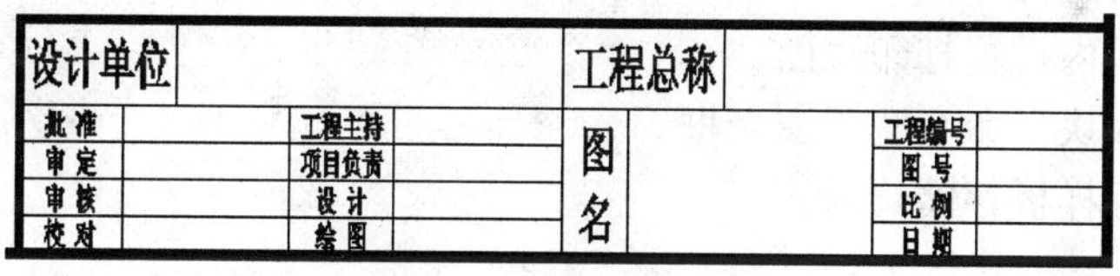

设计单位				工程总称			
批 准		工程主持		图名		工程编号	
审 定		项目负责				图 号	
审 核		设 计				比 例	
校 对		绘 图				日 期	

图 8-46　标题栏填充结果

（10）单击功能区“常用”选项卡 / “修改”面板上的按钮，将会签栏旋转-90 度。

（11）使用“多行文字”命令，设置样式为“宋体”、高度为“2.5”，对正方式为“正中”，为会签栏填充文字，结果如图 8-47 所示。

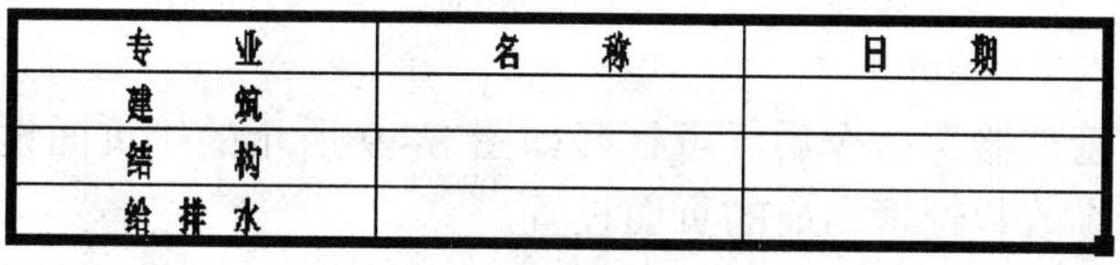

专 业	名 称	日 期
建 筑		
结 构		
给 排 水		

图 8-47　填充文字

（12）再次执行“旋转”命令，将会签栏及填充的文字旋转 90 度，基点不变。

（13）单击“绘图”工具栏上的按钮，打开“块定义”对话框，设置块名为 A2-H，基点为外框左下角点，其他块参数如图 8-48 所示，将图框及填充文字创建为内部块。

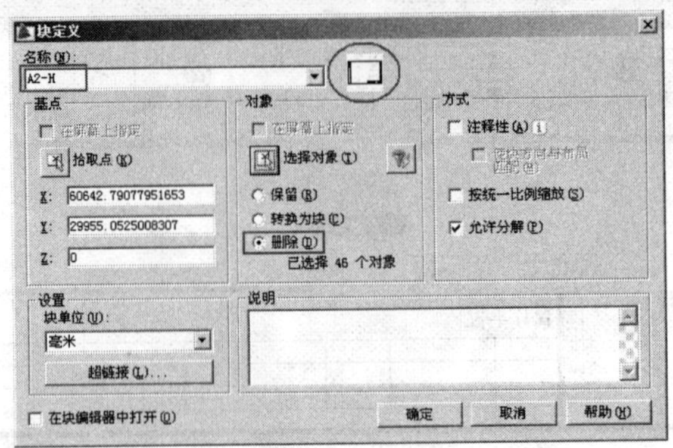

图 8-48　设置块参数

（14）使用“另存为”命令，将文件另名存储为“绘制与填充图框.dwg”。

8.4　案例四：样板页面布局

8.4.1　教学目标

本例通过为建筑样板图设置打印页面，主要学习“页面设置管理器”命令的操作方法和操作技巧。

8.4.2　操作思路

- 打开图形的源文件。
- 在布局空间内设置打印页面。
- 使用“插入块”命令配置图表框。
- 将文件进行样板存储。

8.4.3　命令讲解

使用“页面设置管理器”命令，可以非常方便地设置和管理图形的打印页面。执行此命令主要有以下几种方式：

- 单击“菜单浏览器” / “文件” / “页面设置管理器”命令。
- 单击功能区“输出”选项卡 / “打印”面板上的按钮。
- 在命令行输入 Pagesetup↵。

激活“页面设置管理器”命令后，可打开如图 8-49 所示的“页面设置管理器”对话框，用户可在其中设置、修改和管理当前的页面设置。

在对话框中间位置的空白区域内，显示当前文件中的所有打印页面；下侧的选项区域中则显示了当前被选择的页面设置的内在信息。单击 新建(N)... 按钮，打开如图 8-50 所示的“新建页面设置”对话框，用于为新页面赋名。

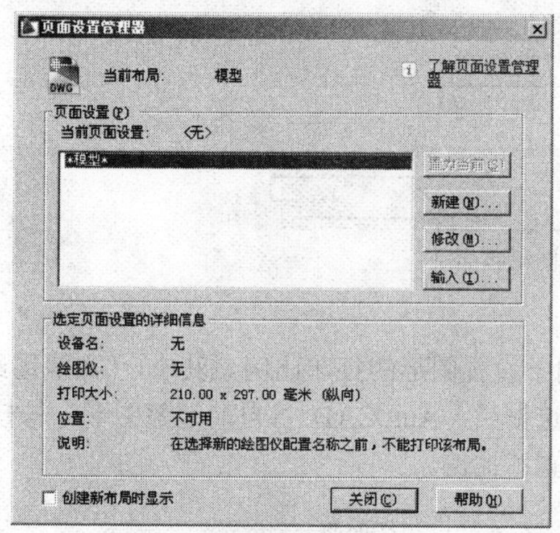

图 8-49　“页面设置管理器”对话框

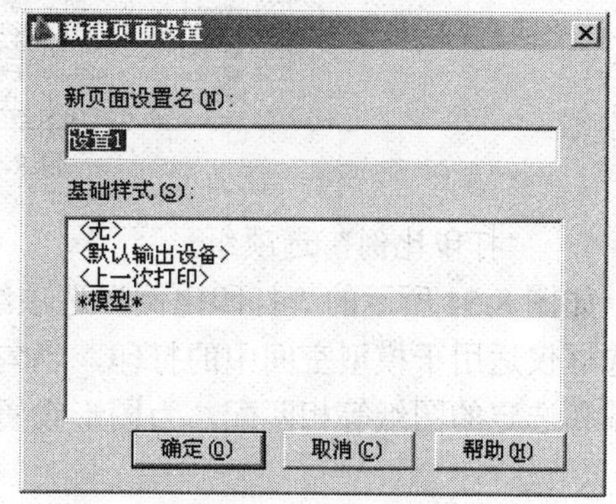

图 8-50　“新建页面设置”对话框

单击“确定(O)”按钮，打开如图 8-51 所示的“页面设置”对话框，用于配置打印设备、匹配图纸尺寸、选择打印区域以及打印比例的调整等操作，对话框中主要选项的功能如下。

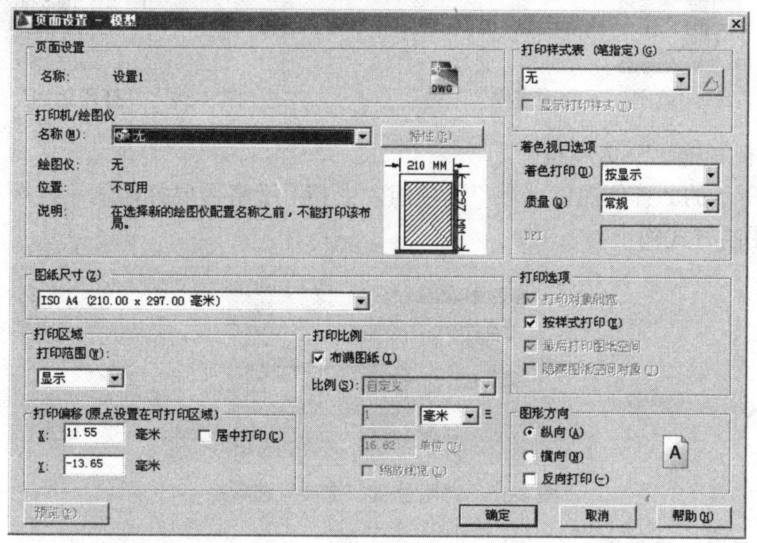

图 8-51　“页面设置”对话框

1.　“打印机/绘图仪”选项组

该选项组主要用于配置绘图仪设备，单击“名称”下拉列表框，在展开的下拉列表中选择 Windows 系统打印机或 AutoCAD 内部打印机（.Pc3 文件）作为输出设备。

2.　“图纸尺寸”下拉列表框

此下拉列表框用于配置图纸幅面，其中包含选定打印设备可用的标准图纸尺寸，如图 8-52 所示。当选择了某种幅面的图纸时，该下拉列表框右上角出现所选图纸及实际打印范围的预览图，将光标移到预览区中，光标位置处会显示出精确的图纸尺寸以及图纸的可打印区域的尺寸。

3.　“打印区域”选项组

该选项组用于设置需要输出的图形范围。其中，“打印范围”下拉列表框中包含显示、窗口和图形界限 3 种打印区域的设置方式，如图 8-53 所示。

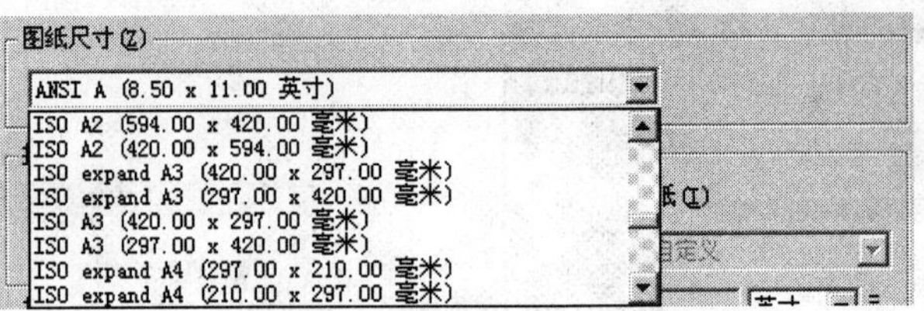

图 8-52 配置图纸幅面

4. “打印比例”选项组

如图 8-54 所示的“打印比例”选项组主要用于设置图形的打印比例。其中，“布满图纸”复选框仅适用于模型空间中的打印，当勾选该复选框后，AutoCAD 将自动调整图形，与打印区域和选定的图纸等相匹配，为图形设置最佳位置和比例。

图 8-53 “打印范围”下拉列表框

图 8-54 “打印比例”选项组

5. “着色视口选项”选项组

如图 8-55 所示的“着色视口选项”选项组，主要用于将需要打印的三维模型设置为着色、线框或以渲染图的方式输出。

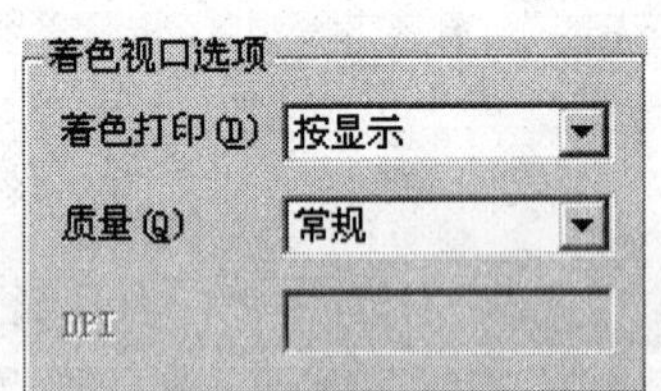

图 8-55 “着色视口选项”选项组

6. “图形方向”选项组

如图 8-56 所示的“图形方向”选项组用于调整图形在图纸上的打印方向。右侧的图纸图标代表图纸的放置方向，图标中的字母 A 代表图形在图纸上的打印方向，有纵向、横向和反向打印 3 种打印方向。

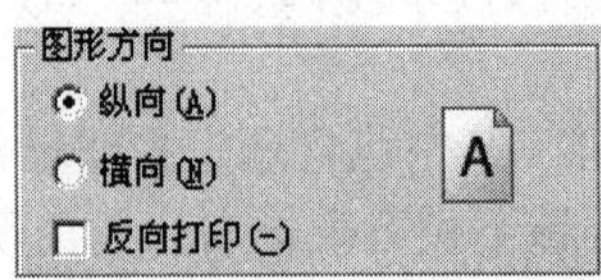

图 8-56 “图形方向”选项组

7. “打印偏移”选项组

在如图 8-57 所示的“打印偏移”选项组中，可以设置图形在图纸上的打印位置。默认设置下，AutoCAD 从图纸左下角打印图形。打印原点处在图纸左下角，坐标是（0,0），用户可以在此选项组中重新设定新的打印原点，这样图形在图纸上将沿 X 轴和 Y 轴移动。

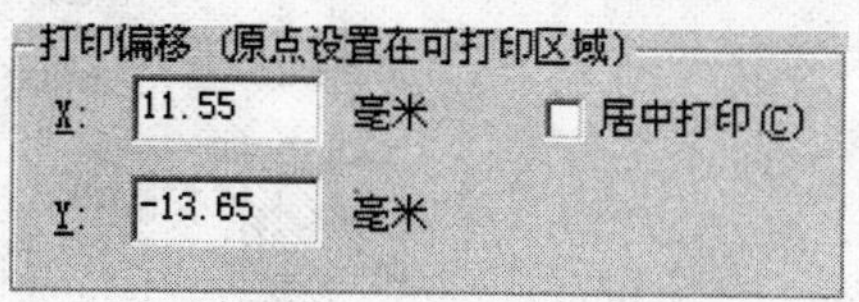

图 8-57　打印偏移

8.4.4　绘图步骤

（1）继续上例操作。

（2）单击绘图区底部的“布局 1”标签，进入到布局空间，如图 8-58 所示。

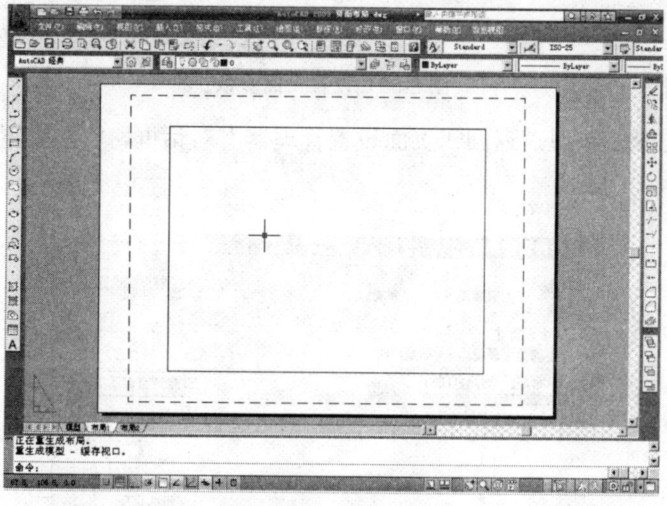

图 8-58　布局空间

（3）单击功能区“输出”选项卡 / “打印”面板上的按钮，在弹出的对话框中单击新建(N)...按钮，打开“新建页面设置”对话框，为新页面赋名，如图 8-59 所示。

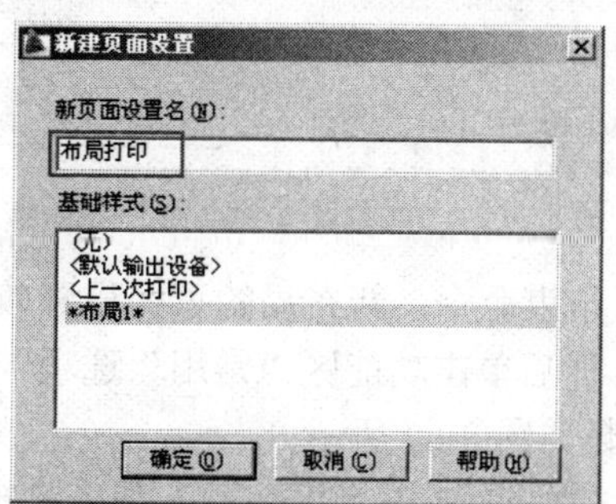

图 8-59　为新页面赋名

（4）单击确定(O)按钮，进入“页面设置－布局 1”对话框，设置打印设备、图纸尺寸、打印样式、打印比例等页面参数，如图 8-60 所示。

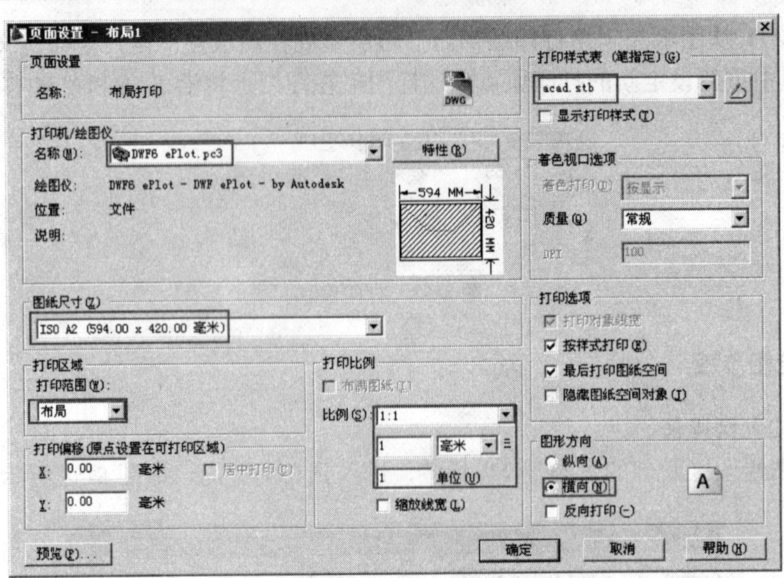

图 8-60 设置页面参数

（5）单击确定(O)按钮，返回“页面设置管理器”对话框，将刚设置的新页面设置为当前，如图 8-61 所示。

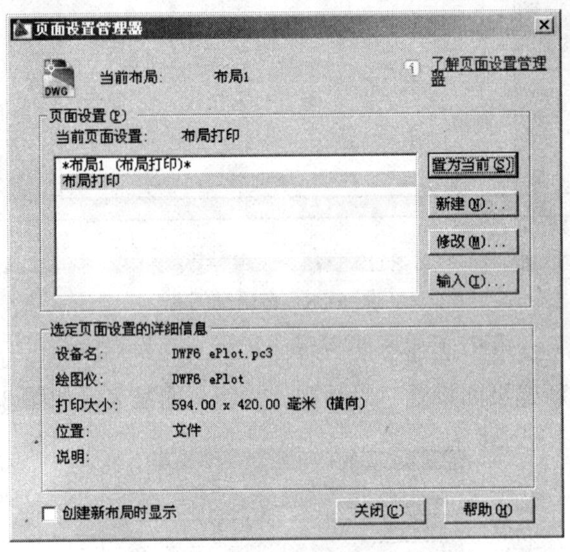

图 8-61 “页面设置管理器”对话框

（6）单击关闭(C)按钮，结束命令，新布局的页面设置效果如图 8-62 所示。

（7）删除矩形视口边框，然后单击功能区“常用”选项卡 / “块”面板上的按钮，打开“插入”对话框，设置块参数如图 8-63 所示。

（8）单击确定(O)按钮，结果 A2-H 图表框被插入到当前布局中的原点位置上，如图 8-64 所示。

（9）将操作空间切换为模型空间，然后执行“另存为”命令，在打开的对话框中设置文件的存储类型为“AutoCAD 图形样板（*dwt）”选项，如图 8-65 所示。

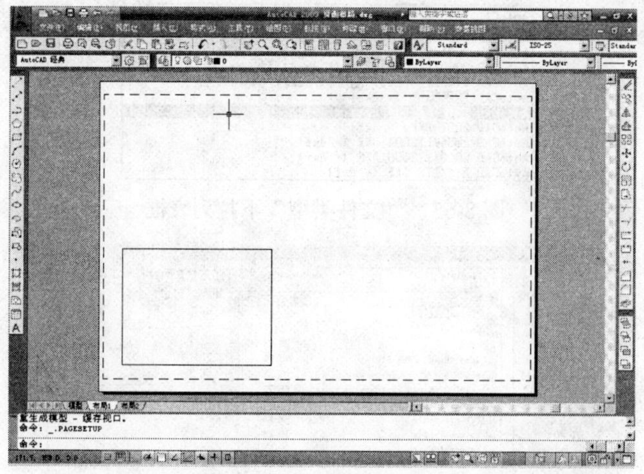

图 8-62　页面设置效果

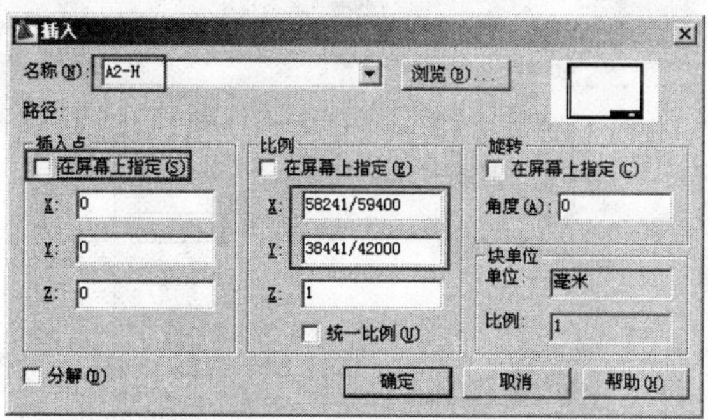

图 8-63　设置块参数

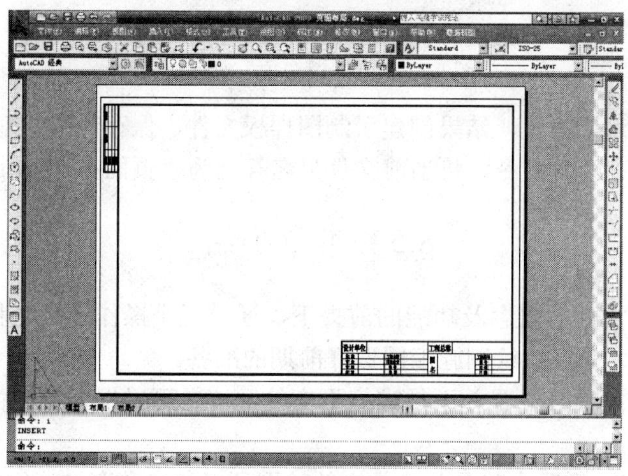

图 8-64　插入结果

（10）在“图形另存为”对话框下部的“文件名”文本框内输入“建筑样板”，如图 8-66 所示。

（11）单击 保存... 按钮，打开“样板选项”对话框，输入“A2-H 幅面样板文件”，如图 8-67 所示。

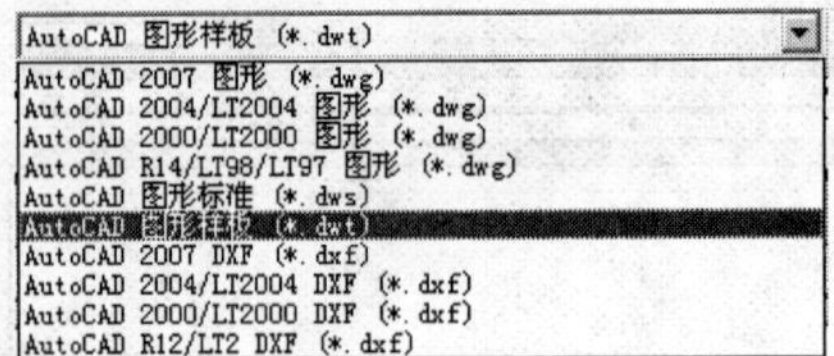

图 8-65 “文件类型”下拉列表框

图 8-66 样板文件的创建

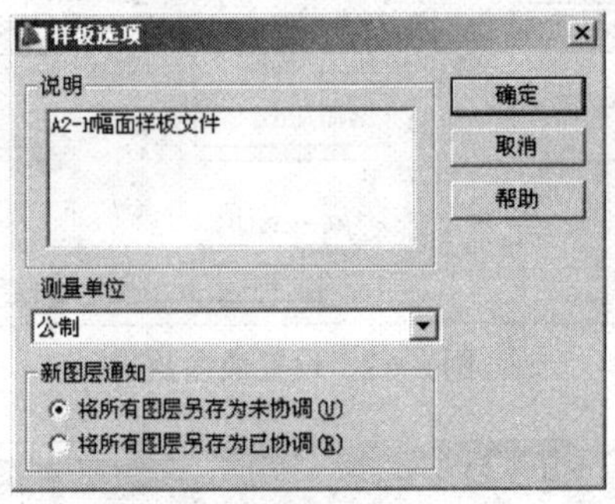

图 8-67 “样板选项”对话框

（12）单击 确定 按钮，结果创建了制图样板文件，保存在 CAD 模板文件夹目录下。

（13）使用“另存为”命令，将当前文件另名存储为“页面布局.dwg”

8.5 本章小结

本章在了解样板文件的概念及功能的前提下，通过五个操作实例全程讲述了样板文件的制作过程和制作技巧，为以后绘制施工图做好前期的准备。

样板文件中的相关参数设置并不是唯一不变的，读者可以根据实际情况进行设置或补充各种变量。

所谓“作图模板”，实际上就是包含一定的绘图环境和参数变量，但并未绘制图形的空白文件，当将此空白文件保存为.dwt 格式后，就成为样板文件。用户在样板文件的基础上绘图，能够避免许多参数的重复性设置，大大节省绘图时间，不但提高绘图效率，还可以使绘制的图形更符合规范、更标准，保证图面、质量的完整统一。

本章在学习相关命令的前提下，主要学习了作图样板的设置方法及具体的操作过程，使用户具备一些绘图环境的设置技能。

第 9 章　建筑施工图实战

学习内容

- 实战一：绘制定位轴线
- 实战二：绘制纵横墙线
- 实战三：绘制建筑构件
- 实战四：标注房间功能
- 实战五：标注使用面积
- 实战六：标注施工尺寸
- 实战七：编写墙体序号
- 本章小结

9.1　实战一：绘制定位轴线

纵横轴线网主要用于表达建筑物纵、横向墙体之间的结构位置关系，是墙体定位的主要依据，本例以绘制如图 9-1 所示的定位轴线网为例，主要练习施工图定位轴线的绘制技巧。

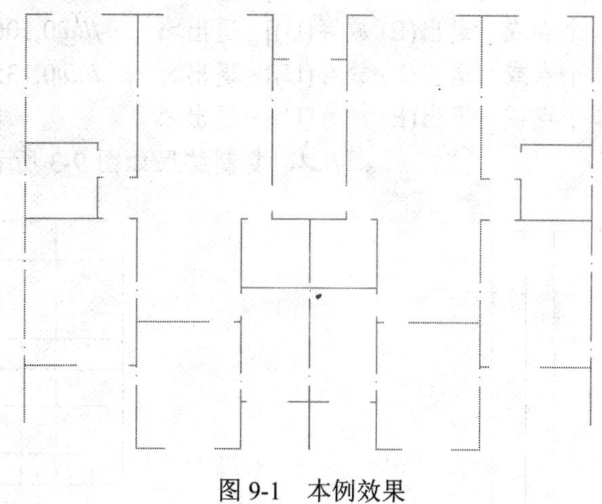

图 9-1　本例效果

9.1.1　绘图思路

- 使用“新建”命令创建一张文件。
- 使用“矩形”命令绘制基准轴线。
- 使用“分解”、“偏移”命令创建纵向定位轴线。
- 使用夹点编辑、“修剪”等命令编辑墙体轴线网。

- 使用“偏移”、“修剪”、“删除”命令创建门窗洞。
- 使用“打断”命令、捕捉和坐标点输入功能创建门窗洞。
- 将图形存盘。

9.1.2 步骤提示

（1）调用素材包中的“ / 绘图模板 / 建筑样板.dwt”，创建空白文件。

（2）使用“矩形”命令在“轴线层”内绘制长度为 10000、宽度为 15100 的矩形，并将此矩形分解为四条独立的线段。

（3）根据图示尺寸，将左侧垂直边向右偏移，结果如图 9-2 所示。

（4）使用“复制”命令，创建横向定位轴线。命令行操作如下：

```
命令: _copy
    选择对象:                                        //选择矩形的下侧水平边
    选择对象:                                        //↵
    指定基点或 [位移(D)] <位移>:                      //捕捉水平边的一个端点
    指定第二个点或 <使用第一个点作为位移>:              //@0,900↵
    指定第二个点或 [退出(E)/放弃(U)] <退出>:           //@0,1650↵
    指定第二个点或 [退出(E)/放弃(U)] <退出>:           //@0,2850↵
    指定第二个点或 [退出(E)/放弃(U)] <退出>:           //@0,4400↵
    指定第二个点或 [退出(E)/放弃(U)] <退出>:           //@0,5600↵
    指定第二个点或 [退出(E)/放弃(U)] <退出>:           //@0,8000↵
    指定第二个点或 [退出(E)/放弃(U)] <退出>:           //@0,9400↵
    指定第二个点或 [退出(E)/放弃(U)] <退出>:           //@0,10600↵
    指定第二个点或 [退出(E)/放弃(U)] <退出>:           //@0,13560↵
    指定第二个点或 [退出(E)/放弃(U)] <退出>:
                                    //↵，复制结果如图 9-3 所示
```

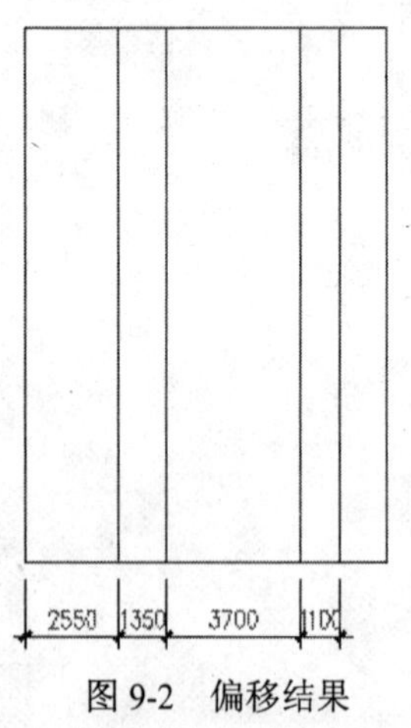

图 9-2 偏移结果

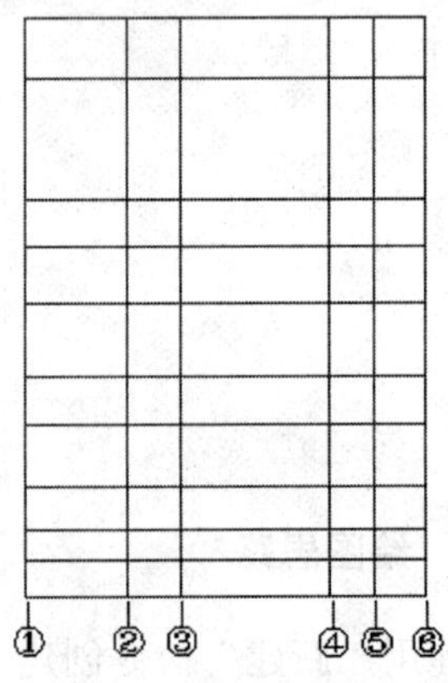

图 9-3 创建横向轴线

（5）在无命令执行的前提下，使用夹点编辑功能对轴线进行编辑，结果如图 9-4 所示。

（6）删除 B 号定位轴线，然后以 3、4 号定位线作为修剪边界，对 H 号定位线进行修剪，结果如图 9-5 所示。

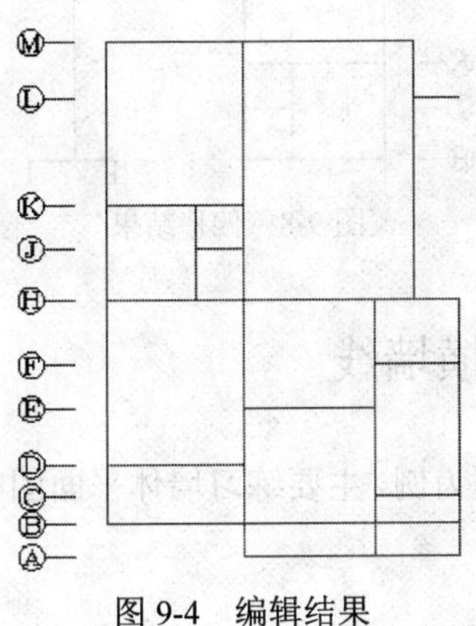

图 9-4　编辑结果

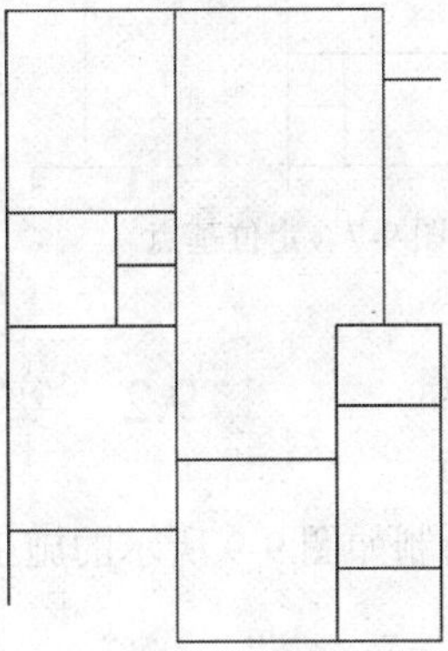

图 9-5　修剪结果

（7）将 3 号定位轴线向右偏移 1000，将 4 号定位轴线向左偏移 900，然后以偏移出的两条轴线作为边界，对 A 号轴线进行修剪，结果如图 9-6 所示。

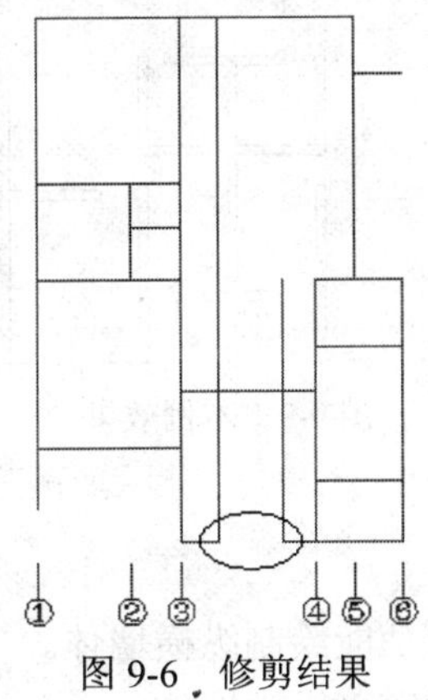

图 9-6　修剪结果

（8）删除偏移的两条轴线，然后执行“打断”命令，在轴线 M 上创建宽度为 1800 的窗洞。命令行操作如下：

命令: _break
选择对象:　　//选择水平轴线 M
指定第二个打断点 或 [第一点(F)]:　　//F↵
指定第一个打断点:　　//激活捕捉自功能
_from 基点:　　//捕捉如图 9-7 所示的端点
<偏移>:　　//@900,0↵
指定第二个打断点:　　//@1800,0↵，结果如图 9-8 所示

（9）综合运用以上各种方法，分别创建其他位置的门洞和窗洞。

（10）设置线型的全局比例为 100，激活“镜像”命令，对轴线进行镜像，结果如图 9-1 所示。

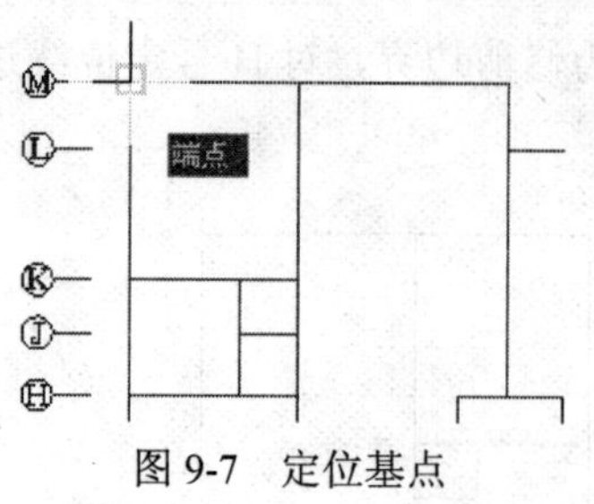

图 9-7 定位基点

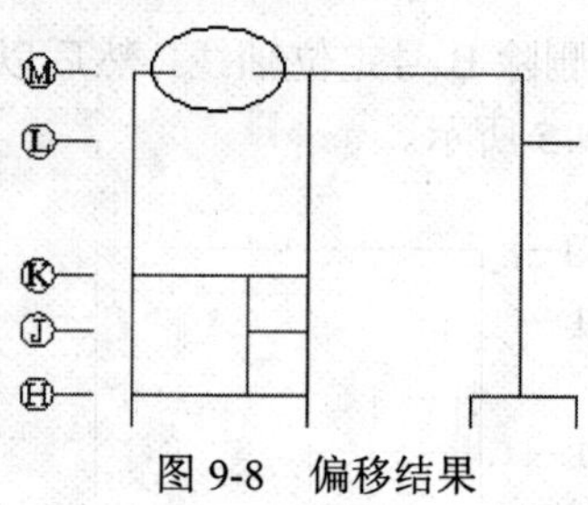

图 9-8 偏移结果

9.2 实战二：绘制纵横墙线

本例通过绘制如图 9-9 所示的施工图墙体平面轮廓图为例，主要练习墙体平面图的绘制方法和技巧。

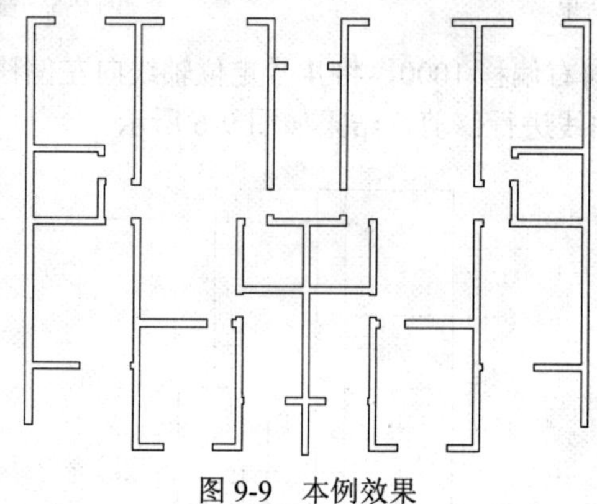
图 9-9 本例效果

9.2.1 绘图思路

- 使用“多线”命令配合捕捉功能绘制纵横墙体。
- 使用夹点编辑中的拉伸功能完善纵横墙体。
- 使用“多线编辑”工具中的“T 形合并”功能编辑 T 形墙线。
- 使用“多线编辑”工具中的“十字合并”功能编辑墙线。
- 使用“镜像”命令创建对称户型图。
- 使用“另存为”命令将图形另名存盘。

9.2.2 步骤提示

（1）继续上例操作，并设置“墙线层”为当前图层。

（2）使用“多线”命令，设置多线比例为 240，对正方式为“无”，当前多线样式为“墙线样式”，绘制如图 9-10 所示墙线。

（3）关闭“轴线层”，然后夹点显示如图 9-11 所示的墙线，将其垂直向下拉伸 120；将最右侧的垂直墙线向下拉伸 240，结果如图 9-12 所示。

（4）使用“T 形合并”功能，对 T 形相交的多线进行合并，结果如图 9-13 所示。

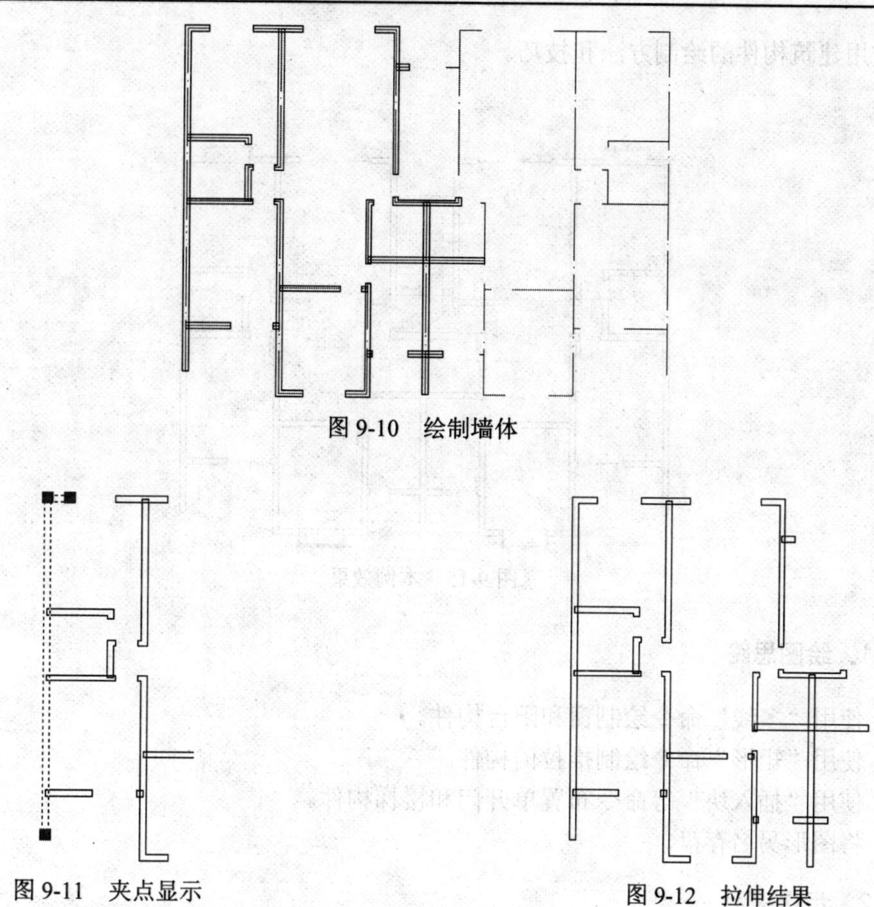

图 9-10　绘制墙体

图 9-11　夹点显示

图 9-12　拉伸结果

（5）使用“十字合并”功能，对十字相交的多线进行合并，结果如图 9-14 所示。

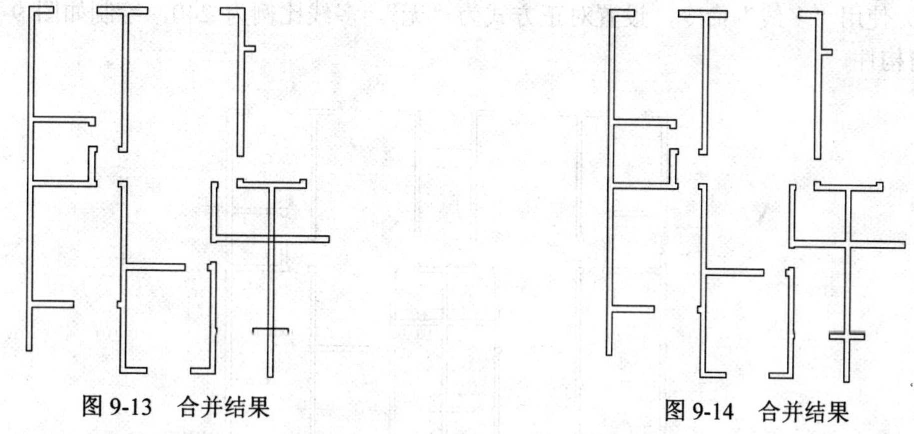

图 9-13　合并结果

图 9-14　合并结果

（6）对墙线进行镜像，并对其完善，最终结果如图 9-9 所示。

9.3　实战三：绘制建筑构件

本例通过为墙体平面图绘制如图 9-15 所示的平面窗、凸窗、阳台、门等图形，主要练习施工图常用建筑构件的绘制方法和技巧。

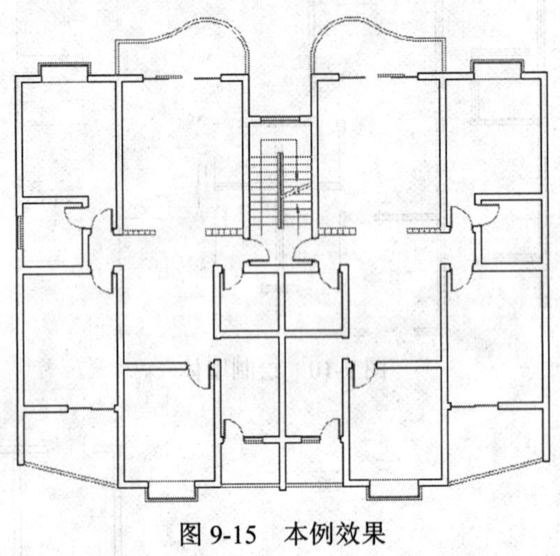

图 9-15　本例效果

9.3.1　绘图思路

- 使用“多线”命令绘制窗和阳台构件。
- 使用“矩形”命令绘制推拉门构件。
- 使用“插入块”等命令布置单开门和楼梯构件。
- 将图形另名存盘。

9.3.2　步骤提示

（1）继续上例操作，将“门窗层”设置为当前图层，设置“窗线样式”为当前多线样式。

（2）使用“多线”命令，设置对正方式为“无”，多线比例为 240，绘制如图 9-16 所示的平面窗构件。

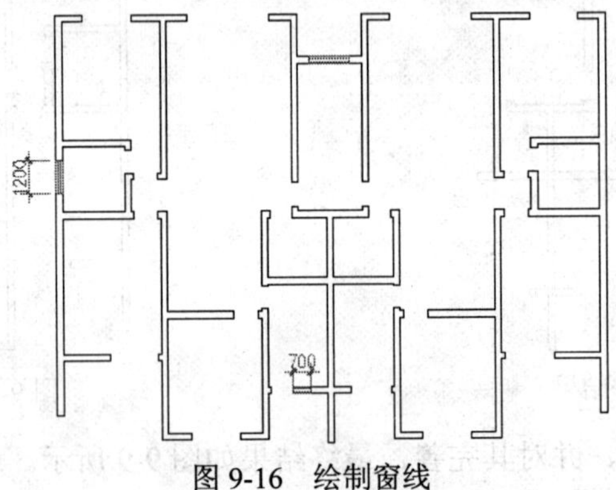

图 9-16　绘制窗线

（3）使用“多段线”命令，配合端点捕捉功能绘制凸窗内轮廓线。命令行操作如下：

```
命令: _pline
    指定起点:                              //捕捉如图 9-17 所示的端点
```

图 9-17　定位起点

当前线宽为 0.0
指定下一个点或 [圆弧(A)/半宽(H)/长度(L)/放弃(U)/宽度(W)]:
//@0,380↙
指定下一点或 [圆弧(A)/闭合(C)/半宽(H)/长度(L)/放弃(U)/宽度(W)]:
//配合极轴追踪和延伸捕捉功能，捕捉如图
//9-18 所示虚线的交点

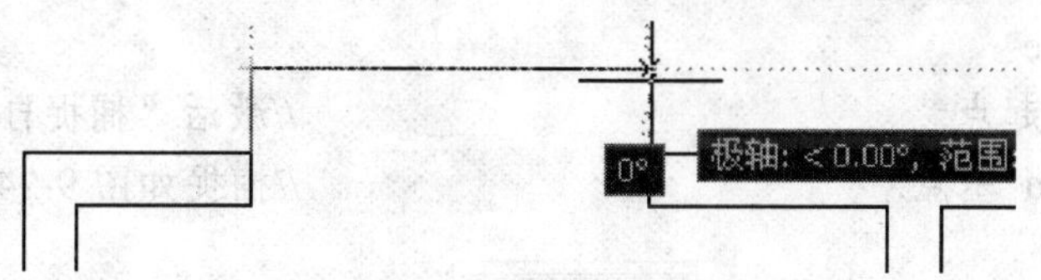

图 9-18　定位第二点

指定下一点或 [圆弧(A)/闭合(C)/半宽(H)/长度(L)/放弃(U)/宽度(W)]:
//捕捉如图 9-19 所示的端点

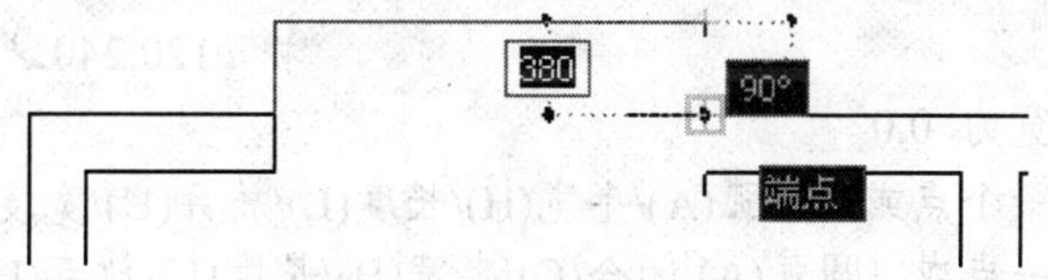

图 9-19　定位第三点

指定下一点或 [圆弧(A)/闭合(C)/半宽(H)/长度(L)/放弃(U)/宽度(W)]:
//↙，绘制结果如图 9-20 所示

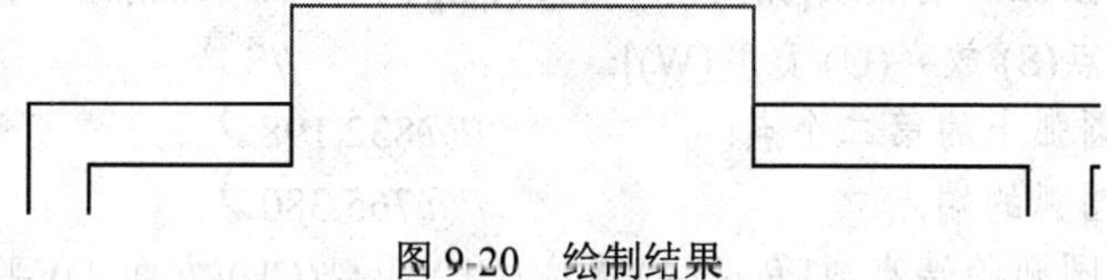

图 9-20　绘制结果

（4）将刚绘制的凸窗内轮廓线分别向外偏移 40 和 120，并使用画线命令绘制下侧的水平图线，结果如图 9-21 所示。

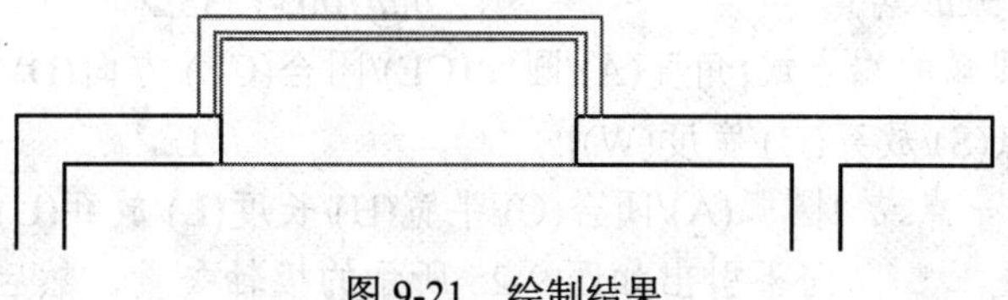

图 9-21　绘制结果

（5）参照第（3）～（4）步，配合捕捉与追踪功能，绘制下侧的凸窗轮廓线，结果如图 9-22 所示。

（6）绘制阳台构件。使用快捷键 L 激活画线命令，配合端点捕捉功能，绘制如图 9-23 所示的阳台轮廓线。

图 9-22 绘制结果　　　　图 9-23 编辑结果

（7）单击“菜单浏览器” / “绘图” / “多段线”命令，配合捕捉自功能绘制平面图上侧阳台的内轮廓线。命令行操作如下：

命令: _pline

指定起点:　　　　//激活“捕捉自”功能

_from 基点:　　　　//捕捉如图 9-24 所示的端点

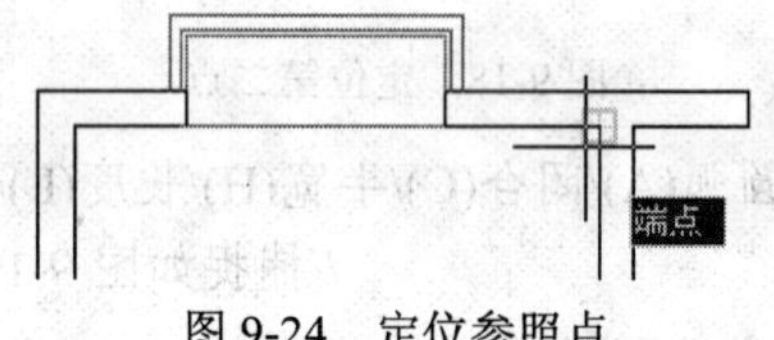

图 9-24 定位参照点

<偏移>:　　　　//@120,240↵

当前线宽为 0.0

指定下一个点或 [圆弧(A)/半宽(H)/长度(L)/放弃(U)/宽度(W)]://@0,1200↵

指定下一点或 [圆弧(A)/闭合(C)/半宽(H)/长度(L)/放弃(U)/宽度(W)]:

//@1000,0↵

指定下一点或 [圆弧(A)/闭合(C)/半宽(H)/长度(L)/放弃(U)/宽度(W)]:

//A↵

指定圆弧的端点或[角度(A)/圆心(CE)/闭合(CL)/方向(D)/半宽(H)/直线(L)/半径(R)/第二个点(S)/放弃(U)/宽度(W)]:　　　　//S↵

指定圆弧上的第二个点:　　　　//@832,198↵

指定圆弧的端点:　　　　//@765,380↵

指定圆弧的端点或[角度(A)/圆心(CE)/闭合(CL)/方向(D)/半宽(H)/直线(L)/半径(R)/第二个点(S)/放弃(U)/宽度(W)]:　　　　//S↵

指定圆弧上的第二个点:　　　　//@1500,35↵

指定圆弧的端点:　　　　//@700,-1335↵

指定圆弧的端点或[角度(A)/圆心(CE)/闭合(CL)/方向(D)/半宽(H)/直线(L)/半径(R)/第二个点(S)/放弃(U)/宽度(W)]:　　　　//L↵

指定下一点或 [圆弧(A)/闭合(C)/半宽(H)/长度(L)/放弃(U)/宽度(W)]:

//向下引出如图 9-25 所示的极轴矢量，然后捕捉交点

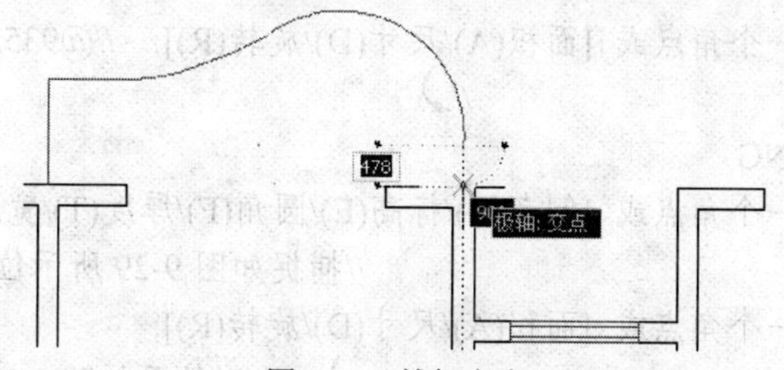

图 9-25　捕捉交点

指定下一点或 [圆弧(A)/闭合(C)/半宽(H)/长度(L)/放弃(U)/宽度(W)]:
//↵，绘制结果如图 9-26 所示

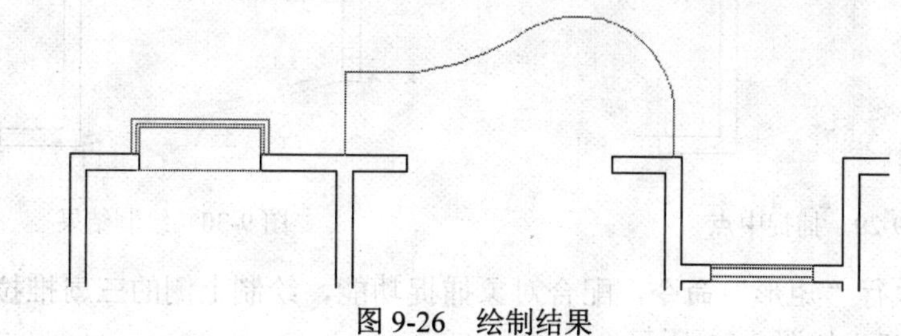

图 9-26　绘制结果

（8）将刚绘制的轮廓线向外偏移 120 个单位，结果如图 9-27 所示。

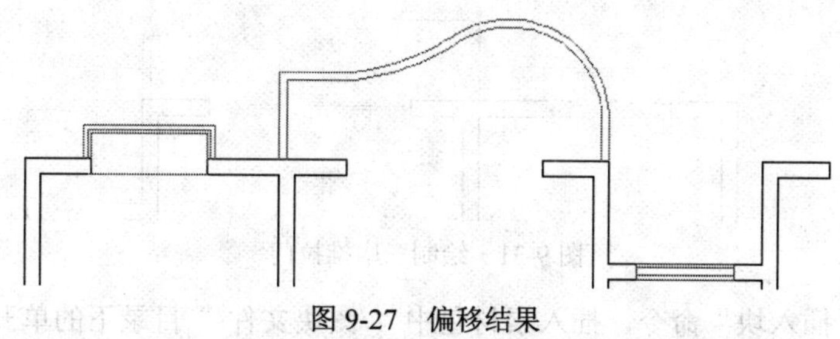

图 9-27　偏移结果

（9）使用快捷键 REC 激活“矩形”命令，配合中点捕捉功能绘制推拉门。命令行操作如下：

命令: rec　//↵，激活命令
RECTANG
指定第一个角点或 [倒角(C)/标高(E)/圆角(F)/厚度(T)/宽度(W)]:
//捕捉如图 9-28 所示位置的中点

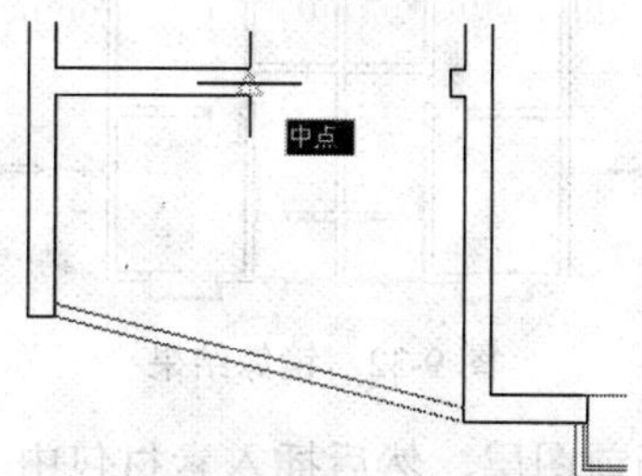

图 9-28　捕捉第一个角点

指定另一个角点或 [面积(A)/尺寸(D)/旋转(R)]: //@935,50↵

命令: //↵

RECTANG

指定第一个角点或 [倒角(C)/标高(E)/圆角(F)/厚度(T)/宽度(W)]:

//捕捉如图 9-29 所示位置的中点

指定另一个角点或 [面积(A)/尺寸(D)/旋转(R)]:

//@-935,-50↵，绘制结果如图 9-30 所示

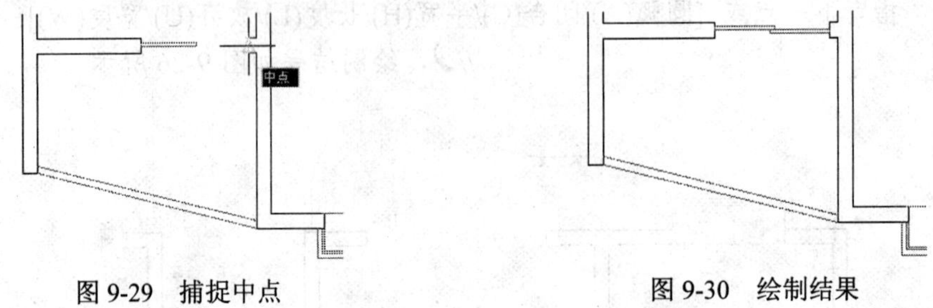

图 9-29　捕捉中点　　　　图 9-30　绘制结果

（10）重复执行“矩形”命令，配合对象捕捉功能，绘制上侧的三扇推拉门，门的宽度为 50、长度为 1000，如图 9-31 所示。

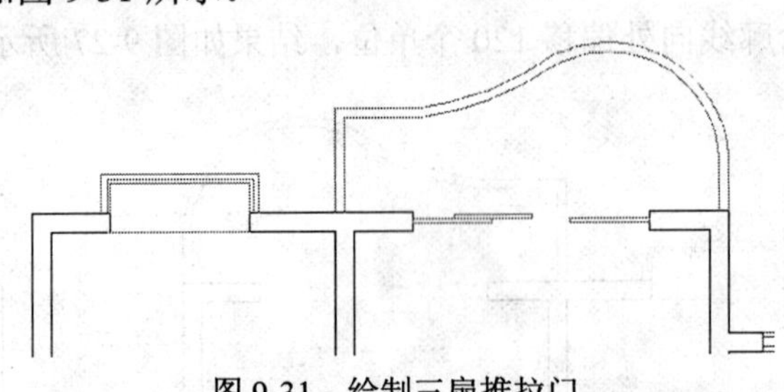

图 9-31　绘制三扇推拉门

（11）使用“插入块”命令，插入素材包中“/图块文件/”目录下的单开门、大小隔断图块，并对各建筑构件轮廓线镜像复制，结果如图 9-32 所示。

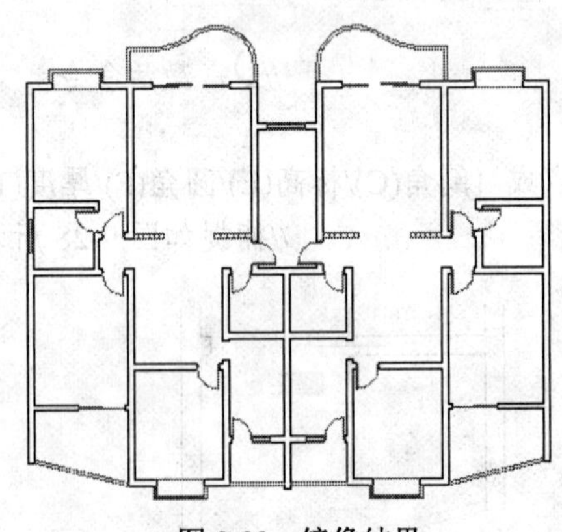

图 9-32　镜像结果

（12）设置“楼梯层”为当前图层，然后插入素材包中“/图块文件/楼梯 1.dwg”，如图 9-33 所示。

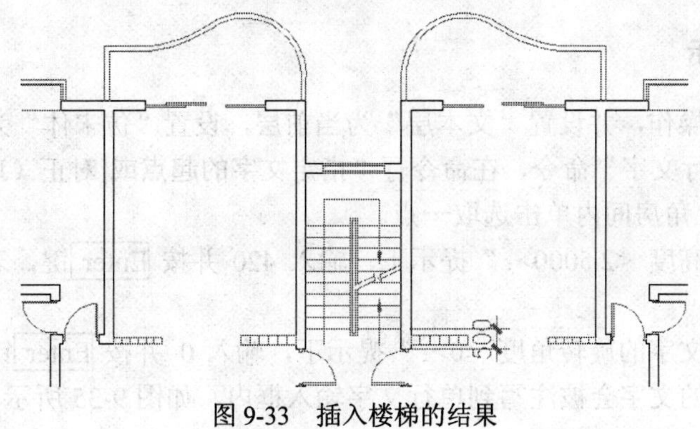

图 9-33　插入楼梯的结果

9.4　实战四：标注房间功能

本例通过为施工平面图标注房间功能、门窗型号等必要的文字注释，练习平面图文字注释的标注方法和技巧。本例效果如图 9-34 所示。

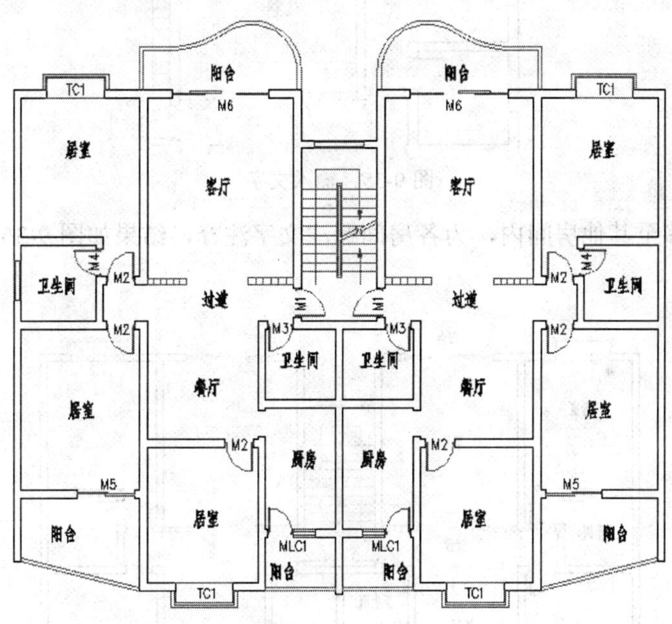

图 9-34　实例效果

9.4.1　绘图思路

- 设置当前图层和当前文字样式。
- 使用“单行文字”命令标注各房间功能。
- 使用“单行文字”和“编辑文字”命令标注门窗型号。
- 使用“快速选择”和“镜像”命令创建另一户型图的注释。
- 将图形另名存盘。

9.4.2 步骤提示

（1）继续上例操作，并设置“文本层”为当前层，设置“仿宋体”为当前文字样式。

（2）执行“单行文字”命令，在命令行“指定文字的起点或[对正（J）/样式（S）]:”提示下，在平面图左上角房间内单击选取一点。

（3）在“指定高度 <2.5000>:”提示下，输入 420 并按 Enter 键，表示文字高度为 420 个单位。

（4）在“指定文字的旋转角度 <0>:”提示下，输入 0 并按 Enter 键。此时在命令行内输入“居室”，输入的文字会被注写到单行文字输入框内，如图 9-35 所示。

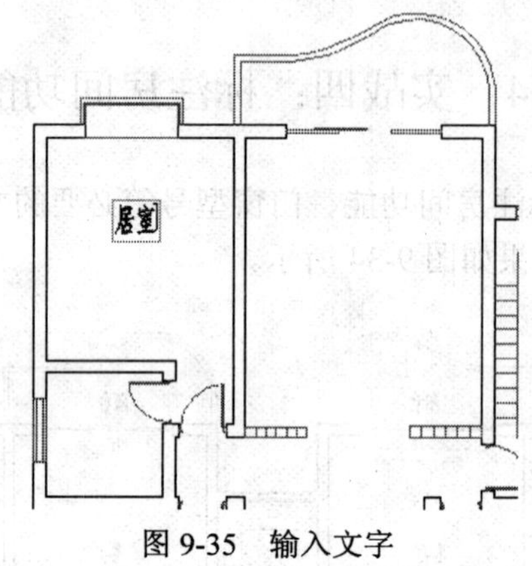

图 9-35 输入文字

（5）将光标移至其他房间内，为各房间标注文字注释，结果如图 9-36 所示。

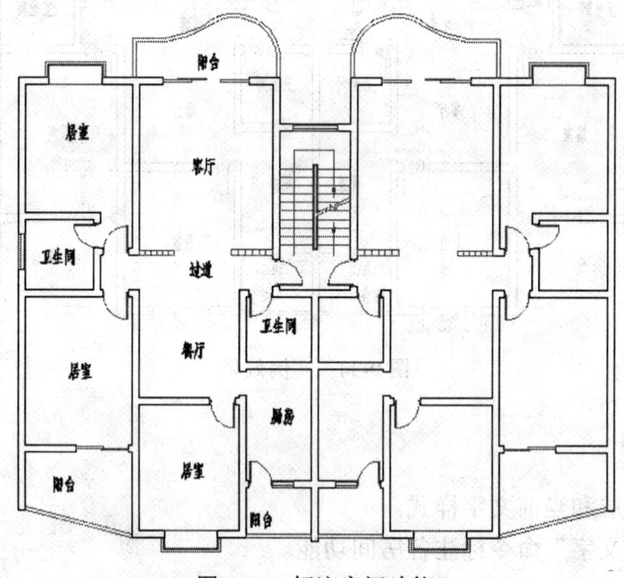

图 9-36 标注房间功能

（6）将 SIMPLEX 作为当前的文字样式，然后使用快捷键 DT 激活“单行文字”命令，标注单开门的型号。命令行操作如下：

命令: dt　　//↵
　TEXT 当前文字样式:　SIMPLEX　当前文字高度:　420.0
　指定文字的起点或 [对正(J)/样式(S)]:　//卫生间右侧单开门下侧拾取一点
　指定高度 <2.5>:　//300↵
　指定文字的旋转角度 <0.00>:　//输入 M2，同时结束命令
命令:　//↵
　TEXT 当前文字样式:　SIMPLEX　当前文字高度:　300.0
　指定文字的起点或 [对正(J)/样式(S)]:　//在卫生间门处拾取一点
　指定高度 <300.0>:　//↵
　指定文字的旋转角度 <0.00>:
　　//90↵，指定角度，同时输入 M4，结果如图 9-37 所示

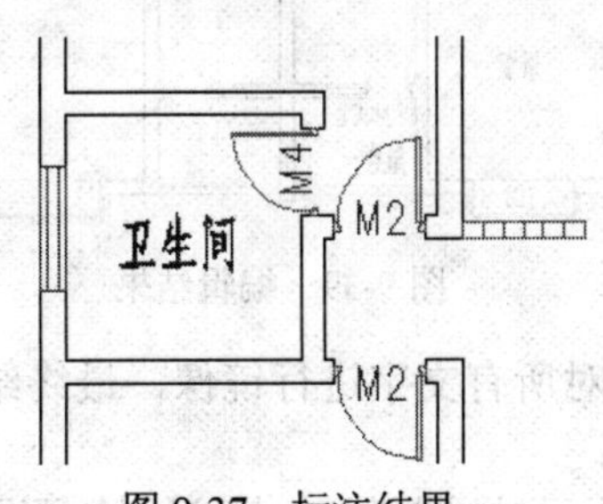

图 9-37　标注结果

（7）将刚标注的两行文字复制到平面图的其他位置，结果如图 9-38 所示。

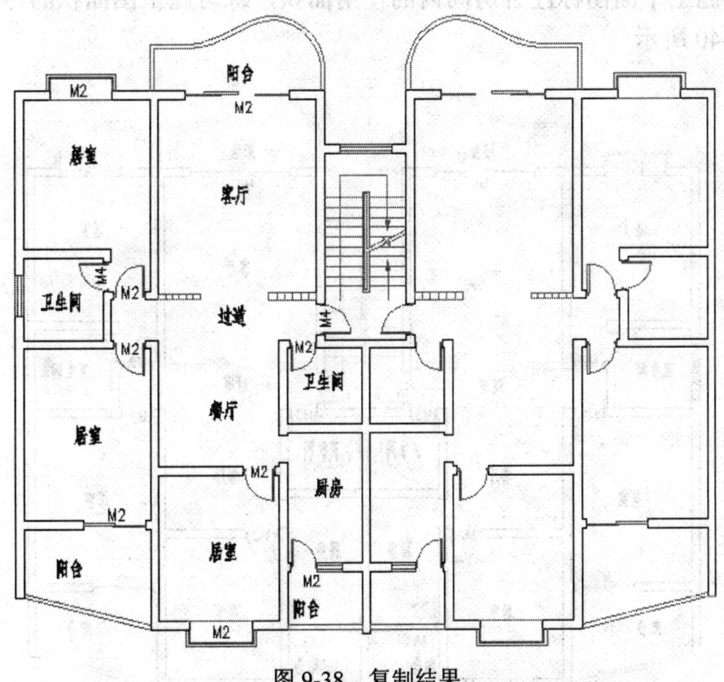

图 9-38　复制结果

（8）选择复制出的单行文字进行编辑，最终结果如图 9-39 所示。

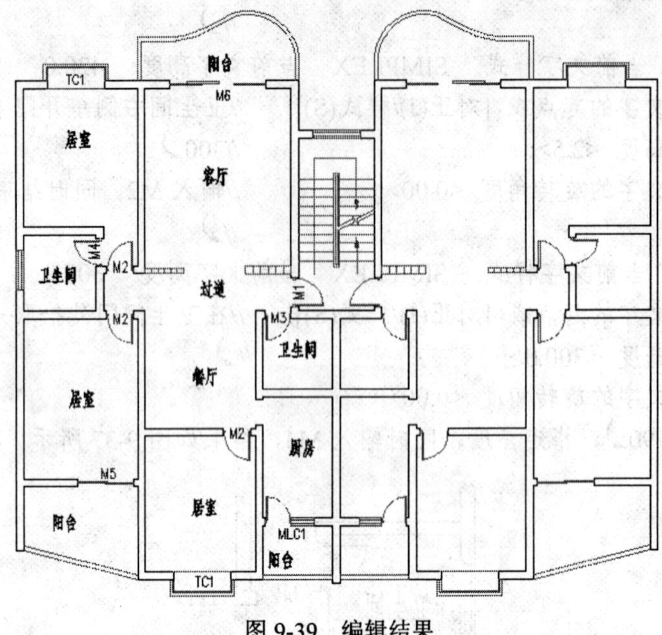

图 9-39　编辑结果

（9）执行“镜像”命令，对所有文字进行镜像，最终结果如图 9-34 所示。

9.5　实战五：标注使用面积

本例通过为施工平面图标注各房间内的使用面积，练习施工图面积的标注方法和技巧。本例效果如图 9-40 所示。

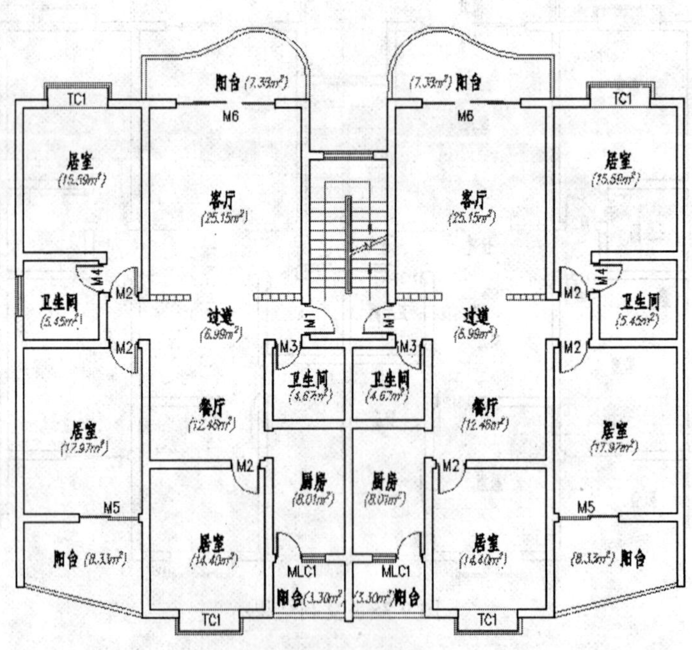

图 9-40　本例效果

9.5.1　绘图思路

- 使用“面积”命令查询房间使用面积。
- 使用“多行文字”命令标注单个房间面积。
- 使用“复制”命令复制使用面积。
- 使用“编辑文字”命令编辑使用面积。
- 使用“另存为”命令将图形另名存盘。

9.5.2　步骤提示

（1）继续上例操作，并创建一个名为“面积层”的图层，图层颜色为 102 号色，并将其设置为当前层。

（2）使用“文字样式”命令，设置一种名为“面积”的文字样式，字体名为 Simplex.shx，并将其设置为当前样式。

（3）单击“菜单浏览器”/“工具”/“查询”/“面积”命令，查询“居室”的使用面积，命令行操作如下：

命令: _area

指定第一个角点或 [对象(O)/加(A)/减(S)]:　　//捕捉如图 9-41 所示的端点 1

指定下一个角点或按 ENTER 键全选:　　//捕捉如图 9-41 所示的端点 2

指定下一个角点或按 ENTER 键全选:　　//捕捉端点 3

指定下一个角点或按 ENTER 键全选:　　//捕捉交点

指定下一个角点或按 ENTER 键全选:　　//按 Enter 键，结束命令

查询结果:

面积 = 15591600.0，周长 = 15840.0

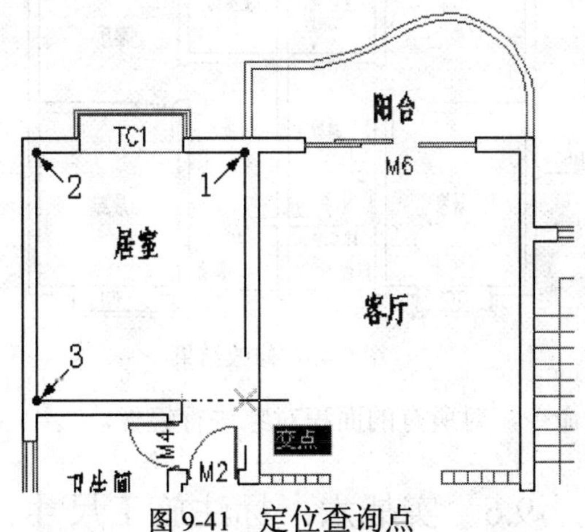

图 9-41　定位查询点

（4）重复使用“面积”命令，分别查询出其他各房间的使用面积。

（5）使用“多行文字”命令，在“居室”字样的下侧拉出矩形边界框，打开“文字编辑器”功能区面板，设置文字高度为 270，对正方式为无，然后输入 15.59m。

（6）展开面板上的符号按钮，在面积的后面添加平方，结果如图 9-42 所示。

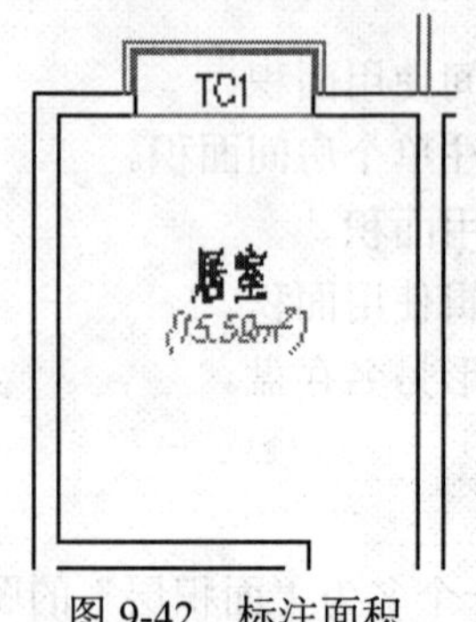

图 9-42　标注面积

（7）使用“复制”命令，选择刚标注的面积，将其复制到其他房间内。

（8）使用“编辑文字”命令，分别选择其他房间的面积对象进行修改，最终结果如图 9-43 所示。

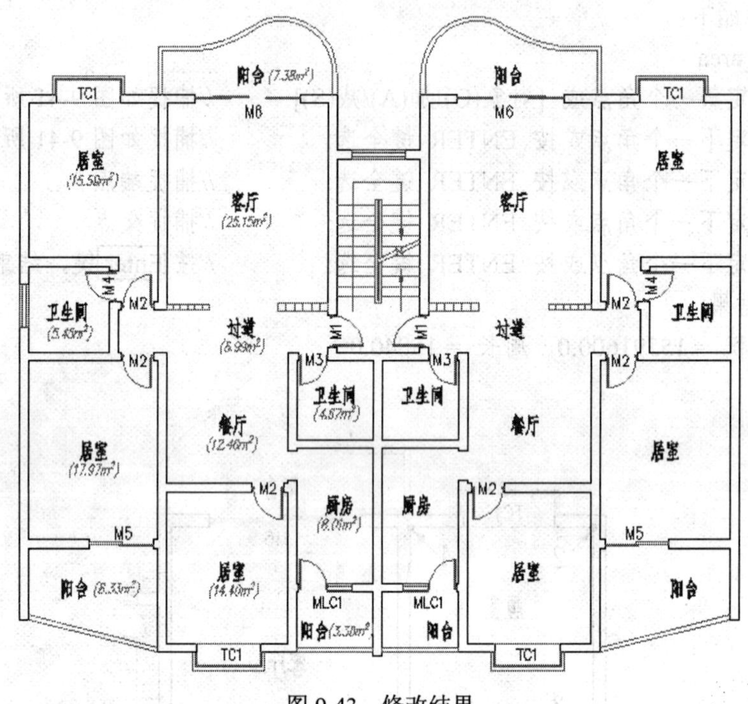

图 9-43　修改结果

（9）使用“镜像”命令，对所有的面积对象进行镜像。

9.6　实战六：标注施工尺寸

标注施工尺寸是绘制建筑施工图的一个重要环节，是指导施工的主要依据。本例通过为平面图标注如图 9-44 所示的尺寸，主要练习施工图尺寸的快速标注方法和标注技巧。

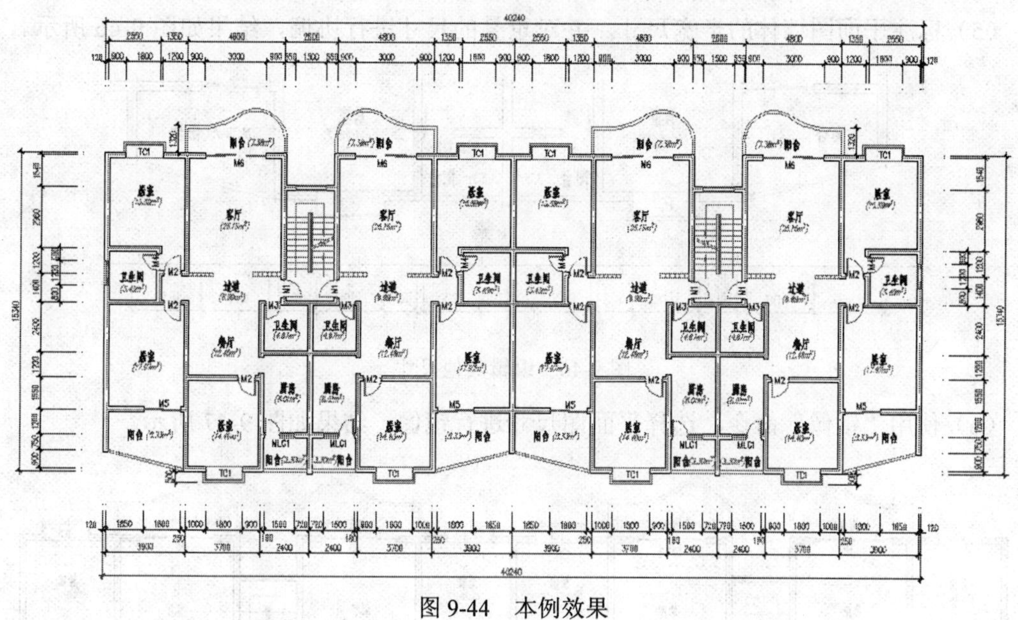

图 9-44　本例效果

9.6.1　绘图思路

- 设置当前层及标注样式。
- 使用“构造线”命令绘制尺寸定位线。
- 使用“线性”、“连续”命令标注细部尺寸。
- 使用“快速标注”命令、夹点编辑功能快速标注轴线尺寸。
- 使用“线性”、“编辑标注文字”命令标注细部尺寸，并对尺寸进行完善。
- 使用“另存为”命令将图形另名存储。

9.6.2　操作提示

（1）设置“尺寸层”为当前层，并关闭“轴线层”。

（2）对单元平面图进行镜像复制，然后对镜像后的墙线进行编辑完善。

（3）修改当前尺寸样式的比例为 100，在平面图下侧绘制一条水平构造线作为尺寸定位辅助线，构造线距离平面图最外轮廓线为 1100 个单位。

（4）使用“线性”命令和“连续”命令，为平面图标注如图 9-45 所示的尺寸。

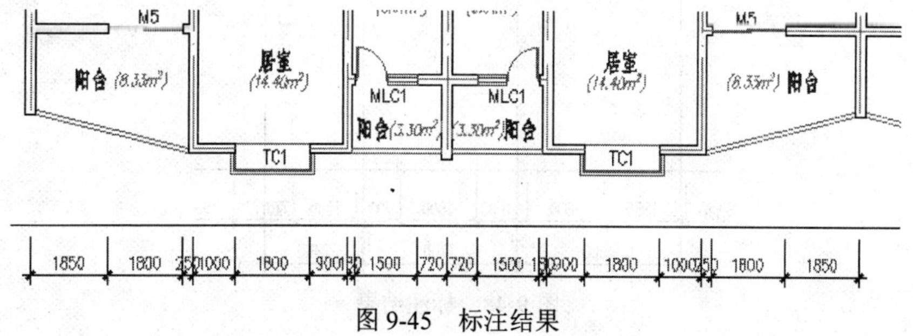

图 9-45　标注结果

（5）标注平面图墙体的半宽尺寸，并对重叠的尺寸进行协调，结果如图 9-46 所示。

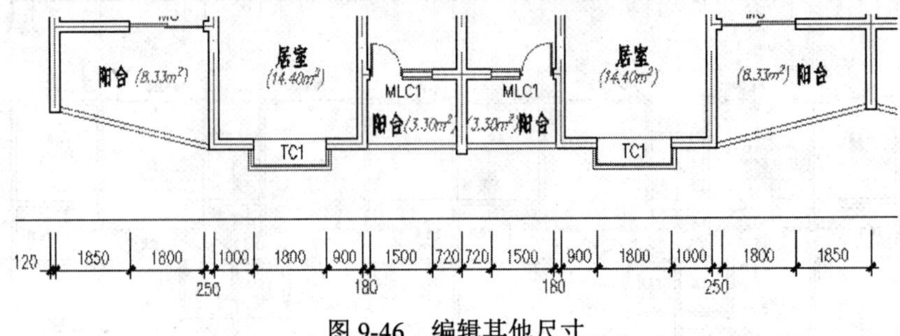

图 9-46 编辑其他尺寸

（6）使用“镜像”命令，选择平面图尺寸进行镜像，结果如图 9-47 所示。

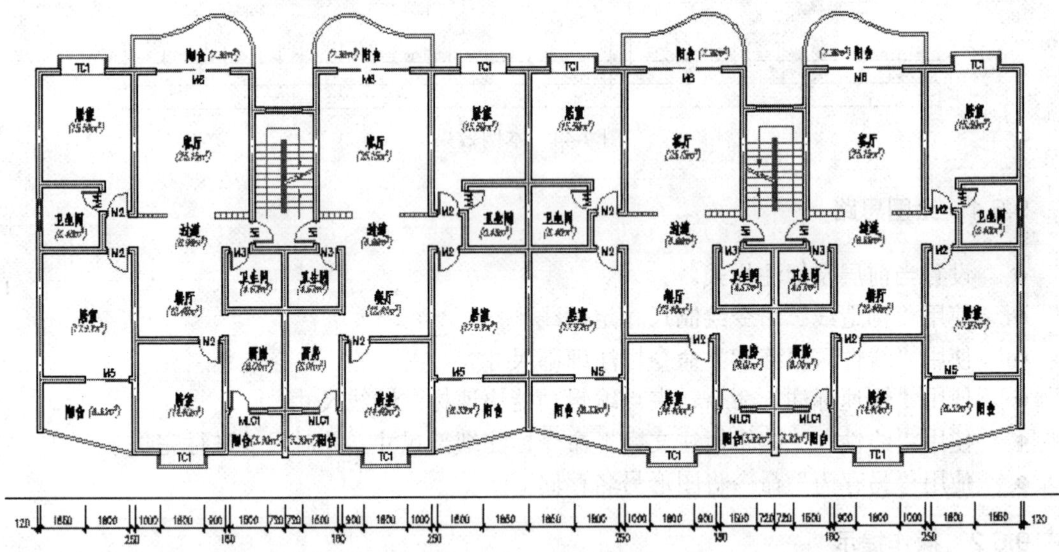

图 9-47 镜像结果

（7）暂时关闭墙线层、门窗层、面积层、文本层，使用“快速标注”命令，为平面图标注如图 9-48 所示的轴线尺寸。

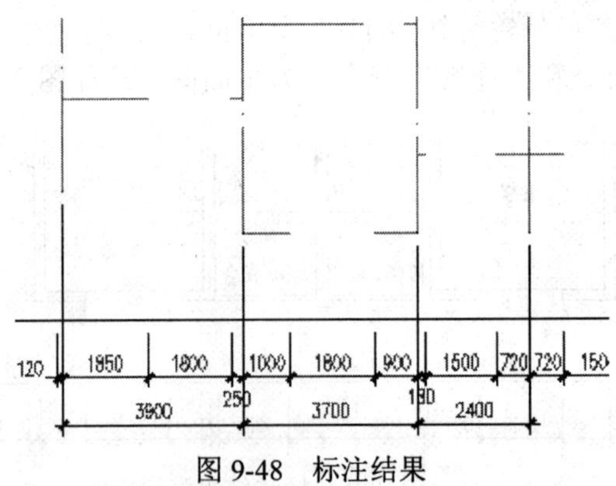

图 9-48 标注结果

（8）使用夹点拉伸功能，将轴线尺寸的尺寸界限原点拉伸到尺寸定位线上，如图 9-49 所示。

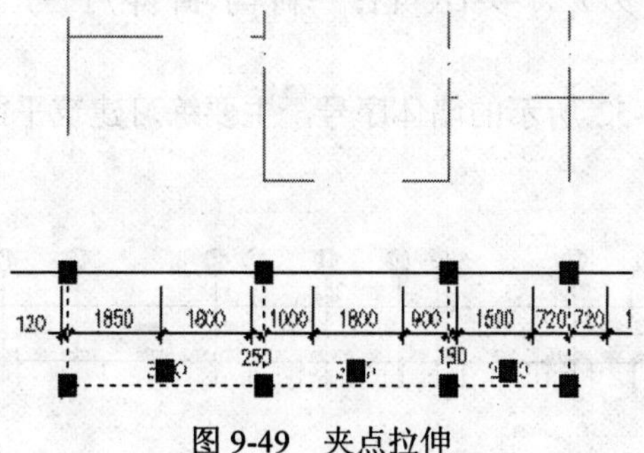

图 9-49　夹点拉伸

（9）取消夹点显示，对编辑后的轴线尺寸进行镜像，结果如图 9-50 所示。

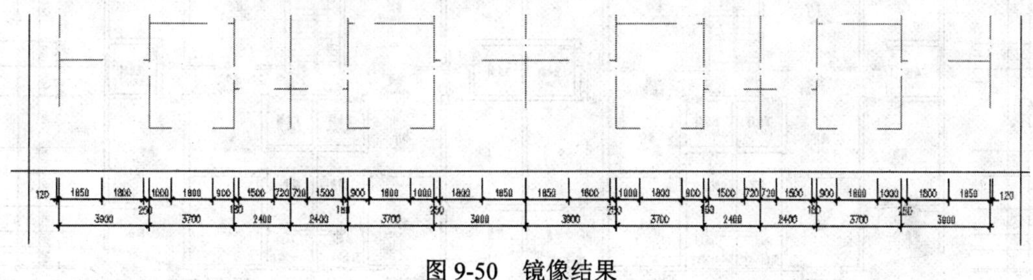

图 9-50　镜像结果

（10）参照上述操作步骤，分别标注其他侧的尺寸，并对重叠尺寸进行协调，结果如图 9-51 所示。

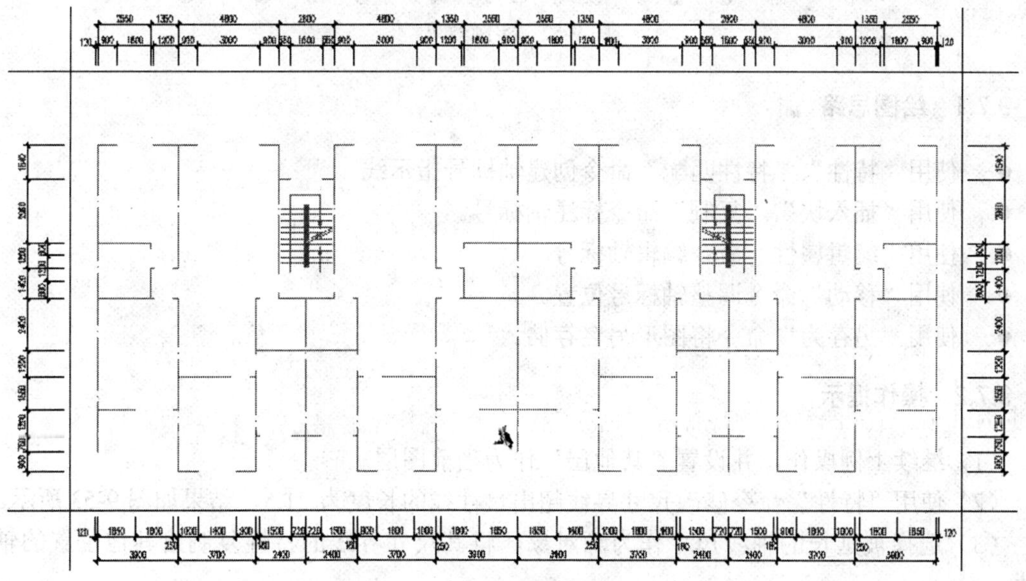

图 9-51　标注其他侧的轴线尺寸

（11）打开所有被关闭的图层，然后标注平面图各侧的总尺寸和局部尺寸，并删除尺寸定位辅助线。

9.7 实战七：编写墙体序号

本例通过为标注如图 9-52 所示的墙体序号，主要练习建筑平面图墙体编号的操作方法和技巧。

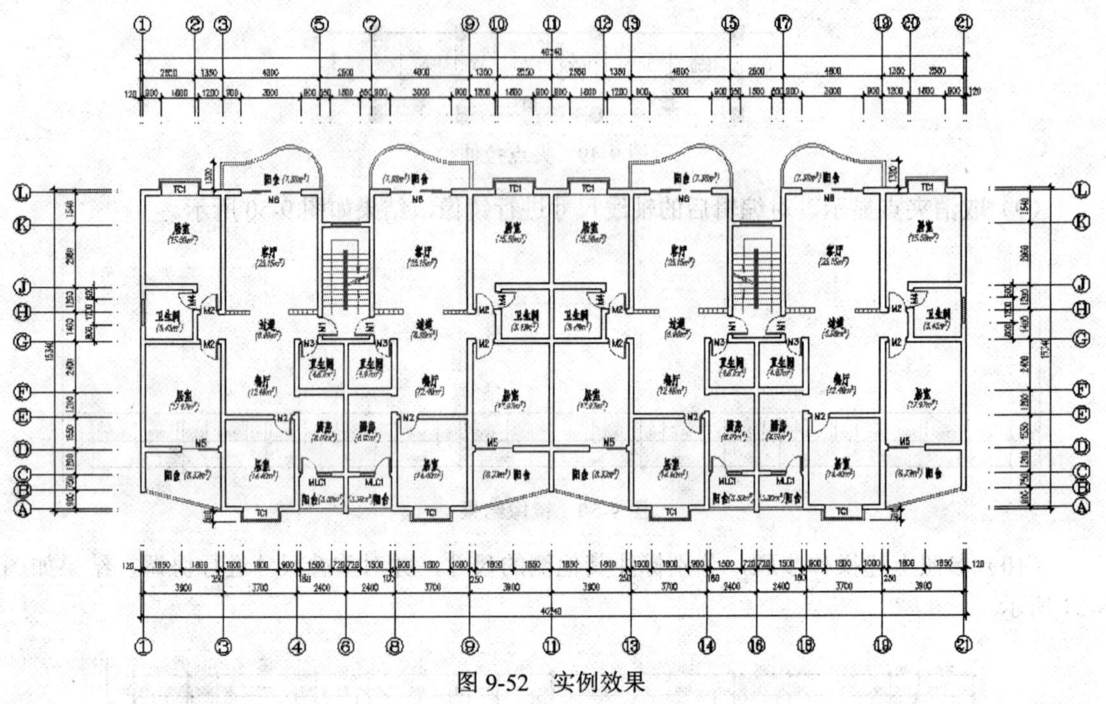

图 9-52 实例效果

9.7.1 绘图思路

- 使用“特性”、“特性匹配”命令创建轴标号指示线。
- 使用“插入块”、“复制”命令标注轴标号。
- 使用“编辑属性”命令编辑轴标号。
- 使用“移动”命令调整轴标号位置。
- 使用“另存为”命令将图形另名存储。

9.7.2 操作提示

（1）继续上例操作，并设置“其他层”作为当前图层。

（2）使用“特性”命令修改尺寸界线超出尺寸线的长度为 21.5，结果如图 9-53 所示。

（3）选择被延长的轴线尺寸作为源对象，将其尺寸界线的特性复制给其他位置的轴线尺寸。

（4）使用“插入块”命令，插入素材包中的“/图块文件/轴标号.dwg”，缩放比例为 100，如图 9-54 所示。

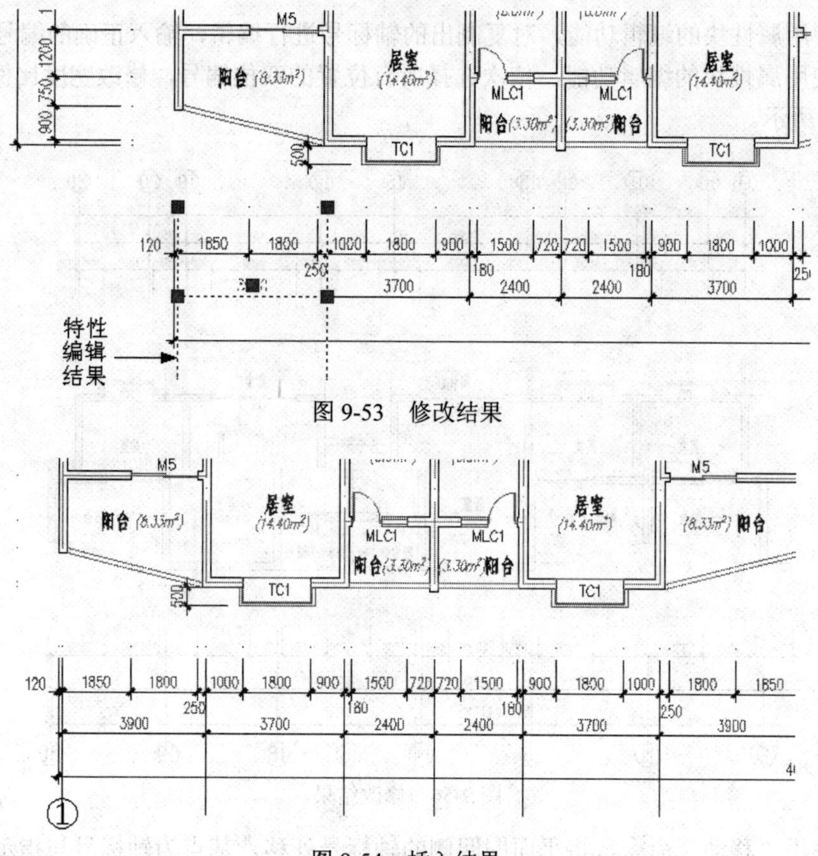

图 9-53　修改结果

图 9-54　插入结果

（5）使用“复制”命令，将轴线标号分别复制到其他指示线的末端点，基点为轴标号圆心，目标点为各指示线末端点，结果如图 9-55 所示。

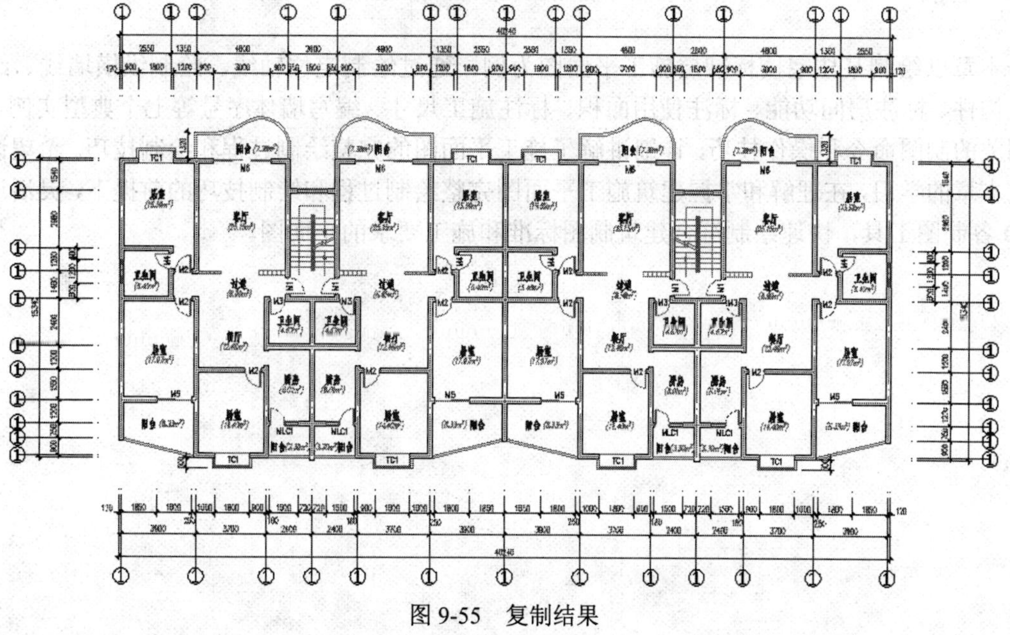

图 9-55　复制结果

（6）使用属性块的编辑功能，对复制出的轴标号进行编辑，输入正确的编号。

（7）使用属性块的编辑功能，依次选择所有位置的双位编号，修改宽度比例为 0.7，结果如图 9-56 所示。

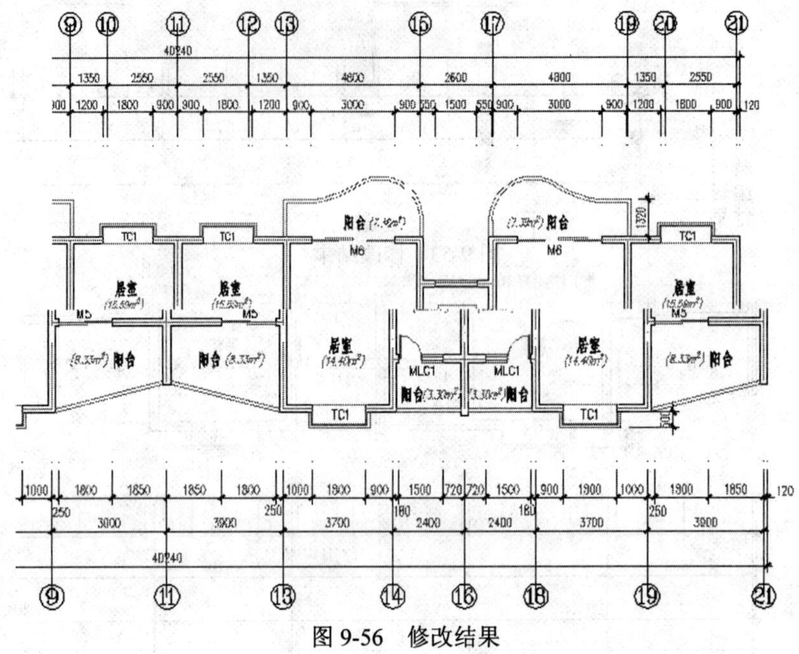

图 9-56 修改结果

（8）使用“移动”命令，将平面图四侧的轴标号外移，基点为轴标号与指示线的交点，目标点为各指示线端点。

9.8 本章小结

本章以绘制某住宅楼标准层施工平面图为例，通过绘制定位轴线、绘制纵横墙线、绘制建筑构件、标注房间功能、标注使用面积、标注施工尺寸、编写墙体序号等七个典型实例，配合相关的制图命令和操作技巧，详细讲解了施工平面图的完整绘制过程和绘制技巧。希望读者通过本章的学习，在理解和掌握建筑施工平面图完整绘制过程和绘制技巧的前提下，灵活运用 CAD 各制图工具，快速绘制符合建筑制图标准和施工要求的平面图。

第 10 章　建筑图后期输出

学习内容

- 案例一：配置打印设备和图纸尺寸
- 案例二：单视口精确打印
- 案例三：多视口精确打印
- CAD 与其他软件间的数据转换
- 本章小结

本章知识点

- 绘图仪管理器
- 打印
- 打印预览
- 视口
- 输出

10.1　案例一：配置打印设备和图纸尺寸

10.1.1　教学目标

在打印图形之前，首先需要配置打印设备。本例通过配置 MS-Windows BMP（非压缩 DIB）型号的打印机为例，学习打印设备的配置和图纸尺寸的自定义过程。

10.1.2　绘图思路

- 进入软件操作界面。
- 使用“绘图仪管理器”命令，打开 Plotters 窗口。
- 双击“添加绘图仪向导”图标，添加打印设备。
- 双击添加的打印机图标，进行图纸尺寸的配置。
- 将图纸尺寸进行保存。

10.1.3　命令讲解

10.1.3.1　“绘图仪管理器”命令

“绘图仪管理器”命令是用于配置绘图仪设备、定义和修改图纸尺寸的工具，如修改绘图仪所选图纸的打印区域、自定义新的图纸尺寸等。

执行“绘图仪管理器”命令主要有以下几种方式：

- 单击“菜单浏览器”/“文件”/“绘图仪管理器”命令。
- 单击功能区“输出”选项卡/“打印”面板上的按钮。
- 在命令行输入 Plottermanager。

10.1.4 绘图步骤

下面通过配置“MS-Windows BMP（非压缩 DIB）”型号的打印机为例，学习“绘图仪管理器”命令的操作方法和操作技巧。

（1）单击功能区“输出”选项卡/“打印”面板上的按钮，激活“绘图仪管理器”命令，打开如图 10-1 所示的 Plotters 窗口。

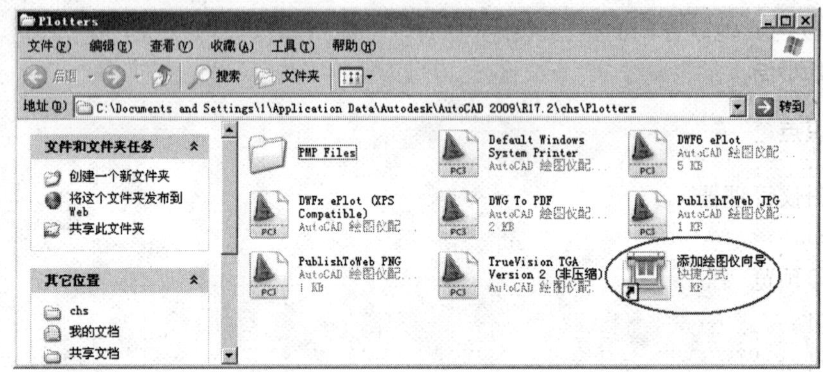

图 10-1 Plotters 窗口

（2）在此对话框中双击“添加绘图仪向导”图标，打开如图 10-2 所示的“添加绘图仪一简介”对话框。

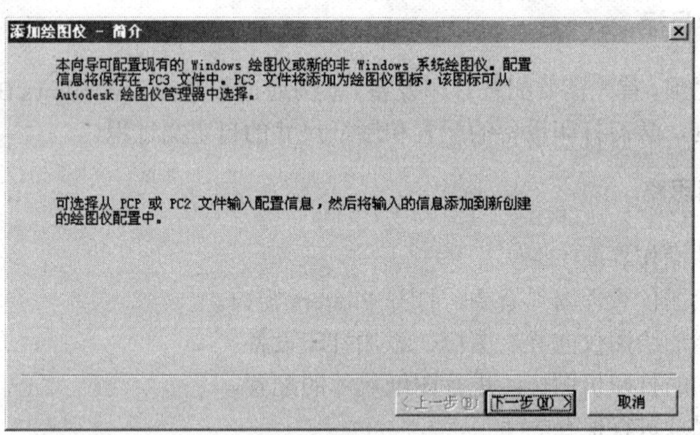

图 10-2 “添加绘图仪一简介”对话框

（3）依次单击下一步(N) >按钮，打开“添加绘图仪 – 绘图仪型号”对话框，设置绘图仪型号及其生产商，如图 10-3 所示。

（4）依次单击下一步(N) >按钮，直至打开“添加绘图仪 – 完成”对话框，如图 10-4 所示。

（5）单击完成(F)按钮，至此就添加了一个绘图仪，添加的绘图仪会自动出现在 Plotters 窗口内，如图 10-5 所示。

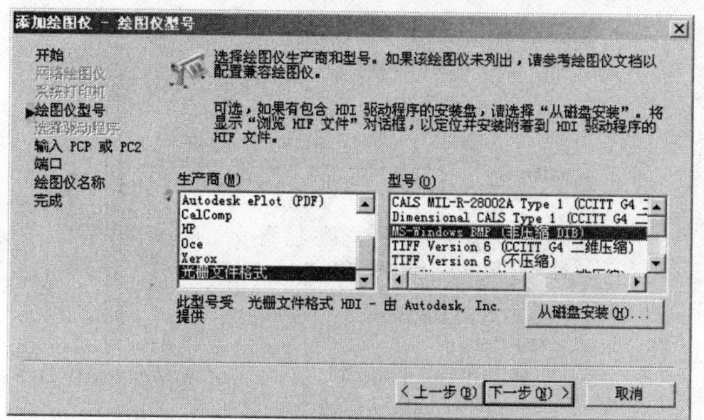

图 10-3　选择绘图仪型号

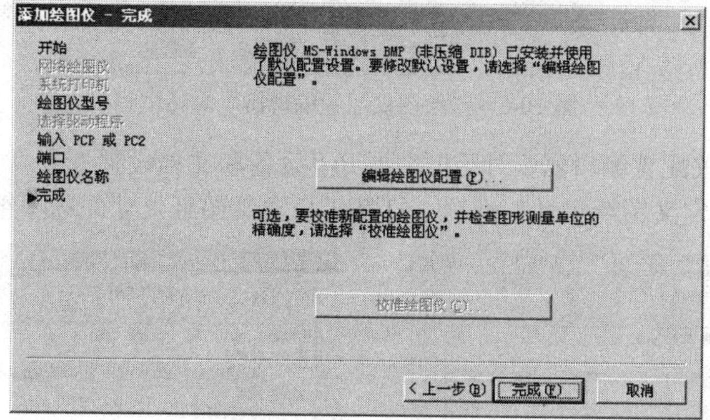

图 10-4　完成绘图仪的添加

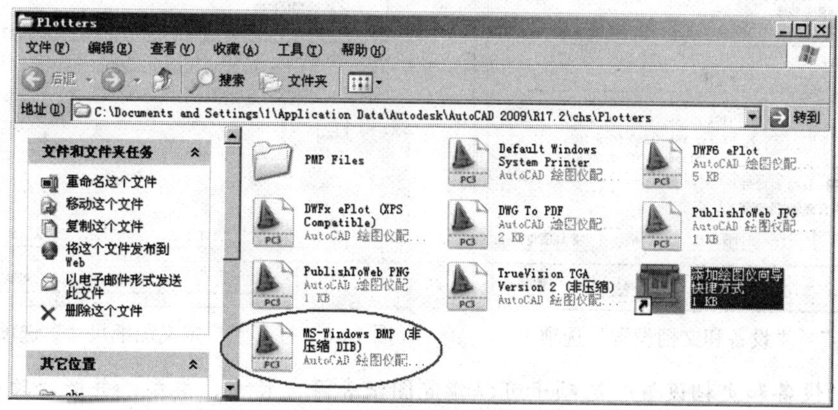

图 10-5　添加绘图仪

每一款型号的绘图仪，都自配有相应规格的图纸尺寸，但有时这些图纸尺寸与打印图形很难匹配，需要用户重新定义图纸尺寸。下面继续学习图纸尺寸的定义过程。

（6）在 Plotters 窗口中，双击“MS Window BMP（非压缩 DIB）”图标，打开如图 10-6 所示的“绘图仪配置编辑器－MS-Windows BMP（非压缩 DIB）”对话框，以进行内部参数的配置。

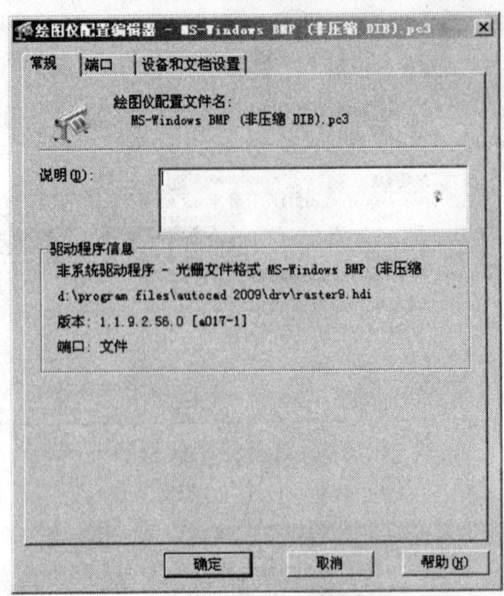

图 10-6 “绘图仪配置编辑器”对话框

（7）在“绘图仪配置编辑器”对话框中展开“设备和文档设置”选项卡，如图 10-7 所示。

（8）单击“自定义图纸尺寸”选项，打开“自定义图纸尺寸”选项组，如图 10-8 所示。

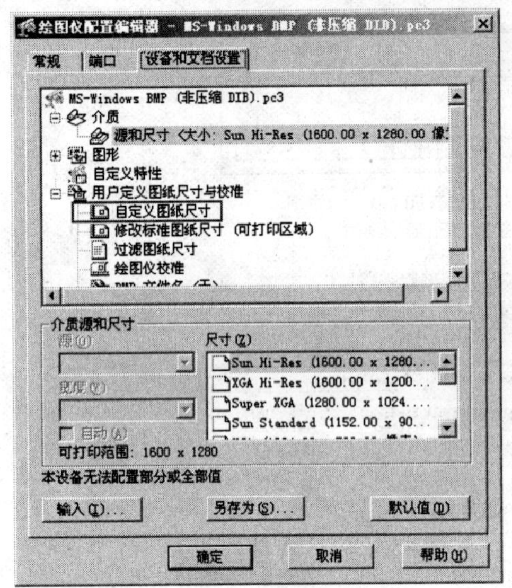

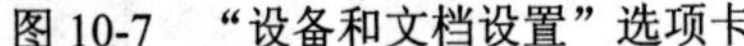
图 10-7 “设备和文档设置”选项卡

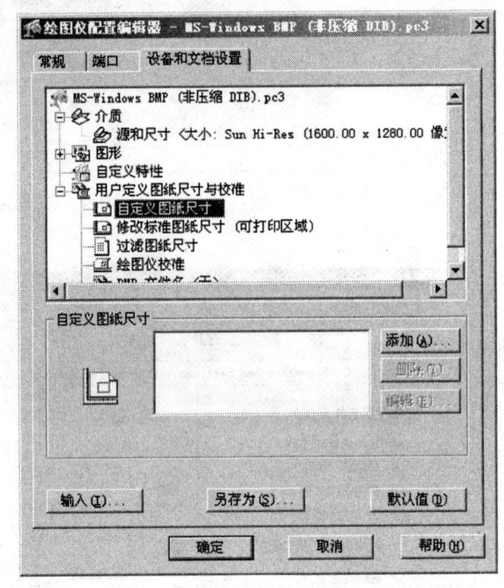

图 10-8 打开“自定义图纸尺寸”选项组

注意：“设备和文档设置”选项卡可以指定图纸来源、尺寸、类型，并能修改颜色深度、打印分辨率等。

（9）单击添加(A)...按钮，此时系统打开如图 10-9 所示的“自定义图纸尺寸 － 开始”对话框，开始自定义图纸的尺寸。

（10）单击下一步(N) >按钮，打开“自定义图纸尺寸 － 介质边界”对话框，分别设置图纸的宽度、高度以及单位，如图 10-10 所示。

（11）依次单击下一步(N) >按钮，直至打开如图 10-11 所示的“自定义图纸尺寸–完成”对话框，完成图纸尺寸的自定义过程。

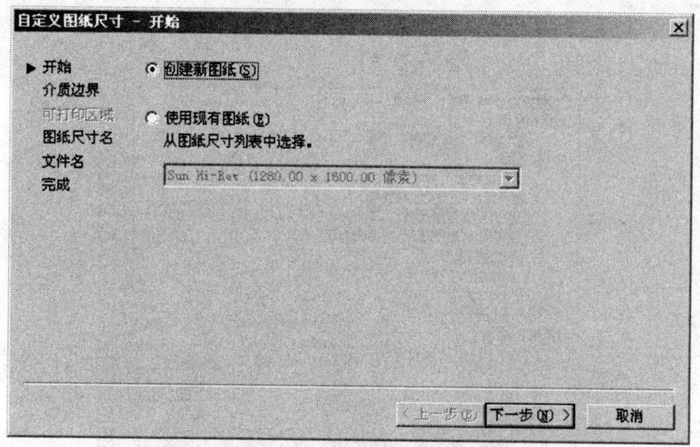

图 10-9　自定义图纸尺寸

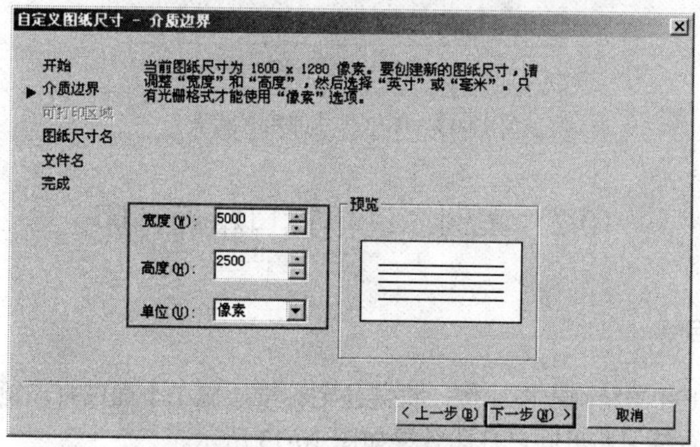

图 10-10　设置图纸尺寸

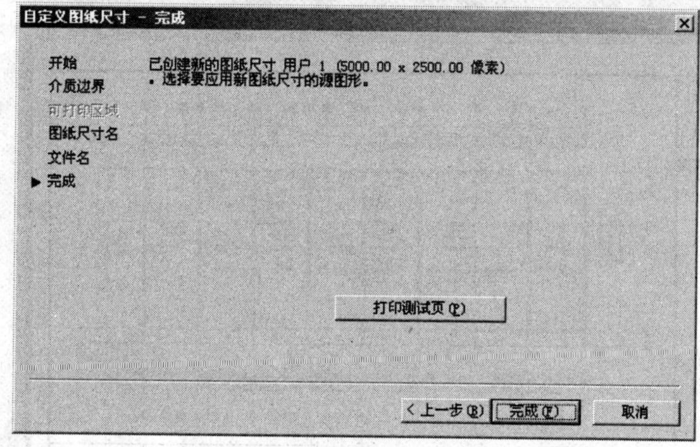

图 10-11　“自定义图纸尺寸–完成”对话框

（12）单击“完成(F)”按钮，新定义的图纸尺寸自动出现在“自定义图纸尺寸”选项组中，如图 10-12 所示。

（13）如果用户需要将此图纸尺寸进行保存，可以单击“另存为(S)...”按钮；如果用户仅在当前使用一次，直接单击“确定”按钮，结束命令即可。

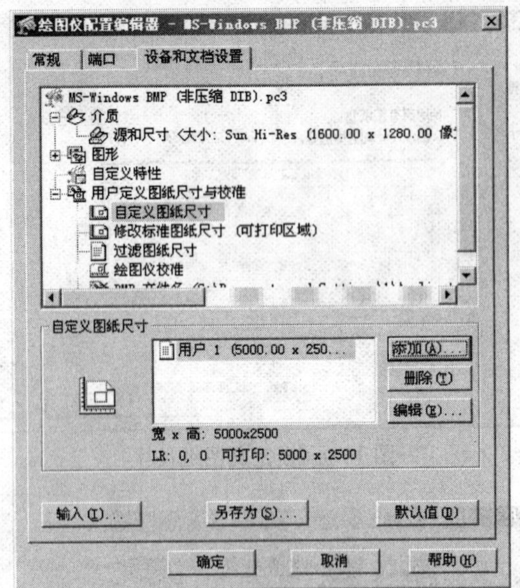

图 10-12 图纸尺寸的定义结果

10.2 案例二：单视口精确打印

10.2.1 教学目标

本例将按照 1:100 的精确出图比例，将某住宅标准层施工平面图打印输出到 2 号图纸上，对所讲知识进行综合练习和巩固。打印效果如图 10-13 所示。

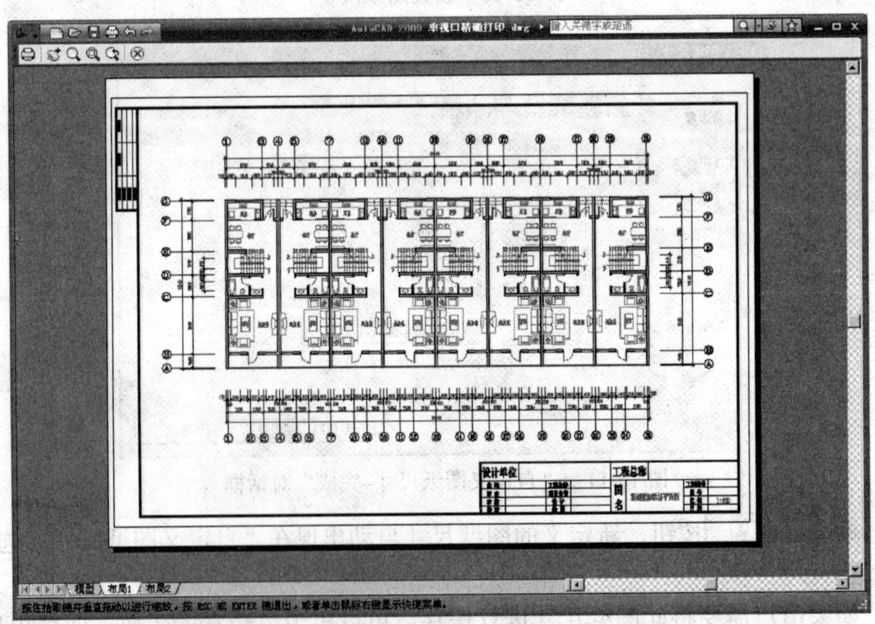

图 10-13 打印效果

10.2.2　绘图思路

- 准备需要打印的图形。
- 进入布局空间，使用“多边形视口”命令创建一个多边形视口。
- 使用“视口”工具栏调整视口的出图比例。
- 使用“实时平移”工具调整图形位置
- 使用“多行文字”命令填充比例和图名。
- 使用“打印”命令进行打印和输出。
- 使用“另存为”命令将打印图形另名存盘。

10.2.3　命令讲解

在打开平面图之前，首先学习“打印样式管理器”和“打印预览”命令。

10.2.3.1　“打印样式管理器”命令

图形中的每个对象或图层都具有打印样式属性，通过修改打印样式可以改变对象原有的颜色、线型或线宽等特性。通常一种打印样式只控制输出图形某一方面的打印效果，要让打印样式控制一张图纸的打印效果，就需要有一组打印样式，这些打印样式集合在一块称为打印样式表。

AutoCAD支持两种打印样式表，分别是颜色相关打印样式表和命名打印样式表，内容如下：

1. 颜色相关打印样式表

颜色相关打印样式是由颜色相关打印样式表定义的，文件扩展名为.ctb，它是以对象的颜色为基础，用颜色控制打印机的笔号、笔宽及线型设定等。用户通过调整与颜色对应的打印样式，就可以控制所有具有同种颜色的打印方式。此外，也可通过改变对象的颜色来改变用于该对象的打印方式。

2. 命名打印样式表

命名打印样式是由命名打印样式表定义的，其文件扩展名为.stb，它可以独立于图形对象的颜色使用。在使用命名打印样式时，可以将命名打印样式指定给任何图层和单个对象，而不需考虑图层及对象的颜色，不像使用颜色相关打印样式时，图形对象的颜色受打印样式的限制。

3. 命令的执行

“打印样式管理器”命令是用于创建和管理打印样式表的工具，以控制图形的打印效果。执行“打印样式管理器”命令主要有以下几种方式：

- 单击“菜单浏览器”/“文件”/“打印样式管理器”命令。
- 单击功能区“输出”选项卡/“打印”面板上的按钮。
- 在命令行输入Stylesmanager↵。

激活了“打印样式管理器”命令后，系统将弹出如图10-14所示的Plot Styles窗口，双击“添加打印样式表向导”图标，在弹出的“添加打印样式表”对话框中单击下一步(N) >按钮，打开如图10-15所示的对话框，就可以进行打印样表的添加操作。

依次单击下一步(N) >按钮，完成打印样式表各参数的设置，直至出现图10-16所示的“添加打印样式表—完成”对话框，单击完成按钮，即可添加设置的打印样式表，新建的打印样式表文件图标显示在Plot Styles窗口中。

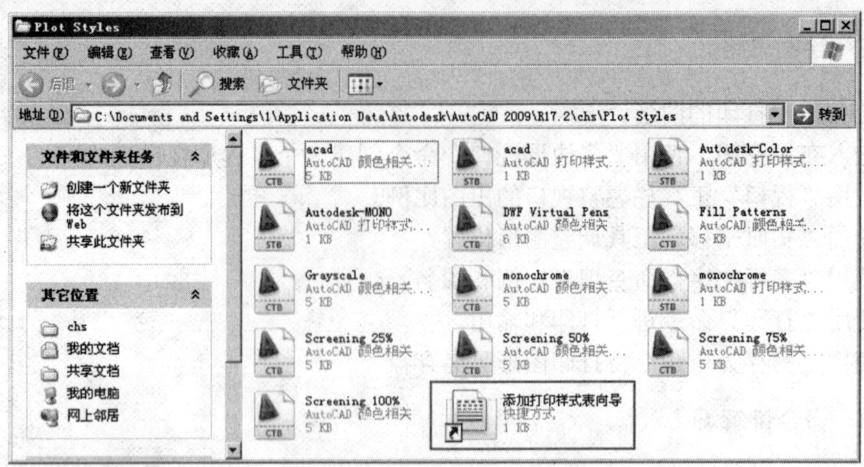

图 10-14　Plot Styles 窗口

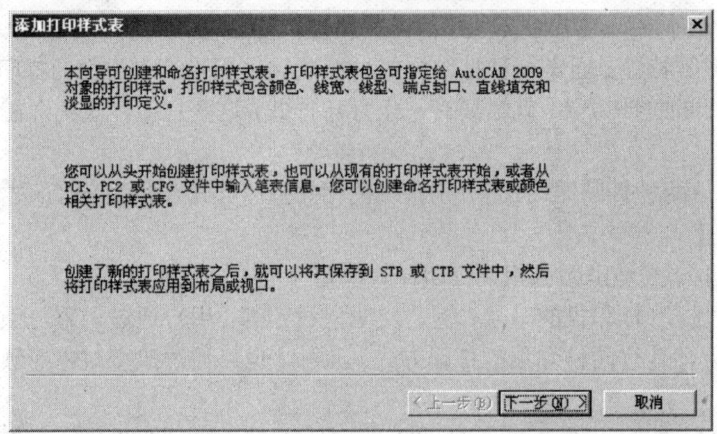

图 10-15　“添加打印样式表－开始”对话框

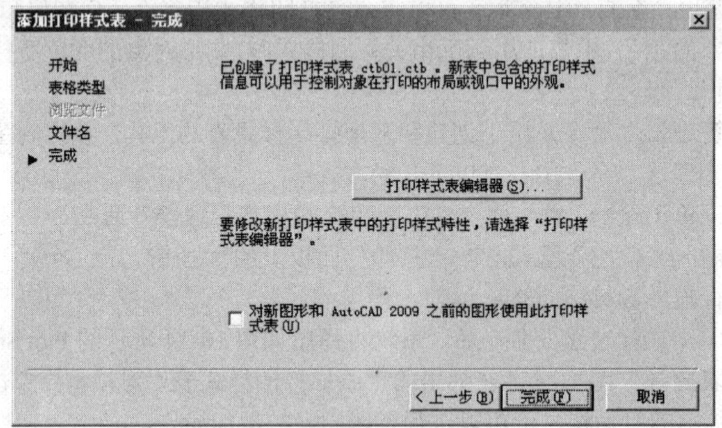

图 10-16　“添加打印样式表-完成”对话框

10.2.3.2　“打印预览”命令

当用户设置好页面参数之后，可使用“打印预览”命令提前观察图形的打印效果，如果发现不合适可以重新进行参数调整。执行此命令主要有以下几种方法：

- 单击“菜单浏览器”/“文件”/“打印预览”命令。
- 单击功能区“输出”选项卡/“打印”面板上的按钮。
- 在命令行输入 Preview。

10.2.4　绘图步骤

（1）打开素材包中的“/图形源文件/某别墅标准层施工平面图.dwg”，如图 10-17 所示。

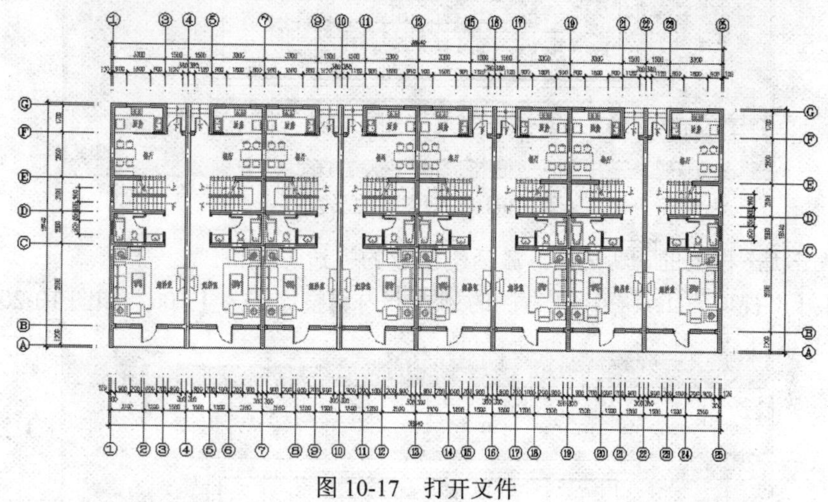

图 10-17　打开文件

（2）按下 F3 功能键，打开状态栏上的“对象捕捉”功能。

（3）单击绘图区下方的布局1标签，进入“布局 1”操作空间，如图 10-18 所示。

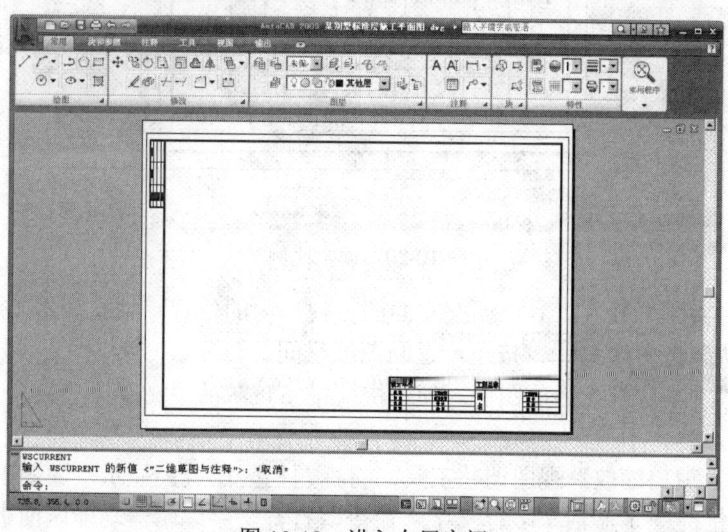

图 10-18　进入布局空间

（4）单击“菜单浏览器”/“视图”/“视口”/“多边形视口”命令，分别捕捉内框各角点，创建一个闭合的多边形视口，将模型空间的图形纳入到图纸空间内，如图 10-19 所示。

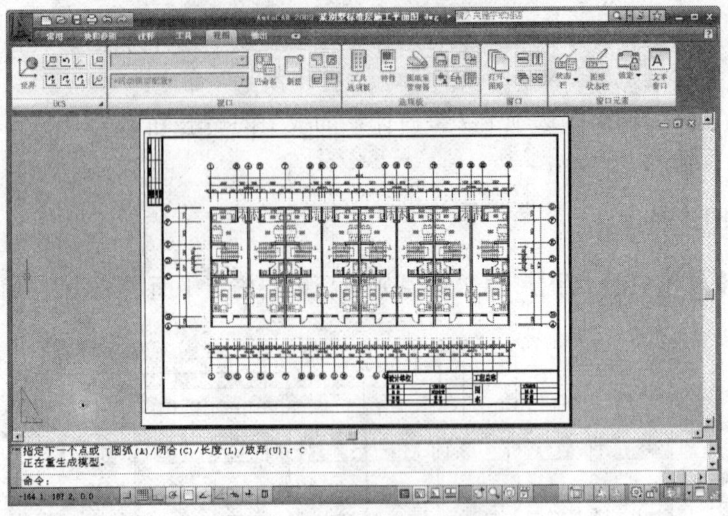

图 10-19　创建多边形视口

（5）单击状态栏上的图纸按钮，激活刚创建的多边形视口。

（6）打开“视口”工具栏，在右侧的列表框内调整比例为 1:100，如图 10-20 所示。

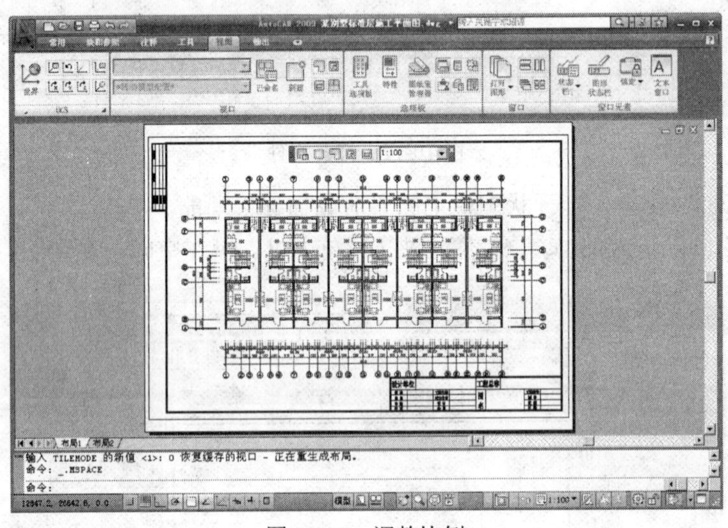

图 10-20　调整比例

（7）使用“实时平移”工具，调整立面图在视口内的位置，结果如图 10-21 所示。

（8）单击状态栏中的模型按钮，返回图纸空间。

（9）设置“文本层”为当前图层。使用快捷键 ST 激活“文字样式”命令，将“宋体”设置为当前样式。

（10）使用“窗口缩放”视图调整工具，将标题栏区域放大显示，如图 10-22 所示。

（11）使用快捷键 T 激活“多行文字”命令，打开文字编辑器功能区面板。

（12）设置文字高度为 5，设置对正方式为“正中”，输入如图 10-23 所示的文字。

（13）关闭文字编辑器功能区面板，重复执行“多行文字”命令，为标题栏填充比例，如图 10-24 所示。

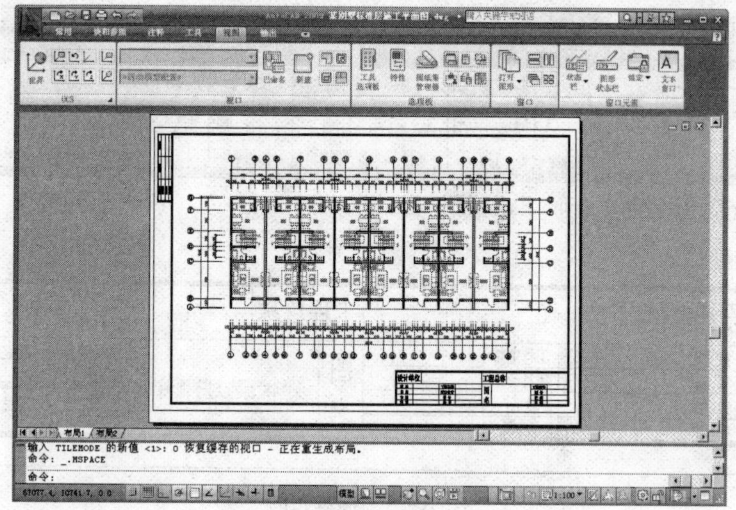

图 10-21　调整图形位置

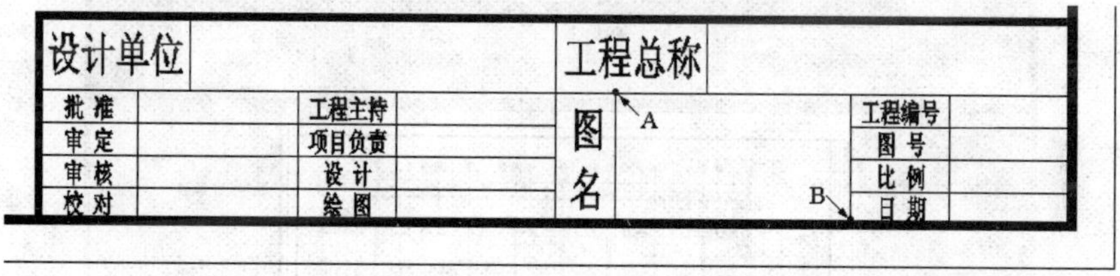

设计单位				工程总称		
批 准		工程主持		图名		工程编号
审 定		项目负责				图 号
审 核		设 计				比 例
校 对		绘 图				日 期

A　B

图 10-22　窗口缩放

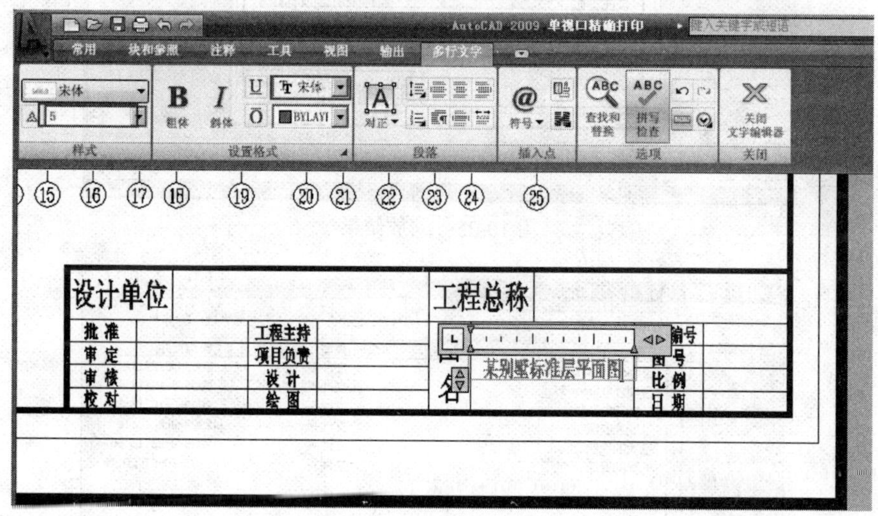

图 10-23　输入文字

（14）使用“范围缩放”功能调整视图，使平面图全部显示，整体效果如图 10-25 所示。

（15）单击功能区“输出”选项卡／“打印”面板上的按钮，在打开的“打印”对话框中单击预览(P)...按钮，对图形进行预览，效果如图 10-13 所示。

（16）按下 Esc 键退出预览状态，返回“打印－布局 1”对话框。单击确定按钮，此时系统打开如图 10-26 所示的“浏览打印文件”对话框。

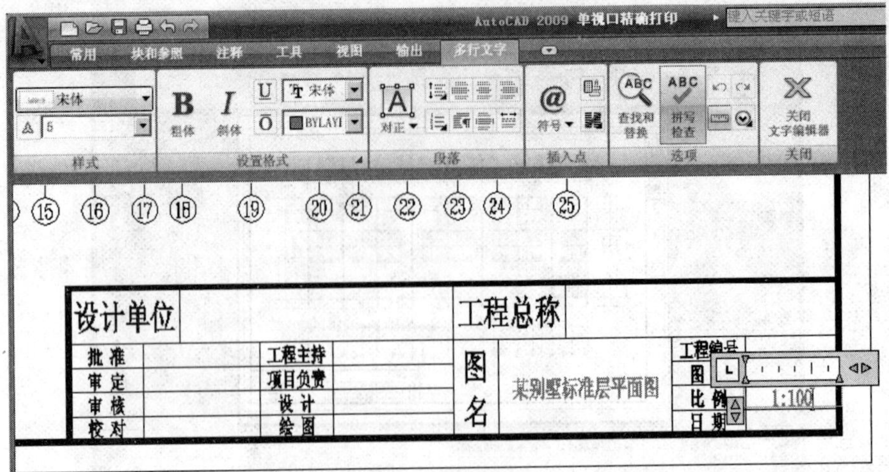

图 10-24　输入比例

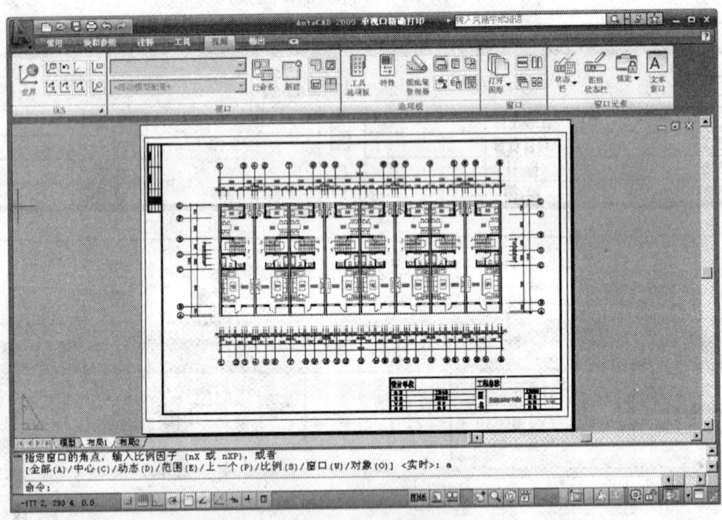

图 10-25　缩放结果

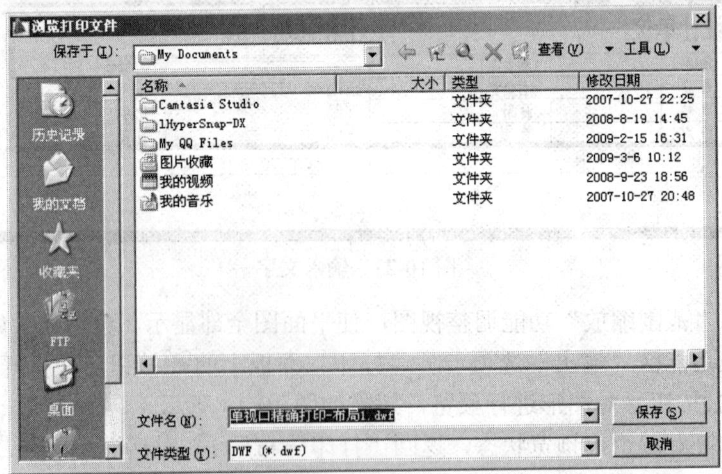

图 10-26　保存打印文件

（17）在此对话框内设置文件的保存路径及文件名，单击 保存... 按钮即可进行精确打印。

（18）使用“另存为”命令将图形存储为“单视口精确打印.dwg”。

10.3　案例三：多视口精确打印

10.3.1　教学目标

本例将在布局空间内按照 1:40 的精确出图比例，将多幅图形以多视口的形式打印输出到 3 号图纸上，对本章知识进行练习和巩固。本例的打印预览效果如图 10-27 所示。

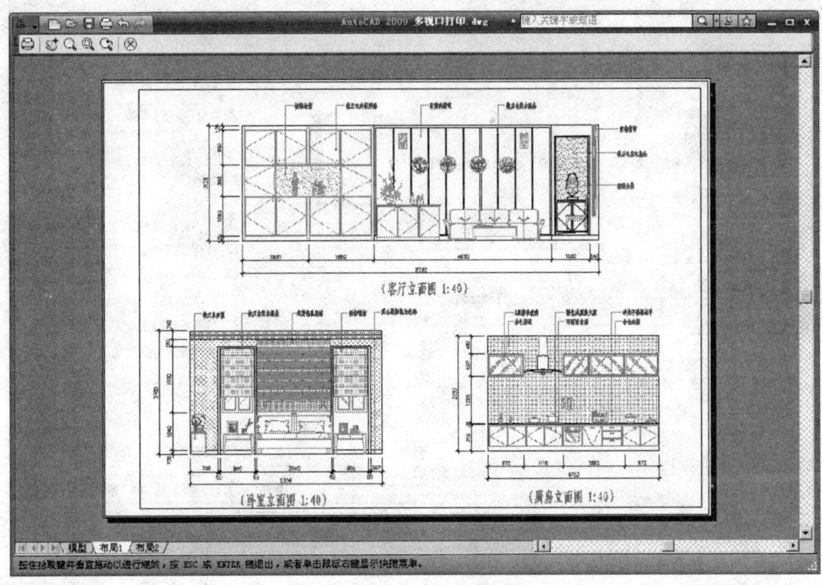

图 10-27　打印预览效果

10.3.2　绘图思路

- 使用文件间的数据共享功能，将各图形共享到同一文件中。
- 使用“页面设置管理器”命令，配置打印设备并设置打印页面。
- 使用“插入块”命令，配合图纸边框。
- 使用“新建视口”命令，创建多个视口。
- 使用视图缩放和平移工具，调整出图比例及图形位置。
- 使用“单行文字”命令，标注文字注释。
- 使用“打印”命令，对图形进行打印和预览。

10.3.3　“打印”命令讲解

“打印”命令主要用于打印或预览当前已设置好的页面布局，也可以直接使用此命令设置图形的打印布局。执行此命令主要有以下几种方法：

- 单击“菜单浏览器” / “文件” / “打印”命令。

- 单击功能区“输出”选项卡 / “打印”面板上的按钮。
- 在命令行中输入 Plot↵。
- 按下组合键 Ctrl+P。
- 在“模型”选项卡或“布局”选项卡上右击，选择“打印”选项。

激活“打印”命令后，可打开如图 10-28 所示的“打印”对话框。在此对话框中，具备“页面设置管理器”对话框中的参数设置功能，用户不仅可以按照已设置好的打印页面进行预览和打印图形，还可以在对话框中重新设置、修改图形的打印参数。

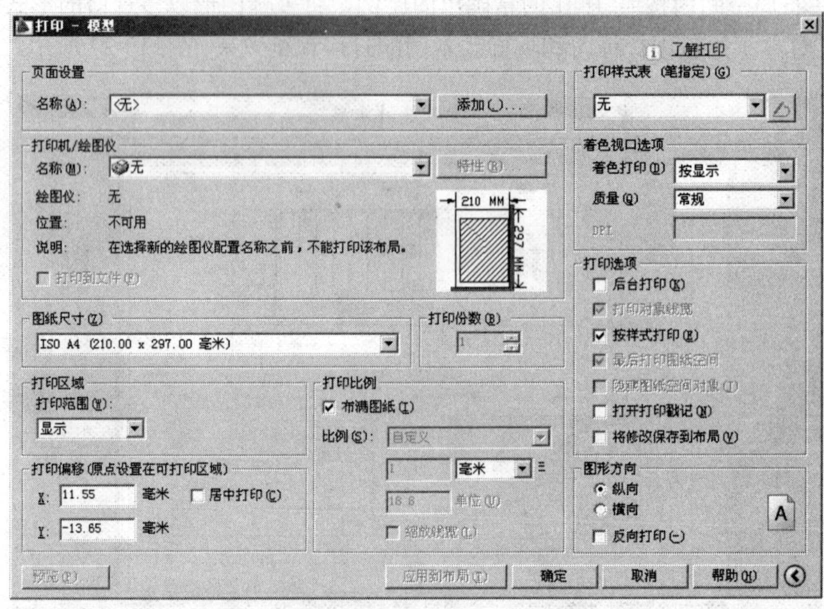

图 10-28 “打印”对话框

注意：单击对话框右侧的“扩展/收缩”按钮，可以展开和隐藏右侧的部分选项。

单击预览(P)...按钮，可以提前预览图形的打印结果，单击确定按钮，即可对当前的页面设置进行打印。

如果在当前图形文件内不存在需要打印的页面设置，可以在“打印”对话框内重新创建图形的打印页面设置，各参数的设置与“页面设置管理器”相同，在此不再细述。

10.3.4 绘图步骤

（1）创建空白文件。

（2）执行“打开”命令，分别打开素材包中的“/图形源文件/”目录下的“立面图 01”、“立面图 02”和“立面图 03”文件，如图 10-29 所示。

（3）单击“菜单浏览器” / “窗口” / “垂直平铺”命令，将各文件进行垂直平铺，结果如图 10-30 所示。

（4）使用视图调整功能分别调整各文件内的图形，使图形全部显示，如图 10-31 所示。

（5）配合缩放和平移工具，分别将各文件中的立面图以块的方式共享到空白文件中，并将空白文件最大化显示，结果如图 10-32 所示。

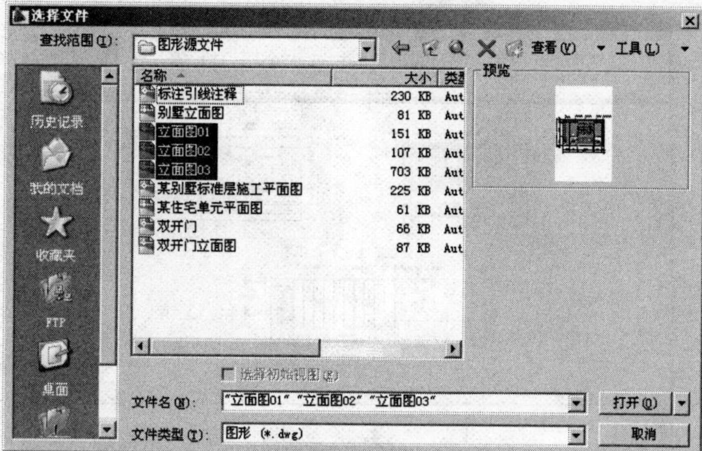

图 10-29　打开文件

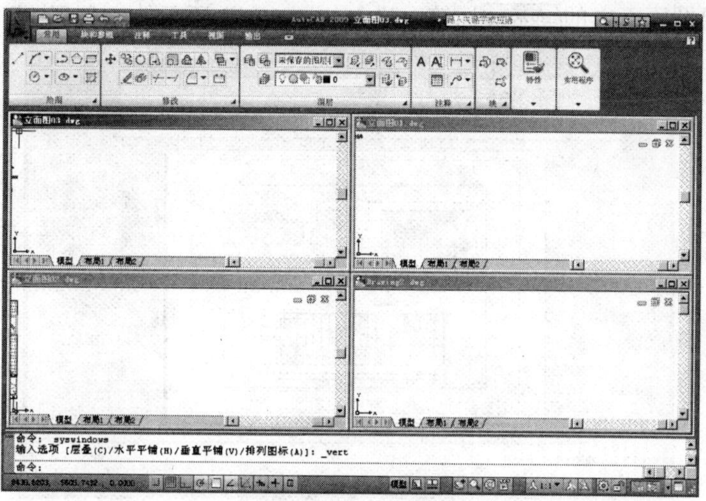

图 10-30　垂直平铺

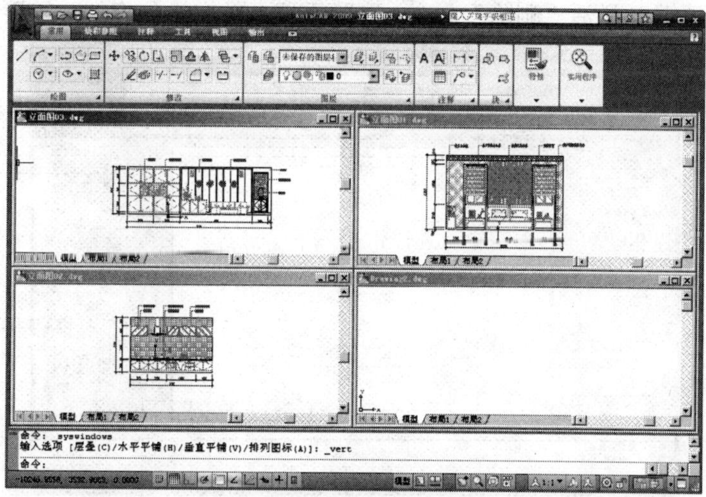

图 10-31　调整显示结果

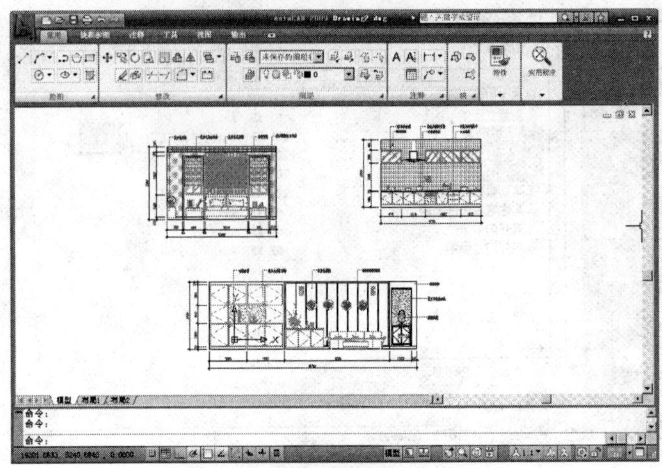

图 10-32　调整图形位置

（6）单击绘图区下方的布局1标签，进入如图 10-33 所示的“布局 1”图纸空间。

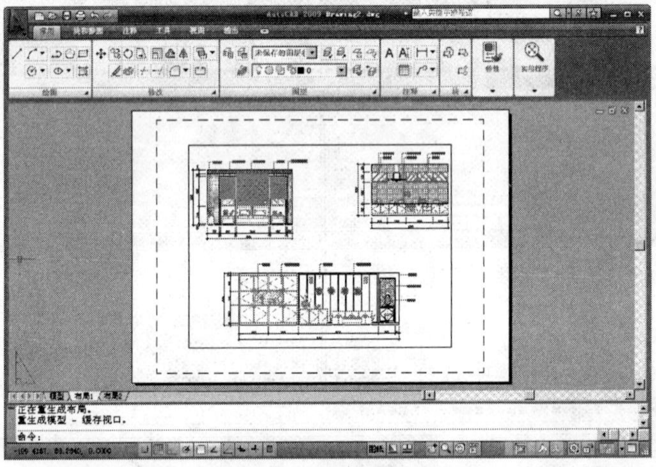

图 10-33　进入布局空间

（7）使用快捷键 E 激活“删除”命令，删除系统自动产生的视口，结果如图 10-34 所示。

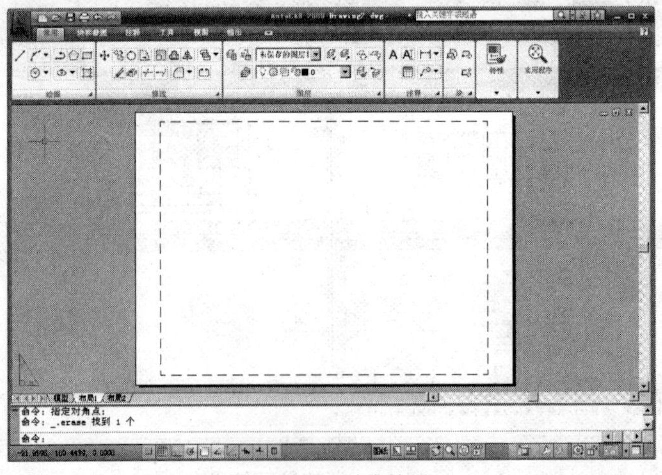

图 10-34　删除结果

（8）单击功能区“输出”选项卡 / “打印”面板上的按钮，在打开的“页面设置管理器”对话框中单击新建(N)...按钮，为新页面命名，如图 10-35 所示。

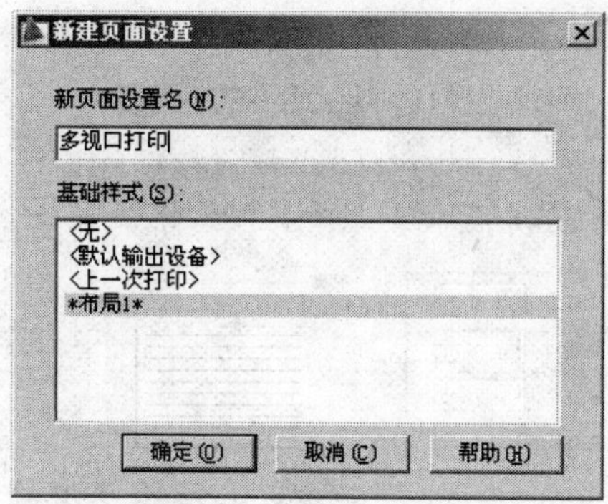

图 10-35　为新页面赋名

（9）单击确定按钮，打开“页面设置－布局 1”对话框，选择如图 10-36 所示的打印机后，再单击右端的特性(R)按钮，打开如图 10-37 所示的编辑器。

图 10-36　选择打印机

（10）在绘图仪配置编辑器中选择“修改标准图纸尺寸”选项，并在下侧的选项组中指定需要修改的标准图纸，如图 10-38 所示。

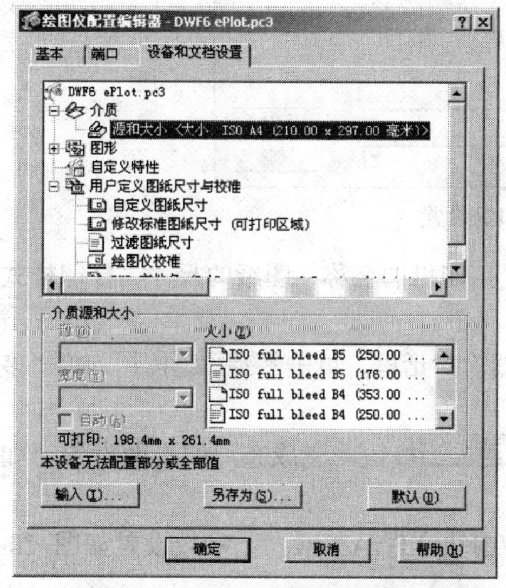

图 10-37　“绘图仪配置编辑器”对话框

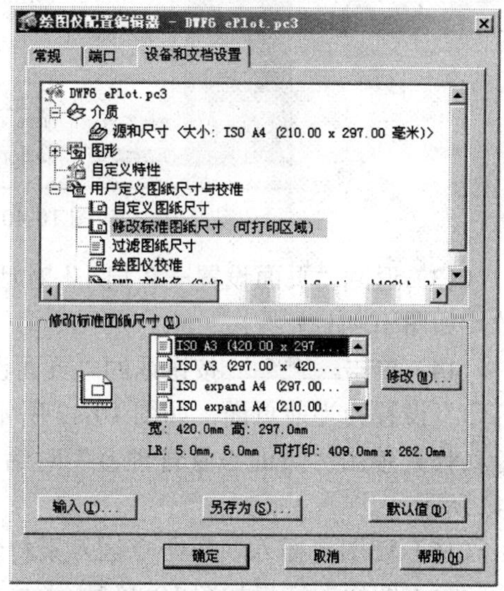

图 10-38　修改标准图纸尺寸

（11）单击右端的修改(M)...按钮，打开“自定义图纸尺寸”对话框，修改图纸的可打印区域，如图 10-39 所示。

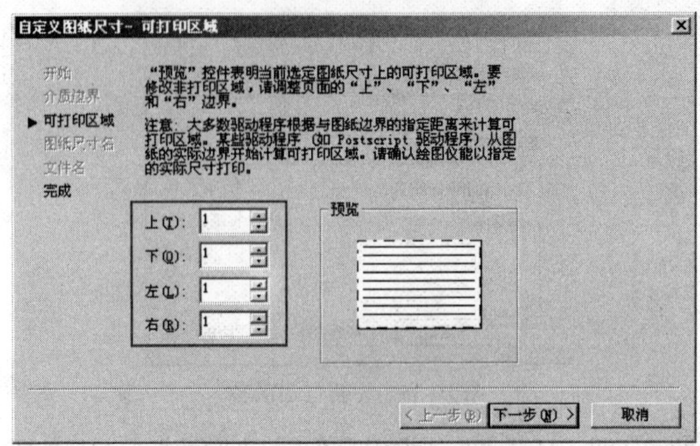

图 10-39　修改图纸可打印区域

（12）返回“绘图仪配置编辑器”对话框，单击另存为(S)...按钮，将修改后的打印机设置命名存储，如图 10-40 所示。

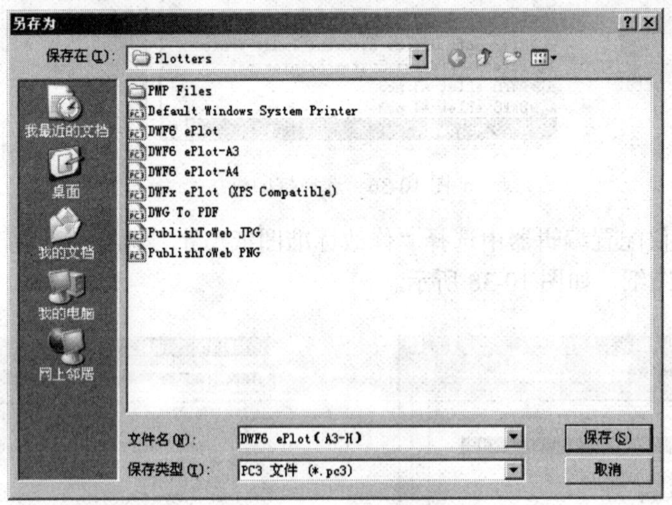

图 10-40　保存打印机设置

（13）返回“页面设置－布局 1”对话框，设置打印机的名称、图纸的尺寸、打印样式等参数，如图 10-41 所示。

（14）单击确定按钮返回“页面设置管理器”对话框，单击置为当前(U)按钮，将“多视口打印”设置为当前页面，如图 10-42 所示。

（15）单击“页面设置管理器”对话框中的关闭按钮，完成布局的页面设置，如图 10-43 所示。

（16）使用“插入块”命令插入素材包中的“/图块文件/A3.dwg”，参数设置如图 10-44 所示，插入图块的结果如图 10-45 所示。

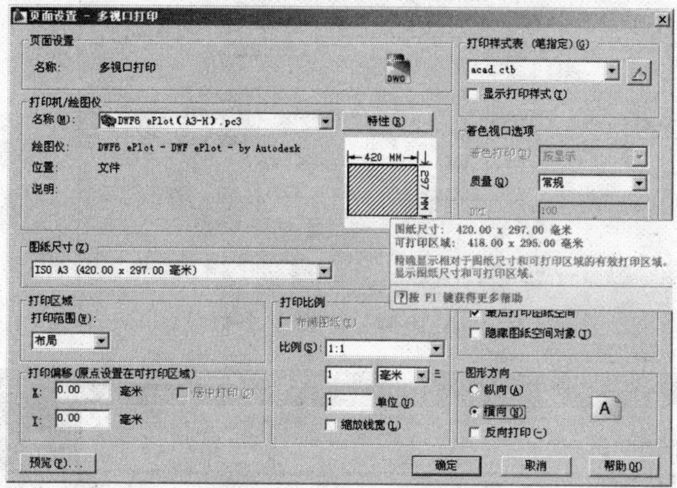

图 10-41　设置页面参数

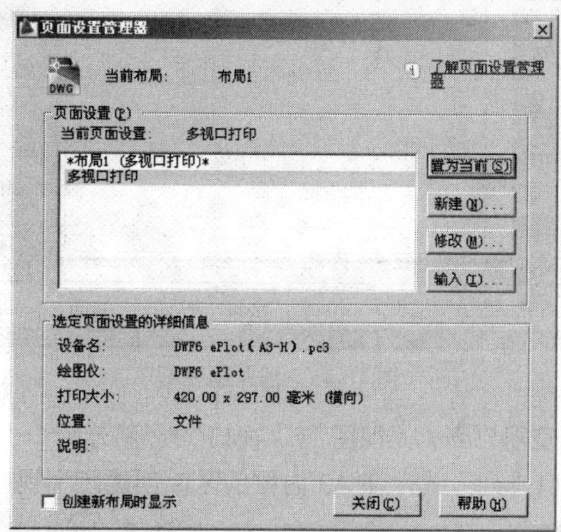

图 10-42　设置当前页面

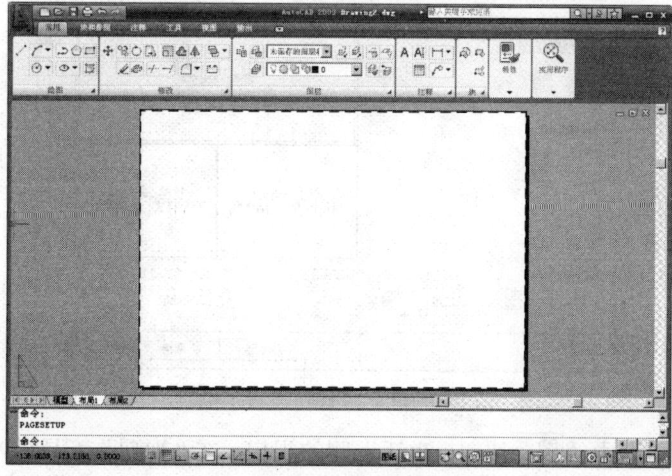

图 10-43　页面设置结果

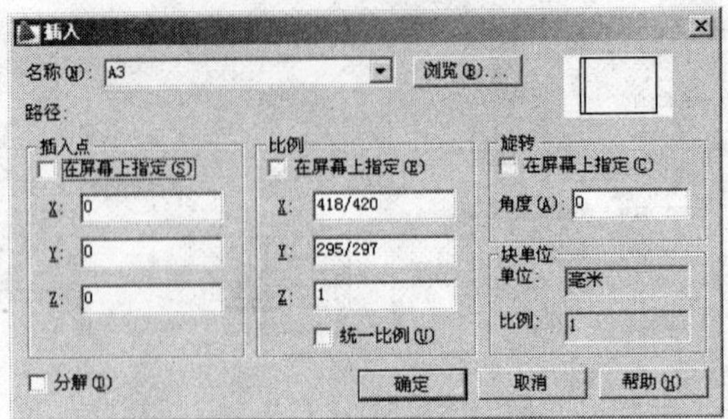

图 10-44　设置插入参数

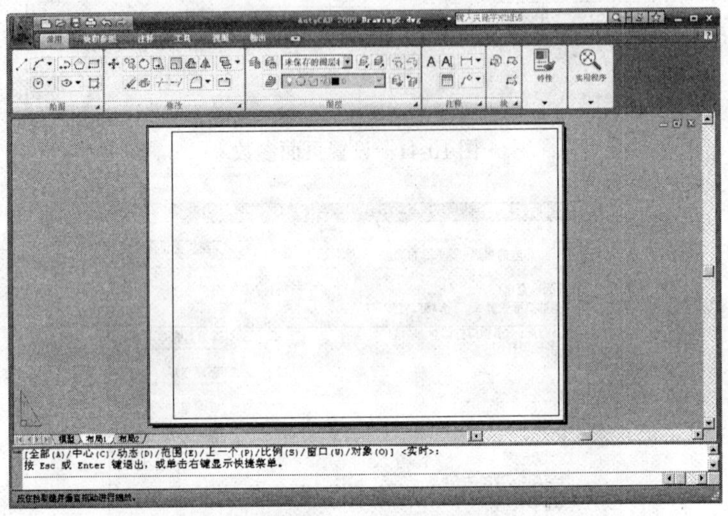

图 10-45　插入图表框

（17）单击“菜单浏览器” / “视图” / “视口” / “新建视口”命令，在打开的对话框中选择如图 10-46 所示的视口排列方式，在 A3 内框的区域创建三个视口，结果如图 10-47 所示。

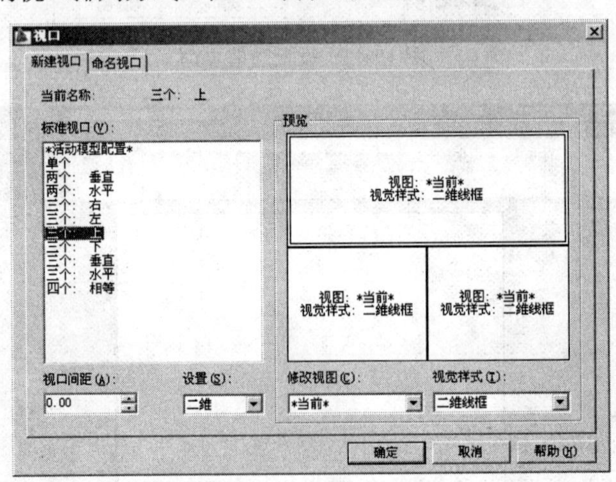

图 10-46　“视口”对话框

（18）单击状态栏中的图纸按钮，激活上侧的视口，在“视口”工具栏内调整比例为 1:40，结果如图 10-48 所示。

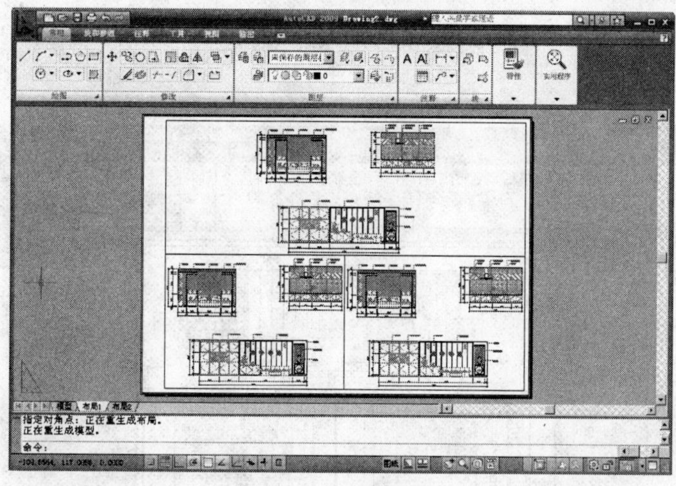

图 10-47　创建视口

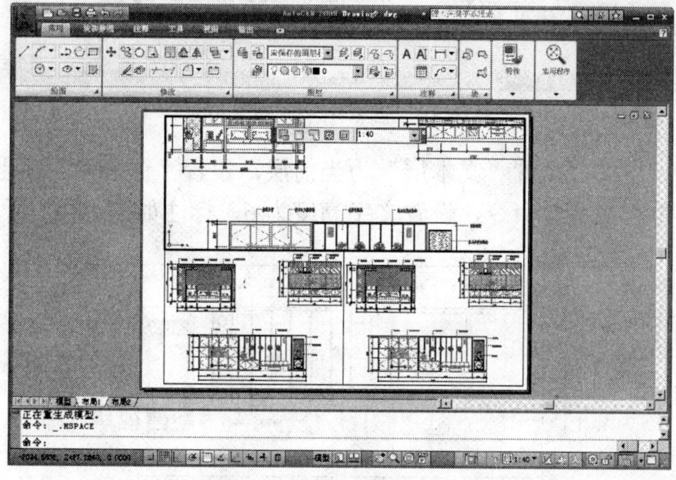

图 10-48　调整打印比例

（19）使用“实时平移”功能调整图形在视口内的位置，结果如图 10-49 所示。

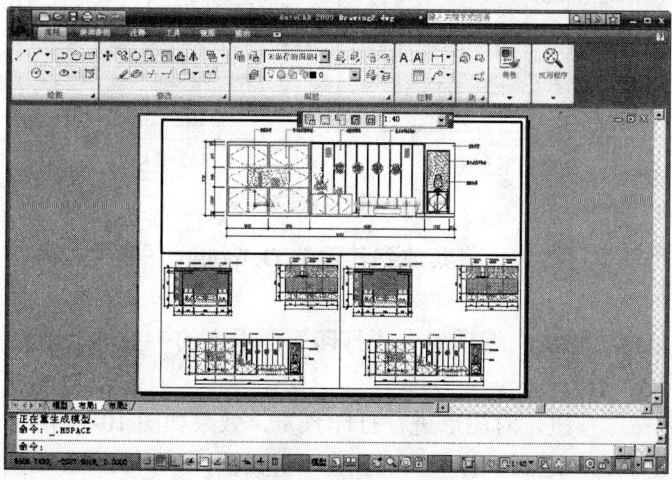

图 10-49　调整结果

（20）分别激活另外两个视口，将比例都调整为 1:40，并调整各视口中图形的位置，结果如图 10-50 所示。

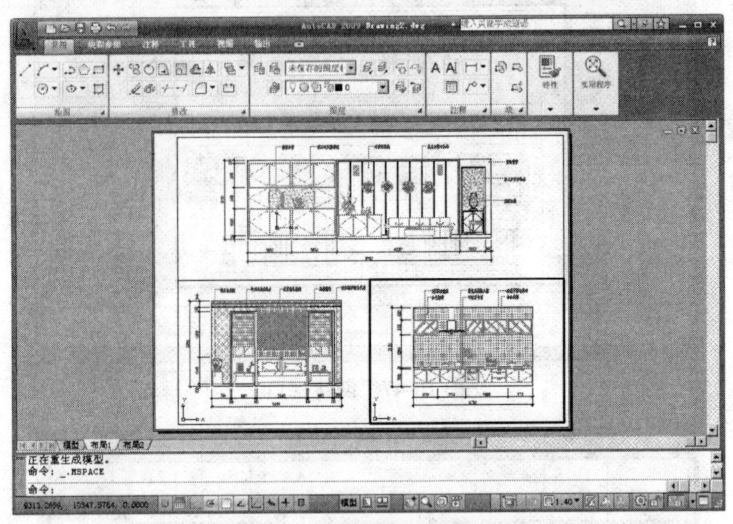

图 10-50 调整图形比例及位置

（21）返回图纸空间，设置“文本层”为当前层，设置“仿宋体”为当前样式。

（22）使用“单行文字”命令，设置文字高度为 6，标注如图 10-51 所示的文字。

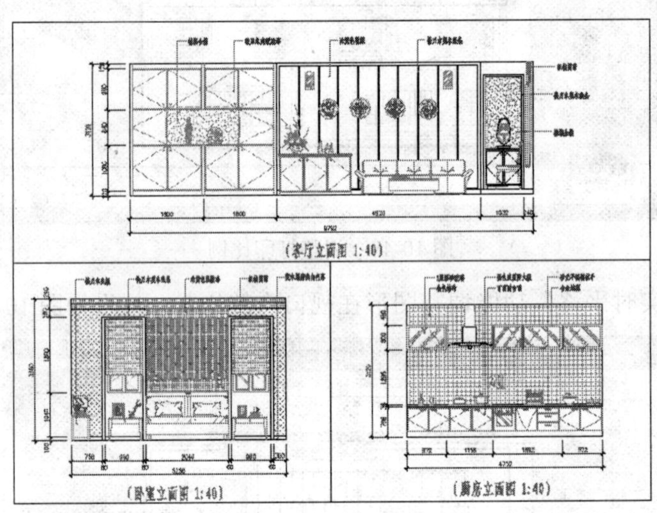

图 10-51 标注文字

（23）选择三个视口边框线，将其放到其他的 Defpoints 图层上，并将此图层冻结，结果如图 10-52 所示。

（24）单击功能区“输出”选项卡 / “打印”面板上的按钮，激活“打印”命令，打开“打印－布局 1”对话框。

（25）单击 预览(P)... 按钮，对图形进行打印预览，效果如图 10-27 所示。

（26）退出预览状态，返回“打印－布局 1”对话框，单击 确定 按钮，在打开的“浏览打印文件”对话框中保存打印文件，如图 10-53 所示。

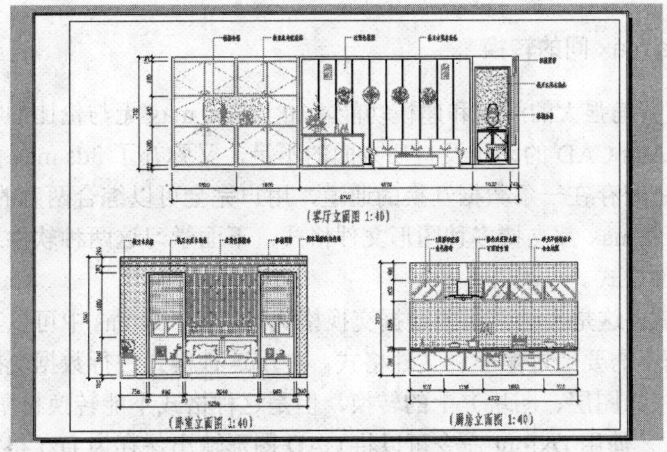

图 10-52　设置结果

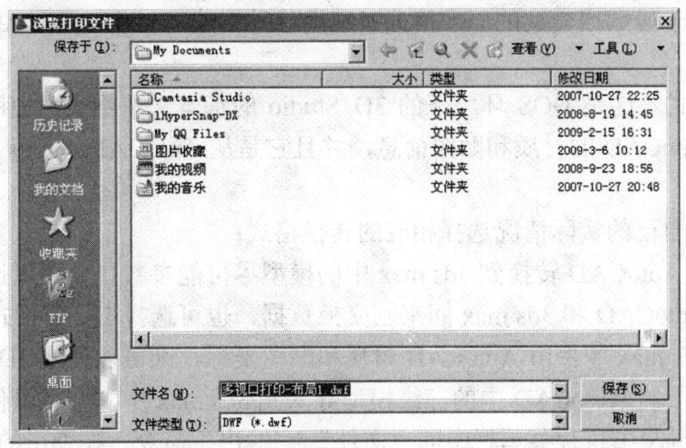

图 10-53　保存打印文件

（27）单击保存...按钮，弹出“打印作业进度”对话框，系统将按照设置的参数进行打印。

（28）使用“保存”命令，将图形存盘为“多视口打印.dwg”。

10.4　CAD 与其他软件间的数据转换

10.4.1　与 Photoshop 间的转换

AutoCAD 绘制的图形除了可以用 3ds max 处理外，同样可以用 Photoshop 对其进行更细腻的光影、色彩等处理。

单击“菜单浏览器” / “文件” /“输出”命令，打开“输出数据”对话框，将“文件类型”设置为 Bitmap（*.bmp）选项，再确定一个合适的路径和文件名，即可将当前 CAD 图形文件输出为位图文件。

虽然 AutoCAD 可以输出 BMP 格式的图片，但 Photoshop 不能输出 AutoCAD 格式的文件，不过在 AutoCAD 中可以通过单击“菜单浏览器” / “插入”/“光栅图像”命令，插入 BMP、JPEG、GIF 等图像文件。

10.4.2 与 3ds max 间的转换

AutoCAD 具有精确强大的绘图和建模功能，加上 3ds max 无与伦比的特效处理及动画制作功能，既克服了 AutoCAD 的动画及材质方面的不足，又弥补了 3ds max 建模的烦琐与不精确。在这两种软件之间存在一条数据互换的通道，用户完全可以综合两者的优点来构造模型。

AutoCAD 与 3ds max 都支持多种图形文件格式，下面学习这两种软件之间进行数据转换时使用到的三种文件格式。

（1）DWG 格式。这是一种常用的数据交换格式，即在 3ds mas 中可以直接读入该格式的 AutoCAD 图形，而不需要经过第三种文件格式。使用这种格式进行数据交换，可能为用户提供图形的组织方式（如图层、图块）上的转换，但是这种格式不能转换材质和贴图信息。

（2）DXF 格式。使用 Dxfout 命令可以将 CAD 图形输出保存为 Dxf 格式的文件，然后在 3ds max 中可以读入该格式的 CAD 图形。不过这种格式属于一种文本格式，它是在众多的 CAD 建模程序之间进行一般数据交换的标准格式。使用这种格式可以将 AutoCAD 模型转化为 3ds max 中的网格对象。

（3）DOS 格式。这是 DOS 环境下的 3D Studio 的基本文本格式，使用这种格式可以使 3ds max 转化为 AutoCAD 的材质和贴图信息，并且它是从 AutoCAD 向 3ds max 输出 ARX 对象的最好办法。

用户可以根据自己的实际情况选择相应的转换格式：

- 如果使从 AutoCAD 转换到 3ds max 中的模型尽可能参数化，可以选择 DWG 格式。
- 如果在 AutoCAD 和 3ds max 间来回交换数据，也可选择 DWG 格式。
- 如果在 3ds max 中保留 AutoCAD 材质和贴图坐标，则可以使用 3DS 格式。
- 如果只需要将 AutoCAD 中的三维模型导入到 3ds max 中，则可以使用 DXF 格式。

同样，在 3ds max 中执行菜单栏中的“文件”/“输出”命令，在弹出的“输出选择文件”对话框中选择要输出的*.DWG 格式的图形文件，即可将 3ds max 文件输出为 CAD 图形。

10.5 本章小结

在 AutoCAD 设计软件中，不仅可以轻松方便地将图形打印输出到图纸上，而且可以将施工图进行电子打印，以方便在互联网上访问和共享。只有将设计成果打印输出到图纸上，才算完成了整个绘图流程。本章主要针对这一环节，通过典型的操作实例，学习了 AutoCAD 的打印输出功能以及与其他软件间的数据转换功能，使打印出的图纸能够完整准确地表达出设计结果，让设计与生产实践紧密结合起来。

附录 CAD常用系统变量

变量	注解
ANGDIR	设置正角度的方向。初始值－0；从相对于当前 UCS 方向的 0 角度测量角度值。0－逆时针；1－顺时针
APBOX	打开或关闭 AutoSnap 靶框。当捕捉对象时，靶框显示在十字光标的中心。0－不显示靶框；1－显示靶框
APERTURE	以像素为单位设置靶框显示尺寸。靶框是绘图命令中使用的选择工具。初始值－10
AREA	AREA 既是命令又是系统变量。存储由 AREA 计算的最后一个面积值
ATTDIA	控制 INSERT 命令是否使用对话框用于属性值的输入，0－给出命令行提示；1－使用对话框
ATTMODE	控制属性的显示，0－关，使所有属性不可见；1－普通，保持每个属性当前的可见性；2－开，使全部属性可见
ATTREQ	确定 INSERT 命令在插入块时的默认属性设置，0－所有属性均采用各自的默认值；1－使用对话框获取属性值
AUNITS	设置角度单位：0－十进制度数；1－度/分/秒；2－百分度；3－弧度；4－勘测单位
AUPREC	设置所有只读角度单位（显示在状态行上）和可编辑角度单位（其精度小于或等于当前 AUPREC 的值）的小数位数
AUTOSNAP	0－关（自动捕捉）；1－开；2－开提示；4－开磁吸；8－开极轴追踪；16－开捕捉追踪；32－开极轴追踪和捕捉追踪提示
BACKZ	以绘图单位存储当前视口后向剪裁平面到目标平面的偏移值。VIEWMODE 系统变量中的后向剪裁位打开时才有效
BINDTYPE	控制绑定或在位编辑外部参照时外部参照名称的处理方式；0－传统的绑定方式；1－类似“插入”方式
BLIPMODE	控制点标记是否可见。BLIPMODE 既是命令又是系统变量。使用 SETVAR 命令访问此变量，0－关闭；1－打开
CDATE	设置日历的日期和时间，不被保存
CECOLOR	设置新对象的颜色。有效值包括 BYLAYER、BYBLOCK 以及 1～255 的整数
CELTSCALE	设置当前对象的线型比例因子
CELTYPE	设置新对象的线型。初始值 BYLAYER
CELWEIGHT	设置新对象的线宽。1－线宽为 BYLAYER；2－线宽为 BYBLOCK；3－线宽为 DEFAULT
CHAMFERA	设置第一个倒角距离。初始值 0.0000
CHAMFERB	设置第二个倒角距离。初始值 0.0000

续表

变量	注解
CHAMFERC	设置倒角长度。初始值 0.0000
CHAMFERD	设置倒角角度。初始值 0.0000
CHAMMODE	设置 AutoCAD 创建倒角的输入方法。0－需要两个倒角距离；1－需要一个倒角距离和一个角度
CIRCLERAD	设置默认的圆半径。0－表示无默认半径；初始值 0.0000
CLAYER	设置当前图层。初始值 0
CMDDIA	输入方式的切换。0－命令行输入；1－对话框输入
CMDNAMES	显示当前活动命令和透明命令的名称。例如 LINE'ZOOM 指示 ZOOM 命令在 LINE 命令执行期间透明使用
CMLJUST	指定多线对正方式。0－上；1－中间；2－下。初始值 0
CMLSCALE	初始值 1.0000（英制）或 20.0000（公制）；控制多线的全局宽度
CMLSTYLE	设置 AutoCAD 绘制多线的样式。初始值"STANDARD"
COMPASS	控制当前视口中三维指南针的开关状态。0－关闭三维指南针；1－打开三维指南针
COORDS	0－用定点设备指定点时更新坐标显示；1－不断地更新绝对坐标的显示；2－不断地更新绝对坐标的显示
CPLOTSTYLE	控制新对象的当前打印样式
CPROFILE	显示当前配置的名称
CTAB	返回图形中当前（模型或布局）选项卡的名称。通过本系统变量，用户可以确定当前的活动选项卡
CURSORSIZE	按屏幕大小的百分比确定十字光标的大小。初始值 5
CVPORT	设置当前视口的标识码
DATE	存储当前日期和时间
DEFLPLSTYLE	指定图层 0 的默认打印样式
DEFPLSTYLE	为新对象指定默认打印样式
DELOBJ	控制创建其他对象的对象将从图形数据库中删除还是保留在图形数据库中。0－保留对象；1－删除对象
DIMADEC	1－使用 DIMDEC 设置的小数位数绘制角度标注；0～8－使用 DIMADEC 设置的小数位数绘制角度标注
DIMAPOST	为所有标注类型（角度标注除外）的换算标注测量值指定文字前缀或后缀（或两者都指定）
DIMASO	控制标注对象的关联性
DIMASSOC	控制标注对象的关联性
DIMASZ	控制尺寸线、引线箭头的大小，并控制钩线的大小
DIMATFIT	当尺寸界线的空间不足以同时放下标注文字和箭头时，本系统变量将确定这两者的排列方式

续表

变量	注解
DIMAUNIT	设置角度标注的单位格式。0－十进制度数；1－度/分/秒；2－百分度；3－弧度
DIMAZIN	对角度标注作消零处理
DIMBLK	设置尺寸线或引线末端显示的箭头块
DIMBLK1	当 DIMSAH 系统变量打开时，设置尺寸线第一个端点的箭头
DIMBLK2	当 DIMSAH 系统变量打开时，设置尺寸线第二个端点的箭头
DIMCEN	控制由 DIMCENTER、DIMDIAMETER 和 DIMRADIUS 命令绘制的圆或圆弧的圆心标记和中心线图形
DIMCLRD	为尺寸线、箭头和标注引线指定颜色，同时控制由 LEADER 命令创建的引线颜色
DIMCLRE	为尺寸界线指定颜色
DIMCLRT	为标注文字指定颜色
DIMDEC	设置标注主单位显示的小数位位数。精度基于选定的单位或角度格式
DIMDLE	当使用小斜线代替箭头进行标注时，设置尺寸线超出尺寸界线的距离
DIMDLI	控制基线标注中尺寸线的间距
DIMEXE	指定尺寸界线超出尺寸线的距离
DIMEXO	指定尺寸界线偏移原点的距离
DIMJUST	控制标注文字的水平位置
DIMLDRBLK	指定引线箭头的类型。要返回默认值（实心闭合箭头显示），请输入单个句点（.）
DIMLFAC	设置线性标注测量值的比例因子
DIMLIM	将极限尺寸生成为默认文字
DIMLUNIT	为所有标注类型（除角度标注外）设置单位制
DIMLWD	指定尺寸线的线宽。其值是标准线宽。-3－BYLAYER；-2－BYBLOCK；整数代表百分之一毫米的倍数
DIMLWE	指定尺寸界线的线宽。其值是标准线宽。-3－BYLAYER；-2－BYBLOCK；整数代表百分之一毫米的倍数
DIMPOST	指定标注测量值的文字前缀或后缀（或者两者都指定）
DIMRND	将所有标注距离舍入到指定值
DIMSAH	控制尺寸线箭头块的显示
DIMSCALE	为标注变量（指定尺寸、距离或偏移量）设置全局比例因子。同时影响 LEADER 命令创建的引线对象的比例
DIMSD1	控制是否禁止显示第一条尺寸线
DIMSD2	控制是否禁止显示第二条尺寸线
DIMSE1	控制是否禁止显示第一条尺寸界线。关－不禁止显示尺寸界线；开－禁止显示尺寸界线
DIMSE2	控制是否禁止显示第二条尺寸界线。关－不禁止显示尺寸界线；开－禁止显示尺寸界线

续表

变量	注解
DIMSOXD	控制是否允许尺寸线绘制到尺寸界线之外。关—不消除尺寸线；开—消除尺寸线
DIMSTYLE	DIMSTYLE 既是命令又是系统变量。作为系统变量，DIMSTYLE 将显示当前标注样式
DIMTAD	控制文字相对尺寸线的垂直位置
DIMTFAC	按照 DIMTXT 系统变量的设置，相对于标注文字高度给分数值和公差值的文字高度指定比例因子
DIMTIH	控制所有标注类型（坐标标注除外）的标注文字在尺寸界线内的位置
DIMTIX	在尺寸界线之间绘制文字
DIMTOFL	控制是否将尺寸线绘制在尺寸界线之间（即使文字放置在尺寸界线之外）
DIMTOH	控制标注文字在尺寸界线外的位置。0 或关—将文字与尺寸线对齐；1 或开—水平绘制文字
DIMTOL	将公差附在标注文字之后。将 DIMTOL 设置为“开”，将关闭 DIMLIM 系统变量
DIMTOLJ	设置公差值相对名词性标注文字的垂直对正方式。0—下；1—中间；2—上
DIMTP	在 DIMTOL 或 DIMLIM 系统变量设置为开的情况下，为标注文字设置最大（上）偏差。DIMTP 接受带符号的值
DIMTSZ	指定线性标注、半径标注以及直径标注中替代箭头的小斜线尺寸
DIMTVP	控制尺寸线上方或下方标注文字的垂直位置。当 DIMTAD 设置为关时，AutoCAD 将使用 DIMTVP 的值
DIMTXSTY	指定标注的文字样式
DIMTXT	指定标注文字的高度，除非当前文字样式具有固定的高度
DISTANCE	存储 DIST 命令计算的距离
DONUTID	设置圆环的默认内直径
DWGTITLED	指出当前图形是否已命名。0—图形未命名；1—图形已命名
EDGEMODE	控制 TRIM 和 EXTEND 命令确定边界的边和剪切边的方式
ELEVATION	存储当前空间当前视口中相对当前 UCS 的当前标高值
EXPERT	控制是否显示某些特定提示
EXPLMODE	控制 EXPLODE 命令是否支持比例不一致（NUS）的块
EXTMAX	存储图形范围右上角点的值
EXTMIN	存储图形范围左下角点的值
FILLETRAD	存储当前的圆角半径
FILLMODE	指定图案填充（包括实体填充和渐变填充）、二维实体和宽多段线是否被填充
FONTALT	在找不到指定的字体文件时指定替换字体
FONTMAP	指定要用到的字体映射文件
FRONTZ	按图形单位存储当前视口中前向剪裁平面到目标平面的偏移量

续表

变量	注解
FULLOPEN	指示当前图形是否被局部打开
GFANG	指定渐变填充的角度。有效值为 0°～360°
GFCLR1	为单色渐变填充或双色渐变填充的第一种颜色指定颜色。有效值为 RGB 000, 000, 000 到 RGB 255, 255, 255
GFCLR2	为双色渐变填充的第二种颜色指定颜色。有效值为 RGB 000, 000, 000 到 RGB 255, 255, 255
GFCLRLUM	在单色渐变填充中使颜色变淡（与白色混合）或变深（与黑色混合）。有效值为 0.0（最暗）～1.0（最亮）
GFCLRSTATE	指定是否在渐变填充中使用单色或者双色。0—双色渐变填充；1—单色渐变填充
GFNAME	指定一个渐变填充图案。有效值为 1～9
GFSHIFT	指定在渐变填充中的图案是否是居中或是向左变换移位。0—居中；1—向左上方移动
GRIDMODE	指定打开或关闭栅格。0—关闭栅格；1—打开栅格
GRIDUNIT	指定当前视口的栅格间距（X 和 Y 方向）
GRIPBLOCK	控制块中夹点的指定。0—只为块的插入点指定夹点；1—为块中的对象指定夹点
GRIPCOLOR	控制未选定夹点的颜色。有效取值范围为 1～255
GRIPHOT	控制选定夹点的颜色。有效取值范围为 1～255
GRIPHOVER	控制当光标停在夹点上时其夹点的填充颜色。有效取值范围为 1～255
GRIPOBJLIMIT	抑制当初始选择集包含的对象超过特定的数量时夹点的显示
GRIPS	控制“拉伸”、“移动”、“旋转”、“缩放”和“镜像夹点”模式中选择集夹点的使用
GRIPSIZE	以像素为单位设置夹点方框的大小。有效的取值范围为 1～255
GRIPTIPS	控制当光标在支持夹点提示的自定义对象上面悬停时，其夹点提示的显示
HIDETEXT	指定在执行 HIDE 命令的过程中是否处理由 TEXT、DTEXT 或 MTEXT 命令创建的文字对象
HIGHLIGHT	控制对象的亮显。它并不影响使用夹点选定的对象
HPANG	指定填充图案的角度
HPASSOC	控制图案填充和渐变填充是否关联
HPBOUND	控制 BHATCH 和 BOUNDARY 命令创建的对象类型
HPDOUBLE	指定用户定义图案的双向填充图案。双向将指定与原始直线成 90° 角绘制的第二组直线
HPNAME	设置默认填充图案，其名称最多可包含 34 个字符，其中不能有空格
HPSCALE	指定填充图案的比例因子，其值不能为零
HPSPACE	为用户定义的简单图案指定填充图案的线间隔，其值不能为零
INSUNITS	为从设计中心拖动并插入到图形中的块或图像的自动缩放指定图形单位值

续表

变量	注解
INSUNITSDEFSOURCE	设置源内容的单位值。有效范围是 0～20
INSUNITSDEFTARGET	设置目标图形的单位值有效范围是 0～20
INTERSECTIONCOLOR	指定相交多段线的颜色
INTERSECTIONDISPLA	指定相交多段线的显示
LTSCALE	设置全局线型比例因子。线型比例因子不能为零
LUNITS	设置线性单位。1－科学；2－小数；3－工程；4－建筑；5－分数
LUPREC	设置所有只读线性单位和可编辑线性单位（其精度小于或等于当前 LUPREC 的值）的小数位位数
LWDEFAULT	设置默认线宽的值。默认线宽可以以毫米的百分之一为单位设置为任何有效线宽
LWDISPLAY	控制是否显示线宽。设置随每个选项卡保存在图形中。0－不显示线宽；1－显示线宽
LWUNITS	控制线宽单位以英寸还是毫米显示。0－英寸；1－毫米
MAXACTVP	设置布局中一次最多可以激活多少视口。MAXACTVP 不影响打印视口的数目
MAXSORT	设置列表命令可以排序的符号名或块名的最大数目。如果项目总数超过了本系统变量的值，将不进行排序
MBUTTONPAN	控制定点设备第三按钮或滑轮的动作响应
MEASUREINIT	设置初始图形单位（英制或公制）
MEASUREMENT	仅设置当前图形的图形单位（英制或公制）
MENUCTL	控制屏幕菜单中的页切换
MENUECHO	设置菜单回显和提示控制位
MENUNAME	存储菜单文件名，包括文件名路径
MIRRTEXT	控制 MIRROR 命令影响文字的方式。0－保持文字方向；1－镜像显示文字
MTEXTFIXED	控制多行文字编辑器的外观
MTJIGSTRING	设置当 MTEXT 命令使用后，在光标位置处显示样例文字的内容
OFFSETDIST	设置默认的偏移距离
OFFSETGAPTYPE	当偏移多段线时，控制如何处理线段之间的潜在间隙
OSNAPCOORD	控制是否从命令行输入坐标替代对象捕捉
PALETTEOPAQUE	控制窗口透明性
PAPERUPDATE	控制 AutoCAD R14 或更早版本中创建的没有用 AutoCAD 2000 或更高版本格式保存的图形的默认打印设置
PDMODE	控制如何显示点对象
PDSIZE	设置显示的点对象大小
PEDITACCEPT	抑制在使用 PEDIT 时，显示“选取的对象不是多段线”的提示
PELLIPSE	控制由 ELLIPSE 命令创建的椭圆类型
PERIMETER	存储由 AREA、DBLIST 或 LIST 命令计算的最后一个周长值

续表

变量	注解
PFACEVMAX	设置每个面顶点的最大数目
PICKADD	控制后续选定对象是替换还是添加到当前选择集
PICKAUTO	控制“选择对象”提示下是否自动显示选择窗口
PICKBOX	以像素为单位设置对象选择目标的高度
PICKDRAG	控制绘制选择窗口的方式
PICKFIRST	控制在发出命令之前（先选择后执行）还是之后选择对象
PICKSTYLE	控制编组选择和关联填充选择的使用
PLATFORM	指示 AutoCAD 工作的操作系统平台
PLINEGEN	设置如何围绕二维多段线的顶点生成线型图案
PLINETYPE	指定 AutoCAD 是否使用优化的二维多段线
PLINEWID	存储多段线的默认宽度
PLOTROTMODE	控制打印方向
PLQUIET	控制显示可选对话框以及脚本和批处理打印的非致命错误
POLARADDANG	包含用户定义的极轴角
POLARANG	设置极轴角增量。值可设置为 90、45、30、22.5、18、15、10 和 5
POLARDIST	当 SNAPTYPE 系统变量设置为 1（极轴捕捉）时，设置捕捉增量
POLARMODE	控制极轴和对象捕捉追踪设置
POLYSIDES	为 POLYGON 命令设置默认边数。取值范围为 3～1024
POPUPS	显示当前配置的显示驱动程序状态
PROJECTNAME	为当前图形指定工程名称
PROJMODE	设置修剪和延伸的当前“投影”模式
REGENMODE	控制图形的自动重生成
RTDISPLAY	控制实时 ZOOM 或 PAN 时光栅图像的显示。存储当前用于自动保存的文件名
SAVEFILEPATH	指定 AutoCAD 任务的所有自动保存文件目录的路径
SAVENAME	在保存当前图形之后存储图形的文件名和目录路径
SDI	控制 AutoCAD 运行于单文档还是多文档界面
SNAPANG	为当前视口设置捕捉和栅格的旋转角。旋转角相对当前 UCS 指定
SNAPBASE	相对于当前 UCS 为当前视口设置捕捉和栅格的原点
SNAPISOPAIR	控制当前视口的等轴测平面。0—左；1—上；2—右
SNAPMODE	打开或关闭“捕捉”模式
SNAPSTYL	设置当前视口的捕捉样式
SNAPTYPE	设置当前视口的捕捉类型
SNAPUNIT	设置当前视口的捕捉间距
SPLINESEGS	设置每条样条拟合多段线（此多段线通过 PEDIT 命令的“样条曲线”选项生成）的线段数目

续表

变量	注解
SPLINETYPE	设置 PEDIT 命令的“样条曲线”选项生成的曲线类型
TEXTEVAL	控制处理使用 TEXT 或 -TEXT 命令输入的字符串的方法
TEXTFILL	控制打印和渲染时 TrueType 字体的填充方式
TEXTQLTY	设置打印和渲染时 TrueType 字体文字轮廓的镶嵌精度
TEXTSIZE	设置以当前文本样式绘制的新文字对象的默认高度（当前文本样式具有固定高度时此设置无效）
TEXTSTYLE	设置当前文本样式的名称
TILEMODE	将“模型”选项卡或最后一个布局选项卡置为当前
TOOLTIPS	控制工具栏提示的显示：0－不显示工具栏提示；1－显示工具栏提示
TRACEWID	设置宽线的默认宽度
TRACKPATH	控制显示极轴和对象捕捉追踪的对齐路径
TRIMMODE	控制 AutoCAD 是否修剪倒角和圆角的选定边
TSPACEFAC	控制多行文字的行间距（按文字高度的比例因子测量）。有效值为 0.25～4.0
TSPACETYPE	控制多行文字中使用的行间距类型
TSTACKALIGN	控制堆叠文字的垂直对齐方式
TSTACKSIZE	控制堆叠文字分数的高度相对于选定文字的当前高度的百分比。有效值为 25～125
VISRETAIN	控制依赖外部参照的图层的可见性、颜色、线型、线宽和打印样式（如果 PSTYLEPOLICY 设置为 0）
XCLIPFRAME	控制外部参照剪裁边界的可见性。0－剪裁边界不可见；1－剪裁边界可见
XEDIT	控制当前图形被其他图形参照时是否可以在位编辑。0－不能在位编辑参照；1－可以在位编辑参照
XFADECTL	控制正被在位编辑的参照的褪色度百分比。有效值为 0～90
XLOADCTL	打开/关闭外部参照的按需加载，并控制是打开参照图形文件还是打开参照图形文件的副本
XLOADPATH	创建一个路径，用于存储按需加载的外部参照文件临时副本